建筑工程季节性施工指南

中国建筑一局（集团）有限公司　编写

中国建筑工业出版社

图书在版编目（CIP）数据

建筑工程季节性施工指南/中国建筑一局（集团）有限公司编写．—北京：中国建筑工业出版社，2007

ISBN 978-7-112-09179-9

Ⅰ．建…　Ⅱ．中…　Ⅲ．建筑工程—季节性—工程施工—指南　Ⅳ．TU74-62

中国版本图书馆 CIP 数据核字（2007）第 038915 号

本书以简练、实用和方便使用为原则，对近年来各个施工企业常用的季节性施工管理与施工方法进行了高度的概括与总结，全面而又简明地介绍了季节性施工管理体系和不同专业季节性施工的控制要点。同时，本书还收录了国家游泳中心（水立方）工程、国际贸易中心三期工程、中央电视台新台址工程等大型工程的冬期、雨期施工方案，可起到很好的借鉴作用。本书语言通俗简练，实用性强，是建筑施工企业管理人员、施工技术人员以及相关行业的同仁学习、参考的必备资料。

*　*　*

责任编辑：岳建光
责任设计：董建平
责任校对：陈晶晶　张　虹

建筑工程季节性施工指南
中国建筑一局（集团）有限公司　编写
*
中国建筑工业出版社出版、发行（北京西郊百万庄）
各地新华书店、建筑书店经销
北京密云红光制版公司制版
北京市安泰印刷厂印刷
*
开本：787×1092 毫米　1/16　印张：22½　字数：545 千字
2007 年 7 月第一版　2007 年 7 月第一次印刷
印数：1—4000 册　定价：**38.00** 元
ISBN 978-7-112-09179-9
（15843）

本书编写委员会

主　　任：吴月华　韩乾龙

副 主 任：贺小村　薛　刚　李　钟　张国昌

委　　员：（以姓氏笔画为序）

冯世伟　刘田昆　李贤祥　任俊和　陈　娣

张培建　庞京辉　施林铁　栾叶斌　熊爱华

主　　编：吴月华　陈　红

副 主 编：贺小村　薛　刚　李　钟　张国昌

参加编写人员：董润萍　陈　娣　叶　梅　刘嘉茵　董佩玲

陈　蕾　杨晓毅　张雪岩　李金会　卜楠楠

张　强　刘　源　袁　梅　赵　娜　罗建忠

王剑峰　张俊生　刘卫东　冯定军　杨旭东

张　军　郑吉成　赵淑英

前　言

我国加入WTO后，随着我国市场经济体制的不断完善，在建筑市场对外开放的形势下，我们国内的建筑施工企业面临着历史的机遇与严峻的挑战，这就要求我们建筑企业要与时俱进、开拓创新，要顺应全球经济、技术一体化的发展趋势。为此我们要不断地总结和学习本行业的成功做法与经验，使来源于实践的理论能够更好、更广泛地指导我们的实践，这样才能探索一套信誉好、效益高的工程项目管理体制，以提高企业市场竞争力，更重要的是有利于我们整个行业的不断发展。

季节性施工管理对工程质量与施工安全至关重要。每到季节性施工阶段，各家建筑施工企业的在施工程都要组织施工技术人员编制季节性施工方案，但不同工程中许多共性和通用的季节性施工技术未能及时进行归纳和总结，年复一年的重复工作，耗费了大量时间与精力，不能满足和适应当今建筑企业规范化管理的要求。为改变这种状况，规范建筑施工企业季节性施工管理，我们结合不同工程的季节性施工特点与施工经验，编制了《建筑工程季节性施工指南》。这本书凝聚了大量有多年施工经验的工程技术人员对于季节性施工的宝贵见解与经验，对季节性施工管理有很强的可借鉴性与指导性。

在施工过程中，季节性施工对工程质量与施工安全影响较大，是施工过程中的关键阶段，在这个阶段中很容易发生质量和安全事故。因此我们要通过《建筑工程季节性施工指南》的出版，最大限度地规范季节性施工管理，提高建筑施工企业各级管理人员对季节性施工管理重点性的认识，做到加强领导、落实责任、以防为主、狠抓落实，确保季节性施工的工程质量与安全。

由于编者的水平有限，本书中难免有疏漏与不妥之处，恳请读者批评指正。

编　者

2007年3月

目　录

第1篇　季节性施工管理条例

第2篇　季节性施工技术与管理

第3篇 季节性施工案例选编

第1篇

季节性施工管理条例

第1章 总 则

1.0.1 为了加强季节性施工及管理工作，维护人民生命和财产的安全，保障工程建设的顺利进行，根据《中华人民共和国防汛条例》及《建筑工程冬期施工规程》，结合季节性施工的实际情况，制定本条例。

1.0.2 本条例适用于冬、雨期施工工作管理，本条例中所称“汛期”即为“雨期”。

1.0.3 任何单位、个人都有义务参加防汛抢险，有权制止和检举危害或影响防汛安全的行为。

1.0.4 季节性施工管理的任务是：采取积极的和有效的防御措施，把季节性施工期带来的影响和损失减少到最低限度，以保障工程建设的顺利进行。

1.0.5 各单位主管部门应当加强季节性施工的培训工作，提高员工的质量、安全意识。

第2章 汛期施工管理

2.1 防汛任务与方针

2.1.1 防汛工作的主要任务是：采取积极的和有效的防御措施，把汛期带来灾害的影响和损失减少到最低限度，以保障工程建设的顺利进行和人民生命财产的安全。

2.1.2 防汛方针是：加强领导、组织落实、明确责任、预防为主、信息畅通、全力抢险。

防汛方针的重点是“防”，不论是汛前的准备工作，还是汛期的防守工作，都要立足于防，防重于抢。要克服麻痹侥幸思想，要特别重视平时的防汛准备和汛期的巡视检查。

2.2 工作原则和主要内容

2.2.1 防汛工作的原则是：以人为本，安全第一；统一领导、分级负责；充分准备，科学救援；预防为主、平战结合；条块结合、网格管理。

2.2.2 防汛工作的主要内容是：

(1) 分工明确、责任制落实、保证信息传递畅通。有组织、有计划地协同各单位开展防汛工作。

(2) 加强防汛宣传，提高广大员工的防汛减灾意识。

(3) 完善防汛工程的各项抢险保证措施。

(4) 密切掌握雨情、水情、工情、灾情等防汛信息。

(5) 制定防御不同情况的防汛抢险预案，研究防汛调度和防汛抢险最优决策方案。

2.3 防汛组织与职责

2.3.1 各单位在汛期要成立以法人代表为总指挥的汛期施工及防汛工作总指挥部。其职责为：执行上级的防汛指令；领导并组织本单位的汛期施工及防汛工作；制定各项汛期施工及防汛措施；对本单位的工程项目的汛期施工和防汛工作进行监督和检查。各单位汛期施工及防汛工作指挥部设24小时值班电话。

2.3.2 各单位在汛期要组建防汛专业抢险队。防汛抢险队接受上级防汛工作总指挥部的领导，承担本单位及项目经理部的抢险救援任务。汛期期间防汛抢险队要设24小时值班电话。

2.3.3 在施工程项目经理部在汛期要结合工程实际情况成立以项目经理为队长的防汛抢险队。项目防汛抢险队接受本单位汛期施工及防汛工作指挥部的领导，负责组织和参加本工程的防汛工作。项目防汛抢险队设 24 小时值班电话。

2.3.4 汛期施工及防汛工作组织系统见图 2-1。

2.3.5 防汛工作责任重大，各单位主要领导必须亲自负责，建立健全各种防汛责任制度，实现防汛工作规范化管理，做到各项工作有章可循。

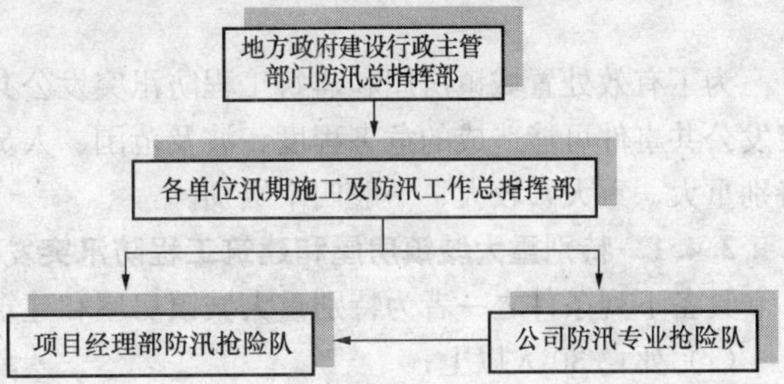

图 2-1 汛期施工及防汛工作组织系统

2.3.6 防汛责任制主要包括以下几个方面：

2.3.6.1 行政首长负责制

行政首长负责制是各种防汛责任制的核心，是取得防汛抢险胜利的重要保证。因此，各单位主要负责人要亲自主持防汛工作。行政首长负责制的主要内容如下：

(1) 单位主要负责人全面领导和指挥防汛抢险工作；

(2) 单位主要负责人主持制定本单位防汛措施；

(3) 以单位主要负责人为首建立健全本单位防汛指挥机构，并督促本单位做好汛期施工和防汛准备及各项措施的落实工作；

(4) 贯彻执行上级防汛抢险调度命令，做好防汛宣传和思想动员工作。

2.3.6.2 分级责任制

在本单位汛期施工及防汛工作总指挥部统一领导下，对防汛工作实行分级管理、分级调度、分级负责。根据有防汛任务的工程所处地区、工程等级和重要程度等，确定分级管理、指挥调度的权限责任。

2.3.6.3 分包责任制

为确保汛期施工的工程安全渡汛，各项目经理部应实行分包工程责任制，将在汛期有重大安全隐患工程的防守任务落实到人，责任到人，对相关人员的责任范围、安全责任、责任时间等，要做出明确规定。

2.3.6.4 值班责任制

为随时掌握汛情，各项目经理部应建立防汛值班制度，以便上下联系，多方协调。汛期值班的主要责任是：

(1) 及时掌握汛情。按时了解雨情、水情和气象预报。

(2) 按时请示报告。对于重大汛情及灾情要两小时内向上级汇报。对需要采取防汛措施的要及时请示，准确传达。

(3) 及时掌握工地发生的险情及处理情况。

(4) 对发生的重大汛情要整理好值班记录，以备查阅，并归档保存。

(5) 严格执行交接班制度，认真履行交接班手续。

2.3.6.5 抢险队

各单位汛期专业抢险队和项目经理部防汛抢险队所有参加人员必须服从命令听指挥。在事故发生时既要做到反应迅速，又要组织严密，指挥统一。各级汛期专业抢险队要配备必要的抢险机动设备。

2.4 防汛突发公共事件分级

为了有效处置城镇房屋和建筑工程防汛突发公共事件，依据城镇房屋和建筑工程防汛突发公共事件可能造成的危害程度、波及范围、人员及财产损失等情况，由高到低划分为特别重大、重大、较大、一般四个级别。

2.4.1 特别重大城镇房屋和建筑工程防汛突发事件

具备下列条件之一者为特别重大城镇房屋和建筑工程防汛突发事件：

(1) 死亡 30 人以上；

(2) 重伤 100 人以上（包括急性中毒，下同）；

(3) 一次造成直接经济损失 1 亿元以上；

(4) 市政基础设施、构筑物、建筑物遭受严重损坏，社会影响特别巨大。

2.4.2 重大城镇房屋和建筑工程防汛突发事件

具备下列条件之一者为重大城镇房屋和建筑工程防汛突发事件：

(1) 死亡 10 人以上，30 人以下；

(2) 重伤 50 人以上 100 人以下；

(3) 造成直接经济损失 5000 万元以上 1 亿元以下；

(4) 市政基础设施、构筑物、建筑物遭受严重损坏，社会影响巨大。

2.4.3 较大城镇房屋和建筑工程防汛突发事件

具备下列条件之一者为较大城镇房屋和建筑工程防汛突发事件：

(1) 死亡 3 人以上，10 人以下；

(2) 重伤 10 人以上 50 人以下；

(3) 造成直接经济损失 1000 万元以上 5000 万元以下；

(4) 市政基础设施、构筑物、建筑物遭受损坏，社会影响较大。

2.4.4 一般城镇房屋和建筑工程防汛突发事件

具备下列条件之一者为一般城镇房屋和建筑工程防汛突发事件：

(1) 死亡 3 人以下；

(2) 重伤 3 人以上 10 人以下；

(3) 直接经济损失 100 万元以上 1000 万元以下。

2.5 汛 情 预 警

2.5.1 降水预报

市气象局负责降水预报工作及灾害性天气预警级别的确定。

2.5.2 汛情预警

市防汛抗旱应急指挥部负责汛情预警的发布，由低到高划分为一般、较大、重大、特别重大四个预警级别，并依次采用蓝色、黄色、橙色、红色四级加以表示。

预警的发布可以针对本市全境，也可以是某一地区。

2.5.2.1 预警级别

蓝色汛情预警：预报未来 6 小时雨量将达到 20mm 以上、50mm 以下，城市主要道路、部分路段和低洼地带积水深度可能达 20cm。

黄色汛情预警：预报未来 6 小时内雨量将达到 50mm 以上，或已达到 50mm 以上且降雨可能持续。城市主要道路、部分路段和低洼地区积水深度可能达 30cm 以上，50cm 以下。

橙色汛情预警：预报未来 3 小时雨量将达到 50mm 以上，或已达到 50mm 以上且 降雨可能持续。城市主要道路、部分路段和低洼地区积水深度可能达 30cm 以上，50cm 以下。

红色汛情预警：预报未来 3 小时雨量将达到 100mm，或已达到 100mm 以上且降雨可能持续。城市主要道路、部分路段和低洼地区积水深度可能达 50cm 以上。

2.5.2.2 汛情预警的发布和解除

预警预报信息包括突发公共事件的类别、预警级别、起始时间、可能影响范围、预警事项、采取的措施和发布机关等。主要发布途径有电视台、广播、各类公共显示屏、短消息、网络及内部有线和无线通信手段等。

蓝色汛情预警：由市防汛抗旱应急指挥部办公室发布和解除，并报市应急办备案。

黄色汛情预警：由市防汛抗旱应急指挥部办公室发布和解除，并报市应急办备案。

橙色汛情预警：由市防汛抗旱应急指挥部办公室提出预警发布和解除建议，报市应急办，经总指挥批准后由市应急办或授权市防汛应急指挥部办公室发布和解除。

红色汛情预警：由市防汛抗旱应急指挥部办公室提出预警发布和解除建议，报市应急办，经市应急主要领导批准后由市应急办或授权市防汛应急指挥部办公室发布和解除。

2.6 防汛施工准备

2.6.1 技术准备

2.6.1.1 施工技术准备原则

(1) 熟悉国家质量验收标准，确保工程质量。

(2) 认真查看现场总平面布置图，平面临水、临电布置图，找出汛期施工中要进行的分项工程及所用的人、机、料、施工工艺、安全、质量、环境保护的施工注意点等，做到重点突出，心中有数。

(3) 制定汛期施工方案（措施）要根据工程项目的特点制定，既要求技术先进，同时要求经济合理，减少能源消耗及物资消耗。

(4) 汛期施工所需设备、材料要有充足、可靠的来源，暂设工程能够满足施工生产要求。

(5) 力求施工方法简单可靠，施工速度快，达到保证质量、缩短工期、降低成本的目的。

(6) 凡是未编制汛期施工方案（措施），或者已编制汛期施工方案（措施）但未按要求审批的，或者汛期施工准备工作未做好的工程项目，不得进行汛期施工。

(7) 必须制定行之有效的汛期施工管理措施。

(8) 技术培训和技术交底详细、到位。

2.6.1.2 施工方案的编制

(1) 汛期施工方案编制前的准备工作

1）进行全面调研，掌握进行汛期施工项目所需数据，了解项目所在地的历年汛期天气情况和当年天气预报。

2）进行图纸复查，找出雨期施工阶段的施工特点及施工难点，制定相应的解决措施。

3）掌握资源情况，对项目所在地的汛期施工材料供应、汛期物资供应、汛期生活物资的储备及供应情况均需详细了解。

4）对复杂、技术要求高、施工难度大的工程，要进行汛期施工技术可行性的综合分析，做到分析全面，解决措施具体到位。

5）对汛期施工方法进行评估、筛选和进行专项必要的试验，以确定最优方案。

(2) 汛期施工方案的主要内容

1）汛期施工概况，施工部署。

2）确定汛期的管理目标。

3）成立汛期领导小组，领导小组组长由主管生产的领导担任，组员由与施工有关的各部门负责人担任。

4）明确汛期施工的主要施工机具、设备、材料。主要机具设备材料为抽水设备、防雨设施、劳保用品。所需的汛期机具设备、材料应根据工程情况进行选择。

5）方案中明确汛期施工技术措施，内容包括各分项工程在汛期施工时的主要技术措施，尤其应明确遇大风、暴雨时应采取的措施。

6）明确施工人员技术培训内容。汛期施工人员的培训包括：雨期开始及结束时间，各分项工程在汛期施工时应注意的事项，汛期机电设备的检修要求，汛期材料、设备的保管方法，汛期施工人员的安全防护措施等。

7）汛期工程质量控制要点：主要包括回填土的含水率；混凝土的坍落度；混凝土的养护；钢筋工程的防锈蚀；模板的变形、加固及支撑的稳定性的检查；砌筑工程砌块的含水率；屋面保温层及基层的含水率；外墙装饰雨后施工质量检查；室内木作、油漆及精装修的质量检查，防止被雨水淋湿浸泡；机电设备开箱后要采取防雨措施，防止设备受潮，被雨水浸泡；室外市政、总图的管道开挖应有截水、排水措施。

8）职业健康、安全生产、环境保护及消防保卫工作要点：

①职业健康要点：明确热射病、中暑、皮肤病和虫媒传染病及食物中毒等的预防措施。

②安全生产要点：明确相应的安全教育和安全技术交底内容；明确应编制单项技术安全方案，并作详细的安全技术交底的施工内容；明确环境保护的具体措施及内容，如汛期道路维护、场区内环境保护的措施。

③明确汛期消防保卫的重点：大风、暴雨等恶劣天气时应采取的措施。

2.6.1.3　施工方法的选择

(1) 考虑工程所在地汛期气候变化规律。

(2) 根据工程结构类型和施工部位选择塔吊、汽车吊、外用电梯、大型起重设备。

(3) 新技术、新工艺、新材料的应用：汛期施工时选择受汛期影响小的施工技术、工艺及材料。

(4) 汛期施工安全技术的考虑：

1）编制施工方案和紧急事件的应急预案，应急预案包括大风、暴雨、强台风、食物中毒等方面内容。

2）对施工人员进行相应的安全教育和安全技术交底，使每一个员工都要熟知本项目的汛期施工的各项安全管理规定和具体实施方法。

3）在汛期施工期间所有工程的施工组织设计和施工方案都必须有安全技术措施。爆破、打桩、吊装、水下作业、槽坑施工、支模、架子等工程均应编制单项安全技术方案，并作详细的安全技术交底，否则不得施工。

4）防火、电气灾害的安全措施：

①风力大于5级时，不得进行屋面卷材防水、地下室防水施工的热熔施工，防止火灾发生。

②施工现场配电系统在采用接地和接零保护方式的同时，必须设逐级漏电保护装置，实行分级保护，形成完整的保护系统。

③易燃、易爆物品要妥善存放、保管，防止受潮、变质、起火、爆炸。仓库及堆放场地要有灭火设施。晴天后要派专人对各类仓库进行开窗通风换气，以防室内潮气过大。

④各种电气动力设备，雨施前必须进行绝缘、接地、接零保护的遥测，若发现问题应及时解决。动力设备的接地线不得与避雷地线混在一起使用。

⑤汛期施工期间，露天使用的电器设备，要有可靠防止漏电措施，做好机电设备的接零接地保护设施，按照机械设备管理的有关要求和规定对特殊设备设置避雷装置。

⑥施工现场照明灯具与易燃物应保持不小于300mm的安全距离。临时灯具、碘钨灯、行灯等灯具应有专人负责保管，用后及时断电并收回。照明线路不得捆绑在金属脚手架、龙门架上，且严禁在地面上乱拉、乱拖。

⑦雷雨天气时，工人不要在高墙、大树下避雨，不要靠近电线杆、铁塔、架空线路和避雷装置的接地导线10m以内的地区避免遭雷击，若遭雷击后，应立即采取人工呼吸急救并请医生采取抢救措施。严禁在雷电交加时，触摸电线或接地装置，以防雷击伤人。

⑧塔吊操作人员班前作业必须检查机身是否带电，漏电装置是否灵敏，各种操作机构是否灵活、安全、可靠。

⑨要做好塔吊、外用电梯、提升架、外脚手架等设施等防雷接地工作，避雷针要安装在建筑物或塔吊等的高处，在雨期来临之前要对避雷接地装置做全面检查，各项接地指标应符合安全规程要求，并检查记录。

（5）防毒安全措施：

1）汛期施工时，在高温天气进行室内防水作业时，注意开窗通风，防止中毒事件的发生。

2）避免在高温烈日下进行防水施工，屋面防水施工应避开中午时间。

（6）防洪、防大雨、防大风安全措施：

1）建筑物四周室外地坪处的洞口、坡道口及首层、二层楼板洞口等处做好封堵或拦截，以防止雨水进入地下室。

2）现场备足能使用的水泵，必要时在现场或生活区放置一批砂袋。

3）大风天气，做好大型高耸物件的防风加固措施，外用电梯必须按要求做好附着。

4）遇雨或大风天气应停止钢结构的吊装和安装；雨天或构件表面有水的情况下，严禁进行高强螺栓施工作业。

5）施工中遇雨时应将高空作业人员撤至安全地带，各种用电设备切断电源。

（7）防中暑、防食物中毒安全措施：

1）合理安排工作时间，尽量避开正午阳光强烈时的露天作业。

2）随时调整作息时间，保证施工人员每日饮水量不少于3L。工地应准备绿豆汤等解暑饮料和藿香正气水、十滴水等常用药品。

3）对暑期作业工人进行体检，有心脏病、高血压等职业禁忌症者应调整工作岗位。采取多种有效形式，对工人进行宣传教育，提高大家的防暑意识和自我保护意识。

4）宿舍保持通风，安装纱门、纱窗。生活区要有洗浴设施。提高生活区卫生标准，垃圾随时清运，消灭蚊虫。

5）制定严格的食物采购、存放、制售制度和公共餐具消毒制度。积极灭鼠、灭蟑螂。加强对炊事人员的食品卫生宣传教育和监督检查。

6）建立严格的管理制度和操作规章，并加强监督检查。从事防水和装修作业的工人必须进行职业健康体检，操作时应配戴合格防护用品。作业现场保持通风状态，密闭作业环境要有排风设施，自然通风的作业人员应在上风位置操作。

2.6.2 生产准备

2.6.2.1 汛期施工生产准备的一般原则

（1）综合考虑做出全面的生产计划，从而实现施工生产的均衡性。

（2）安排生产计划时明确在施工程进入汛期施工的施工部位，工作类别；明确各种劳动力的供需量；施工机械设备的使用、维修计划；施工的流水走向。

（3）汛期施工的施工部位，新浇混凝土工程的保护措施，深基坑、沟槽的排水措施等。

（4）汛期物资供应情况，配备汛期施工的抽、排水设备，生产设备等。

（5）将汛期施工生产准备项目、质量控制措施、安全防护所需要的人工和辅助性项目纳入生产安排。

2.6.2.2 汛期施工部署的核心——均衡生产

当汛期生产任务确定以后，应立即对施工现场，进入汛期施工的工程项目、部位、工程量等进行核实，对所需的劳动力、资源、机械设备、物资、汛期施工流向作出统筹安排。同时应分阶段逐步调整全年的施工部署，使施工生产顺利进入汛期施工。

2.6.2.3 施工现场准备

（1）施工场地的准备工作

1）现场道路两旁设排水沟，保证路面不积水，随时清理现场障碍物，保持现场道路畅通。道路两旁一定范围内不准堆放物品，保证视野开阔，道路畅通。

2）施工现场低洼处要及时填平，并有一定的排水坡度，使雨水顺利排到基坑外的排水沟。开挖后的基坑、基槽内作好排水沟、集水坑，及时将水抽出，保证基坑不被雨水浸泡。

3）保证消防道路的畅通，施工现场临时用路未用混凝土固化的，汛期来临前用级配砂石或焦渣铺平压实，做好道路两侧的排水工作。

4）现场搅拌站周围有良好的排水措施，水泥库下面按规定垫高使其形成架空层，并高于地坪，砂石料场四周作好排水措施。

5）对生产设施、平面布置进行一次雨前的全面检查，对施工现场的排水系统进行清理疏通，保证水流畅通，不积水，并要防止四邻地区场地水倒流进入场内，对于没有排水设施的要重新布置排水措施。对于积水的地区，安排抽水设备。

6）设备管理：

①做好大型机械、设备如塔吊、外用电梯周围的排水工作。脚手架、塔吊等做好避雷工作，也可利用建筑物自身的避雷设施，接地电阻一定要符合要求。

②供电线路不能直埋的一定要架空，室外的配电箱、电焊机和机械设备等均需搭设防雨棚。值班电工要经常检查电气设备的接地接零保护装置是否灵敏有效。

③汛期施工前，对现场所有的动力及照明线路、供配电电器设施进行一次全面检查，对线路老化、安装不良、瓷瓶裂纹以及跑漏电现象必须及时修理和更换，严禁迁就使用。

④雨后电动设备启用前，要由专业电工检查电机是否受潮，设备壳体、操作手柄、开关按钮等是否带电，确保无误后方可开机使用。

（2）汛期施工

1）注意听取每天的天气预报，做到心中有数。

2）汛期施工设值班人员，保证昼夜有人值班并做好值班记录，同时设置天气预报员，负责收听和发布天气情况，随时掌握天气变化，合理安排预防工作，防止暴雨突然袭击造成损失。

3）汛期施工期间建立现场临时用电检查制度，按现场临时用电管理规定对现场各种线路和设施进行定期、不定期检查。雨后，专业电工必须对各种电气设备进行雨后检查，确认各种电气设备齐全、保护装置灵敏有效后方准使用。雨后要对各种架设工具进行安全检查。

4）做好施工人员的雨期施工培训工作，组织相关人员进行全面检查施工现场的准备工作，其中包括临时设施、临时用电、机械设备防护等项工作。

2.6.3 资源准备

汛期到来之前做好防汛资金、抢险物资及机械的补充和储备工作，防汛物资储备到位，保证防汛设备完好率100%。

防汛物资：塑料布、水泵、水泥、编织袋、铁锹、石棉瓦、水管、沙袋、苫布等。

抢险设备：水泵、挖掘机。

职工劳动保护用品的准备：雨衣、雨鞋、照明灯。

2.6.4 职工生活准备

2.6.4.1 汛期现场临建和生活区进行检修，防雨防风，加强食堂和宿舍的卫生工作，保证工作正常进行和生活稳定。

2.6.4.2 后勤部门应采取必要的防暑降温措施，如遮阳、发放解暑和降温饮料或饮水加防暑药品等，做好施工人员的防暑降温工作。

2.7 防 汛 管 理

2.7.1 防汛物资管理

2.7.1.1 防汛物资、器材的储存实行分级负责、分级储备、分级管理的原则。

2.7.1.2　各单位应在汛期到来前1个月内做好防汛备料以及物资、设备器材的存储工作，并对水泵等设备进行检修，以备急需。

2.7.1.3　项目经理部防汛物资储备量应根据工程的类别、等级、不同施工阶段、基坑深度、基坑面积、基坑降水及支护情况等来确定。

2.7.1.4　各种防汛器材、物料，汛前应清点备齐，汛后应及时回收入库，妥善保管，非防汛需要不得擅自动用。

2.7.1.5　防汛物资仓储管理的基本要求

(1) 建立健全工作制度。防汛物资要专库专存，专人负责，并建立专项物资台账。防汛物资的管理要建立岗位责任制度、验收与发放制度、维护保养制度、安全消防制度等。

(2) 物资的保管与养护。存放防汛物资的库房要求保温、防潮、避光、通风，要有防火、避雷、防盗、防鼠、防污染等安全措施。防汛物资在库内要整齐摆放，并留有搬运通道。编织袋、麻袋、编织布、无纺布等要整齐码放，下部要有垫层，外包装要完好。防汛物资不得接触酸、碱、油脂、氧化剂和有机溶剂等物资，因此严禁与上述物品同库混储。

(3) 保管人员在汛前要对各种防汛物资进行检查。

(4) 要培训一批能熟练使用各类防汛物资的业务骨干，以备在抢险现场正确指导使用各种防汛物资。

2.7.2　防汛技术质量管理

2.7.2.1　汛期施工管理是企业施工管理活动的一个重要阶段，也是每一个工程施工过程管理中的一个重要环节，其管理应纳入企业的质量保证体系的运行和控制之中。

2.7.2.2　汛期施工方案是项目质量策划中形成的质量管理文件。合理的、低投入的汛期施工方法和针对性的管理控制点是实施质量控制的必要手段。

2.7.2.3　根据工程进度情况，对不适宜汛期施工的分项工程，应调整工序安排，尽可能安排在汛期前或汛期后完成，如工序不能调整，应编制详细的控制措施，根据天气情况穿插进行。

2.7.2.4　加强对现场设置的搅拌台（站）的检查。项目试验管理员应每日对现场搅拌台进行例行检查，检查内容包括搅拌棚是否漏雨积水，台秤、案秤计量是否有效，水泥是否淋湿结块，砂、石料是否及时测试含水率，施工配合比是否及时调整等，并记录检查情况。项目总工程师应对现场搅拌台进行不定期的抽查，对发现的问题及时进行纠正和追溯。现场搅拌混凝土和砂浆的质量控制是汛期施工的管理重点。

2.7.3　防汛生产管理

2.7.3.1　每年汛期前，企业工程部门应编制汛期施工工程情况一览表，结合本企业情况对在施工程部位统一安排，对汛期施工的防汛准备和安全生产进行统一部署，并制定应急预案。

2.7.3.2　防汛准备工作和用工量应纳入企业月度生产计划中。

2.7.3.3　汛期施工生产计划编制后，报本单位主管生产和技术负责人审批，报上级主管单位备案。并与材料供应、劳动人事等部门及时交换信息，确保汛期施工计划贯彻执行。

2.7.3.4　汛期到来之前企业生产部门应组织技术、质量、安全等相关部门对各在施项目的防汛准备工作进行全面的检查。

2.7.4 防汛安全管理

2.7.4.1 汛期施工应遵守安全法规和相关的安全操作规程，并按如下内容进行安全管理。

(1) 根据工程的汛期施工方案，由项目生产经理在汛期到来之前组织各作业班组进行汛期的专项安全交底，并把书面安全交底发至班组。汛期期间进入现场的分包队伍和新进场工人要经过项目的安全培训和安全交底后方可进入现场施工。

(2) 现场内的加工厂、机械装置、仓库、运输道路和临时上下水管道、排水沟、电力网和其他临时设施的位置、规格都应在汛期施工方案和施工组织设计中详细注明。

(3) 特殊工种须经有关部门专业培训，凭证上岗。

2.7.4.2 现场安全管理

(1) 施工临时用电管理

1) 施工现场配电系统在采用接地和接零保护方式的同时，必须设逐级漏电保护装置，实行分级保护，形成完整的保护系统。漏电保护装置选择应符合有关规定。

2) 汛期施工前，对现场所有的动力及照明线路、供配电电器设施进行一次全面检查，各级电闸箱要有可靠的防护设施(图 2-2)。

图 2-2 电闸箱防雨防砸棚

3) 要经常检查现场电气设备的接地、接零保护装置是否灵敏，使用电气设备和平时使用的电动工具应采取双重保护措施（漏电保护和绝缘劳保工具），注意检查电线绝缘是否良好，接头是否包好，不准将线浸泡在水中。

4) 汛期施工前，要组织专业电工对施工现场的避雷装置、接零接地装置、露天使用的机械设备，做好绝缘摇测，使其电阻值在规范标准要求范围内。

5) 大雨时应避免进行钢筋焊接施工。小雨时如有必须施工部位，应采取防雨措施以防触电事故发生，可采用雨布或塑料布搭设临时防雨棚，不得让雨水淋在焊点上，待完全冷却后，方可撤掉遮盖，以保证钢筋的焊接质量。如遇大雨、大风天气，应立即停止施工。

6) 在室内抹灰、水磨石地面等潮湿作业环境中，应使用安全电压照明器。电源电压应不大于 36V。在特别潮湿的场所内，照明电源电压不得大于 12V。工作手灯应用胶把和网罩保护。

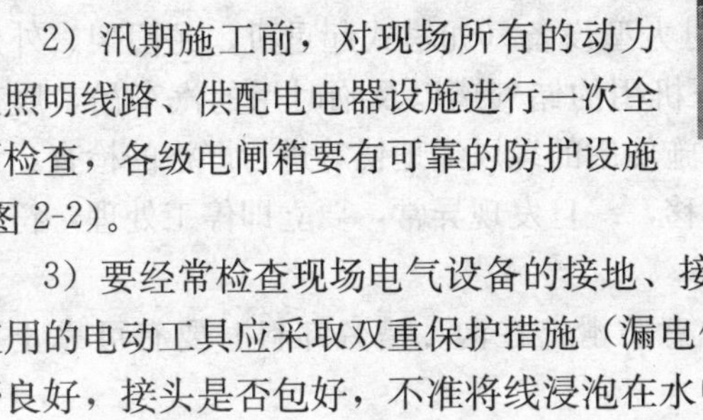

图 2-3 机械设备防雨防砸棚

(2) 施工机械设备管理

1) 汛期施工期间，各类机械设备使用的供电线路不能直埋的一定要架空，室外的配电箱、电焊机等机械设备（如钢筋成型机和钢筋加工机）等均须搭设防雨防砸棚（图 2-3)。并采取有效的防雨、防潮、防淹等措施。

2）变压器等要采取防雷措施，用电设备和机械设备要按照相应的规范规定做好接地或接零保护装置，有关管理人员要经常检查和测试其可靠性，接地电阻一般应不大于4Ω，防雷接地电阻一般应不大于10Ω。塔式起重机、外用施工电梯等高大设备的防雷装置应单独设置，不应借用架子或建筑物的防雷装置。

3）各种电气动力设备，雨期施工前必须进行绝缘、接地、接零保护的遥测（用接地摇表），若发现问题应及时解决。动力设备的接地线不得与避雷地线混在一起使用，使用的潜水泵电源线不得有接头、破损。

4）电动机械设备和手持电动工具都必须安装漏电保护器，漏电保护器的容量要与用电机械的容量相符，并专机专用。

5）雨后停用的电动设备启用前，要由专业电工认真检查电机是否受潮，设备壳体、操作手柄、开关按钮等是否带电，确保无误后方可开机使用。

6）汛期施工前和期间严格检查塔吊的路基、道碴、枕木、轨距、轨顶标高及塔身的垂直度等，及时检修维护，尤其是大风暴雨后，应先检查，维修后方可使用，每日作业完毕，应将塔吊开至指定停机坪位置，轨道卡牢，防止大风雨时滑走或脱轨。塔吊司机和安全检查员应负责对轨道进行检查和对路基进行有无沉陷地段的观察，一旦发现路基沉陷应向项目经理报告，并将该情况填于运转记录上。

7）汛期施工前和期间以及大雨过后，要对大型设备（如塔式起重机、龙门架、外用施工电梯、龙门吊、搅拌站用的储料罐、空压机用的储气罐以及临时用的汽车吊、履带吊、打桩机等）的基础设施、各类高大设备设施使用的缆风绳地锚等进行严格的检查，设置好排水设施，避免积水，严防基础下沉或位移，一旦发现异常，要立即停工处理，符合相关要求后方可使用。

8）机动车辆在汛期施工期间行驶，要注意防滑，在沟、槽旁卸料时要有可靠止挡装置。

9）如遇大雨或6级以上强风等恶劣天气时，停止塔吊、外用电梯、龙门架、电动吊篮的露天作业。外用电梯、龙门架、提升架作业完毕后，吊笼必须降至地面，同时切断电源。

10）如遇大雨或4级以上大风等恶劣天气时，停止塔吊、外用电梯、龙门架、电动吊篮等高大设备的安装与拆除作业。

（3）卫生防疫管理

1）汛期施工应保证现场办公生活区雨水的顺利排放，基础不下陷，房间干燥、通风，防蚊蝇设施齐全，不漏雨、不潮湿，场区不积水，保证各类临建用房的完整性及安全性。对存在隐患的部位采取加固或修补措施，保证大风刮不倒，雨天不渗不漏，严防各种生活设施倒塌伤人。

2）汛期施工期间，施工现场必须严格执行卫生防疫管理规定，建立卫生防疫管理制度，并制定法定传染病、食物中毒、急性职业中毒等突发疾病应急预案。施工人员发生传染病、食物中毒、急性职业中毒时，必须在2小时内向事故发生地所在区（县）建设行政主管部门和卫生防疫部门报告。按照卫生防疫部门的有关规定及时进行处理。

3）夏季宿舍应有防暑降温措施，生活区必须保持清洁卫生，定期清扫和消毒。生活区必须有灭鼠、蚊、蝇等措施。

4）生活区垃圾必须存放在密闭式容器中，并及时清运，不得与建筑垃圾混合运输、消纳。

5）生活区应配备卫生监督员，对生活区及个人的卫生情况进行监督检查，并做好记录。

6）炊具、餐具必须及时清洗，定期消毒。开水炉或盛水容器必须保持清洁，定期清洗消毒，设专人管理。生熟食品必须分开加工和保管，存放成品、半成品必须有遮盖。加强食品、原料的进货管理，做好进货登记。严禁购买无照、无证商贩食品和原料。严禁食用变质食物。剩余饭菜应倒入密闭泔水桶中，并及时清运。

7）厕所必须设专人负责，及时清扫，定期消毒。

2.8 防 汛 检 查

2.8.1 检查内容

防汛检查是防汛工作的重要环节。在汛期到来前，各单位、各项目经理部都要制定切实可行的检查制度，做好汛前、汛中、汛后检查工作。

汛前检查：以防为主，检查各单位、各项目经理部防汛准备工作情况。

汛中检查：按规定定期对重点项目、重点部位进行检查。

汛后检查：对汛期损坏工程部位的修复情况进行检查，总结经验教训。

2.8.2 检查方式

2.8.2.1 自查

各项目经理部要定期组织全面、细致、深入的防汛安全自查工作，并将检查中发现的影响防汛安全的问题和处理措施报本单位汛期施工及防汛工作指挥部，按照指挥部的要求予以整改。要确保：

（1）施工现场及生产、生活基地的排水设施畅通。

（2）雨水可从排水口顺利排除。

（3）现场道路路基碾压密实，并铺炉渣、夹砂石等防滑材料。道路要起拱，两旁设排水沟，不滑、不陷、不积水。

（4）槽、坑、沟边 1m 以内不堆土、堆料、停置机具。

（5）脚手架基础平整坚实，有排水措施，满足架体支搭要求，确保不沉陷，不积水。

（6）塔吊和外用电梯的基础牢固，塔基桩达到设计要求。塔基四周或轨道两侧均设置排水沟，轨道中间挖纵向排水沟。

（7）大型高耸物件有防风加固措施，外用电梯按要求做好附着措施。

（8）在相临建筑物、构筑物防雷装置保护范围外的高大脚手架、井架等，安装防雷装置。

（9）施工现场的木料加工、钢筋加工、混凝土搅拌机、卷扬机械、空气压缩机等有防砸、防雨的操作棚。

（10）水泥全部存入仓库。仓库要求不漏、不潮，水泥可架空通风，四周有排水沟，不得积水。

（11）砂、石料储备足，可保证工程的顺利进行。砂、石堆放场地四周有排水出路

（保证一定的排水坡度），可防止淤泥渗入。

（12）混凝土加气块及陶粒空心砖等砌块堆放场地有明沟排水，砌块底部用木方垫起，上部用防雨材料覆盖。

（13）大钢模板的堆放场地坚实，不会因地面下沉造成倒塌事故。

（14）装修材料、保温材料、机电设备等进场后，可运入楼层内的仓库。无楼层内仓库的工地，要有切实可行的防雨措施。

（15）项目经理部雨期所需材料、机具、设备，如水泵、抽水软管、草袋、塑料布、苫布等已由材料部门提前准备，并能按时进场。水泵等设备必须提前进行了检修。

（16）楼层露天的预留洞口均作防漏水处理；地下室人防出入口、管沟口等加以封闭并设防水门槛；室外采光井全部用盖板盖严并固定，同时铺上塑料薄膜。

（17）防汛物资品种齐全，数量充足，存放地点合理。

2.8.2.2　组织检查

各级防汛指挥部，应当在汛前对各类防汛设施组织检查，控制危险点，发现影响防汛安全的问题，责成责任单位在规定的期限内整改，不得贻误工作。检查重点为：项目经理部的防汛机构、责任制、防汛队伍、防汛物资、防汛通讯设备、汛期施工方案及防汛应急预案。对基础施工阶段的工程还要检查汛期危险源的识别和是否制定有针对性的措施和方案。特别是大型基础工程、基坑防护、土方工程、大型塔吊机械设备的基础、避雷接地、施工临时用电等是重点检查的对象。对检查出的事故隐患，要明确责任，限期整改。

2.9　法　律　责　任

2.9.1　违反本条例规定，向市政排水管道排放施工泥浆，倾倒垃圾、杂物，或者擅自封堵排水管道的项目经理部和个人，由各单位主管部门责令其限期改正，情节严重的，对项目经理资质做降级处理。

2.9.2　防汛指挥机构、有防汛任务的单位和项目经理部及相关人员违反本条例规定，有下列行为之一的，视情节和危害后果，由其所在单位或者上级主管部门对直接负责的主管人员和其他直接责任人员给予行政处分；构成犯罪的，依法追究刑事责任：

（1）未按照要求制定和执行防汛预案的；

（2）汛期拒不执行防汛指挥机构的调度指令的；

（3）汛期未到岗值班，造成严重影响的；

（4）未按照要求进行汛期安全检查、发现违法行为不予查处的；

（5）其他玩忽职守、滥用职权、徇私舞弊的行为。

第3章　冬期施工管理

3.1　冬期施工组织与职责

3.1.1　冬期施工管理的任务是：采取积极的和有效的防御措施，把冬期带来的影响和损失减少到最低限度，以保障工程建设的顺利进行。

3.1.2　冬期施工管理的方针是："全面规划、统筹兼顾、措施得力"。

3.1.3　在冬期施工开始前各单位要成立以公司总工程师和主管生产的领导为首，公司工程部、技术部、质量部、安全部及社会部等相关部门共同参加的冬期施工领导小组，负责本单位冬期施工的监督、检查工作。

3.1.4　冬期施工领导小组的内部分工：

工程部：负责冬期施工的总体部署和组织冬施管理机构对各单位进行监督检查；

技术部：负责冬施方案的编制及实施情况的检查；

质量部：负责监督冬施期间的工程质量；

安全部：负责文明安全施工管理（含职业健康安全和环境）工作；

保卫部：负责监督冬施消防措施的落实及保卫工作；

社会部：负责监督冬施期间施工现场生活后勤保障管理工作。

3.1.5　各单位在冬期施工开始前要成立以生产经理为首的冬期施工领导小组，负责领导和组织本单位的冬期施工管理。各单位领导要充分认识冬期施工管理的重要性，认真部署冬期施工管理工作。

3.1.6　各项目经理部在冬期施工开始前要成立以项目经理为首的冬期施工领导小组，负责制定冬施方案和冬施技术措施，并根据冬施方案的要求定期检查冬施技术措施及各项保证措施的落实情况，发现问题及时整改，以确保冬施工作顺利进行。

3.2　冬期施工准备

3.2.1　技术准备

3.2.1.1　施工技术准备原则

（1）熟悉国家质量验收规范，确保工程质量。

（2）认真查看现场总平面布置图，现场临水，临电布置图，找出冬期施工中要进行的分项工程及所用的人、机、料、施工工艺、安全、质量、环境保护的施工注意点等，做到重点突出，心中有数。

（3）制定冬期施工方案（措施）要根据工程项目的特点制定，既要求技术先进，同时要求经济合理，减少能源消耗及物资损耗。

（4）冬期施工所需设备、材料要有充足、可靠的来源，暂设工程能够满足施工生产要求。

（5）力求施工方法简单可靠，施工速度快，达到保证质量、缩短工期、降低成本的目的。

（6）凡是未编制冬期施工方案（措施），或者已编制冬期施工方案（措施）但未按要求审批的，或者冬期施工准备工作未做好的工程项目，不得进行冬期施工。

（7）必须制定行之有效的冬期施工管理措施。

（8）技术培训和技术交底详细、到位。

3.2.1.2　施工方案的编制

（1）冬期施工方案编制前的准备工作

1）进行全面调研，掌握进行冬期施工项目所需数据，了解项目所在地的历年冬期天气情况和当年天气预报，根据冬施前期、中期、后期的气候特点，制定相应的措施。

2）进行图纸复查，找出冬期施工阶段的施工特点及施工难点，制定相应的解决措施。

3）掌握资源情况，对项目所在地的冬期施工材料供应、冬期物资供应、冬期生活物资的储备及供应情况，均需详细了解。

4）对复杂、技术要求高、难度大的工程，要进行冬期施工技术可行性的综合分析，做到分析全面，解决措施具体到位。

5）对冬期施工方法进行评估、筛选和进行专项必要的试验，以确定最优方案。

（2）冬期施工方案的主要内容

1）冬期施工概况，施工部署。

2）确定冬期施工的管理目标，通过冬期的各项施工措施实现既定的管理目标。

3）成立冬期领导小组，公司领导小组组长由主管生产的领导担任，组员由与施工有关的各部门负责人担任，项目领导小组组长由项目经理担任，副组长由生产经理及技术负责人担任，组员由项目各部门人员担任。

4）方案中明确冬期施工技术措施，内容包括各分项工程在冬期施工时的主要技术保障措施，尤其应明确遇大风、强冷空气、暴风雪时应采取的措施。

5）明确施工人员技术培训内容。冬期施工人员的培训包括管理人员培训及施工人员培训，内容包括：冬期开始及结束时间，冬期劳动力计划，各分项工程在冬期施工时应注意的事项，冬期机电设备的检修要求，冬期材料、设备的保管方法，冬期施工质量保障措施，冬期施工人员的安全防护措施等。

6）冬期工程质量控制要点：

①冬期土方开挖应连续施工，开挖后应尽快进入下道工序；土方开挖后不进行上层结构施工时，要进行覆盖保温，保证地基土免受冻害。回填土工期应在冬期施工前完成，如在冬期进行回填土施工，要注意回填后土体的覆盖，保证回填土不受冻。

②冬期钢筋焊接时，要注意焊接时焊接环境的防风和保温，当环境温度小于-5℃时，要防止焊后冷却速度过快及接头过热。

③冬期混凝土施工质量要从原材料的质量、混凝土搅拌及运输、混凝土入模温度及混凝土养护、测温等多方面进行。

④钢结构工程要保证钢结构在负温焊接的质量。

⑤砌筑工程要控制外加剂掺量和质量，加强外加剂的管理，保证砌筑砂浆的使用温度。

⑥屋面找平层施工时拌制水泥砂浆宜掺加防冻剂，用热水拌制砂浆，施工完成后用保温草帘进行养护；冬施期间进行防水层施工，严禁在雪天进行，5级风以上不得施工。

7）施工方法及其经济分析。对冬期进行施工各分项工程，选择适合冬期施工的施工方法，对各种方法进行经济比较，在满足施工质量的同时，选择施工方法最简便、最经济的方法进行施工。

8）工程进度计划。进行冬期工程进度计划安排时，要充分考虑冬施气候特点，对于不适合在冬期进行的施工内容，要考虑在冬施前提前完成。

9）冬期施工热源设备计划、冬期施工保温材料计划、外加剂材料计划、消防设备计划等，要根据冬施期间的不同的施工材料、施工部位、保温部位、养护方法等要求，确定相应的设备、材料计划。

10）不同部位冬施时施工方案应考虑的因素，见表3-1。

不同部位冬施时施工方案应考虑的因素　　表3-1

序号	施工部位	施工方案考虑的因素
1	地下工程	1. 防止基础土体受冻害 2. 现浇混凝土浅基础的防冻 3. 大体积混凝土的养护方法
2	地上结构工程	1. 独立构件的现浇混凝土的养护 2. 整体现浇的混凝土的养护 3. 砌体结构的施工部位
3	装修工程	1. 室内装修环境温度的要求 2. 建筑物的封闭及采暖方式
4	室外工程	1. 室外现浇混凝土地面的保温养护 2. 管沟地基土的防冻害措施
5	机电安装工程	给排水、暖通设备的防冻措施

11）冬期职业健康、安全生产、环境保护及消防保卫要点。

3.2.1.3　施工方法的选择

（1）考虑工程所在地冬期气候特点和变化规律。

冬期施工的特点和变化规律，是选择合理的技术措施的重要依据。因此，在选择施工方法时，要根据冬施前期、中期和后期的持续时间及不同的温度，尤其要考虑大风、寒流及暴风雪对施工的影响，确定切合实际的施工方法。

各地的冬期施工起止时间根据当地的气温有所变化。

（2）根据工程结构类型和施工部位确定施工方案。

（3）冬期施工热源设备的依据：

1）必须选用安全可靠、经济实用的热源设备。

2）热源设备的选用根据工程量的大小、施工进度确定。

3）热源设备选用必须综合考虑施工所在地的配套能源的供应。

（4）考虑冬期施工的资源：

1）冬期施工保温材料的选择

冬期施工保温材料的选择，应根据在施工程当地的资源特点、资源供应能力，进行选择。

2）冬期施工水泥、骨料、外加剂的选择

冬期施工的混凝土中的水泥，应选择水泥强度等级不低于P.O42.5级的水泥，最小水泥用量不应少于300kg/m^3，水灰比不应大于0.6。

粗细骨料应清洁，不得含有冰雪冻块及其他易冻裂物质。

外加剂要在使用前进行复试，复试合格后方可使用。

拌合用水采用热水，保证混凝土的入模温度。

（5）能源条件的考虑。结合工程施工所在地能源供应能力确定能源来源、数量，达到降低能源消耗，节约成本的目的。

（6）新技术、新工艺、新材料的应用。冬施时充分利用节能保温的新型材料，提高混凝土的保温，加快混凝土早期强度的增长。利用新工艺保证施工质量，加快施工进度。

（7）冬期施工安全技术的准备：

1）冬施前必须有冬施针对性较强的安全技术方案及安全技术措施。

2）对管理人员及施工人员要有详细的冬施安全交底。

3）防电气灾害：

①加强对施工临时用电的管理，现场所有的电器和机电设备要按规定接零、接地，风、雨、雪后要检测无短路后方可使用。

②若采用电加热设备提高施工和生活及工作环境温度，要编制“临电进建筑物施工专项方案”，用电设备采用专用电闸箱，强弱电分开，避免误操作造成生产安全事故。

③严格对生活、办公以及工程用电取暖的审批和管理制度，杜绝私拉乱搭的现象发生。

4）防火安全措施准备：

①进入冬期以前应对消防器材的数量和性能进行一次全面检查，按消防规定，准备足够的消防器材，消防水源要充足，消防道路要通畅。消火栓、消防竖管、消防管线等外露部分和消防泵房要保温，消防大水桶应加盐或加防冻剂，用于消防冬施保温的材料必须由物资部提供厂家，以确保质量，消防箱要用锯末或其他保温材料做好保温。

②严格现场用火管理。现场作业需使用明火时，必须事先申请办理用火证，并有专人值班看火，主管人员定期检查。电焊时应采用有效的防止火花飞扬措施，并派专人看火，室外作业时遇五级以上风（含五级）不宜电焊作业。

③使用聚苯板做保温材料的工程项目，应采取有效措施防止电焊或明火引起火灾。

④办公室、宿舍等临时用房如采用火炉取暖，要防止火灾，用火要专人负责管理，并应有足够的灭火设备和物资，同时要加强对锅炉等供热设备的管理工作，持证上岗，遇到锅炉超压、缺水、仪表失灵、给水失灵时应采取紧急停火措施，严格交接班制度和按操作规程操作制度，杜绝擅自离岗现象，避免各种事故发生。

⑤现场严禁吸烟，易燃物要集中堆放，对库房等重点防火部位进行重点检查，消除火灾隐患。

5）防毒、防煤气安全措施：

①集体宿舍要设专人管理，门卫、后勤等小房间也要安排烟道等，以防止煤气中毒。

②应尽量使用无硫煤等清洁燃料，减少对环境的污染，炉灰应在指定区域堆放。

3.2.1.4 冬期施工热源设备的选择

（1）冬期施工热源及设备，见表3-2。

冬期施工热源及设备　　表 3-2

序　号	热　源　用　途	热　源　设　备
1	混凝土养护、砂浆拌合水	蒸汽锅炉、电加热器
2	防水卷材等材料的室内保温	加热器、空调
3	室内通暖、暖棚通暖	蒸汽锅炉、电加热器、加热器、空调

（2）热源材料、设备的选择主要依据：

1）热工计算，通过热工计算选择最经济、最合适的热源材料、设备。

2）热源设备供热时间及需满足的工程量。

3）现场条件与设备性能相适应。

4）设备的热效率。

5）热源设备能源输出过程中的热损耗。

6）环境温度及使用的特点。

3.2.1.5　冬期施工外加剂的选择

（1）外加剂的性能的选择

冬期施工中，一般从施工时的大气温度特点、工程性质、结构类型、施工部位、构件尺寸、养护方法以及外加剂的作用来选择外加剂。同时，应注意以下几点：

1）改善混凝土或砂浆的和易性，减少用水量，提高拌合物的品质。

2）降低混凝土热峰值及推迟热峰值的出现时间。

3）改善混凝土的工艺性能，提高混凝土的耐久性。

4）降低拌合物的冻结冰点，保证混凝土在低温下的早强及负温下长期硬化水化，提高混凝土的早期抗冻害能力。

5）减少干缩性，提高混凝土抗冻融耐久性。

6）缩短混凝土的热养护时间，达到加速模板周转、减少物资使用量、降低施工成本的目的。

7）综合考虑外加剂的货源、经济等因素，优先选用资源丰富、价格低廉的外加剂，降低外加剂的掺量及成本。

（2）冬期施工外加剂的选择应注意的问题

1）对混凝土后期强度的影响。

2）对混凝土耐久性的影响，要考虑碱骨料反应。

3）对金属锈蚀作用，及长期阻锈效果。

4）对建筑物室内环境的长期影响。

5）对后期装饰面层施工的影响。

6）了解生产单位的技术资料和说明以及外加剂化学成分、含量及掺加方法。

7）外加剂选用应适合水泥品种以及混凝土配合比、施工湿度、温度及养护条件。

8）外加剂使用前必须进行复试，复试合格后才可正式使用。

3.2.1.6　施工人员培训

（1）冬期施工管理人员的培训

1）冬期施工培训：了解冬施任务特点，适时做好施工准备工作，顺利进行施工，避免因气温突变造成的工程质量事故或者停工事故发生。

2）培训内容：国家现行施工规范、工艺标准；冬期施工的理论；冬期施工技术、施工工艺；本单位冬期施工的总方案，具体施工方法、措施，安全施工生产措施。

3）施工现场人员掌握工作要点：温度；混凝土；热源设备；保温；安全。

①了解冬施期间温度变化给施工生产带来的影响。

②了解冬施期间混凝土工程施工的特点，为保证混凝土施工质量应采取的技术措施。

③明确热源准备对施工生产的影响，落实热源准备情况。

④明确保温工作的重要性及保温资金的落实，保温材料的准备情况。

⑤明确冬施安全生产的特点及重要性，落实安全措施的准备情况及执行程度。

（2）测温人员的培训

测温人员的培训：学习测温的方法；明确重要性。

1）每天记录大气温度及环境温度，报告工地负责人，见表3-3。

混凝土冬期施工测温项目及次数　　表3-3

序　号	测　温　项　目	测　温　次　数
1	室外气温及环境温度	每昼夜不少于4次，并记录最高、最低气温
2	搅拌机棚温度	每一工作班不少于4次
3	水、水泥、砂、石及外加剂溶液温度	每一工作班不少于4次
4	混凝土出罐、浇筑、入模温度	每一工作班不少于4次

2）搅拌机棚环境温度。

搅拌机棚环境温度不得低于－5℃。

3）装饰工程室内初始温度。

冬期进行室内装饰施工时，室内初始温度不得低于5℃。

4）砌筑砂浆温度，见表3-4。

5）混凝土拌合料的温度、混凝土出机温度、浇筑、混凝土入模温度。

①拌合水及骨料加热最高温度，见表3-5。

砌筑砂浆温度　　表3-4

砌筑施工方法	室外空气温度（℃）	砌筑砂浆温度（℃）
外加剂法		5
冻结法施工	0～－10	10
	－10～－25	15
	低于－25	20

拌合水及骨料加热最高温度（℃）　　表3-5

水泥品种及强度等级	拌合水	骨料
强度等级＜P.O42.5的普通硅酸盐水泥、矿渣硅酸盐水泥	80	60
强度等级≥P.O42.5的普通硅酸盐水泥、矿渣硅酸盐水泥	60	40

②混凝土出罐温度、浇筑、混凝土入模温度，见表3-6。

混凝土出罐温度、浇筑、混凝土入模温度　　表3-6

项　目　名　称	温　　度
混凝土出机温度	通过热工计算，综合考虑后确定，宜在15℃以上
混凝土浇筑温度	考虑混凝土运输过程热损失，宜在5℃以上
混凝土入模温度	≥5℃

6）混凝土养护期间温度测量，见表3-7。

混凝土养护期间温度测定要求 **表3-7**

养护方法	强度要求及其他要求	测温次数
蓄热法或综合蓄热法	达到受冻临界强度、混凝土温度降到0℃前或设计温度前	不间断进行测量
加热法养护	升温和降温阶段	每隔1h一次
	恒温阶段	每隔2h一次
	达到受冻临界强度或设计要求时	每隔6h一次
掺防冻剂的混凝土	未达到强度要求	每隔2h一次
	达到受冻临界强度要求	每隔6h一次

3.2.2 生产准备

3.2.2.1 冬期施工生产准备的一般原则

（1）综合考虑冬施的难点、特点、技术、质量、安全的要求，结合工程约的进度计划要求做出全面的生产计划，从而实现施工生产的均衡性。

（2）安排生产计划时明确在施工程进入冬期的施工部位，特点、难点；明确各种劳动力的供需量；施工机械设备的使用、维修计划；施工的流水的划分。

（3）合理安排停工的越冬工程应达到的部位和维护、保管措施，保证停工越冬工程不出现质量、安全问题。

（4）掌握冬期物资供应情况，安排冬期施工中的生产、生活热源设备的采购和预定，保证生产、生活顺利进行。

（5）对冬期施工生产准备项目、技术保障措施、质量控制措施、安全防护所需要的人工和辅助性项目纳入生产安排。

3.2.2.2 适合冬期施工工程的内容

（1）适合冬期施工工程的内容，根据承包工程的特点、本地区气候特点进行安排。

（2）一般工程的冬期施工安排：

基础及地下室的施工：避风、便于蓄热、保温、养护，土无冻胀、无暖融沉陷的施工项目。

结构工程的施工：混凝土结构、劲性混凝土结构、砌体结构、钢结构、网架及索膜结构、木结构，尽量选择表面系数较小、便于蓄热的施工项目。

装饰装修工程的施工：避风、有封闭条件的施工项目均可安排冬期施工。对中、高级装饰工程必须考虑热源来源的条件，以便保证工程质量和降低冬期施工费用。

3.2.2.3 施工部署

（1）冬期施工部署的核心

冬期施工部署的核心是均衡生产，均衡生产是冬期施工取得较好经济效益的保证。在冬期生产任务确定以后，应立即对施工现场，进入冬期施工的工程项目、部位、工程量等进行全面核实，对所需的劳动力、资源、机械设备、物资、施工流向作出统筹安排。

（2）冬期施工面积的控制

为减少冬期施工的成本，保证施工质量和施工安全，冬施期间各种类型施工面积的控制是必不可少的。面积的确定根据当地气候条件、业主合同工期、冬期施工投入综合考虑。

(3) 冬期施工不宜施工的工程项目

1) 土方工程：冬期施工造价较高，工效低，土体易受冻。因此，应尽量不安排开挖冻土的工程。土方必须在冬期施工期间进行时，应采取冬季冻结前土层表面翻松、预留20～30mm土体、覆盖等必要保温措施。对于冬期完成的基坑土方开挖项目，解除冬施后要密切观察边坡是否处于安全状态。

2) 回填土工程：冬期施工回填土，回填用土体容易受冻，回填后土体如不及时覆盖，容易引起回填土质量事故，增加施工成本，因此冬施期间不宜进行大范围的回填土工作。

3) 外装修工程：冬期施工费用较高、工效低，不易保证工程质量。工期较紧的工程，进入冬期施工后需搭设风挡，选择好天气、躲开寒流，采取必要的保证质量的技术措施。

4) 达不到封闭条件的内装修工程。

5) 卷材防水屋面工程：冬期施工操作不便，难于保证工程质量。一般安排进入冬期施工前完成。冬期施工前完成隔汽层及保温层容易受冻，此部分工作不宜在冬施进行。

3.2.2.4 施工现场准备

(1) 施工场地的准备工作

1) 排除现场积水，对施工现场进行必要的修整，截断流入现场的水源，做好排水措施。消除现场施工用水、用汽造成的场地结冰现象。

2) 保证消防道路的畅通，施工现场临时用路未用混凝土固化的，雨期来临前用级配砂石或焦渣铺平压实，做好道路两侧的排水工作。

(2) 机械、设备、附属设施的准备

1) 施工场地积雪清扫后，积雪不应堆放在机电设备、构件堆放场地附近。大型机械要准备好冬期施工所需油料的储备和工程机械润滑油的更换补充、加防冻液以及其他检修保养工作，以便在冬施期间运转正常。

2) 进入冬期前，要对所使用的机械设备，特别是大型机械设备和机具以及各种防护用的设施，进行一次检查、检修和保养，更换防冻剂、液和冬期用油，严防各类机具、设施和机械设备事故发生。

3) 所有停用的机械设备在入冬前要将设备内的存水放净，并挂“无水”牌，其他各种机械设备每天使用后，也要在放净水后挂“无水”牌，以防冻坏设备。

4) 现场搅拌机棚在入冬前要进行封闭。棚内应妥善安装好加热水箱或锅炉，并按规定进行检查验收。原材料加热设备、设施的进场、搭设完成，搅拌站（台）安装完成，配套加热设备齐全，搅拌机、泵车、泵管保温完成。

5) 现场上下水管、水龙头保温完成，不会因管线冻裂影响生产、生活。污水管保持畅通。

6) 所使用的储气罐等压力容器的安全阀要避免结露冻结，造成不必要的损失。氧气瓶、乙炔气瓶应单独放在储藏室内，防止受冻。

7) 通暖工程能在冬期施工前完成最为理想，使冬期施工费用大大降低。冬施期间不进行水暖管线的打压试水工作，冬施前完成的打压试水的管线，进入冬施要将管线内的水排放干净，保证管线不被冻坏。

(3) 现场安全防护措施准备

1) 霜雪气候以后要及时清扫，大雪后及时检查、清扫各种脚手架和高处作业处上的积雪和霜露，防止高空坠落事故发生。

2) 钢结构施工时，要做好在钢梁上行走、焊接施工、栓接施工等的防滑措施，绑扎、起吊各种重物、设备、材料的钢索与其直接接触时，要加强防滑措施，吊运时，绑扎要牢固，防止滑落伤人。

3) 高处作业和在特殊环境下作业人员配备好相应的个人安全防护用品，系好安全带，穿好防滑鞋以及个人防冻防护用品，避免高空坠落和冻伤。

(4) 生产区保温措施的准备

1) 需进行室内精装修的房间，门窗封堵严密，供暖设施齐备。

2) 装修工程的门窗洞口封闭及保温。对冬期施工期间进行装修的工程，在生产部署上采取先外檐装修后内装修的程序，使门窗能装上玻璃，便于室内保温。

3) 施工出入口采用棉帘封闭保温。

3.2.3 资源准备

3.2.3.1 外加剂材料准备

(1) 外加剂品种的确定。根据不同的气温阶段和使用部位的要求，按冬期施工方案中确定的外加剂的技术性能指标，结合市场供应情况，提出外加剂使用配方、品种、数量。

(2) 提出各种不同品种的外加剂用量计划。

(3) 对于市场上销售的外加剂，必须在冬施使用前先做好复试工作，复试合格后其性能达到技术要求，方可决定采购计划。对单一成分的外加剂，应测定其有效成分的含量。

3.2.3.2 冬期施工保温材料的准备

(1) 保温材料的选择，根据其使用部位进行选择，见表 3-8。

保温材料的选择 **表 3-8**

序号	使用部位	保温材料	材料要求
1	基槽、基坑	阻燃草帘	阻燃、保温性能好
2	钢模板	聚苯乙烯泡沫板、岩棉	防火、保温性能好
3	混凝土、钢管混凝土	岩棉毡、阻燃草帘、阻燃棉毡、电热毯	隔汽性能好
4	管道	玻璃棉、岩棉、草绳	保温性能满足要求
5	混凝土泵车	岩棉被	阻燃、保温性能好
6	风挡、暖棚保温、搅拌台	阻燃草帘、帆布篷	保温性满足要求
7	门窗洞口封闭	塑料布、棉帘子	质量合格
8	小车、灰浆桶	聚苯乙烯泡沫板	阻燃、保温性能好
9	水龙头	玻璃棉	保温性能满足要求
10	消防箱	锯末、聚苯板	保温性能满足要求

(2) 保温材料数量及计划。根据冬期施工方法所选用的保温材料品种、规格、使用周转次数和工程量，算出年度用量，向材料部门提出计划和进场日期要求。

3.2.3.3 冬期施工燃料准备

冬期施工燃料主要考虑生活用煤、用气、用电、工程采暖。生活用煤、生活用燃气、用电和生产用电应分别提出计划，并要求所需煤、燃气及时运至生活区，所需电力及时引至生活区及施工现场；保证生活、生产的需要。

3.2.3.4 热源设备的准备

(1) 生活、生产所需空调、电暖气的购买及管道等的安装。

(2) 热源器件的安装：如大模板安装蒸汽排管或钢串片、电热丝等。

(3) 施工现场的原材料加热设施，如锅炉、热水器、热水罐、砂子坑等。

3.2.3.5 冬期施工仪器、仪表准备

见表 3-9。

冬期施工仪器、仪表准备　　表 3-9

序号	测温设备	用途
1	木制百叶箱，最高最低温度计	大气温度测量
2	比重计	外加剂浓度测量
3	棒形温度计、电子感应仪	混凝土测温
4	温湿度仪、温度计	室内测温、测湿

3.2.3.6 职工劳动保护用品的准备

冬施期间，为保证生产顺利进行，为工人备齐棉衣服、棉鞋、手套。

3.2.4 职工生活准备

3.2.4.1 合理安排工作时间，气候异常时应减少露天作业。施工人员应注意保暖。衣服、鞋、手套既要便于操作又要符合保暖要求。

3.2.4.2 外协宿舍应按标准建立，宿舍内有取暖设施，保持人体所需温度。

3.2.4.3 宿舍应安装风斗，采暖煤炉设专人看管，烟道要保证排烟通畅。

3.2.4.4 提高外协民工的伙食标准，增加高热量食物的摄入，增强肌体的抗病能力。

3.2.4.5 需送餐的工程，运输车辆及餐饮设备保温到位。

3.3 冬期施工管理

3.3.1 冬期施工生产管理

3.3.1.1 每年冬期施工前，企业工程部门应编制冬期施工工程情况一览表，结合本企业情况对在施工程部位统一安排，对冬期施工的各项准备工作和安全生产进行统一部署，并制定应急预案。

3.3.1.2 冬期准备工作和用工量应纳入企业月度生产计划中。

3.3.1.3 冬期施工生产计划编制后，报本单位主管生产和技术负责人审批，报上级主管单位备案。并与材料供应、劳动人事等部门及时交换信息，确保冬期施工计划贯彻执行。

3.3.1.4 冬期到来之前企业生产部门应组织技术、质量、安全等相关部门对各在施项目的冬期施工准备工作进行全面的检查。

3.3.2 冬期施工物资管理

3.3.2.1 各单位应在冬期到来前半个月内做好冬期施工所需物资、设备器材的存储工作，并对消防泵房及消防管线、灭火器等设备进行检修，以备急需。

3.3.2.2 项目经理部冬期施工物资储备量应根据工程的类别、等级、不同施工阶段、在施面积等计算确定。

3.3.2.3 冬期施工物资要专人负责，并建立专项物资台账。物资的管理要建立岗位责任制度、验收与发放制度、维护保养制度、安全消防制度等。

3.3.2.4 混凝土材料的管理：

(1) 水泥、砂、石、拌合水、外加剂、掺合料等应严格按冬季施工方案的技术要求采购和使用。如选择商品混凝土，应将混凝土的技术要求在冬期施工之前向混凝土搅拌站进行书面交底。

(2) 水泥一般宜采用硅酸盐水泥、普通硅酸盐水泥。外加剂要符合环境、健康的规定。

(3) 砂、石料场应防止雨雪的落入。

3.3.2.5 保温材料的采购与保管：

(1) 根据冬期施工方案的要求编制工程保温材料的需求计划，保温材料需求计划应与冬施方案同时提供给材料部门，保温材料的品种、规格、保温性能、需要量及进场日期要求等应列入保温材料需求计划中。

(2) 保温材料进场后应按种类、规格进行现场分类堆放或入库存放。进场的材料应及时报验和抽检。不符合要求的物资应及时退场。各种保温材料必须保持干燥，防止雪水浸泡，并远离用火区。周转使用的材料每次使用时应及时整理晾晒。

3.3.2.6 防冻剂的采购与保管：

(1) 冬期施工需用的防冻剂应按冬期施工方案的要求进行采购。防冻剂进场时应提供材料的合格证、性能检验报告、碱含量、氯离子检验报告及产品说明书，材料包装标识清晰。

(2) 对不同品种的防冻剂应分类入库保存，并建立使用台账，以保持产品的可追溯性。

3.3.3 冬期施工技术质量管理

3.3.3.1 冬期施工管理作为企业施工生产活动的一个重要阶段，也是每一个工程施工管理的重要环节，其管理应纳入企业质量保证体系的运行和控制中。

3.3.3.2 冬期施工方案是项目质量策划中形成的质量管理文件。经济合理的冬期施工方案和有针对性的管理控制点是实施质量控制的必要手段。

3.3.3.3 进入冬期施工前，要认真做好在施工程的封闭保暖工作，对已竣工和冬期内竣工的工程，要与建设单位共同落实供暖事宜，同时注意封闭和设专人看管。对冬期内不能供暖使用的工程，要采取措施，要对冬期未干的湿作业工程（墙面、地面、抹灰等）进行干燥处理；同时要排净各种管道、设备内的积水，避免冻坏成品，减少来年开春后的返工。

3.3.3.4 钢筋的质量控制：

(1) 在负温条件下使用的钢筋，钢筋在运输、加工过程中应注意防止产生撞击、刻痕等缺陷。

(2) 钢筋接头应优先选用机械连接接头。雪天进行焊接接头施焊应采取有效遮蔽措施，焊后未冷却的接头应避免碰到冰雪。当环境温度低于－20℃时，不宜进行施焊。

3.3.3.5 冬期施工混凝土质量控制：

(1) 原材料加热温度控制

1) 混凝土搅拌用水的加热温度控制在60～80℃之间。温度超过80℃的水避免与水泥直接接触。

2）砂子的温度宜控制在20～40℃之间。

（2）混凝土出机温度控制

现浇混凝土采用综合蓄热法施工时，混凝土的出机（罐）温度一般不低于20℃。并根据其运输方式和运输距离予以调整。

（3）防冻剂的试验及使用

1）冬期施工外加剂的技术指标应符合相应的质量标准，有产品合格证。并且要经过所在地区质量监督部门的使用认可。

2）新品种外加剂应提供研究配制方法、储存条件、掺加方法等资料，并进行外加剂与水泥品种相适应的优选试验，确定其掺量。

3）对新引进的外加剂，应做掺外加剂混凝土与未掺外加剂混凝土的强度对比试验及其他有关外加剂性能的对比试验。

4）常用外加剂的掺加量在一般情况下，可按产品说明的规定使用。遇特殊情况时，要根据结构类型、使用要求、气温情况、养护方法等通过试验确定外加剂的掺量。

5）搅拌混凝土和砂浆使用的外加剂应设专人配制与掺量。外加剂的投入量应选用相应的案秤或量筒严格计量。各种外加剂要分别置于标志明显的容器内，不得混淆使用。

6）配制亚硝酸盐溶液时应在操作棚或专用房间中操作。一般情况下应用温水溶化。使用热水温度不得超过60℃。用过的亚硝酸盐包装袋要及时由专人按数收回。操作人员应戴口罩、手套，下班后用清水洗净脸部及双手并要认真做好记录。

（4）混凝土受冻临界强度的控制

1）施工现场可建立小型试验室，进行混凝土试块养护与强度检验。若无条件，应将现场制作的试块及时送交中心试验室按期检验。

2）亦可按混凝土成熟度值来推算其是否达到受冻临界强度。

3）混凝土未达到受冻临界强度前不得拆除保温设施。

4）施工员根据试验结果填写混凝土拆模申请，报项目技术负责人批准，否则不准拆模。重点部位及有特殊要求的结构还应进行拆模强度验算。

5）为确保冬期施工质量，项目经理部应对混凝土工程的重要部位进行热工计算（如大体积混凝土施工、薄板构件等）。

3.3.3.6　冬期施工保温管理：

（1）工程保温方法根据工程的结构形式、施工部位、配套施工内容等确定工程实体的保温方法和保温材料。

（2）商品混凝土供应单位要做好运输车的保温工作，确保混凝土到达现场的出罐温度。现场搅拌站要封闭保温，落实水的加热方法，同时做好砂、石骨料的储备工作。

（3）暂设工程的水管、供热管道必须在入冬前做好保温维护工作，保证冬期施工时能正常供水供热。

（4）搅拌机棚、水泵房、操作棚和淋灰池应搭设好暖棚（盖），准备好必要的取暖设备。

（5）严冬季节装修用外架子的迎风面要设挡风帘，特殊情况下应搭暖棚。

（6）装修项目应及早做好门窗、施工洞口、楼梯和电梯口及高车架、外电梯进料口的封闭保温。如有可能，将工程正式供暖设施提前安装检验完毕，冬期施工投入使用。

3.3.3.7 冬期施工测温管理：

(1) 各施工现场要在入冬前建立测温组织，每日对大气温度、混凝土温度、砂浆温度等进行观测。项目技术负责人负责本工程的测温工作，并指定专人测温。专职测温人员要认真负责，测试数据真实可靠。

(2) 测温时间和所测温度值应详细记录，整理归档。每天、每层、每施工段停止测温后，由技术员审阅测温记录签字后交技术负责人审查。技术员定期将测温记录归入技术档案，以备存查。

(3) 测温人员应保持与供热、保温人员的联系，如发现供热故障或保温措施不当使温度急剧变化或降温过快等情况，应立即向项目技术负责人报告进行处理。

(4) 派驻项目的质量检查人员，每天要抽查测温情况，将其纳入质量控制的范围。冬期施工的测温范围：

1) 大气温度；

2) 水泥、砂、石子、水等原材料温度；

3) 混凝土或砂浆棚室内温度；

4) 混凝土或砂浆出罐温度及入模温度；

5) 混凝土入模后初始温度和养护温度；

6) 其他需测温的项目。

(5) 现场试验室要做好冬施期间大气温度的记录及大风降温天气预报，为寒流突然袭击时及时采取相应措施及合理安排每日的工作提供依据。

3.3.3.8 冬期施工试验管理：

(1) 各单位要完善现场试验室的质量保证体系，总包派专人对现场试验室全权负责，技术质量部门加强对现场试验室的监督管理力度。现场试验管理人员要严格遵守操作规程，按照要求填写测试记录和试验报告，确保检测工作的科学、公正、准确。

(2) 商品混凝土供应单位、试验室要做好冬期混凝土、砂浆所掺外加剂的复试试配工作，及时提出不同施工条件的配合比，严禁使用不合格的外加剂。

(3) 混凝土及砂浆试块的制作应根据《混凝土结构工程施工质量验收规范》(GB 50204—2002) 中的要求制作，不得少于规范和方案中规定的组数，也不得出现白试块或将同条件试块放入标养室内养护。

3.3.4 冬期施工安全管理

3.3.4.1 冬期施工安全教育和安全交底

(1) 定期进行技术安全教育；结合工程任务冬施前做好安全交底；配备好安全防护用品。

(2) 新工人及时进行安全教育和安全交底。

(3) 采用新设备、新工艺时，对操作人员进行安全技术交底。

3.3.4.2 生活区安全管理

(1) 集体宿舍要设专人管理，门卫、后勤等小房间也要采取有效措施，如安排烟道等，以防止煤气中毒。应尽量使用无硫煤等清洁燃料，减少对环境的污染，炉灰应在指定区域堆放。

(2) 生活区用水不得随意乱泼，以免结冰造成路滑伤人，用水管道要在上冻前做好保温措施，通向施工区、办公室等的道路在下雪后要及时清扫，以防发生交通安全事故。

3.3.4.3　现场安全管理

(1) 现场内的加工厂、机械装置、仓库、运输道路和临时上下水管道、电力网、冬施供热管道和其他临时设施的位置、规格都应在冬期施工方案中详细注明。

(2) 现场内的各种材料、模板、混凝土构件、乙炔气瓶、氧气瓶等存放场地要符合安全要求，加强管理。

(3) 冬期坑槽施工，在方案中应根据地质情况和工程特点制定边坡支护措施；施工中和解冻后要检查边坡稳定性。当发现出现裂缝、土质疏松或支护结构变形等情况要及时采取措施。

(4) 加强冬季劳动保护工作。对各类施工人员配备好各种冬施的安全防护用品、材料及物资。工人做好防冻、防滑、防煤气中毒等工作和生活管理工作。高处作业和在特殊环境下作业人员配备好相应的个人安全防护用品，系好安全带，穿好防滑鞋以及个人防冻防护用品，避免高空坠落和冻伤。脚手架、上人马道要采取防滑措施。

(5) 霜雪天后要及时清扫。大风雪后及时检查脚手架，防止空中坠落事故发生。

(6) 钢结构施工时，要做好在钢梁上行走、焊接施工、栓接施工等的防滑措施，绑扎、起吊各种重物、设备、材料的钢索与其直接接触时，要加强防滑措施，吊运时，绑扎要牢固，防止滑落伤人。安装人员使用的挂梯、校正用具、绳索必须绑扎牢固，直接用吊环、吊耳、卡环等起吊各种重物、设备、材料时，要认真检查其连接焊缝等处有无损伤，若有损伤必须更换后方可吊运。

(7) 所有停用的机械设备在入冬前要将设备内的存水放净，并挂"无水"牌。其他各种冬期使用的机械设备，必须更换成防冻液，以防设备冻坏。

3.3.4.4　冬期电气安全管理

(1) 在冬期施工方案中，必须有现场电气线路及设备位置平面图，现场应设电工负责安装、维护和管理用电设备。严禁非电工人员随意拆改。

(2) 施工现场严禁使用裸线。电线铺设要防砸、防碾压、防止电线冻结在冰雪中。现场所有的电器和机电设备要按《施工现场临时用电安全技术规范》规定接零、接地，风、雨、雪后要检测无短路后方可使用。

(3) 若采用电加热设备提高施工和生活及工作环境温度，要编制"临电进建筑物施工专项方案"，用电设备采用专用电闸箱，强弱电分开，避免误操作造成生产安全事故。严格对生活、办公、以及工程用电取暖的审批和管理制度，杜绝私拉乱搭的现象发生。

3.3.4.5　冬期施工防爆工作

(1) 空压机罐、液化石油气罐和乙炔、氧气瓶等压力容器，应有出厂合格证，并附有技术资料。使用时要建立检查制度，严格检查各种安全装置。对不合格和不符合技术指标的压力容器要停止使用。

(2) 所使用的储气罐等压力容器的安全阀要避免结露冻结，造成不必要的损失。氧气瓶、乙炔气瓶如有冻结现象，严禁使用明火烘烤或用金属器具猛烈敲击气阀。

3.3.4.6　解除冬期施工后的安全管理

(1) 深坑应随时观测边坡稳定。有条件时抓紧回填。

(2) 冬施中搭设的架子、高车架、外用电梯、塔吊等基础和电线杆等，应进行一次普查，防止地基融沉造成倾斜倒塌。

（3）用冻结法砌筑的砌体，在化冻时应按《砌体工程施工质量验收规范》及《建筑工程冬期施工规程》的要求采取必要的措施。

（4）材料堆放场、大模板堆放场应检查和整理。防止垛堆、模板、构件在土层融化时倒塌。

3.3.5 冬期施工消防管理

3.3.5.1 施工现场总平面管理

（1）施工现场总平面图应注明如下内容：

1）新建工程和拟建工程位置；

2）可燃、易燃材料存放场，包括木料、木模板和保温材料、油料库的位置；

3）临时操作棚的位置、间距、结构类型以及吸烟室、警卫室、消防值班室等；

4）消防用水管线走向。消防泵房、消火栓、高层建筑消防立管等位置。并注明消防上水管线的管径。

（2）凡属国家、省（市）级重点工程，施工现场内严禁支搭易燃设施。一般工程搭设易燃设施，需经消防部门批准并制定消防措施。

3.3.5.2 易燃易爆物品管理

（1）冬期施工用的易燃易爆物品和压力容器瓶应设专用仓库分类隔离存放。库房之间和建筑物防火间距应按防火规范执行。库房内部通风、降温设备和电源、防爆设备须灵敏可靠，电源开关应设在库外。

（2）冬施保温用的阻燃型草帘被、聚苯板等易燃物品要在安全地点码放，应保持干燥通风，有防风雪措施，为防止明火引起火灾，其堆放间距要符合防火要求。

（3）所有易燃保温材料应按生产需要控制进场，专人调配防止积压。

（4）挡风设施要使用非易燃品，要严格控制其上方和周围的明火作业，配足消防器材。

（5）各种性质相抵触的化学物品不得堆放在同一货架上，防止掺混发生事故。

（6）各种可燃保温材料不准堆放在电闸箱、电焊机、变压器和电动工具周围，防止材料长时间蓄热自燃。同时应远离电线，避免线路打火引燃保温材料。

3.3.5.3 电器防火管理

变电室、配电室内必须保持干燥通风，不用明火取暖。电工值班室应与变配电室分开。变配电室外5m内不得存放可燃物品。

3.3.5.4 施工现场用火管理

（1）严格现场用火管理。现场临时用火，都要由主管施工员或班组长向用火人员进行消防安全书面交底。操作前消防人员应根据操作环境和消防措施落实情况开具“用火证”。用火证当日有效，用完收回。

（2）明火操作地点要有专人看火，看火人员的主要职责如下：

1）清除用火部位附近的可燃物，不能清除的可用水浇湿。

2）高层建筑或脚手架上用火或焊接，要有石棉布防护或用接火盘接住火花。室外作业时遇五级以上风（含五级）不宜电焊作业。

3）用火部位要准备好消防器材。经常检查消防用水，防止冻结影响灭火。

4）看火人员不得擅离岗位。操作完毕后对用火地点详细检查，特别是火花溅落部位，确认无死灰复燃的可能方可撤离岗位。

（3）木工棚、库房、油漆配料间等周围15m内严禁吸烟和明火作业。

3.3.5.5 消防器材与设备的管理

（1）进入冬期以前各单位应对消防器材的数量和性能进行一次全面检查，按消防规定，准备足够的消防器材，消防水源要充足，消防道路要通畅。

（2）冬期要对消防管道和其他消防设备做好保温防冻。室外消防水管要埋入冰冻线以下，地面上消防管道要有保温措施，消防大水桶应加盐或加防冻剂，消防箱要用锯末或其他保温材料做好保温。

（3）办公室、宿舍等临时用房如采用火炉取暖，要防止火灾，用火要专人负责管理，并应有足够的灭火设备和物资，同时要加强对锅炉等供热设备的管理工作，持证上岗，遇到锅炉超压、缺水、仪表失灵、给水失灵时应采取紧急停火措施，严格交接班制度和按操作规程操作制度，杜绝擅自离岗现象，避免各种事故发生。

3.3.5.6 解除冬施后的消防管理

（1）消防器材应检查、维修和更换。消防栓内的保温材料清理干净，试水检验。

（2）冬期施工所有材料要求妥善保管。草帘等易燃物品要集中收集，存放在空旷处码放，留置通风孔防止自燃。

（3）及时清点冬施剩余物质，入库统一保管，以备再用。

3.4 冬期施工检查

3.4.1 检查时间

各单位、各项目经理部要做好冬期施工检查工作，以通过检查及早发现问题，解决问题。冬期施工检查安排在冬施前、中、后各一次。

冬施前检查：贯彻预防为主的原则，检查项目冬期施工准备情况。

冬施中检查：按规定对重点部位进行检查。

冬施后检查：对在冬施中未达到要求的工程部位的修复情况进行检查，总结冬期施工的经验教训。

3.4.2 检查方式

3.4.2.1 自查

各项目经理部要定期对工程的质量、安全工作进行自查，并将检查中发现的影响冬施质量、安全的问题和处理措施报本单位冬期施工领导小组，按照领导小组的要求予以整改。

3.4.2.2 组织检查

各单位要做好冬期施工检查工作。重点检查：项目经理部是否制定有针对性的冬期施工方案和措施；冬期施工危险源的识别；冬施物资储备情况及各项措施是否落实；施工现场质量、安全情况；防风、防火、防冻、防煤气中毒等项工作情况。要控制危险点，发现影响安全的问题，要责成责任单位限期整改，以确保冬期施工顺利完成。

第4章　季节性施工应急救援管理

4.1　应急救援组织机构和资源

4.1.1　应急救援组织机构和职责

4.1.1.1　应急救援领导小组

冬雨期到来前，各单位应成立生产安全事故应急救援领导小组。

（1）单位季节性施工应急救援领导小组

单位应急救援领导小组应由单位领导担任组长，单位质量部、安全部、技术部、项目管理部、保卫部、社会服务事业部、人力资源部、群众工作部、总经理办公室、法律部、财务部及项目经理部指定专人参加。单位应急救援领导小组负责领导和协调本单位生产安全事故和突发事件的应急救援。其内部分工如下：

①安全部：负责应急救援的组织、协调工作，负责生产安全事故的报告、调查和处理。对自然灾害事件进行前期预防性的宣贯和疏导。

②技术部：负责制定应急救援和抢险的技术方案。

③工程部：组织应急救援资源的调配，对应急救援的机械设备和救援器材进行储备。

④市政工程部：负责提供和调配市政工程事故应急救援的物资资源。

⑤社会服务事业部：参加事故现场伤亡人员的抢救和救治，协助联络相关医院，落实有针对性的抢救和治疗方案。对食物中毒和传染病等事故负责对口上报并牵头组织事故处理。

⑥保卫部：负责事故现场的安全保卫工作，协助有关部门进行现场抢险的协调。对火灾和危险化学品爆炸事故进行对口上报并牵头组织事故处理。

⑦人力资源部：负责应急救援人力资源的调配和储备，并组织相应的救援技能培训和应急救援演练。

⑧群众工作部：负责事故和突发事件伤亡人员和家属的接待和赔偿处理。

⑨总经理办公室：负责与政府有关部门和社会相关方信息沟通和联络。

⑩法律部：负责应急事件和事故处理过程中，有关法律证据的咨询、收集和处理。

⑪财务部：在应急准备中，负责落实应急救援设备、设施、器材等投入经费。在应急事故处理过程中，负责应急救援资金的调配和使用。

（2）应急救援领导小组的应急反应

当发生生产安全事故和突发事件时，单位应急救援领导小组应做出下列应急反应：

①在接到应急报告后，立即赶赴事故现场，组织、协调事故救援，抢救伤员，防止事故扩大。

②在两小时内向有关部门进行事故报告。

③保护事故现场，并组织相关人员对事故现场进行勘察，对有可能进一步扩大的事故现场进行封闭，在记录数据和绘制现场示意图的前提下清除危险。

④接待并配合相关部门进行事故的初步调查，组织接待事故人员家属和社会关注方。

⑤组织、调动各方面的资源进行事故人员的救治和事故现场的整顿和整改。

⑥配合事故调查组开展事故的调查、分析和处理工作。

4.1.1.2　应急救援执行小组

冬雨期到来前，各工程项目经理部应成立生产安全事故应急救援执行小组。应急救援执行小组应由项目经理担任组长，项目质量、安全、工程、技术部门，办公室及协力单位应指定专人参加。应急救援执行小组负责领导和组织本项目生产安全事故和突发事件的应急救援。

当发生生产安全事故和突发事件时，应急救援执行小组应做出下列应急反应：

（1）立即向上级应急救援领导小组进行事故报告并组织现场救援，抢救伤员，防止事故扩大。

（2）保护事故现场，配合相关人员对事故现场进行勘察，清除危险。

（3）配合相关部门进行事故的初步调查，接待事故人员家属和社会关注方。

（4）进行事故现场的整顿和整改。

（5）配合事故调查组开展事故的调查、分析和处理工作。

各工程项目还应设立值班室，建立安全值班制度，进行24小时值班。

4.1.2　应急救援资源

4.1.2.1　应急救援物资储备

汛期应急救援物资由单位防汛抢险队配备应急物料；冬期应急救援物资由单位物资部指定集团专业单位配备。

4.1.2.2　应急救援资金

各单位应准备应急救援资金。应急救援资金归应急救援领导小组调拨，专款专用，作为紧急生产安全事故中伤员抢救和现场救援经费。

4.1.2.3　急救车辆和医药器具

充分利用社会救护车和一般急救器具等资源，作为应急现场救护的医疗队，并建立有效的社会救助渠道。单位应急救援领导小组应与当地医疗单位建立联系，以备事故发生时派出医疗队进行现场救护。

4.1.2.4　抢险救援队伍

应急救援领导小组须指定抢险救援必须的水、电、脚手架登高作业、机械设备操作的专业单位和专业人员作为抢险救援队伍。

4.2　应急救援程序

4.2.1　现场应急救援准备

4.2.1.1　各项目应急救援执行小组须根据本项目施工生产活动特点，监测、评估施工现场重大危险因素和重要环境因素危险点和控制点，确定安全防范重点和应急救援要点。

4.2.1.2　项目应急救援执行小组须制定本项目生产安全事故应急救援预案。应急救援预案应明确：

（1）项目应急救援执行小组的具体人员、分工和职责。

（2）施工现场作业区、宿舍区救援车辆行走和人员疏散路线，现场应用的安全标志。

（3）现场急救方案，根据可能发生的伤情，确定 2～3 个最快捷的定点医院，明确抢救路线。

（4）施工现场值班制度，值班电话。

（5）施工现场控制重要环境事件发生和危害物转移的具体安全保证措施。

（6）事故报告程序和应急救援程序。

4.2.1.3　项目应急救援执行小组应向施工现场人员进行应急救援预案交底，使现场人员了解事故和环境事件一旦发生的应急措施和报告程序。

4.2.1.4　在施工现场配备足够的应急设备、设施和器材，并定期检查，确保灵敏有效。

4.2.1.5　在施工现场公示作业区、宿舍区救援车辆行走和人员疏散路线。现场应用的安全标志要明显，并在日常工作中保证路线畅通。

4.2.1.6　在施工现场公示事故上报单位和部门的联系方式、联系人员和联系电话，确保在最短的时间内（最迟不超过 4 小时）以最快速的方式上报公司应急救援领导小组。

4.2.2　应急救援程序

生产安全事故和环境事件一旦发生，应按下列程序进行事故报告和紧急救援：

4.2.2.1　事故报告程序

事故第一发现人→现场值班室→兼职急救人员→项目负责人→主管部门→单位应急救援领导小组→上级主管部门。

事故报告程序流程图见图 4-1。

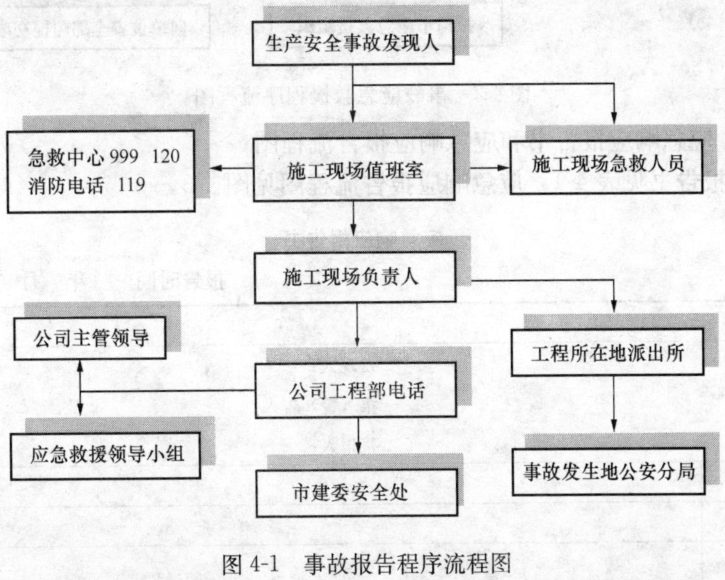

图 4-1　事故报告程序流程图

4.2.2.2　事故应急救援程序

事故发生→保护事故现场→控制事态→组织抢救和救援→疏导人员→事故情况和伤亡情况调查→报告市生产安全应急救援体系。

事故应急救援程序流程图见图 4-2。

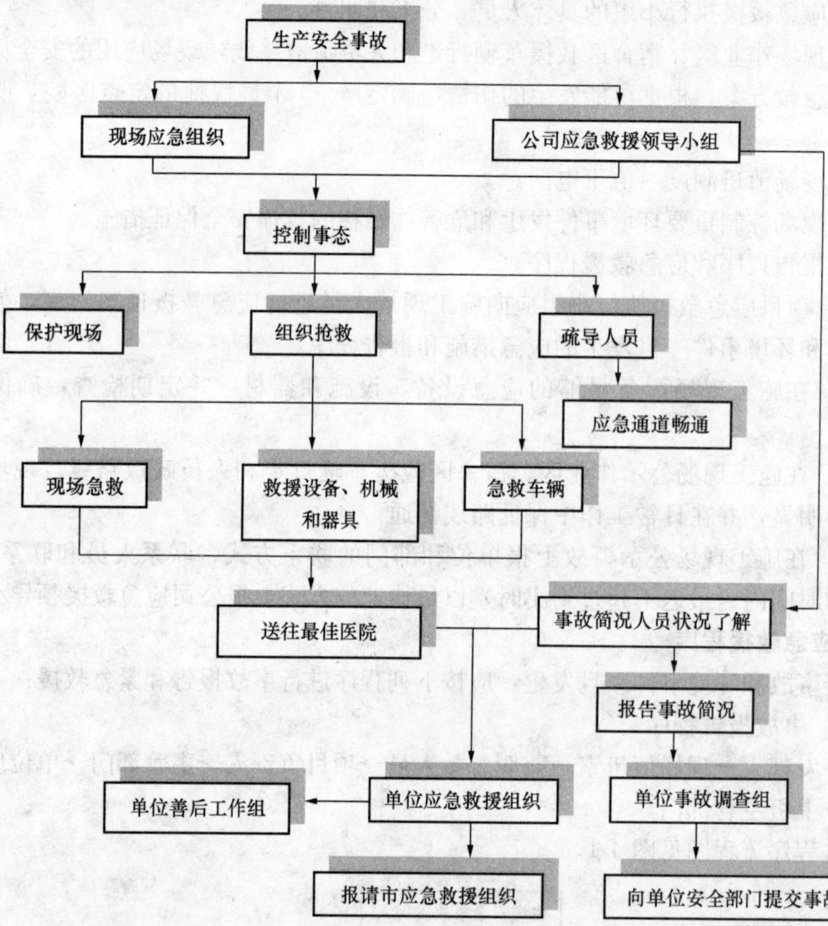

图 4-2　事故应急救援程序流程图

4.2.2.3　应急响应报告书和应急响应报告流程图

应急响应报告书见表 4-1，应急响应报告流程图见图 4-3。

应急响应报告书　　**表 4-1**

单位：　　报告时间　　年　月　日　时　分

基本情况：		
发现时间：		发现人：
发现场所：		报（警）告人：
接报部门：		接报人：
原　　因		
采取对策		
长期应对措施		
结　　论		
备　　注		

填写人：　　确认签名：　　年　月　日

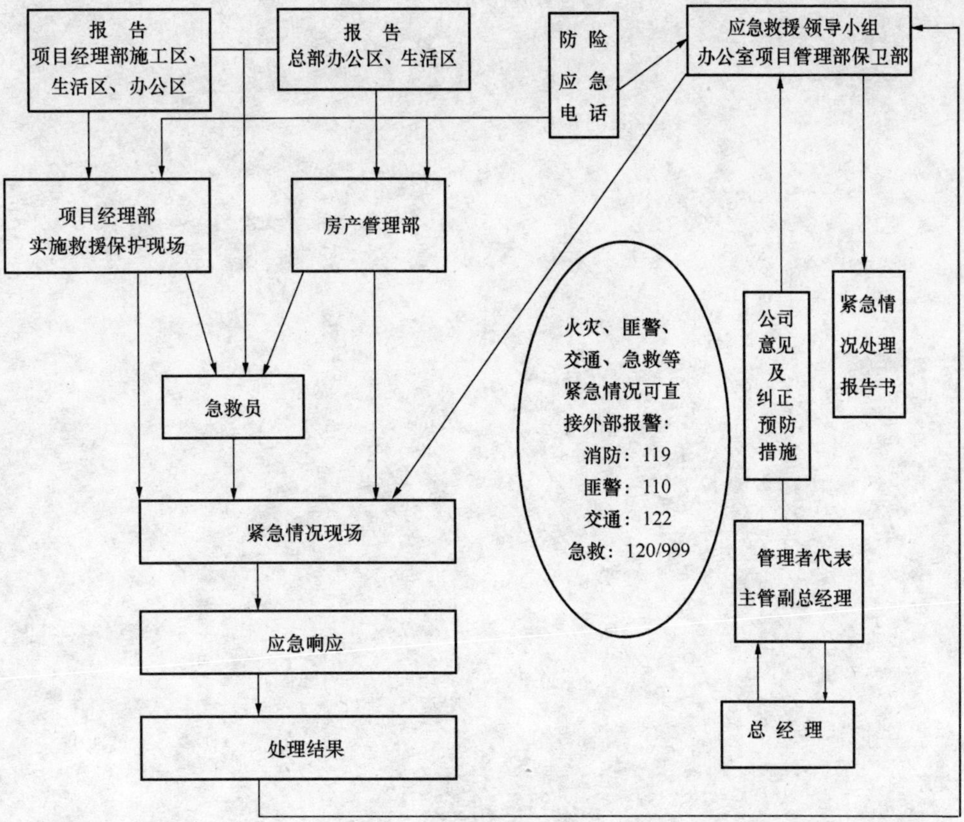

图 4-3 应急响应报告流程图

第2篇

季节性施工技术与管理

第5章 地基与基础

5.1 土方施工

5.1.1 引用标准规范

5.1.1.1 国家标准规范

(1)《土方与爆破工程施工及验收规范》GBJ 201—83；

(2)《建筑地基基础工程施工质量验收规范》GB 50202—2002；

(3)《建筑地基基础设计规范》GB 50007—2002；

(4)《基坑土钉支护技术规程》CECS96：97；

(5)《岩土锚杆（索）技术规程》CECS 22：2005。

5.1.1.2 行业标准规范

(1)《建筑工程冬期施工规程》JGJ 104—97；

(2)《建筑基坑支护技术规程》JGJ 120—99。

5.1.1.3 地方标准规范

如北京市地方性标准《建筑安装分项工程施工工艺规程》DBJ/T 01－26－2003 等。

5.1.2 基本要求

5.1.2.1 原材料要求

(1) 原材料的一般要求

土方施工时，一般与基坑护坡施工同步进行，而基坑护坡施工就需在现场储存一定数量的原材料，如水泥。水泥全部存入仓库，没有仓库的应搭设专门的棚子，保证不漏、不潮，下面应架空通风，四周设排水沟，避免积水。场地四周要有排水出路，防止淤泥渗入。重型材料、设备堆放场地应碾压密实，防止因地面下沉造成倒塌事故。

(2) 原材料的雨期要求

雨期所需材料、设备和其他用品，如水泵、抽水软管、草袋、塑料布、苫布等由材料部门提前准备，及时组织进行。水泵等设备应提前检修。

雨期前对现场配电箱、闸箱、电缆临时支架等仔细检查，需加固的及时加固，缺盖、罩、门的及时补齐，确保用电安全。

(3) 原材料的冬期要求

土方工程的冬期施工，施工前应做好准备工作，并应连续施工。冬期施工时，运输道路和施工现场应采取防滑和防火措施。

5.1.2.2 施工要求

(1) 雨期的施工要求

1) 雨期土方施工排水要求：

①要注意做好场地排水措施，坡顶做1.5m宽散水、200mm高挡水墙，四周做混凝土路面。保证施工现场水流畅通，不积水，四邻地区不倒灌。

②基坑内，沿四周挖砌排水沟、设集水井，泵抽至市政排水系统。排水沟布置在基础轮廓线以外，排水沟边缘应离开坡脚0.3m，沟底比基坑底低0.4m，坡度0.1%；集水井设置在基坑角上，安置4个集水井，井径0.8m，井壁用砖及砂浆砌后抹光，集水井底比排水沟低0.8m（视抽水设备进水阀的高度可进行调整）；排水设备优选离心泵，也可用潜水泵，抽出的积水应排至基坑以外地面排水系统，防止乱排产生回渗。

③筑好生活区的下水管道和雨水井，生活用水应有固定排放途径，保证雨后不陷、不滑、不泥泞、不存水，避免浸泡边坡。

2）土方开挖施工中，基坑内临时道路上铺渣土或级配砂石，保证雨后通行不陷。

3）土方回填应避免在雨天进行施工，以防土方形成橡皮土以及回填不实、不均匀。

4）特别注意事项：雨期土方工程需避免浸水泡槽，一旦发生泡槽现象，必须进行处理，处理措施应经勘察单位、设计单位及监理共同协商制定。

（2）冬期的施工要求

1）土层的防冻与保温

①对于大面积的土方工程宜采用翻松耙平法施工。在拟施工的部位应将表层土翻松耙平，其厚度宜为25～30cm，其宽度宜为开挖时冻结深度的两倍加基槽（坑）底宽之和。

②在初冬降雪量较大的土方工程施工地区，宜采用雪覆盖法。开挖前，在即将开挖的场地宜设置篱笆或用其他材料堆积成墙，高度宜为50～100cm，间距宜为10～15m，并应与主导风向垂直。面积较小的基槽（坑）可在预定的位置上挖积雪沟（坑），深度宜为30～50cm，宽度为预计深度的两倍加基槽（坑）底宽之和。

③对于开挖面积较小的槽（坑），宜采用保温材料覆盖法。保温材料可用炉渣、锯末、刨花、稻草、草帘、膨胀珍珠岩等，再加盖一层塑料布。保温材料的铺设宽度为待挖基槽（坑）宽度的两倍加基槽（坑）底宽之和。其厚度按《建筑工程冬期施工规程》附录A计算确定。

④挖好的较小基槽（坑）的保温与防冻可采用暖棚保温法。在已挖好的基槽（坑）上，宜搭好骨架铺上基层，覆盖保温材料。也可搭塑料大棚，在棚内采取供暖措施。

2）冻土的人工融化

冻土开挖时，可先将冻土进行人工融化，然后再按照常规的土方开挖方式进行开挖。冻土的融化方式分为以下几类。

①冻土融化方法应视其工程量大小、冻结深度和现场施工条件等因素确定，可选择烟火烘烤、蒸汽融化、电热等方法，并应确定施工顺序。

②工程量小的工程可采用烟火烘烤法，其燃料可选用刨花、锯末、谷壳、树枝皮及其他可燃废料。在拟开挖的冻土上应将铺好的燃料点燃，并用铁板覆盖，火焰不宜过高，并应采取可靠的防火措施。

③当热源充足，工程量较小时，可采用蒸汽融化法。应把带有喷汽孔的钢管插入预钻好的冻土孔中，通蒸汽融化。冻土孔径应大于喷汽管直径1cm，其间距不宜大于1m，深度应超过基底30cm。当喷汽管直径D为2.0～2.5cm时，应在钢管上钻成梅花状喷汽孔，下端应封死，融化后应及时挖掘并防止基底受冻。

④在电源比较充足地区，工程量又不大，可用电热法融化冻土。电极宜采用ϕ16～

$\phi25$ 的下端带尖钢筋。电极打入冻土中的深度不宜小于冻结深度，并宜露出地面 10～15cm。电极的间距宜按表 5-1 采用。电热时间应根据冻结深度、电压高低等条件确定。当通电加热时可在地表铺锯末，其厚度宜为 10～25cm，并宜采用 1%～2%浓度的盐溶液浸湿。采用电热法融化冻土时，应采取安全防护措施。

电 极 的 间 距 **表 5-1**

电　压（V）	冻　结　深　度（cm）			
	50	100	150	200
380 220	60 50	60 50	50 40	50 40

5.1.3 施工工艺及操作要点

5.1.3.1 雨期土方开挖

(1) 开挖线放样

由专业测量技术人员依据开挖图，采用极坐标法依次放样上口开挖线的交点，经多方检验无误后再用平行线法放样开挖下口线。最后在开挖范围外作好开挖控制桩并加以保护，作为开挖控制的依据。

(2) 土方开挖流程

为了保证土方开挖的顺利进行，防止塌方等不利现象的发生，一般采用土方开挖与护坡施工交替进行的办法。

1) 如护坡采用土钉墙时，一般每挖 1.5m 深进行边坡修整，然后进行喷射混凝土施工，反复交替进行，直至坑底。具体流程如下：开挖线放样→第一步土方开挖→第一步边坡喷射混凝土→开挖下一步土方→喷射下一步边坡混凝土→直至基坑底。

2) 如护坡采用桩锚支护结构时，一般需挖土方至锚杆位置以下 0.5m 处，即先对桩间土作稳定维护，然后再施工锚杆，反复交替进行，直至坑底。

(3) 机械挖土

1) 一般采用反铲挖土机、装载机同时进行。

2) 开挖过程中应遵循先边缘后中间的方法，并预留好汽车坡道。

3) 边坡及坑底应留 20cm 人工收尾，以减少对土层的扰动。

4) 开挖过程中应实时测量挖深，通过放坡系数计算该挖深处的下边缘位置，并由测量人员撒出白灰线进行控制。

5) 如果到达坑底后发现基底土层与地勘资料不一致，应立即通知业主、监理、设计以及地勘部门进行验槽，以便及时采取处理措施。

6) 坡道处土方收尾采用长臂挖土机进行挖土，装车运走。

(4) 土方回填

土方回填应避免在雨天进行施工，回填时须按照《建筑地基基础工程施工质量验收规范》GB 50202—2002 中分层回填、夯实的要求进行。

5.1.3.2 冬期土方开挖

(1) 冻土的挖掘

冻土挖掘时，如采用先融化再挖掘的方式时，其挖掘的方法同一般的土方开挖方法。如不对冻土先行融化，则可按照以下方法进行挖掘。

1）冻土的挖掘根据冻土层厚度可采用人工、机械和爆破方法。

①人工挖掘冻土可采用锤击铁楔子劈冻土的方法分层进行挖掘。楔子的长度视冻土层厚度确定，宜为30～60cm。

②机械挖掘冻土可根据冻土层厚度选用推土机松动、挖掘机开挖或重锤冲击破碎冻土等方法。其设备可按表5-2选用。当采用重锤冲击破碎冻土时，重锤可由铸铁制成楔形或球形，重量宜为2～3t。起吊设备可采用吊车或简易支架配以卷扬机。

冻土挖掘设备选择　　表5-2

冻土厚度（cm）	选择机械
<50	铲运机、推土机、挖掘机
50～100	大马力推土机、松土机、挖掘机
100～150	重锤

③对于冻土层较厚，开挖面积较大的土方工程，可使用爆破法。当冻土层厚度小于或等于2m时宜采用炮孔法。炮孔的直径宜为50～70mm，深度宜为冻土层厚度的0.6～0.85倍，与地面呈60°～90°夹角。炮孔的间距宜等于最小抵抗线长度的1.2倍，排距宜等于最小抵抗线长度的1.5倍。炮孔可用电钻、风钻或人工打钎成孔。

炸药可使用黑色炸药、硝铵炸药或TNT炸药。冬期严禁使用甘油类炸药。炸药装药量应由计算确定或不超过孔深的2/3，其余上面的1/3填装砂土。

雷管可使用电雷管或火雷管。

当采用冻土爆破法施工时，土方工地离建筑物的距离应大于50m，距高压电线的距离应大于200m。并应符合国家现行标准《土方与爆破工程施工及验收规范》GBJ 201—83的有关规定。

2）冬期开挖冻土时，应采取防止引起相邻建筑物地基或其他设施受冻的保温防冻措施。

3）在挖方上边弃置冻土时，其弃土堆坡脚至挖方边缘的距离应为常温下规定的距离加上弃土堆的高度。

4）开挖完的基槽（坑）应采取防止基槽（坑）底部受冻的措施。当基槽（坑）挖完不能及时进行下道工序施工时，应在基槽（坑）底标高以上预留土层，并覆盖保温材料进行保温。

（2）土方回填

1）冬期土方回填时，每层铺土厚度应比常温施工时减少20%～25%。预留沉陷量应比常温施工时增加。对于大面积回填土和有路面的路基及其人行道范围内的平整场地填方，可采用含有冻土块的土回填，但冻土块的粒径不得大于15cm，其含量（按体积计）不得超过30%。铺填时冻土块应分散开，并应逐层夯实。

2）冬期填方施工应在填方前清除基底上的冰雪和保温材料；填方边坡的表层100cm以内，不得采用含有冻土块的土料填筑；整个填方上层部位应用未冻的或透水性好的土回填，其厚度应符合设计要求。冬期填方的高度不宜超过表5-3规定。

冬期填方的高度　　表5-3

室外平均气温（℃）	填方高度（m）
−5～−10	4.5
−11～−15	3.5
−16～−20	2.5

注：采用石块和不含冻块砂土（不包括粉砂）、碎石土类回填时，填方的高度可不受上表限制。

3）室外的基槽（坑）或管沟可采用含有冻土块的土回填。但冻土块粒径不得大于15cm，含量不得超过15%，且应均匀分布，但管沟底以上50cm范围内不得用含有冻土块的土回填。室内的基槽（坑）或管沟不得采用含有冻土块的土回填。回填土施工应连续进行并应夯实。当采用人工夯实时，每层铺土厚度不得超过 20cm，夯实厚度为 10～15cm。对于冻结期间暂不使用的管道及其场地回填土，冻土块的含量和粒径不受限制，但融化后应做适当处理。

4）室内地面垫层下回填的土方，填料中不得含有冻土块，并应及时夯实。填方完成后至地面施工前，应采取防冻措施。

5）永久性的挖、填方和排水沟的边坡加固修整，宜在解冻后进行。

（3）特别注意事项

冬期土方工程施工时，要特别注意槽底地基土层的防冻保护。一般可根据当地的冻结深度，在槽底预留适当厚度的土层覆盖住地基持力层，待底板施工前再将其挖除。当土方直接挖至槽底设计标高时，可采用保温材料予以覆盖保护。

5.1.4 质量控制及检验标准

5.1.4.1 回填土方的基本要求

（1）回填的土料，必须符合设计要求或施工规范的规定。

（2）回填土必须按规定分层夯压密实。取样测定夯压密实后的干土质量密度，其合格率不应小于 90%；不合格干土质量密度的最低值与设计值的差不应大于 0.08g/cm³，且不应集中，环刀法取样的方法及数量应符合有关规范规定。

（1）配料正确，拌合均匀，分层虚铺厚度符合规定，夯压密实，表面无松散、翘皮。

（2）留槎和接槎，分层留接槎的位置、方法正确，接槎密实、平整。

5.1.4.2 允许偏差项目（表 5-4）

允许偏差标准 表 5-4

序 号	项 目	允许偏差（mm）	检 验 方 法
1	顶面标高	±15	用水准仪或拉线尺量检查
2	表面平整度	20	用 2m 靠尺和楔形塞尺检查

5.1.5 环境及职业健康安全

5.1.5.1 施工人员进场，必须经过入场教育并考试合格后方可上岗。

5.1.5.2 手推车卸料时应有挡车措施，不得用力过猛或撒把。

5.1.5.3 打夯机电源电缆必须选用橡胶套软电缆，长度不得超过 50m。电源开关至电机段的缆线应沿扶把穿软管敷设固定。

5.1.5.4 打夯机大皮带轮及固定套不得轴向窜动，偏心块必须连接牢固。

5.1.5.5 松土打夯时不得强行牵拉。

5.1.5.6 打夯机应用单项开关，手握部位应有绝缘保护。

5.1.5.7 所有临时用电必须由电工接至作业面，其他人员禁止乱接电线。机电设备操作人员应持证上岗，并按规定使用好个人防护用品，戴好绝缘手套，其他非操作人员禁止操纵机电设备。

5.1.5.8 合理调配好劳动力，防止操作人员疲劳作业，严禁酒后操作，以防发生事故。

5.1.5.9 夜间作业，作业面应有足够的照明；同时，灯光不得照向场外，影响马路交通安全及居民休息。

5.2 降 水 工 程

5.2.1 引用标准规范

5.2.1.1 国家标准规范

《供水管井技术规范》GB 50296—99。

5.2.1.2 行业标准规范

(1)《建筑与市政降水工程技术规范》JGJ/T 111—98；

(2)《建筑工程冬期施工规程》JGJ 104—97。

5.2.2 基本要求

5.2.2.1 原材料要求

(1) 原材料的一般要求

1) 成井用的泥浆护壁原材料全部存入仓库，没有仓库的应搭设专门的棚子，保证不漏、不潮，下面应架空通风，四周设排水沟，避免积水积雪。

2) 材料供应商必须持有营业执照及资质证明，并提供材料出厂合格证及材质证明。

3) 滤水管的种类、型号及尺寸规格应符合设计文件的规定要求，滤水材料进货时要有质量保证书、合格证。

(2) 原材料的雨期要求

1) 雨期所需材料、设备和其他用品，如水泵、抽水软管、草袋、塑料布、苫布等由材料部门提前准备，及时组织进行。

2) 场地四周要有排水出路，防止淤泥渗入。重型材料、设备堆放场地应碾压密实，防止因地面下沉造成倒塌事故。

(3) 原材料的冬期要求

提前准备冬期保温材料以及对水泵等设备应提前检修。

5.2.2.2 施工要求

(1) 基本要求

1) 冬雨期进行的降水工程：应首先详细了解和掌握建筑场地的工程地质、水文地质勘察资料；了解和掌握区域范围内地下水的常年变化规律。

2) 场地排水：坡顶排水要求做 1.5m 宽散水、挡水墙，四周做混凝土路面。基坑内排水要求沿四周挖砌排水沟、设集水井，泵抽至市政排水系统。排水沟布置在基础轮廓线以外，排水沟边缘应离开坡脚 0.3m，沟底比基坑底低 0.4m，坡度 0.1%；集水井一般设置在基坑角上，安置 4 个集水井，井径 0.8m，井壁用砖及砂浆砌后抹光，集水井底比排水沟低 0.8m（视抽水设备进水阀的高度可进行调整）；排水设备优选离心泵，也可用潜水泵，抽出的积水应排至基坑以外地面排水系统，防止乱排产生回渗。保证施工现场水流畅通，不积水，四邻地区不倒灌。

3) 做好生活区的下水管道和雨水井，生活用水应有固定排放途径，保证雨后不陷、不滑、不泥泞、不存水，避免浸泡边坡。

4) 靠近建（构）筑物进行降水工程施工时，应采取防止相邻建（构）筑物产生过大不均匀沉降的措施，必要时增加回灌井。

5）冬施期间，建筑场地宜在冻结前清除地上和地下障碍物、地表积水，并应平整场地与道路。冬期及时清除积雪，春融期作好排水。

6）冬施期间，对建（构）筑物的施工控制坐标点、水准点及轴线定位点的埋设应采取防止土的冻胀、融沉变位和施工振动影响的措施，并应定期复测校正。

（2）雨期的施工要求

1）洗井要及时进行，抽出的废水泥砂含量较大，不得向市政管道直接排放。

2）降水井施工完毕后，泥浆池、沉淀池要随之处理。

3）每个水泵抽水管道进入排水干管前要安放止水阀门，防止干管中水压过大返流回降水井中。

4）靠近建（构）筑物进行降水工程施工时，应采取防止相邻建（构）筑物产生过大不均匀沉降的措施，必要时增加回灌井。

5）雨期前对现场配电箱、闸箱、电缆等设备的临时支架仔细检查，需加固的及时加固，缺盖、罩、门的及时补齐，确保用电安全。

（3）冬期的施工要求

1）冬施前，要用岩棉被、铅丝把现场所有排水干管、水泵管包裹密实并绑扎好，防止大风、降温造成水管冻裂。

2）施工通道不得积水，现场结冰处铺砂石处理。

5.2.3 施工工艺及操作要点

5.2.3.1 主要施工方法分类、适用范围、适用条件

主要施工方法分类、适用范围及适用条件如表5-5所列。

主要施工方法分类 **表5-5**

序号	降水技术方法	适宜地质条件	渗透系数（m/d）	降水深度（m）	造 价
1	明排降水	黏性土、砂土	≤0.5	≤2	低
2	轻型井点	黏性土、粉质黏土、砂土	0.1～20.0	单级≤6，多级≤20	较低
3	管井	砂土、碎石土、砂砾石	1.0～200	≥5	较高

5.2.3.2 操作工艺

定位放线→挖泥浆池、沉淀池→成孔→沉放井管→填滤料→洗井→铺设排水管道→抽水运行。施工现场如图5-1所示。

图5-1 降水工程施工现场

5.2.3.3 施工准备

（1）现场准备

1）了解场地内各种地下障碍物的情况，并办理必要的书面手续。

2）根据红线桩、城市水准点及施工要求进行定位放线及抄平，确定井位和井深。

3）协调施工现场管辖部门及附近居民的关系，保证施工的顺利进行。

4）施工用水、施工用电的连接及临时设施搭建。

5）与甲方及有关部门协调排水点。

6）对施工人员进行生产、技术、质量、安全等全方位的交底。

7）根据施工现场实际情况调整修改施工方案。

8）根据现场条件进一步完善施工方案，绘制现场用图，包括平面、剖面设计图及施工场地平面布置图。

9）健全指挥系统及安全施工、工程质量及环保体系。

10）降水设计、方案编制人员及单位技术主管同现场技术及施工人员召开会议，做详细技术交底及总体施工规划。

（2）施工机具准备（表5-6）

施工机具准备明细表 **表5-6**

施工项目	机具准备	备注
成井	成孔钻机（冲击钻机，正、反循环钻机，旋挖钻机）、空压机	根据地质条件的不同采用不同的成孔工艺
抽水运行	电箱、电缆、水泵	

（3）主要材料准备

滤水管、滤料（豆石）、排水干管、水泵管、ϕ6mm钢丝绳、井口盖板、止水阀门、竹片、棕皮、水泥、细砂、砖、8号铁丝。

（4）作业条件

1）现场应达到“三通一平”等条件。

2）井位位置下地下障碍物清理完毕。

5.2.3.4　质量控制及检验

（1）材料要求

1）选用透水性良好的滤水管和滤水材料（最好是豆石）。

2）细砂、滤料、水泥进场后必须使用塑料布覆盖进行保温。

3）钢丝绳、止水阀门要有出厂合格证。

（2）技术要求

1）埋设井口护筒时，要用黏土充填紧密，以固定孔口，孔口高出地面30cm。

2）钻机就位时，须安置牢固，保证钻机平整稳固。

3）冲击钻机开孔时，钻头对准孔中心，以0.5m左右的冲程不间断地冲击地层，每进尺50cm掏渣一次。

4）冲击或旋挖成孔至设计深度后立即掏渣清孔，下放滤水管，井管间扣紧并外包棕皮，为使管井成为整体，井管外侧对称通常绑扎四根竹片，井管高出地面30cm，放置滤水管后即填豆石滤料。为保证井的渗水作用，填完滤料后趁泥浆沉淀前用空压机洗井。

5）成井后，每井均安装适当扬程的潜水泵，抽出的水汇集到集水干管后排向市政雨水井，集水干管按1/500的坡度向雨水井方向倾斜，以保证不会发生淤塞堵管。

5.2.4　质量控制及检验标准

5.2.4.1　降水井质量标准（表5-7）

5.2.4.2　应注意的问题

（1）洗井要及时进行，抽出的废水泥砂含量较大，不得向市政管道排放。

（2）降水井施工完毕后，泥浆池、沉淀池要随之处理。每口降水井需设置井盖，以防人或物坠落其中。

（3）每个水泵抽水管道进入排水干管前要安放止水阀门，防止干管中水压过大返流回降水井中。

（4）做好生活区的下水管道和雨水井，用水应有固定排放途径，保证雨后不陷、不滑、不泥泞、不存水，避免浸泡边坡。

（5）基坑内临时道路上铺渣土或级配砂石，保证雨后通行不陷。

（6）机电设备要经常检查接零、接地保护，所有机械棚要搭设严密，防止漏雨，随时检查漏电装置功能是否灵敏有效。

降水井质量标准　　表 5-7

内　容	标　准	检　查
降水井深度	≥设计孔深	尺量检查
降水井允许偏差	±50mm	
降水井垂直度允许偏差	≤$H/100$	

（7）施工过程中及时向工人发放雨具等劳保用品。

5.2.5　环境及职业健康安全

（1）现场设立健全的安全领导小组。

（2）全体人员应认真执行安全操作规程及有关规定。

（3）施工前，施工负责人要向操作人员做专项技术安全交底，关键部分要下技术指导书。

（4）施工人员进入现场要服从安全员的指挥和监督。进场施工人员必须符合有关建设行政主管部门关于劳务人员用工的规定及条例，证件齐全。

（5）施工人员进入现场要进行“三级”安全教育。

（6）每天班前 5min，施工负责人必须做施工安全注意事项专项交底。

（7）现场电器设备要有漏电保护器，电缆应设可靠绝缘。各种机电设备均应设专人负责管理，电工持证上岗。

（8）现场用电设备必须实行三级供电，两级保护。

（9）夜间施工，工地应有足够的照明。

（10）施工中如遇地下障碍物（包括古墓、各种管道、管沟、电缆、人防等）时，立即暂停施工，及时报告项目经理部，待妥善处理后方可继续施工。

（11）所有施工人员应保持现场卫生，生产及生活垃圾均装入运土车中带走，不得随处抛撒。

（12）现场空压机做好遮挡，且尽量避免夜间施工。

（13）现场严禁乱丢水泥及泥浆粉袋，废弃袋要放好，回收。

（14）雨期施工应有相应的防滑措施。若遇大雨、雷电或 6 级以上强风时，应禁止高处、起重等内容的作业，且过后重新作业之前应先检查各项安全设施，确认安全后方可继续作业。

（15）露天使用电器设备，要有可靠防漏电措施。做好机电设备的接地和接零保护。有关机具设备和设施按规定设置避雷装置。

（16）雷雨时工人不要在高墙旁或大树下避雨，不要走近电杆、铁塔、架空电线和避雷针的接地导线10m以内地区。人若遭受雷击触电后，应立即采取人工呼吸急救并请医生采取抢救措施。

(17) 废弃的水泥浆或泥浆不得随便排放。

(18) 冬期施工作业层和运输通道应加设防滑措施，及时清除冰雪，并按需要设置挡风设施。

(19) 易燃材料应注意经常清理，不得随意生火取暖，保证消防器材和水源的供应，并保证消防通道的畅通。

(20) 要防止一氧化碳中毒、亚硝酸盐和食盐混放误食中毒。

5.3 土钉墙施工

5.3.1 引用标准规范

5.3.1.1 国家标准规范

(1)《基坑土钉支护技术规程》CECS96：97；

(2)《岩土锚杆（索）技术规程》CECS22：2005；

(3)《混凝土结构设计规范》GB 5000—2002；

(4)《锚杆喷射混凝土支护技术规范》GB 50086—2001；

(5)《建筑地基基础工程施工质量验收规范》GB 50202—2002；

(6)《建筑地基基础设计规范》GB 50007—2002。

5.3.1.2 行业标准规范

(1)《基坑支护技术规程》JGJ 120—99；

(2)《建筑工程冬期施工规程》JGJ 104—97；

(3)《建筑与市政降水工程技术规范》JGJ/T 111—98。

5.3.2 基本要求

5.3.2.1 原材料要求

(1) 原材料的一般要求

1) 水泥全部存入仓库，没有仓库的应搭设专门的棚子，保证不漏、不潮，下面应架空通风，四周设排水沟，避免积水。

2) 材料供应商必须持有营业执照及资质证明，并提供材料出厂合格证及材质证明。

3) 钢材的种类、型号及尺寸规格应符合设计文件的规定要求，钢材进货时要有质量保证书、合格证，并应妥善保管，防止锈蚀。

(2) 原材料的雨期要求

1) 雨期所需材料、设备和其他用品，如水泵、抽水软管、草袋、塑料布、苫布等由材料部门提前准备，及时组织进行。水泵等设备应提前检修。

2) 场地四周要有排水出路，防止淤泥渗入。重型材料、设备堆放场地应碾压密实，防止因地面下沉造成倒塌事故。

(3) 原材料的冬季要求

冬期所需的保温材料，必须为阻燃材料。

5.3.2.2 施工要求

(1) 雨期的施工要求

1) 雨期前对现场配电箱、闸箱、电缆等设备的临时支架等仔细检查，需加固的及时加固，缺盖、罩、门的及时补齐，确保用电安全。

2) 筑好生活区的下水管道和雨水井，生活用水应有固定排放途径，保证雨后不陷、不滑、不泥泞、不存水，避免浸泡边坡。

(2) 冬期的施工要求

1) 冬期进行基坑支护的工程，除应有建筑场地的工程地质勘察资料外，根据需要尚应提出地基土的主要冻土性能指标。

2) 建筑场地宜在冻结前清除地上和地下障碍物、地表积水，并应平整场地与道路。冬期及时清除积雪，春融期作好排水。

3) 对建（构）筑物的施工控制坐标点、水准点及轴线定位点的埋设应采取防止土的冻胀、融沉变位和施工振动影响的措施，并应定期复测校正。

4) 靠近建（构）筑物基础的地下基坑施工时，应采取防止相邻地基土遭冻的措施。

5.3.2.3 场地要求

(1) 场地排水要求：坡顶做 1.5m 宽散水、挡水墙，四周做混凝土路面。保证施工现场水流畅通，不积水，四邻地区不倒灌。

(2) 基坑内排水要求：沿坑底四周挖砌排水沟、设集水井，泵抽至市政排水系统。排水沟布置在基础轮廓线以外，排水沟边缘应离开坡脚 0.3m，沟底比基坑底低 0.4m，坡度 0.1%；集水井设置在基坑角上，安置 4 个集水井，井径 0.8m，井壁用砖及砂浆砌后抹光，集水井底比排水沟低 0.8m（视抽水设备进水阀的高度可进行调整）；排水设备优选离心泵，也可用潜水泵，抽出的积水应排至基坑以外地面排水系统，防止乱排产生回渗。

5.3.2.4 特别注意事项

(1) 在雨期对基坑采用土钉墙支护时，需防止雨水稀释拌制好的水泥浆。

(2) 对在雨期喷射于坡面上的混凝土，在强度未达到设计要求时，需采取防止雨水冲刷的措施。

(3) 冬期施工时，需对拌制好的水泥浆及喷射于坡面上的混凝土采取必要的防冻措施。

(4) 土方开挖必须与土钉支护密切配合，严禁超挖及支护结构未达设计强度时就开挖下一步土方。

5.3.3 施工工艺及操作要点

5.3.3.1 操作工艺（图 5-2）

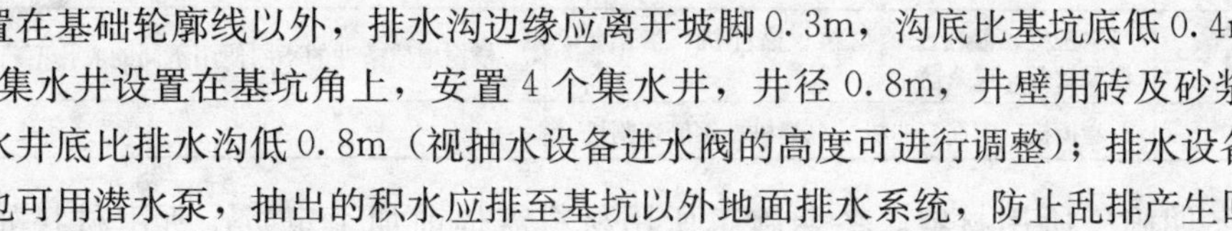

图 5-2 土钉墙施工操作工艺

5.3.3.2 施工准备

(1) 现场准备

1）了解场内各种地下障碍物的情况，并办理必要的书面手续。

2）根据红线桩、城市水准点及施工要求进行定位放线及抄平。

3）协调施工现场管辖部门及附近居民的关系，保证施工的顺利进行。

4）施工用水、施工用电的连接及临时设施搭建。

5）对施工人员进行生产、技术、质量、安全等全方位的交底。

6）根据施工现场实际情况调整修改施工方案。

7）根据现场进一步完善施工方案，绘制施工用图，包括平面、剖面设计图及施工现场平面布置图。

8）健全指挥系统及安全施工、工程质量及环保保障体系。

9）设计人员、方案编制人员及单位技术主管同现场技术及施工人员召开会议，做详细技术交底及总体施工规划。

（2）施工机具准备（表 5-8）

（3）主要材料准备

1）主要准备的主材为钢筋、水泥、砂、豆石。

2）雨期施工所用材料。雨期施工所用材料需提前加工定货，所用材料如表 5-9 所示。

施工机具准备明细表　　表 5-8

施工项目	机具准备	备注
土钉墙	空压机、混凝土喷射泵、锚杆机、洛阳铲、注浆设备、搅浆筒	根据地质条件的不同使用不同的成孔工艺
钢筋加工	卷扬机、钢筋弯曲机、电焊机、钢筋切割机	

3）冬期施工所用材料。冬期施工所用材料需提前加工定货，所用材料如表 5-10 所示。

雨期施工所用材料　　表 5-9

序号	雨期施工材料	备注
1	苫布	覆盖防雨
2	彩条布	用于挡风
3	水泵	排水
4	抽水软管	排水

冬期施工所用材料　　表 5-10

序号	冬施材料	备注
1	阻燃草帘	覆盖保温
2	再生塑料布	覆盖保温
3	彩条布	用于挡风
4	棉帘	用于门窗口挡风
5	温度计	测温
6	蒸汽热水箱	搅拌水加热，外加聚苯板保温

（4）作业条件

1）现场应达到“三通一平”等条件。

2）土方开挖配合土钉墙施工，提供工作面。开挖深度在土钉孔位以下 50cm，开挖宽度保证 10m 以上，以确保土钉成孔机械钻机的工作面。

5.3.3.3　技术要求

（1）边坡开挖：采用反铲挖土机，预留 20～30cm 人工修坡，开挖深度在土钉孔位下 50cm，开挖宽度保证 10m 以上，以确保土钉成孔机械钻机的工作面。土方开挖严格按设计规定的分层开挖深度按作业顺序施工，在完成上层作业面的土钉及喷混凝土面层以前，不得进行下一层土方的开挖。

（2）边坡修整：采用人工清理，为确保喷射混凝土面层的平整，此工序必须挂线定位。对于土层含水量较大的边坡，可在支护面层背部插入长度为400～600mm、直径不小于40mm的水平排水管（包滤网），其外端伸出支护面层，间距为2m，以便将喷射混凝土面层后的积水排走。

（3）定位放线：按设计图纸由测量人员用ϕ8长30cm的钢筋放出每一个土钉的位置。

（4）成孔：采用人工洛阳铲并结合螺旋钻机机械成孔。钻孔后进行清孔检查，对孔中出现的局部渗水塌孔或掉落松土立即进行压浆处理，并及时安设土钉钢筋并注浆。

（5）土钉主筋制作及安放：主筋按设计长度下料，外端设2根“L”形的弯钩，主筋每隔2m焊对中支架，防止主筋偏离土钉中心；安放主筋时，将注浆管与主筋附着在一起，注浆管离孔底0.5m左右。

（6）造浆及注浆：采用搅拌机造浆，应严格控制水灰比为$W/C=0.5$；注浆采用注浆泵，注浆时，将注浆管缓慢均匀拔出，但出浆口应始终处于孔中浆体表面之下，保证孔中气体能全部排出。

（7）挂网及锚头安装：钢筋网片用插入土中的钢筋固定，与坡面间隙3～4cm，不应小于3cm，搭接时上下左右一根对一根搭接绑扎，搭接长度应大于30cm，并不少于两点点焊。钢筋网片借助于横向拉筋与土钉外端的弯钩焊接成一个整体。

（8）喷射混凝土：喷射混凝土顺序可根据地层情况“先锚后喷”，土质条件不好时采取“先喷后锚”，喷射作业时，空压机风量不宜小于9m^3/min，气压0.2～0.5MPa，喷头水压不应小于0.15MPa，喷射距离控制在0.6～1.0m，通过外加速凝剂控制混凝土初凝和终凝时间在5～10 min，喷射厚度为60～100mm。喷射混凝土施工见图5-3。

图5-3　喷射混凝土

（9）养护：雨期施工时，根据气温和湿度状况采用自然养护或喷淋养护。冬期施工期间采用负温养护法或用棉被覆盖保温。

（10）施工过程中如发现滞水，可用PVC管插入坡壁后再进行喷射混凝土支护，可以将坡壁内滞水引出。

（11）在基坑四周5.0m范围内不得设置用水点；在场地内的所有用水点，均应设置排水沟，将水引入下水管道。在基坑四周边沿设置排水沟（或排水管道），防止降雨和人工用水的渗入。

5.3.4　质量控制及检验标准

5.3.4.1　土钉墙质量标准（表5-11）

5.3.4.2　应注意的问题

（1）雨期喷射混凝土采用自然养护或喷淋养护。冬期喷射混凝土采用负温养护法，喷射完的混凝土面应采用塑料布、草帘子覆盖加以保温。

土钉墙质量标准　　表 5-11

内　　容	标　准	检　查
坡面平整度的允许偏差	±20mm	尺量检查
孔深允许偏差	±50mm	
孔径允许偏差	±5mm	
孔距允许偏差	±100mm	
钢筋保护层厚度	≥25mm	
土钉倾角偏差	±5%	
挂网时网片距坡面	3～4cm	

(2) 自然坡面需防止雨水直接冲刷，遇大雨时可覆盖塑料布。

(3) 现场存储的钢材做好防雨水锈蚀的准备。

(4) 机电设备要经常检查接零、接地保护，所有机械棚要搭设严密，防止漏雨，随时检查漏电装置功能是否灵敏有效。

(5) 雨期时，施工过程中及时向工人发放雨具等劳保用品。

(6) 冬期施工时，搅浆设备、注浆设备应设置在暖棚内，防止受冻。

(7) 冬期时，管线进行保温处理，水管、浆管用后将水控干，以防冻涨。

(8) 施工通道不得积水，现场结冰处铺砂石处理。

(9) 冬期施工过程中及时向工人发放防冻劳保用品。

5.3.4.3　材料要求

(1) 选用普通硅酸盐水泥。

(2) 砂子、石子、水泥进场后必须使用塑料布覆盖避免雨淋。

(3) 施工用石子、砂子及水泥必须经试验室复检合格后方可使用。

5.3.5　环境及职业健康安全

(1) 现场要设健全的安全领导小组。

(2) 全体人员应认真执行各工种的安全操作规程及有关规定。

(3) 施工前，施工负责人要向操作人员做专项技术安全交底，关键部分要下技术指导书。

(4) 施工人员进入现场要服从安全员的指挥和监督。进场施工人员必须符合有关当地劳务人员用工的有关规定及条例，证件齐全。

(5) 施工人员进入现场要进行“三级”安全教育。

(6) 每天班前 5min，施工负责人必须做施工安全注意事项专项交底。

(7) 现场电器设备要有漏电保护器，电缆应设可靠绝缘。各种机电设备均应设专人负责管理，电工持证上岗。

(8) 现场用电设备必须实行三级供电，两级保护。

(9) 夜间施工，工地应有足够的照明。

(10) 土方开挖后，按现场安全防护要求在基坑的周围搭设安全保护栏杆，避免人员跌落坑中。

(11) 施工时，挖掘机严禁碰撞土钉墙。

(12) 施工中如遇地下障碍物（包括古墓、各种管道、管沟、电缆、人防等）时，立即暂停施工，及时报告项目经理部，待妥善处理后方可继续施工。

(13) 所有施工人员应保持现场卫生，生产及生活垃圾均装入运土车中带走，不得随处抛撒。

(14) 现场空压机做好遮挡，且尽量避免夜间施工。

(15) 钢筋等材料要码放整齐，砂石料要拍方，水泥要覆盖。

(16) 现场严禁乱丢水泥袋，水泥袋要放好，回收。

(17) 喷射混凝土，尽量减少扬尘，避免污染环境。

(18) 废弃的水泥浆不得随便排放。

(19) 雨期施工应有相应的防滑措施。若遇大雨、雷电或6级以上强风时，应禁止高处、起重等内容的作业，且过后重新作业之前应先检查各项安全设施，确认安全后方可继续作业。

(20) 露天使用电器设备，要有可靠防漏电措施。做好机电设备的接地和接零保护。有关机具设备和设施按规定设置避雷装置。

(21) 雷雨时工人不要在高墙旁或大树下避雨，不要走近电杆、铁塔、架空电线和避雷针的接地导线10m以内地区。人若遭受雷击触电后，应立即采取人工呼吸急救并请医生采取抢救措施。

5.4 护坡桩施工

5.4.1 引用标准规范

5.4.1.1 国家标准规范

(1)《混凝土结构设计规范》GB 5000—2002；

(2)《混凝土结构工程施工质量验收规范》GB 50204—2002；

(3)《建筑地基基础工程施工质量验收规范》GB 50202—2002；

(4)《建筑地基基础设计规范》GB 50007—2002；

(5)《基坑土钉支护技术规程》CECS96：97；

(6)《锚杆喷射混凝土支护技术规范》GB 50086—2001。

5.4.1.2 行业标准规范

(1)《建筑工程冬期施工规程》JGJ 104—97；

(2)《基坑支护技术规程》JGJ 120—99；

(3)《建筑桩基技术规范》JGJ 94—94；

(4)《建筑基桩检测技术规范》JGJ 106—2003。

5.4.1.3 地方标准规范

如北京市地方标准《北京地区大直径灌注桩技术规程》DBJ 01－502－99等。

5.4.2 基本要求

5.4.2.1 原材料要求

(1) 原材料的一般要求

1) 材料供应商必须持有营业执照及资质证明，并提供材料出厂合格证及材质证明。

2) 钢材的种类、型号及尺寸规格应符合设计文件的规定要求，钢材进货时要有质量保证书、合格证，并应妥善保管，防止锈蚀。

(2) 原材料的雨期要求

1) 水泥全部存入仓库，没有仓库的应搭设专门的棚子，保证不漏、不潮，下面应架空通风，四周设排水沟，避免积水。重型材料、设备堆放场地应碾压密实，防止因地面下沉造成倒塌事故。

2）雨期所需材料、设备和其他用品，如水泵、抽水软管、草袋、塑料布、苫布等由材料部门提前准备，及时组织进行。水泵等设备应提前检修。

(3) 原材料的冬期要求

采用的混凝土材料应符合《建筑工程冬期施工规程》JGJ 104—97 中关于混凝土的基本要求。

5.4.2.2 施工要求

(1) 雨期施工要求

1）雨期前对现场配电箱、闸箱、电缆等设备的临时支架仔细检查，需加固的及时加固，缺盖、罩、门的及时补齐，确保用电安全。

2）筑好生活区的下水管道和雨水井，生活用水应有固定排放途径，保证雨后不陷、不滑、不泥泞、不存水，避免浸泡边坡。

(2) 冬期施工要求

1）冬期进行基坑支护的工程，除应有建筑场地的工程地质勘察资料外，根据需要尚应提出地基土的主要冻土性能指标。

2）建筑场地宜在冻结前清除地上和地下障碍物、地表积水，并应平整场地与道路。冬期及时清除积雪，春融期作好排水。

3）对建（构）筑物的施工控制坐标点、水准点及轴线定位点的埋设应采取防止土的冻胀、融沉变位和施工振动影响的措施，并应定期复测校正。

4）靠近建（构）筑物基础的地下基坑施工时，应采取防止相邻地基土遭冻的措施。

5）冬期施工时护坡桩桩顶超灌量应提高至 1.0m 左右。并用阻燃草帘覆盖保温，避免桩头受冻。

6）搅浆设备、搅拌设备应设置在暖棚内，防止受冻。

7）原材料进场应有出厂合格证，且进现场要进行二次复试，复试合格后方可使用。

8）自搅混凝土的要求：

①搅拌站应设于防寒棚内，拌制混凝土所采用的骨料应清洁，不得含有冰、雪冻块。

②混凝土的原材料加热应优先采用加热水的方法，当加热水仍不能满足要求时，再对砂进行加热。

③拌制掺用粉剂防冻剂时，可按要求掺量直接散在水泥上面和水泥同时投入，设专人负责并作好记录，要严格控制掺量。

④混凝土灌注时，入孔温度不得低于 5℃。

9）钢筋负温下焊接，当环境温度低于－20℃时，不宜进行施焊。

10）雪天或施焊现场超过 3 级风，焊接时，应采取遮蔽措施，焊接后冷却的接头应避免碰到冻雪。

11）钢筋负温电焊时，可根据钢筋级别、直径、接头形式和焊接位置选择焊条和焊接电流，防止产生过热、烧伤、咬肉和裂纹。

12）管线进行保温处理，水管、浆管用后将水控干，以防冻涨。

13）施工通道不得积水，现场结冰处铺砂石处理。

14）施工过程中及时向工人发放防冻劳保用品。

5.4.2.3 场地注意事项

雨期时，坡顶做1.5m宽散水、挡水墙，四周做混凝土路面。基坑内，沿四周挖砌排水沟、设集水井，泵抽至市政排水系统。排水沟布置在基础轮廓线以外，排水沟边缘应离开坡脚0.3m，沟底比基坑底低0.4m，坡度0.1%；集水井设置在基坑角上，安置4个集水井，井径0.8m，井壁用砖及砂浆砌后抹光，集水井底比排水沟低0.8m（视抽水设备进水阀的高度可进行调整）；排水设备优选离心泵，也可用潜水泵，抽出的积水应排至基坑以外地面排水系统，防止乱排产生回渗。保证施工现场水流畅通，不集水，四邻地区不倒灌。

5.4.2.4 特别注意事项

（1）雨期施工护坡桩时，需考虑到天气放晴时有时候气温较高，此时气温会对正在运输或现场拌制的混凝土的性能影响较大，从而将影响到护坡桩的质量。

（2）雨期施工护坡桩时，为防止雨水冲刷桩间土，随着土方的开挖，需及时维护好桩间土。

（3）雨期施工护坡桩时，需注意到坑内的降雨积水可能会对成桩机底座下的土层形成浸泡，从而将影响到成桩机械的稳定性及桩身的垂直度。

（4）冬期施工护坡桩时，如使用泵送混凝土，需特别做好泵送管的清理工作，以避免将剩余的混凝土冻留在管内。

（5）钢筋笼采用不均匀配筋时，下放钢筋笼时一定注意钢筋笼的方向性。

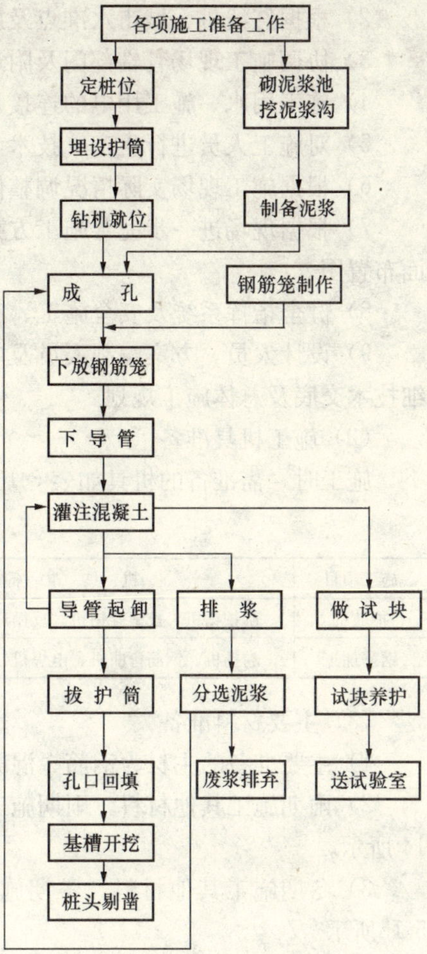

图5-4 护坡桩施工操作工艺

5.4.3 施工工艺及操作要点

5.4.3.1 施工方法分类、适用范围、适用条件

施工方法分类、适用范围及适用条件如表5-12所示。

5.4.3.2 操作工艺（图5-4）

5.4.3.3 施工准备

（1）现场准备

施工方法分类 表5-12

序号	按成孔方式分类	适宜地质条件	施 工	造价
1	旋挖钻机成孔	一般地质、水位条件皆适宜	使用旋挖钻机成孔，水下灌注工艺成桩	高
2	长螺旋成孔	适宜于土层，水位较深的地层	使用长螺旋钻机成孔，干法灌注工艺成桩	低
3	正反循环	一般地质、水位条件皆适宜	采用泥浆护壁正反循环钻机成孔，水下灌注工艺成桩	低

1）了解场地内各种地下障碍物的情况，并办理必要的书面手续。

2）根据红线桩、城市水准点及施工要求进行定位放线及抄平。

3）协调施工现场管辖部门及附近居民的关系，保证施工的顺利进行。

4）施工用水、施工用电的连接及临时设施搭建。

5）对施工人员进行生产、技术、质量、安全等全方位的交底。

6）根据施工现场实际情况调整修改施工方案。

7）根据现场进一步完善施工方案，绘制施工用图，包括平面、剖面设计图及施工平面布置图。

8）健全指挥系统及安全施工、工程质量及环保保障体系。

9）设计人员、方案编制人员及单位技术主管同现场技术及施工人员召开会议，做详细技术交底及总体施工规划。

（2）施工机具准备

施工时，需准备的机具如表5-13所示。

施工机具明细表 **表5-13**

施工项目	机具准备	备注
护坡桩	旋挖钻机、长螺旋钻机、反循环钻机、吊车	根据工程地质条件和工艺选择相应的成孔设备
钢筋加工	卷扬机、钢筋弯曲机、电焊机、钢筋切割机	

（3）主要材料准备

1）主要准备的主材为钢筋、混凝土。

2）雨期施工其他材料。雨期施工所用的材料，需提前加工定货。所用的材料如表5-14所示。

3）冬期施工其他材料。冬期施工所用的材料，需提前加工定货。所用的材料如表5-15所示。

雨期施工所用材料 **表5-14**

序号	雨期施工材料	备注
1	苫布	覆盖防雨
2	彩条布	用于挡风
3	水泵	排水
4	抽水软管	排水

冬期施工所用材料 **表5-15**

序号	冬施材料	备注
1	阻燃草帘	覆盖保温
2	再生塑料布	覆盖保温
3	彩条布	用于挡风
4	棉帘	用于门窗口挡风
5	温度计	测温
6	蒸汽热水箱	搅拌水加热，外加聚苯板保温

（4）作业条件

现场应达到“三通一平”等条件。

（5）材料要求

护坡桩所用的原材料和混凝土强度必须符合设计要求和施工规范的规定。检验方法为：观察检查和检查材料合格证、试验报告。

（6）技术要求

1）测量放线

①采用 DJ—2000 型激光测距仪或 J2 经纬仪进行轴线引测。

②以业主提供的水准点及测量控制网进行引测，在轴线的延长线上设置点建立控制网，每个控制点采用不少于 0.2m^3 混凝土浇筑，中间放置埋件，在埋件上刻十字作为轴线引测点。在桩基施工过程中，每天应对现场测量控制点进行校核，并作好有效保护。

2）埋设护筒

①埋设护筒时，护筒中心轴线对正测定的桩位中心，严格保持护筒的垂直度。

②护筒固定在正确位置后，用黏土分层回填夯实，以保证其垂直度并防止泥浆流失及位移、掉落。

③如果护筒底土层不是黏性土，应挖深或换土，在护筒底回填夯实 300～500mm 厚度的黏土后，再安放护筒，以免护筒底口处渗漏塌方。

④护筒上口应绑扎木方对称吊紧，防止下窜。

3）设备安装

①钻机就位前，须将路基垫平填实，钻机按指定位置就位，并须在技术人员指导下，调整桅杆及钻杆的角度。

②钻机安装就位之后，应精心调平，确保施工中不发生倾斜、移位。

4）成孔

①采用人工搅浆护壁，泥浆池可根据现场实际条件砌筑，泥浆性能参数参见表 5-16。

②在施工第一根桩时，要慢速运转，掌握地层对钻机的影响情况，以确定在该地层条件下的钻进参数。

③在钻进过程中，不可进尺太快，由于采取泥浆护壁，因此，要给一定的护壁时间。

④在钻进过程中，一定要保持泥浆面，不得低于护筒顶 40cm。在提钻时，须及时向孔内补浆，以保证泥浆高度。

⑤在钻进过程中，要经常检查钻斗尺寸（可根据试钻情况决定其大小）。

⑥施工过程中如发现地质情况与原钻探资料不符，应立即通知技术等部门及时处理。

5）清孔

①在钻进到设计深度时，应立即清孔，常采用磨盘式捞渣钻头捞渣法，可一次或多次进行捞渣。

②在清孔后，孔底沉渣不得大于 10cm，并将孔口处杂物清理干净，方可进行下步工序。

泥浆性能参数 **表 5-16**

土层 / 性能	黏性土
泥浆比重	1.05
黏度（s）	15～16
含砂量	<8%
pH	>8
配比 水：膨润土：碱：CMC	100：6：0.8：0.1

注：施工时根据具体地层条件而定。

6）钢筋笼制作及吊放

①根据设计，计算箍筋用料长度、主筋分布段长度，将所需钢筋调直后用切割机成批切好备用。由于切断待焊的主筋、箍筋、绕筋的规格尺寸不尽相同，注意分别摆放，防止错用。

②在钢筋圈制作台上制作箍筋并按要求焊接。

③将支撑架按 2～3m 的间距摆放在同一水平面上对准中心线，然后将配好定长的主筋平直摆放在焊接支撑架上。

④将箍筋按设计要求套入主筋（也可将主筋套入箍筋内）并保持与主筋垂直，进行点焊或绑扎。

⑤箍筋与主筋焊好或绑扎后，将绕筋按规定间距绕于其上，用绑扎丝绑扎并间隔点焊固定。

⑥将制作好的钢筋笼稳固放置在平整的地面上，防止变形。

⑦起吊钢筋笼采用扁担起吊法，起吊点设在钢筋笼箍筋与主筋连接处，且吊点对称并一次性起吊。

⑧钢筋笼设置 4～6 个起吊点，以保证钢筋笼在起吊时不变形。

图 5-5　吊放钢筋笼

⑨吊放钢筋笼入孔时应对准孔位，保持垂直，轻放、慢放入孔，不得左右旋转，见图 5-5。若遇阻碍应停止下放，查明原因进行处理。严禁高提猛落和强制下入。

⑩下放钢筋笼时，要求有技术人员在场，现场测护筒顶标高，准确计算吊筋长度，以控制钢筋笼的笼顶标高及钢筋笼上浮等问题。

7）水下灌注混凝土

①成孔和清孔质量检验合格后，开始灌注混凝土。

②灌注工艺一般采用自由塞隔水（即充气球胆），充气球胆直径大小能自由通过导管即可。导管下入长度和实际孔深必须做严格测量，使导管底口与孔底的距离能保持在 0.3～0.5m 左右。导管下入必须居中。

③灌注混凝土，首浇混凝土必须保证埋管深度不小于 1.5m，在实际操作中，投入球胆，放入锥塞，当混凝土灌满漏斗，立即拔起塞子，同时继续向漏斗补加混凝土，使混凝土连续浇筑。

④在完成首浇后，灌注混凝土要连续从漏斗口边侧溜滑入导管内，不可一次放满，以避免产生气囊。

⑤拔管时，要准确测量混凝土灌注深度和计算导管埋深后，方可拔管。导管埋深不得大于 6m，也不得小于 2m。

⑥为确保桩顶质量，在桩顶设计标高以上加灌一定高度，不宜小于 0.5m。

⑦在灌注将近结束时，导管内混凝土柱高度减少，压力降低。如出现导管外的混凝土顶升困难时，可适当减小导管埋深使灌注工作顺利进行，在拔出最后一节长导管时，拔管

速度要慢，避免孔内上部泥浆压入桩中。

⑧在灌注混凝土时，每根桩应制作不少于3组混凝土试件。

⑨钢护筒在灌注结束，混凝土初凝前拔出，起吊护筒时要保持其垂直。

⑩当桩顶标高很低时，混凝土灌不到地面，混凝土初凝后，回填钻孔。

5.4.4 质量控制及检验标准

(1) 成孔深度必须符合设计要求，沉渣厚度严禁大于100mm。检验方法：观察检查和检查施工记录。

(2) 实际浇筑混凝土量严禁小于计算体积。检验方法：观察检查和检查施工记录。

(3) 浇筑后的桩顶标高及浮浆的处理必须符合设计要求和施工规范的规定。检验方法：观察和尺量检查。

(4) 混凝土试块：每台机器每台班（限量在100m^3以内）的同配合比混凝土取样不少于一次（包括同条件养护和标准养护各一组试块）。

(5) 允许偏差项目：

护坡桩的允许偏差和检验方法应符合表5-17的规定。

护坡桩的允许偏差和检验方法　　表5-17

项次	项　目	允许误差（mm）	检验方法
1	垂直度	≤1%	用测斜仪和量尺检查
2	主筋间距	±10	
3	箍筋间距或螺旋筋间距	±20	
4	钢筋笼直径	±10	
5	钢筋笼长度	±50	

5.4.5 环境及职业健康安全

(1) 现场要设健全的安全领导小组。

(2) 全体人员应认真执行各工种的安全操作规程及有关规定。

(3) 施工前，施工负责人要向操作人员做专项技术安全交底，关键部分要下技术指导书。

(4) 施工人员进入现场要服从安全员的指挥和监督。进场施工人员必须符合有关当地劳务人员用工的有关规定及条例，证件齐全。

(5) 施工人员进入现场要进行“三级”安全教育。

(6) 每天班前5min，施工负责人必须做施工安全注意事项专项交底。

(7) 现场电器设备要有漏电保护器，电缆应设可靠绝缘。各种机电设备均应设专人负责管理，电工持证上岗。

(8) 现场用电设备必须实行三级供电，两级保护。

(9) 夜间施工，工地应有足够的照明。

(10) 施工中如遇地下障碍物（包括古墓、各种管道、管沟、电缆、人防等）时，立即暂停施工，及时报告项目经理部，待妥善处理后方可继续施工。

(11) 所有施工人员应保持现场卫生，生产及生活垃圾均装入运土车中带走，不得随处抛撒。

(12) 现场空压机做好遮挡，且尽量避免夜间施工。

(13) 钢筋等材料要码放整齐，砂石料要拍方，水泥要覆盖。

(14) 雨期施工应有相应的防滑措施。若遇大雨、雷电或6级以上强风时，应禁止高处、起重等内容的作业，且过后重新作业之前应先检查各项安全设施，确认安全后方可继续作业。

（15）露天使用电器设备，要有可靠防漏电措施。做好机电设备的接地和接零保护。有关机具设备和设施按规定设置避雷装置。

（16）雷雨时工人不要在高墙旁或大树下避雨，不要走近电杆、铁塔、架空电线和避雷针的接地导线10m以内地区。人若遭受雷击触电后，应立即采取人工呼吸急救并请医生采取抢救措施。

5.5 锚 杆 施 工

5.5.1 引用标准规范

5.5.1.1 国家标准规范

（1）《锚杆喷射混凝土支护技术规范》GB 50086—2001；

（2）《建筑地基基础工程施工质量验收规范》GB 50202—2002；

（3）《建筑地基基础设计规范》GB 50007—2002；

（4）《基坑土钉支护技术规程》CECS96：97；

5.5.1.2 行业标准规范

（1）《岩土锚杆（索）技术规程》CECS 22：2005；

（2）《建筑基坑支护技术规程》JGJ 120—99；

（3）《建筑工程冬期施工规程》JGJ 104—97。

5.5.2 基本要求

5.5.2.1 原材料要求

（1）原材料的一般要求

1）水泥全部存入仓库，没有仓库的应搭设专门的棚子，保证不漏、不潮，下面应架空通风，四周设排水沟，避免积水。场地四周要有排水出路，防止淤泥渗入。重型材料、设备堆放场地应碾压密实，防止因地面下沉造成倒塌事故。

2）筑好生活区的下水管道和雨水井，生活用水应有固定排放途径，保证雨后不陷、不滑、不泥泞、不存水，避免浸泡边坡。

（2）原材料的雨期要求

雨期所需材料、设备和其他用品，如水泵、抽水软管、草袋、塑料布、苫布等由材料部门提前准备，及时组织进行。水泵等设备应提前检修。

（3）原材料的冬期要求

1）选用普通硅酸盐水泥。

2）锚杆用钢材、水泥品种、强度等级、水泥浆的水灰比和外加剂的品种、掺量必须符合设计要求。检验方法：观察和尺量检查。

3）冬期施工所用其他材料。冬期施工所用材料需提前加工定货，具体见表5-18所示。

冬期施工所用材料　　表5-18

序号	冬施材料	备　注
1	阻燃草帘	覆盖保温
2	再生塑料布	覆盖保温
3	彩条布	用于挡风
4	棉帘	用于门窗口挡风
5	温度计	测温
6	蒸汽热水箱	搅拌水加热，外加聚苯板保温

5.5.2.2 施工要求

(1) 雨期的施工要求

1) 雨期前对现场配电箱、闸箱、电缆临时支架等仔细检查，需加固的及时加固，缺盖、罩、门的及时补齐，确保用电安全。

2) 筑好生活区的下水管道和雨水井，生活用水应有固定排放途径，保证雨后不陷、不滑、不泥泞、不存水，避免浸泡边坡。

(2) 冬期的施工要求

1) 冬期进行基坑支护的工程，除应有建筑场地的工程地质勘察资料外，根据需要尚应提出地基土的主要冻土性能指标。

2) 建筑场地宜在冻结前清除地上和地下障碍物、地表积水，并应平整场地与道路。冬期及时清除积雪，春融期作好排水。

3) 对建（构）筑物的施工控制坐标点、水准点及轴线定位点的埋设应采取防止土的冻胀、融沉变位和施工振动影响的措施，并应定期复测校正。

4) 靠近建（构）筑物基础的地下基坑施工时，应采取防止相邻地基土遭冻的措施。

5) 搅浆设备、注浆设备应设置在暖棚内，防止受冻。

6) 管线进行保温处理，水管、浆管用后将水控干，以防冻涨。

7) 施工通道不得积水，现场结冰处铺砂石处理。

8) 施工过程中及时向工人发放防冻劳保用品。

5.5.2.3 场地要求

(1) 基坑顶部排水

坡顶做1.5m宽散水、挡水墙，四周做混凝土路面。

(2) 基坑底部排水

基坑内，沿四周挖砌排水沟、设集水井，泵抽至市政排水系统。排水沟布置在基础轮廓线以外，排水沟边缘应离开坡脚0.3m，沟底比基坑底低0.4m，坡度0.1%；集水井设置在基坑角上，安置四个集水井，井径0.8m，井壁用砖及砂浆砌后抹光，集水井底比排水沟低0.8m（试抽水设备进水阀的高度可进行调整）；排水设备优选离心泵，也可用潜水泵，抽出的积水应排至基坑以外地面排水系统，防止乱排产生回渗。保证施工现场水流畅通，不集水，四邻地区不倒灌。

(3) 生活区排水

筑好生活区的下水管道和雨水井，生活用水应有固定排放途径，保证雨后不陷、不滑、不泥泞、不存水，避免浸泡边坡。

5.5.2.4 特别注意事项

(1) 雨期施工锚杆时，需防止雨水稀释拌制好的水泥浆。

(2) 雨期施工锚杆时，需密切注意锚杆周围雨期渗水冲刷对锚杆锚固力的影响，并及时采取有效的补救措施。

(3) 冬期施工锚杆时，需考虑土层因春冬季节变换而发生的冻融现象，从而对锚杆锚固力产生影响，以及时采取有效的补救措施。

5.5.3 施工工艺及操作要点

5.5.3.1 施工方法分类

施工方法分类、适用范围及适用条件见表5-19。

施工方法分类、适用范围、适用条件　　表 5-19

序号	按成孔方式分类	适宜地质条件	施　工	造价
1	干成孔	除卵砾石地层外各种土层皆适宜	一般使用土锚杆机成孔	省
2	湿成孔	一般地质、水位条件皆适宜	一般使用跟管钻机成孔	费

5.5.3.2　操作工艺（图 5-6）

5.5.3.3　施工准备

(1) 现场准备

1）了解场内各种地下障碍物的情况，并办理必要的书面手续。

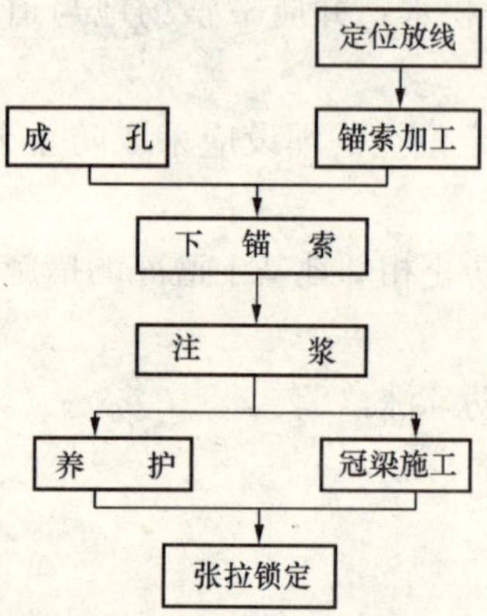

图 5-6　锚杆施工操作工艺

2）根据红线桩、城市水准点及施工要求进行定位放线及抄平。

3）协调施工现场管辖部门及附近居民的关系，保证施工的顺利进行。

4）施工用水、施工用电的连接及临时设施搭建。

5）对施工人员进行生产、技术、质量、安全等全方位的交底。

6）根据施工现场实际情况调整修改施工方案。

7）根据现场情况进一步完善施工方案，绘制施工用图，包括平面、剖面设计图及施工场地平面布置图。

8）健全指挥系统及安全施工、工程质量及环保保障体系。

9）设计人员、方案编制人员及单位技术主管同现场技术及施工人员召开会议，做详细技术交底及总体施工规划。

(2) 施工机具准备（表 5-20）

施工机具准备明细表　　表 5-20

施工项目	机 具 准 备	备　注
锚　杆	锚杆机、搅浆机、注浆机、张拉设备、切割机	根据地质条件的不同使用不同的成孔工艺

(3) 主要材料准备

1）主要准备的主材为钢绞线、水泥、工字钢、异型铁垫块。

2）雨期施工所用材料的加工定货。雨期施工所用材料需提前加工定货，所用材料如表 5-21。

3）作业条件。现场应达到“三通一平”等条件。

雨期施工所用材料　　表 5-21

序号	雨期施工材料	备　注
1	苫布	覆盖防雨
2	彩条布	用于挡风
3	水泵	排水
4	抽水软管	排水

5.5.3.4　施工质量控制

(1) 材料要求

1）选用普通硅酸盐水泥。

2）锚杆用钢材、水泥品种、强度等级、水泥浆的水灰比和外加剂的品种、掺量必须符合设计要求。检验方法：观察和尺量检查。

(2) 技术要求

1) 定位放线：根据设计要求定出孔位，作出标记。

2) 待锚杆施工场地平整后，锚杆机进场，调整好角度，对准孔位中心开始钻进，成孔至设计深度后进行下步工序。如遇地下水塌孔，可采用注浆护壁工艺成孔。

3) 钻进深度，应超过锚杆设计长度 30～50cm，如遇易塌孔土层，可带护壁套管钻进，不宜采用泥浆护壁。

4) 锚杆施工严格按施工图施工，组装前先清除钢绞线表面的油污，将锚杆自由段裹以塑料布或套塑料管，并扎牢；将注浆管与锚筋一起放入钻孔，注浆管内端距孔底宜为 50～100mm。锚杆杆体采用钢绞线，杆体中间插入塑料注浆管。锚杆杆体设固定支架，间距 2m。锚杆杆体长：自由段＋锚固段＋锚锁张拉长度。锚杆施工现场如图 5-7 所示。

图 5-7　锚杆施工现场

5) 搅浆、注浆：采用专用搅拌桶和注浆泵，注浆泵的工作压力应满足施工要求。浆体按设计配制，浆液搅拌均匀，随拌随用。将钻孔用胶泥封口后，注水灰比 0.5 的 P.O32.5 水泥净浆，二次注浆间隔时间 2～4 小时，注浆压力不小于 1MPa。第一次注浆后将塑料注浆管拔出 6～8m，第一次注浆待孔口溢浆，即可停止注浆。第二次注浆时，注浆压力宜控制在 2.5MPa，二次注浆后将塑料注浆管全部拔出，冲洗干净重复使用。

6) 锚固体强度大于 15MPa 时，方可进行张拉。

7) 锚杆正式张拉前，先取 0.15 倍的设计轴向拉力值，对锚杆预张拉 2 次，使其各部位接触紧密，杆体完全平直。

8) 锚杆张拉控制应力不超过 $0.8f_{ptk}$。

9) 锚杆张拉至 1.2 倍的设计轴向抗力值时，保持 12min，然后卸荷至锁定荷载进行锁定。锚杆张拉荷载分级及观测时间按有关规程的规定执行。

10) 锚杆锁定后，若发现有明显预应力损失时，需及时补偿张拉。

11) 锚杆大样详图见图 5-8。

5.5.4　质量控制及检验标准

(1) 锚杆的位置、数量、长度必须符合设计要求和施工规范的规定。检查方法：按锚杆数抽查 10%，但不少于 5 根。检验方法：观察检查和检查施工记录。

(2) 水泥浆体应按设计配制，水泥浆的水灰比为 0.5，灌浆压力不小于 1.0MPa，灌浆充盈系数不小于 1.2。检验方法：观察检查和检查施工记录。

(3) 锚杆的张拉和施加应力要求：

1) 锚固段水泥浆强度大于 15MPa，并达到设计强度等级的 75%后方可进行张拉。

2) 锚杆张拉可按设计锚固力 70%锁定。

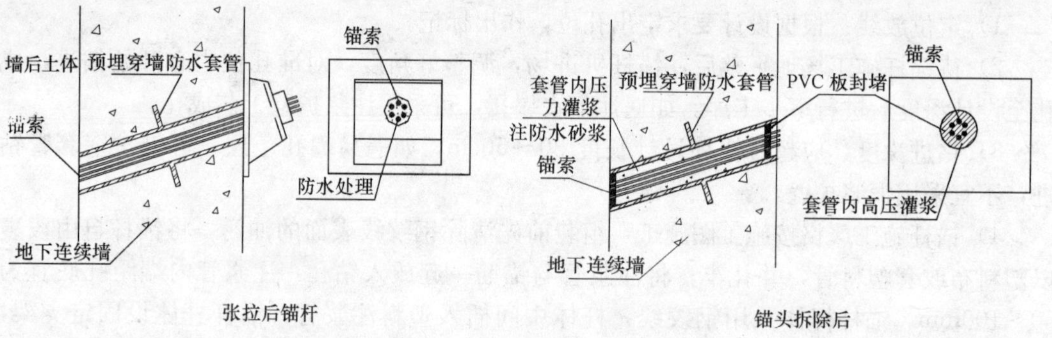

图 5-8 锚杆大样详图

3）锚杆张拉控制应力不应超过锚杆体强度标准值的 0.75 倍。

（4）检验方法：观察检查和检查施工记录。

（5）允许偏差项目：锚杆的允许偏差和检验方法应符合表 5-22 的规定。

锚 杆 的 允 许 偏 差 **表 5-22**

项次	项 目		允许误差（mm）	检验方法
1	孔位	水平方向	≤50	用测斜仪和尺量检查
2		垂直方向	≤100	
3		偏 斜 度	≤3%	
4	孔 深		+100～+200	
5	孔 径		+10	

（6）检验数量：按锚杆总数抽查 5%，且不得少于 3 根。

（7）水泥浆试块：水泥浆强度等级不低 15MPa。试块制作每台班不少于一组；或每 30 根锚杆保证做一组。

（8）锚杆验收试验按《基坑支护技术规程》JGJ 120—99 进行，试验数值应取锚杆总数的 5%，且不得少于 3 根。

5.5.5 环境及职业健康安全

（1）现场要设健全的安全领导小组。

（2）全体人员应认真执行各工种的安全操作规程及有关规定。

（3）施工前，施工负责人要向操作人员做专项技术安全交底，关键部分要下技术指导书。

（4）施工人员进入现场要服从安全员的指挥和监督。进场施工人员必须符合有关当地劳务人员用工的有关规定及条例，证件齐全。

（5）施工人员进入现场要进行“三级”安全教育。

（6）每天班前 5min，施工负责人必须做施工安全注意事项专项交底。

（7）现场电器设备要有漏电保护器，电缆应设可靠绝缘。各种机电设备均应设专人负责管理，电工持证上岗。

（8）现场用电设备必须实行三级供电，两级保护。

（9）施工中如遇地下障碍物（包括古墓、各种管道、管沟、电缆、人防等）时，立即暂停施工，及时报告项目经理部，待妥善处理后方可继续施工。

(10) 材料要码放整齐，水泥要覆盖。

(11) 现场严禁乱丢水泥袋，水泥袋要放好，回收。

(12) 废弃的水泥浆不得随便排放。

(13) 雨期施工应有相应的防滑措施。若遇大雨、雷电或6级以上强风时，应禁止高处、起重等内容的作业，且过后重新作业之前应先检查各项安全设施，确认安全后方可继续作业。

(14) 露天使用电器设备，要有可靠防漏电措施。做好机电设备的接地和接零保护。有关机具设备和设施按规定设置避雷装置。

(15) 雷雨时工人不要在高墙旁或大树下避雨，不要走近电杆、铁塔、架空电线和避雷针的接地导线10m以内地区。人若遭受雷击触电后，应立即采取人工呼吸急救并请医生采取抢救措施。

5.6 地下连续墙施工

5.6.1 引用标准规范

5.6.1.1 国家标准规范

(1)《建筑地基基础工程施工质量验收规范》GB 50202—2002；

(2)《建筑地基基础设计规范》GB 50007—2002。

5.6.1.2 行业标准规范

(1)《建筑基坑支护技术规程》JGJ 120—99；

(2)《建筑工程冬期施工规程》JGJ 104—97。

5.6.2 基本要求

5.6.2.1 原材料要求

(1) 原材料的一般要求

1) 主要准备的主材为钢筋、混凝土。

2) 材料供应商必须持有营业执照及资质证明，并提供材料出厂合格证及材质证明。

3) 钢材的种类、型号及尺寸规格应符合设计文件的规定要求，钢材进货时要有质量保证书、合格证，并应妥善保管，防止锈蚀。

4) 工程所用各种原材料应运抵现场，合格证明应齐全有效，并做好二次复试，合格后方准使用。

(2) 原材料的雨期要求

雨期所需材料、设备和其他用品，如水泵、抽水软管、草袋、塑料布、苫布等由材料部门提前准备，及时组织进料。水泵等设备应提前检修。

(3) 原材料的冬期要求

冬期施工所用材料需提前加工定货，所用材料见表5-23。

冬期施工所用材料　　表5-23

序号	冬施材料	备　注
1	阻燃草帘	覆盖保温
2	再生塑料布	覆盖保温
3	彩条布	用于挡风
4	棉帘	用于门窗口挡风
5	温度计	测温
6	蒸汽热水箱	搅拌水加热，外加聚苯板保温

5.6.2.2　施工要求

(1) 雨期的施工要求

1) 雨期前对现场配电箱、闸箱、电缆临时支架等仔细检查，需加固的及时加固，缺盖、罩、门的及时补齐，确保用电安全。

2) 场地排水：坡顶做1.5m宽散水、挡水墙，四周做混凝土路面。基坑内，沿四周挖砌排水沟、设集水井，泵抽至市政排水系统。排水沟布置在基础轮廓线以外，排水沟边缘应离开坡脚0.3m，沟底比基坑底低0.4m，坡度0.1%；集水井设置在基坑角上，安置4个集水井，井径0.8m，井壁用砖及砂浆砌后抹光，集水井底比排水沟低0.8m（视抽水设备进水阀的高度可进行调整）；排水设备优选离心泵，也可用潜水泵，抽出的积水应排至基坑以外地面排水系统，防止乱排产生回渗。保证施工现场水流畅通，不积水，四邻地区不倒灌。

3) 筑好生活区的下水管道和雨水井，生活用水应有固定排放途径，保证雨后不陷、不滑、不泥泞、不存水，避免浸泡边坡。

(2) 冬期的施工要求

1) 冬期进行基坑支护的工程，除应有建筑场地的工程地质勘察资料外，根据需要尚应提出地基土的主要冻土性能指标。

2) 建筑场地宜在冻结前清除地上和地下障碍物、地表积水，并应平整场地与道路。冬期及时清除积雪，春融期作好排水。

3) 对建（构）筑物的施工控制坐标点、水准点及轴线定位点的埋设应采取防止土的冻胀、融沉变位和施工振动影响的措施，并应定期复测校正。

4) 靠近建（构）筑物基础的地下基坑施工时，应采取防止相邻地基土遭冻的措施。

5.6.2.3　其他施工要求

(1) 现场准备

1) 了解场内各种地下障碍物的情况，并办理必要的书面手续。

2) 根据红线桩、城市水准点及施工要求进行定位放线及抄平。

3) 协调施工现场管辖部门及附近居民的关系，保证施工的顺利进行。

4) 施工用水、施工用电的连接及临时设施搭建。

5) 对施工人员进行生产、技术、质量、安全等全方位的交底。

6) 根据施工现场实际情况调整修改施工方案。

7) 根据现场情况进一步完善施工方案，绘制施工用图，包括平面、剖面设计图及施工平面布置图。

8) 健全指挥系统及安全施工、工程质量及环保保障体系。

9) 设计人员、方案编制人员及单位技术主管同现场技术及施工人员召开会议，做详细技术交底及总体施工规划。

施工机具明细　　表5-24

施工项目	机具准备	备注
地下连续墙	液压抓斗吊车	
钢筋加工	卷扬机、钢筋弯曲机、电焊机、钢筋切割机	

(2) 施工机具准备

施工所用机具准备如表5-24所列。

5.6.2.4　特别注意事项

（1）雨期施工地下连续墙时，需考虑到天气放晴时有时气温较高，此时气温会对正在运输或现场拌制的混凝土的性能影响较大，从而将影响到地下连续墙的质量。

（2）雨期施工地下连续墙时，需注意到坑内的降雨积水可能会对成槽机底座下的土层形成浸泡，从而将影响到成槽机械的稳定性及地下连续墙的垂直度。

（3）冬期施工地下连续墙时，如使用泵送混凝土，需特别做好泵送管的清理工作，以避免将剩余的混凝土冻留在管内。

5.6.3 施工工艺及操作要点

5.6.3.1 施工方法分类、适用范围、适用条件

施工方法分类、适用范围及适用条件如表 5-25 所列。

5.6.3.2 操作工艺（图 5-9）

施工方法分类 **表 5-25**

序号	按接头方式分类	适宜地质条件	施　　工	造价
1	锁口管式	除卵砾石地层慎用外各种土层皆适宜	采用两钻一抓方式成槽，锁口管接头	省
2	十字钢板	一般地质、水位条件皆适宜	采用两钻一抓方式成槽，十字钢板接头	费

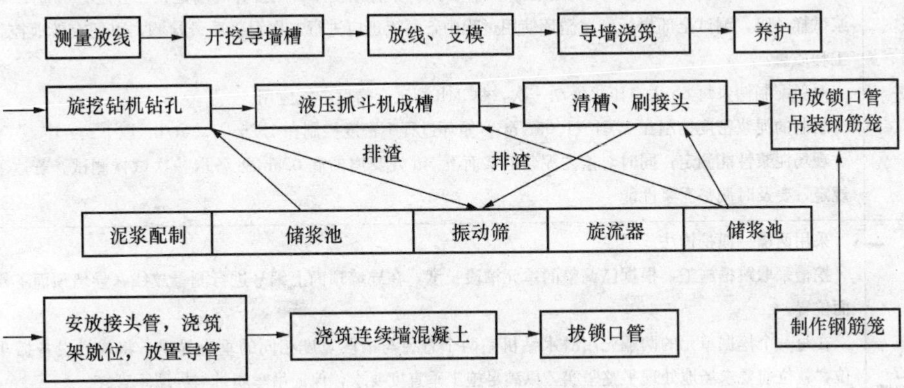

图 5-9 地下连续墙施工操作工艺

5.6.4 质量控制及检验标准

5.6.4.1 材料要求

地下连续墙所用的原材料和混凝土强度必须符合设计要求和施工规范的规定。检验方法：观察检查和检查材料合格证、试验报告。

5.6.4.2 技术要求

地下连续墙施工的技术要求如表 5-26。

地下连续墙施工技术要求 **表 5-26**

分项工程		施工工艺要点
导墙施工	放线	根据设计图纸，在自然地坪上用石灰放出槽线
	挖槽	根据室外管线图，先将原有地下管线挖出。再进行机械施工。 使用机械挖槽，挖至设计标高以上 200mm 时，采用人工清槽和修理边坡。 为了保证导墙不滑移及沉降，上部导墙从导墙内侧各向外 1m，深度 200mm，浇筑混凝土垫层
	支模钢筋绑扎	在槽底精确放出导墙线即模板内侧线，并每 1m 打入一根 ϕ22 钢筋头。 侧模使用 12mm 厚大芯板，外加 50×100 横向和纵向背楞，设置 2 道横向支撑，模板紧靠埋设的钢筋头。顶部每 500mm 一道地锚。 钢筋绑扎按照设计及规范要求，并在槽底纵向钢筋的下方垫设碎砖块，以保证保护层厚度

续表

分项工程		施 工 工 艺 要 点
导墙施工	浇筑回填及养护	冬期施工，混凝土浇捣选择在中午温度较高时，且混凝土中加入适量的抗冻剂和早强剂。 混凝土浇筑之前先清理槽底的渣土和灰尘。 浇筑混凝土时，使用插入式振捣棒，振捣棒注意避开钢筋，同时离开模板至少 100mm。 导墙浇筑应比自然地坪高出 100mm，防止室外水进入槽内。 导墙浇筑完成 24h 之后覆盖塑料薄膜养护。 导墙拆模后，每隔 2m 加一根横向支撑以控制导墙中距离和变形
	质量要点	导墙和连续墙的中心必须一致，竖向面保证垂直。 导墙面与纵向轴线允许误差为±10mm。 内外导墙净距允许误差为±5mm。 导墙表面应水平，全长范围内高差应小于±10mm。局部高差小于 5mm
泥浆配制		据据工程地质条件和水文地质情况，采用膨润土作为护壁泥浆的原材料，并掺外加剂处理以改善泥浆护壁性能。 泥浆的搅拌，一般先在搅拌筒中加水 1/3，开动搅拌机。在定量水箱不断加水的同时，加入膨润土，纯碱液，搅拌 3min 后，加入化学处理剂继续搅拌 5min，如直接使用，则搅拌时间延长二分之一，每 10 罐抽查泥浆试样一组，测试全部指标。在循环使用过程中，每工班应进行二次泥浆质量检测，以便有效地控制好泥浆工程质量。 对新配制储浆每 8h 用空压机搅动一次，每 24h 测试合格后方能应用。 新制的泥浆密度控制在 1.04～1.05t/m^3，循环过程中密度控制在 1.25～1.30t/m^3 以下。 现场泥浆性能测定；同时对槽内泥浆的浆面下 1m 处及离槽底 0.5m 处各取一次试样测试。若达不到标准规定，要及时调整泥浆性能
成槽	挖槽护壁	采用两槽一抓挖槽法。 挖槽采取跳槽施工，根据已调整的单元槽段长度，在导墙顶面上编号进行测量放线，导墙顶面下标注泥浆面位置。 在每一个挖掘单元的两端先用潜水钻机钻两个直径与槽段宽度相同的垂直导槽，将成槽设备抓斗分别就位，就位前要求场地处理平整坚实，以满足施工垂直度要求，保证吊车履带与导墙垂直。 挖槽要连续施钻，因故中断施钻时，应迅速将挖掘机从沟槽内提出，以防塌方埋钻。抓斗提升出地面时要及时补浆，以保持槽内泥浆面高度，保持导墙顶面 300mm，挖槽过程中随着墙深的向下延伸，要随时向槽内补浆，使泥浆面始终位于泥浆面标志处，直至槽底挖完。以防坍槽。 每槽段开挖前及浇筑混凝土前测一次黏度和比重，并做好原始记录。 泥浆的回收及再生：地下连续墙由于使用泥浆循环成槽的方法，泥浆大量携渣流返泥浆池。一般要求重力沉渣与机械处理相结合使用
清槽		槽段挖至设计标高后，测量槽段断面，如误差超过设计要求则需修槽。 采用砂石泵进行槽内清渣，并将泥浆比重调换至 1.10～1.20 之间，以利于混凝土的灌注
钢筋网片加工	准备	设置钢筋网片台架制作台，台架大于钢筋网片尺寸，且不会产生不均匀沉降。台面平整，其翘曲小于 10mm。 在每段导墙上测设醒目的标高以及地下墙中心标志，以便钢筋网片吊装后，与钢筋网片的标高、中心线严格准确地对齐准
	制作	钢筋网片制作应严格按照设计要求施工。 钢筋网片制作前，检查所有钢筋网片的材质，核对钢筋网片的钢筋尺寸、直径、配筋间距、预埋件、保护层垫块、预留筋等布置必须满足设计要求。 主筋保护层采用壁厚 50mm 混凝土定位钢筋环。 纵向和横向钢筋采用焊接，上下两段钢筋网片纵向钢筋采用冷挤压套管连接。钢筋错开 $35d$。 成网片后底部成楔形，便于插入槽内，同时用红油漆注明槽段编号

续表

分项工程		施工工艺要点
浇筑混凝土	吊装	钢筋网片应在清槽完后3～4h内吊装完毕。 分段起吊，纵向主筋采用冷挤压钢套管连接，钢筋接头错开800mm。 钢筋网片的起吊方式和吊点布置与吊放，为不使钢筋网片发生较大的变形，起吊点分别在端头和0.5L处。 钢筋网片吊放必须垂直对准槽中心，吊放应缓慢进行，发现受阻及时吊起经处理后重新吊放，放到设计标高后，可用横担搁置在导墙上，再进行下一步工序。 混凝土初凝时间大于8h，采用普通硅酸盐水泥，掺加减水剂UFA，掺量根据试验确定。 浇筑混凝土前必须清刷相邻槽段接头，并用新搅制的泥浆置换槽内泥浆。 首浇量的确定：吊装钢筋网片后6h内应立即灌注混凝土，刚开始浇灌时速度要快，槽底沉渣随混凝土表面一起上升，一次性连续浇灌12m^3以上混凝土，使导管总是埋在混凝土内1.5m以上，但亦不宜超过5m。 采用导管法进行浇筑，混凝土面上升速度不小于2m/h。根据槽段长度采用两根导管同时灌注，两导管灌注时同时进行，各混凝土面高差小于0.3m，直到灌注到槽顶标高以上300～500mm。 单元槽段必须连续灌注，不得中断。接近墙顶时，导管内超压力减少，为此可在槽内适量加水稀释泥浆。浇灌全槽时间不得超过混凝土初凝时间。 在单元槽段成槽后，于一端先吊放锁口管，再吊入钢筋网片，浇筑混凝土。 在锁口管外混凝土能够自立不塌时，即可用拔管机将锁口管拔除，形成半圆接头，一般按第一斗混凝土注入4～5h后开始转动锁口管，浇筑完毕后5～6h进行试拔，当未出现其他情况时，即可全部拔除
墙顶连续梁施工		待连续墙养护4d后可以剔凿墙顶的浮浆，并在导墙的两侧涂刷脱模剂、绑扎钢筋并浇筑帽梁。因分段施工，预留出35d长的钢筋。且施工缝须按照规范处理
质量要点		连续墙体的垂直度偏差不应超过墙体深度的6/1000。由于连续墙内为结构外墙，而结构外墙的垂直度控制在1/200（即160mm）。预埋件位置误差不应超过50mm

5.6.4.3　质量要求

（1）成槽深度必须符合设计要求，沉渣厚度一般不大于200mm。检验方法：观察检查和检查施工记录。图5-10所示即为地下连续墙的施工现场。

（2）实际浇筑混凝土量严禁小于计算体积。检验方法：观察检查和检查施工记录。

（3）浇筑后的墙顶标高及浮浆的处理必须符合设计要求和施工规范的规定。检验方法：观察和尺量检查。

图5-10　地下连续墙施工现场

（4）混凝土试块：每台机器每台班（限量在 100m^3 以内）的同配合比混凝土取样不少于一次（包括同条件养护和标准养护各一组试块）。

（5）地下连续墙的允许偏差

地下连续墙的允许偏差和检验方法应符合表 5-27 的规定。

地下连续墙的允许偏差 **表 5-27**

项 次	项 目	允许误差（mm）	检验方法
1	垂直度	≤1%	用测斜仪和尺量检查
2	主筋间距	±10	
3	箍筋间距或螺旋筋间距	±20	
4	钢筋网片宽	±10	
5	钢筋网片长度	±50	

5.6.4.4 应注意的问题

（1）原材料进场应有出厂合格证，且进现场要进行二次复试，复试合格后方可使用。

（2）筑好生活区的下水管道和雨水井，生活用水应有固定排放途径，保证雨后不陷、不滑、不泥泞、不存水，避免浸泡边坡。

（3）基坑内临时道路上铺渣土或级配砂石，保证雨后通行不陷。

（4）现场存储的钢材做好防雨水锈蚀的准备。

（5）机电设备要经常检查接零、接地保护，所有机械棚要搭设严密，防止漏雨，随时检查漏电装置功能是否灵敏有效。

（6）施工过程中及时向工人发放雨具等劳保用品。

5.6.5 环境及职业健康安全

（1）现场要设健全的安全领导小组。

（2）全体人员应认真执行各工种的安全操作规程及有关规定。

（3）施工前，施工负责人要向操作人员做专项技术安全交底，关键部分要下技术指导书。

（4）施工人员进入现场要服从安全员的指挥和监督。进场施工人员必须符合有关当地劳务人员用工的有关规定及条例，证件齐全。

（5）施工人员进入现场要进行“三级”安全教育。

（6）每天班前 5min，施工负责人必须做施工安全注意事项专项交底。

（7）现场电器设备要有漏电保护器，电缆应设可靠绝缘。各种机电设备均应设专人负责管理，电工持证上岗。

（8）现场用电设备必须实行三级供电，两级保护。

（9）夜间施工，工地应有足够的照明。

（10）土方开挖后，按现场安全防护要求在基坑的周围搭设安全保护栏杆，避免人员跌落坑中。

（11）施工中如遇地下障碍物（包括古墓、各种管道、管沟、电缆、人防等）时，立即暂停施工，及时报告项目经理部，待妥善处理后方可继续施工。

（12）所有施工人员应保持现场卫生，生产及生活垃圾均装入运土车中带走，不得随处抛撒。

（13）现场空压机做好遮挡，且尽量避免夜间施工。

（14）钢筋等材料要码放整齐，砂石料要拍方，水泥要覆盖。

（15）现场严禁乱丢水泥袋，水泥袋要放好，回收。

（16）废弃的泥浆不得随便排放。

（17）雨期施工应有相应的防滑措施。若遇大雨、雷电或6级以上强风时，应禁止高处、起重等内容的作业，且过后重新作业之前应先检查各项安全设施，确认安全后方可继续作业。

（18）露天使用电器设备，要有可靠防漏电措施。做好机电设备的接地和接零保护。有关机具设备和设施按规定设置避雷装置。

（19）雷雨时工人不要在高墙旁或大树下避雨，不要走近电杆、铁塔、架空电线和避雷针的接地导线10m以内地区。人若遭受雷击触电后，应立即采取人工呼吸急救并请医生采取抢救措施。

5.7 CFG 桩施工

5.7.1 引用标准规范

5.7.1.1 国家标准规范

（1）《建筑地基基础工程施工质量验收规范》GB 50202—2002；

（2）《建筑地基基础设计规范》GB 50007—2002。

5.7.1.2 行业标准规范

（1）《建筑地基处理技术规范》JGJ 79—2002；

（2）《建筑工程冬期施工规程》JGJ 104—97；

（3）《建筑桩基技术规范》JGJ 94—94；

（4）《建筑基桩检测技术规范》JGJ 106—2003。

5.7.2 基本要求

5.7.2.1 原材料要求

（1）原材料的一般要求

1）主要准备的主材为参加粉煤灰的商品混凝土或砂、石子、水泥。

2）材料供应商必须持有营业执照及资质证明，并提供材料出厂合格证及材质证明。

3）选用普通硅酸盐水泥。

4）施工用石子、砂子及水泥必须经试验室复检合格后方可使用。

（2）原材料的雨期要求

1）水泥全部存入仓库，没有仓库的应搭设专门的棚子，保证不漏、不潮，下面应架空通风，四周设排水沟，避免积水。现场可充分利用结构首层堆放材料。砂、石料一定要有足够的储备，以保证工程的顺利进行。场地四周要有排水出路，防止淤泥渗入。重型材料、设备堆放场地应碾压密实，防止因地面下沉造成倒塌事故。

2）雨期所需材料、设备和其他用品，如水泵、抽水软管、草袋、塑料布、苫布等由材料部门提前准备，及时组织进行。水泵等设备应提前检修。

3）雨期施工所用材料。雨期施工所用材料需提前加工定货，所用材料如表5-28所列。

4）砂子、石子、水泥、粉煤灰进场后必须使用塑料布覆盖进行防雨。

（3）原材料的冬期要求

冬期施工所用材料需提前加工定货，所用材料如表5-29所列。

雨期施工所用材料　　表5-28

序　　号	雨季施工材料	备　　注
1	苫布	覆盖防雨
2	彩条布	用于挡风
3	水泵	排水
4	抽水软管	排水

冬期施工所用材料　　表5-29

序　号	冬施材料	备　　注
1	阻燃草帘	覆盖保温
2	再生塑料布	覆盖保温
3	彩条布	用于挡风
4	棉帘	用于门窗口挡风
5	温度计	测温
6	蒸汽热水箱	搅拌水加热，外加聚苯板保温

5.7.2.2　施工要求

（1）雨期的要求

1）雨期前对现场配电箱、闸箱、电缆临时支架等仔细检查，需加固的及时加固，缺盖、罩、门的及时补齐，确保用电安全。

2）场地排水：坡顶做1.5m宽散水、挡水墙，四周做混凝土路面。基坑内，沿四周挖砌排水沟、设集水井，泵抽至市政排水系统。排水沟布置在基础轮廓线以外，排水沟边缘应离开坡脚0.3m，沟底比基坑底低0.4m，坡度0.1%；集水井设置在基坑角上，安置4个集水井，井径0.8m，井壁用砖及砂浆砌后抹光，集水井底比排水沟低0.8m（视抽水设备进水阀的高度可进行调整）；排水设备优选离心泵，也可用潜水泵，抽出的积水应排至基坑以外地面排水系统，防止乱排产生回渗。保证施工现场水流畅通，不积水，四邻地区不倒灌。

3）筑好生活区的下水管道和雨水井，生活用水应有固定排放途径，保证雨后不陷、不滑、不泥泞、不存水，避免浸泡边坡。槽底预留的保护层厚度不小于0.5m。

（2）冬期的要求

1）冬期进行地基处理的工程，除应有建筑场地的工程地质勘察资料外，根据需要尚应提出地基土的主要冻土性能指标。

2）建筑场地宜在冻结前清除地上和地下障碍物、地表积水，并应平整场地与道路。冬期及时清除积雪，春融期作好排水。

3）对建（构）筑物的施工控制坐标点、水准点及轴线定位点的埋设应采取防止土的冻胀、融沉变位和施工振动影响的措施，并应定期复测校正。槽底预留的保护层厚度不小于1m。

4）靠近建（构）筑物基础的地下基坑施工时，应采取防止相邻地基土遭冻的措施。

5.7.2.3　其他要求

（1）现场准备

1）了解场内各种地下障碍物的情况，并办理必要的书面手续。

2）根据红线桩、城市水准点及施工要求进行定位放线及抄平。

3）协调施工现场管辖部门及附近居民的关系，保证施工的顺利进行。

4）施工用水、施工用电的连接及临时设施搭建。

5）对施工人员进行生产、技术、质量、安全等全方面的交底。

6）根据施工现场实际情况调整修改施工方案。

7）根据现场情况进一步完善施工方案，绘制施工用图，包括平面、剖面设计图及施工平面布置图。

8）健全指挥系统及安全施工、工程质量及环保保障体系。

9）设计人员、方案编制人员及单位技术主管同现场技术及施工人员召开会议，做详细技术交底及总体施工规划。

（2）施工机具准备

施工所用机具如表5-30所列。

施工所用机具　　表5-30

施工项目	机具准备	备注
CFG桩	长螺旋钻机、振动沉管钻机、混凝土搅拌机、压浆泵	根据地质条件的不同使用不同的成孔工艺

（3）其他应注意的问题

1）原材料进场应有出厂合格证，且进入现场要进行二次复试，复试合格后方可使用。

2）筑好生活区的下水管道和雨水井，生活用水应有固定排放途径，保证雨后不陷、不滑、不泥泞、不存水，避免浸泡边坡。

3）基坑内临时道路上铺渣土或级配砂石，保证雨后通行不陷。

4）机电设备要经常检查接零、接地保护，所有机械棚要搭设严密，防止漏雨，随时检查漏电装置功能是否灵敏有效。

5）施工过程中及时向工人发放雨具等劳保用品。

6）凿桩头及桩头修补。桩周弃土和保护土层清至设计标高后，用钢钎沿水平方向两两相对用大锤同时击打，将桩头截断。严禁用钢钎单向击打。

5.7.2.4　特别注意事项

（1）雨期施工CFG桩时，需考虑到天气放晴时有时气温较高，此时气温会对正在运输或现场拌制的混凝土的性能影响较大，从而将影响到CFG桩的质量。

（2）雨期施工CFG桩时，需注意到坑内的降雨积水可能会对成桩机底座下的土层形成浸泡，从而将影响到成桩机械的稳定性及桩身的垂直度。

（3）冬期施工CFG桩时，如使用泵送混凝土，需特别做好泵送管的清理工作，以避免将剩余的混凝土冻留在管内。

（4）雨期或冬期施工CFG桩时，桩顶标高以上都需留有足够厚度的起保护作用的土层。该土层既利于施工机械的行走，又可保证桩顶强度满足设计要求。

5.7.3　施工工艺及操作要点

5.7.3.1　施工方法分类

施工方法分类、适用范围及适用条件如表5-31所列。

施工方法分类　　表 5-31

序　号	按成孔方式分类	适宜地质条件	施　　工	造　价
1	振动沉管	除卵砾石地层外各种土层皆适宜、水位较低	采用振动沉管机械成孔，干法灌注混凝土成桩	省
2	中心压灌	一般地质、水位条件皆适宜	采用长螺旋机械成孔，中心压灌超流态混凝土	费

5.7.3.2　施工工艺流程

采用长螺旋机械成孔、中心压灌超流态混凝土的施工工艺适用范围较广，故下面重点介绍该工艺流程。

（1）施工工艺

CFG 桩施工采用长螺旋成孔压灌工艺。

桩定位→ 钻机就位→ 钻孔至设计深度→ 泵送混凝土至桩底并提钻→ 提升并灌注至桩顶设计标高 0.5m 以上→ 移机至下桩位。具体工艺如图 5-11 所示。

（2）成孔

1）采用长螺旋钻机钻进成孔，见图 5-12。

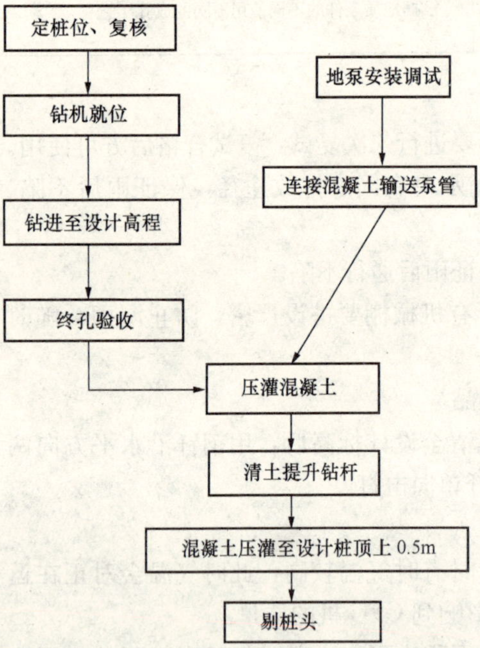

图 5-11　CFG 桩施工工艺

图 5-12　长螺旋钻机

2）钻机就位：桩位中心与钻头对准。

3）钻机就位后，调整钻杆的垂直度，并在钻进过程中随时调整。

（3）桩孔混凝土灌注

1）可采用商品混凝土，强度一般为 C15～C20，坍落度一般为 20～24cm。

2）灌注前检查混凝土的和易性和坍落度，满足要求后才可以进行灌注。

3）灌注混凝土应连续。

4）灌注提钻速度要慢，应避免缩颈或断桩。

5）由专人认真做好混凝土灌注施工记录。

6）CFG桩施工开始后，机组每班做混凝土试块两组，并送试验单位进行28d强度测定（包括见证取样）。

（4）桩头处理、褥垫层施工

1）CFG桩施工结束后，应进行人工清除槽底土层至设计桩顶标高，并确保桩间土不受扰动且不许因超挖而回填土方。

2）应用钎子小心地进行桩头处理，使其达到设计桩顶标高，对低于设计桩顶标高的桩应进行接桩处理。

3）在复合地基检测验收合格后，应尽快进行褥垫层的铺设。

4）褥垫层应分层进行铺设，每层用平板振动器夯实三遍，依据控制标高检查其密实程度，满足规范要求后，再进行下一层的铺设，直至铺设完为止。

5）褥垫层施工结束后，应由施工、监理单位和地基处理设计人员进行隐检验收。

5.7.4 质量控制及检验标准

5.7.4.1 材料要求

（1）选用普通硅酸盐水泥。

（2）砂子、石子、水泥、粉煤灰进场后必须使用塑料布覆盖进行防雨。

（3）施工用石子、砂子及水泥必须经试验室复检合格后方可使用。

5.7.4.2 技术要求

（1）用长螺旋成孔，中心压灌超流态CFG浆液。

（2）钻孔垂直偏差倾斜度控制在1%之内。

（3）虚土沉渣必须满足设计要求。

（4）桩径允许偏差：成桩桩径不小于设计桩径。

（5）正式施工前由技术人员再次复核测量基线、水准点及桩位。成孔后由监理单位对成孔质量进行检查验收。

（6）粉煤灰混凝土配比及搅拌：开盘前由技术人员根据粉煤灰混凝土配合比，确定现场配比，调整磅秤，经检查各方面工作都准备好后，允许开盘。每盘粉煤灰混凝土搅拌时间一般在90s以上，坍落度控制在16～20cm。每台机械每天取一组试块（3块），搅拌过程由技术人员专项负责。

（7）粉煤灰混凝土灌注：粉煤灰混凝土灌注前，由技术人员会同监理单位对成孔进行检查，检查合格后开始灌注。

（8）施工桩顶标高宜高出设计桩顶不少于50cm。

（9）CFG桩施工完成后，用人工挖桩间土，凿桩时用钢钎从四周向桩中心凿，严禁用大锤，截桩时清至桩顶标高，然后铺设级配砂石至基底设计标高。

5.7.4.3 质量要求（表5-32）

质量要求标准 **表5-32**

内容	标准	内容	标准
桩长偏差	10cm	桩径允许偏差	不得小于设计桩径
垂直度允许偏差	≤1%	桩位允许偏差	≤20cm

5.7.5 环境及职业健康安全

(1) 现场要设健全的安全领导小组。

(2) 全体人员应认真执行各工种的安全操作规程及有关规定。

(3) 施工前，施工负责人要向操作人员做专项技术安全交底，关键部分要下技术指导书。

(4) 施工人员进入现场要服从安全员的指挥和监督。进场施工人员必须符合有关当地劳务人员用工的有关规定及条例，证件齐全。

(5) 施工人员进入现场要进行“三级”安全教育。

(6) 每天班前五分钟，施工负责人必须做施工安全注意事项专项交底。

(7) 现场电器设备要有漏电保护器，电缆应设可靠绝缘。各种机电设备均应设专人负责管理，电工持证上岗。

(8) 现场用电设备必须实行三级供电，两级保护。

(9) 夜间施工，工地应有足够的照明。

(10) 土方开挖后，按现场安全防护要求在基坑的周围搭设安全保护栏杆，避免人员跌落坑中。

(11) 施工中如遇地下障碍物（包括古墓、各种管道、管沟、电缆、人防等）时，立即暂停施工，及时报告项目经理部，待妥善处理后方可继续施工。

(12) 所有施工人员应保持现场卫生，生产及生活垃圾均装入运土车中带走，不得随处抛撒。

(13) 砂石料要拍方，水泥要覆盖。

(14) 现场严禁乱丢水泥袋，水泥袋要放好，回收。

(15) 废弃的浆液不得随便排放。

(16) 雨期施工应有相应的防滑措施。若遇大雨、雷电或 6 级以上强风时，应禁止高处、起重等内容的作业，且过后重新作业之前应先检查各项安全设施，确认安全后方可继续作业。

(17) 露天使用电器设备，要有可靠防漏电措施。做好机电设备的接地和接零保护。有关机具设备和设施按规定设置避雷装置。

(18) 雷雨时工人不要在高墙旁或大树下避雨，不要走近电杆、铁塔、架空电线和避雷针的接地导线作为 10m 以内地区。人若遭受雷击触电后，应立即采取人工呼吸急救并请医生采取抢救措施。

第6章 主体结构

6.1 混凝土工程

6.1.1 引用的相关规范、规程与标准

6.1.1.1 混凝土方面

(1)《混凝土结构工程施工质量验收规范》GB 50204—2002；

(2)《混凝土质量控制标准》GB 50164—92；

(3)《混凝土泵送施工技术规程》JGJ/T 10—95；

(4)《普通混凝土力学性能试验方法》GB/T 50081—2002；

(5)《普通混凝土拌合物性能试验方法》GB/T 50080—2002；

(6)《建筑工程冬期施工规程》JGJ 104—97；

(7)《混凝土结构设计规范》GB 50010—2002；

(8)《混凝土用水标准》JGJ 63—2006；

(9)《普通混凝土配合比设计规程》JGJ 55—2000；

(10)《普通混凝土长期性能和耐久性能试验方法》GBJ 82—85；

(11)《混凝土结构施工质量验收规程》DBJ 01—82—2004（北京地区采用标准）。

6.1.1.2 外加剂方面

(1)《混凝土外加剂》GB 8076；

(2)《混凝土防冻剂》JC 475；

(3)《混凝土外加剂应用技术规范》GB 50119—2003；

(4)《混凝土外加剂中释放氨的限量》GB 18588；

(5)《民用建筑工程室内环境污染控制规范》GB 50325—2001（2006年版）；

(6)《混凝土外加剂应用技术规程》DBJ 01—61（北京地区采用标准）；

(7)《预防混凝土结构工程碱集料反应规程》DBJ01—95—2005（北京地区采用标准）。

6.1.2 基本要求

6.1.2.1 对原材料的要求

(1) 水泥：

混凝土冬期施工应优先选用硅酸盐水泥和普通硅酸盐水泥，水泥强度等级不应低于32.5，最小水泥用量不应少于300kg/m³，水灰比不应大于0.6。有抗渗要求的混凝土，水灰比不得大于0.55。

水泥进场时应对其品种、等级、包装或散装仓号、出厂日期等进行检查，并应对其强度、安定性、凝结时间及其他必要的性能指标进行复验，其质量必须符合现行国家标准的规定。

当在使用中对水泥质量有怀疑或水泥出厂超过三个月（快硬硅酸盐水泥超过一个月）时，应进行复验，并按复验结果使用。

钢筋混凝土结构、预应力混凝土结构中，严禁使用含氯化物的水泥。

（2）混凝土中掺用外加剂的质量及应用技术应符合现行国家标准《混凝土外加剂》GB 8076、《混凝土外加剂应用技术规范》GB 50119 等和有关环境保护的规定。

预应力混凝土结构中，严禁使用含氯化物的外加剂。钢筋混凝土结构中，当使用含氯化物的外加剂时，混凝土中氯化物的总含量应符合现行国家标准《混凝土质量控制标准》GB 50164 的规定。

（3）混凝土中氯化物和碱的总含量应符合现行国家标准《混凝土结构设计规范》GB 50010 和设计的要求。

（4）粗骨料的粒径、级配和形状对混凝土拌合物的可泵性有着十分重要的影响。泵送高度在 50m 以内时，石子的最大粒径与输送管径比≤1∶3.0。粗骨料宜采用连续级配，针片状颗粒含量不宜大于 10%，含泥量控制在 1%以内。骨料压碎指标值≤10%；粗骨料必须清洁。

（5）细骨料对混凝土拌合物的可泵性也有很大影响。混凝土拌合物能在输送管中顺利流动，主要是粗骨料被包裹在砂浆中，而且砂浆直接与管壁接触起到润滑作用，宜选用中砂，细度模数不小于 2.5，含泥量控制在 3%以内。细骨料必须清洁。

（6）泵送混凝土所用的水，应符合国家现行标准《混凝土拌合物用水标准》JGJ 63 的规定，采用自来水。泵送混凝土的水胶比为 0.4～0.6（抗渗混凝土的水胶比不得大于 0.55）。

（7）防冻剂

1）含强电解质无机盐的防冻剂严禁用于下列混凝土结构中：

①预应力混凝土结构；

②相对湿度大于 80%环境中使用的结构、处于水位变化部位的结构、露天结构及经常受水淋、受水流冲刷的结构；

③直接接触酸、碱或其他侵蚀性介质的结构；

④经常处于温度为 60℃以上的结构，需经蒸养的钢筋混凝土预制构件；

⑤有装饰要求的混凝土，特别是要求色彩一致的或是表面有金属装饰的混凝土；

⑥薄壁混凝土结构，中级和重级工作制吊车的梁、屋架、落锤及锻锤混凝土基础等结构；

⑦使用冷拉钢筋或冷拔低碳钢丝的结构；

⑧骨料具有碱活性的混凝土结构。

2）下列混凝土结构中严禁采用含有强电解质无机盐类的防冻剂：

①与镀锌钢材或铝铁相接触部位的结构，以及有外露钢筋预埋铁件而无防护措施的结构；

②用直流电源的结构以及距高压直流电源 100m 以内的结构。

3）含亚硝酸盐、碳酸盐的防冻剂严禁用于预应力混凝土结构。

4）含有六价铬盐、亚硝酸盐等有害成分的防冻剂，严禁用于饮水工程及与食品相接触的工程，严禁食用。

5）含硝氨、尿素等产生刺激性气味的防冻剂，严禁用于办公、居住等建筑工程。

6）强电解质无机盐防冻剂用于骨料具有碱活性的混凝土结构时，由外加剂带入的碱含量（以当量氧化钠计）不宜超过 1kg/m^3 混凝土，混凝土总碱含量尚应符合有关标准的规定。其掺量应符合表 6-1 的规定。

外加剂掺量限值 **表 6-1**

混凝土种类	使用环境	外加剂名称	掺量限值 （水泥重量%）不大于
预应力混凝土	干燥环境	三乙醇胺	0.05
		硫酸钠	1.0
钢筋混凝土	干燥环境	氯离子 Cl^-	0.6 2.0
		硫酸钠	
	干燥环境	与缓凝减水剂复合的硫钠	3.0
		三乙醇胺	0.05
	潮湿环境	硫酸钠	1.5
		三乙醇胺	0.05
有饰面要求的混凝土		硫酸钠	0.8
素混凝土		氯离子 Cl^-	1.8

注：预应力混凝土及潮湿环境中使用的钢筋混凝土中不得掺氯盐外加剂。

7）有机化合物类防冻剂可用于素混凝土、钢筋混凝土及预应力混凝土工程。

8）有机化合物与无机盐复合防冻剂及复合型防冻剂可用于素混凝土、钢筋混凝土及预应力混凝土工程，并应符合第 1）～5）条的规定。

9）对水工、桥梁及有特殊抗冻融性要求的混凝土工程，应通过试验确定防冻剂品种及掺量。

10）储存液体防冻剂的设备应有保温措施。

11）掺有尿素的混凝土在封闭环境中会散发出刺鼻臭味，影响人体健康，因此掺有尿素的混凝土不能用于整体现浇的剪力墙结构或楼盖结构。

12）防冻剂的选用应符合下列规定：

①在日最低气温为 0～－5℃，混凝土采用塑料薄膜和保温材料覆盖养护时，可采用早强剂或早强减水剂；

②在日最低气温为－5～－10℃、－10～－15℃、－15～－20℃，采用上款保温措施时，宜分别采用规定温度为－5℃、－10℃、－15℃的防冻剂；

③防冻剂的规定温度为按《混凝土防冻剂》JC 475 规定的试验条件成型的试件，在恒负温条件下养护的温度。施工使用的最低气温可比规定温度低 5℃。

13）防冻剂运到工地（或混凝土搅拌站）首先应检查是否有沉淀、结晶或结块。检验项目应包括密度（或细度），R_{-7+28} 抗压强度比、钢筋锈蚀试验。合格后方可入库、使用。

14）掺防冻剂的混凝土配合比，宜符合下列规定：

①含引气组分的防冻剂混凝土的砂率，比不掺外加剂混凝土的砂率可降低 2%～3%；

②混凝土水灰比不宜超过0.6，水泥用量不宜低于300kg/m^3，重要承重结构、薄壁结构的混凝土水泥用量可增加10%，大体积混凝土的最少水泥用量应根据实际情况而定。强度等级不大于C15的混凝土，其水灰比和最少水泥用量可不受此限制。

6.1.2.2　基本规定

（1）检验评定混凝土强度用的混凝土试件的尺寸及强度的尺寸换算系数应按表6-2取用；其成型方法、标准养护条件及强度试验方法应符合《普通混凝土力学性能试验方法标准》的规定。

混凝土试件尺寸及强度的尺寸换算系数　　表6-2

骨料最大粒径（mm）	试件尺寸（mm）	强度的尺寸换算系数
≤31.5	100×100×100	0.95
≤40	150×150×150	1.00
≤63	200×200×200	1.05

注：1. 对强度等级C60及以上的混凝土，宜采用标准试件；使用非标准试件时，尺寸换算系数应通过试验确定。
2. 边长为150mm的立方体试件是标准试件。

（2）结构构件拆模、出池、出厂、吊装、张拉、放张及施工期间临时负荷时的混凝土强度，应根据同条件养护的标准尺寸试件的混凝土强度确定。

（3）当混凝土试件强度评定不合格时，可采用非破损或局部破损的检测方法，按国家现行有关标准的规定对结构构件中的混凝土强度进行推定，并作为处理的依据。

（4）外加剂的品种应根据工程设计和施工要求选择，通过试验及技术经济比较确定。

（5）严禁使用对人体产生危害、对环境产生污染的外加剂。

（6）掺外加剂混凝土所用材料如水泥、砂、石、掺合料、外加剂均应符合国家现行的有关标准的规定。试配掺外加剂的混凝土时，应采用工程使用的原材料，检测项目应根据设计及施工要求确定，检测条件应与施工条件相同，当工程所用原材料或混凝土性能要求发生变化时，还应另行试配。

6.1.3　混凝土工程施工要点

作业准备→混凝土搅拌→混凝土运输→混凝土浇筑、振捣→混凝土养护、拆模。

6.1.3.1　混凝土搅拌

（1）混凝土搅拌应严格遵照混凝土搅拌相关工艺标准。

（2）冬期施工时混凝土搅拌除按混凝土搅拌相关工艺标准外，尚应满足：

1）掺防冻剂混凝土采用的原材料，应根据不同的气温，按下列方法进行加热：

①气温低于−5℃时，可用热水拌合混凝土：水温高于65℃时，热水应先与骨料拌合，再加入水泥；

②气温低于−10℃时，骨料可移入暖棚或采取加热措施。骨料冻结成块时须加热，加热温度不得高于65℃，并应避免灼烧，用蒸汽直接加热骨料带入的水分，应从拌合水中扣除。

2）掺防冻剂混凝土搅拌时，应符合下列规定：

①严格控制防冻剂的掺量；

②严格控制水灰比，由骨料带入的水及防冻剂溶液中的水，应从拌合水中扣除；

③搅拌前应用热水或蒸汽冲洗搅拌机，搅拌时间应比常温延长50%；

④掺防冻剂混凝土拌合物的出机温度，严寒地区不得低于15℃；寒冷地区不得低于10℃。入模温度，严寒地区不得低于10℃，寒冷地区不得低于5℃。

3）防冻剂与其他品种外加剂共同使用时，应先进行试验，满足要求方可使用。

4）混凝土原材料加热应优先采用加热水的方法，当加热水仍不能满足要求时，再对骨料进行加热。水、骨料加热的温度一般不得超过表6-3的规定。若达到规定温度后仍不能满足要求时，水的加热温度可提高到100℃，但水泥不得与80℃以上热水直接接触。投料时应先投入骨料和水，最后投入水泥。

拌合水及骨料最高温度 **表6-3**

水泥种类	拌合水（℃）	骨料（℃）
强度等级小于52.5的普通硅酸盐水泥，矿渣硅酸盐水泥	80	60
强度等级等于及大于52.5的硅酸盐水泥、普通硅酸盐水泥	60	40

5）水和骨料可根据工地具体情况选择加热方法，但骨料不得在钢板上灼炒。水泥应储存在暖棚内，不得直接加热。

6）拌制掺外加剂的混凝土时，如外加剂为粉剂，可按要求掺量直接撒在水泥上面和水泥同时投入。如外加剂为液体，使用时应先配制成规定浓度溶液，然后根据使用要求，用规定浓度溶液再配制成施工溶液。各溶液要分别置于有明显标志的容器内，不得混淆。每班使用的外加剂溶液应一次配成。

7）严格控制混凝土水灰比，由骨料带入的水分及外加剂溶液中的水分均应从拌合水中扣除。

8）拌制掺有外加剂的混凝土时，搅拌时间应取常温搅拌时间的1.5倍。拌制混凝土时，骨料中不得带有冰、雪及冻团。拌制混凝土的最短时间按表6-4采用。

拌制混凝土的最短时间（s） **表6-4**

混凝土坍落度（cm）	搅拌机机型	搅拌机容积（L）		
		<250	250～650	>650
≤3	自落式	135	180	225
	强制式	90	135	180
>3	自落式	135	135	180
	强制式	90	90	135

9）混凝土拌合物的出机温度不宜低于10℃，入模温度不得低于5℃。

6.1.3.2 混凝土浇筑

（1）柱混凝土的浇筑

1）柱浇筑前在底部先铺垫与混凝土配合比相同减石子砂浆，并使底部砂浆厚度为100mm。柱混凝土分层浇筑，每层浇筑柱混凝土的厚度为50cm，振捣棒不得触动钢筋和预埋件，振捣棒插入点要均匀，防止过振或漏振，见图6-1。

2）高超过2m时应在布料管上接一软管，伸到柱内，保证混凝土自由落体高度不得超过2m。下料时使软管在柱上口来回挪动，使之均匀下料，防止骨浆分离，见图6-2。

3）柱子混凝土一次浇筑到梁底或板底，且高出梁底或板底3cm（待拆模后，剔凿掉

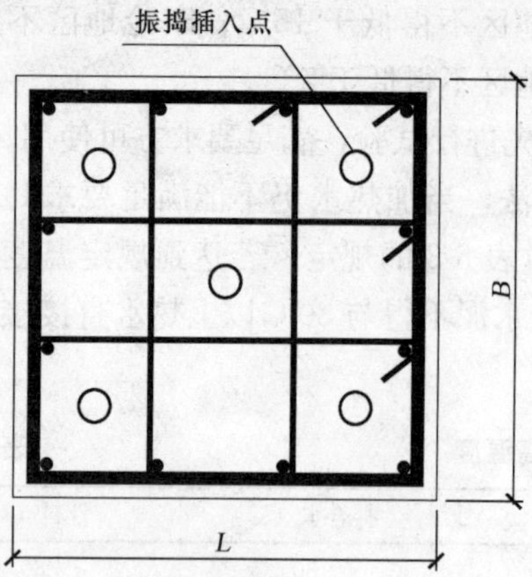

图 6-1　框架柱振捣插入点布置图

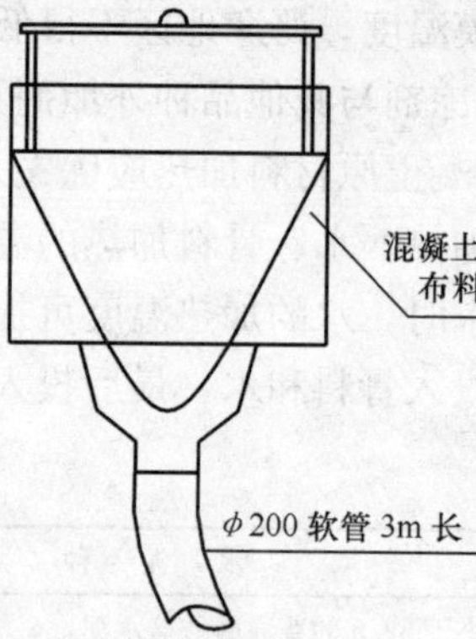

图 6-2　混凝土吊斗侧立面图

2cm，使之漏出石子为止)。

4）浇筑完后应及时将伸出的搭接钢筋整理到位。

(2) 剪力墙混凝土浇筑

1）在墙、柱混凝土强度等级相同，墙、柱混凝土可同时浇筑。外墙距底板 450mm 高处（或按设计要求）设置施工缝，在施工缝处设置 20×30BW 缓膨胀型橡胶止水条或 3mm 厚钢板止水带。墙体混凝土一次浇筑到梁底（或板底），且高出梁底或板底 3cm（待拆模后，剔凿掉 2cm，使之漏出石子为止）。

2）墙体混凝土浇筑时，采用地泵与布料杆共同进行混凝土输送。墙浇筑混凝土前，先在底部均匀浇筑 50mm 厚与墙体混凝土强度等级相同的同配比减石子砂浆。

3）浇筑墙体混凝土应连续进行，内外墙混凝土浇筑分别按照自身的浇筑顺序进行，每层浇筑厚度控制在 50cm 左右，上下层的间隔时间不应超过 2h，预先安排好混凝土下料点位置和振捣棒操作人员数量、振捣插入点位置，见图 6-3。

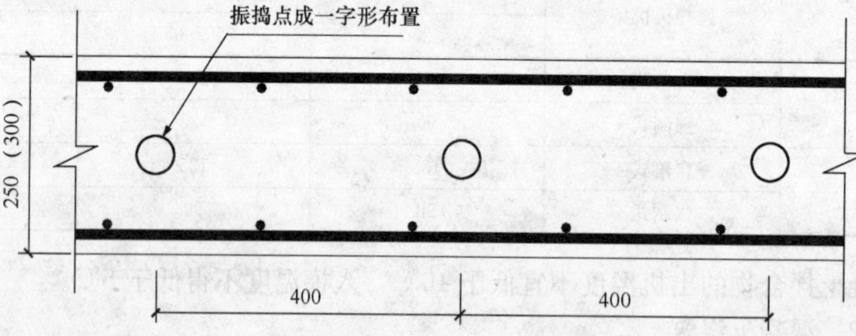

图 6-3　墙体混凝土振捣插入点布置图

4）振捣棒移动间距小于 40cm，每一振点的延续时间以表面呈现浮浆为度，为使上下层混凝土结合成整体，振捣棒应插入下层混凝土 5cm。振捣时注意钢筋密集及洞口部位，为防止出现漏振，须在洞口两侧同时振捣，振捣棒应距洞边 30cm 以上，下灰高度也要大体一致，大洞口的洞底模板应开口，并在此处浇筑振捣。

5）墙上口找平：墙体混凝土浇筑完后，将上口甩出的钢筋加以整理，用木抹子按标高线添减混凝土，将墙上表面混凝土找平，高低差控制在 10mm 以内。

(3) 梁、板混凝土浇筑

1) 梁、板混凝土应同时浇筑，浇筑方法由一端开始用“赶浆法”即先浇筑梁，根据梁高分层浇筑成阶梯形，当达到板底位置时再与板的混凝土一起浇筑，随着阶梯形不断延伸，梁板混凝土浇筑连续向前进行。浇筑与振捣必须紧密配合，第一层下料慢些，梁底充分振实后再下第二层料，保持水泥浆沿梁底包裹石子向前推进，每层均应振实后再下料，梁底及梁帮部位要注意振实，振捣时不得触动钢筋及预埋件。

2) 梁柱节点钢筋较密时，浇筑此处混凝土时用小粒径石子同强度等级的混凝土用塔吊吊斗浇筑，并用 $\phi 30$ 振捣棒振捣。

3) 浇筑板混凝土的虚铺厚度应略大于板厚，用平板振捣器垂直浇筑方向来回拖动振捣，并用铁插尺检查混凝土厚度，振捣完毕后用木刮杠刮平，浇水后再用木抹子压平、压实。施工缝处或有预埋件及插筋处用木抹子抹平。浇筑板混凝土时不允许用振捣棒铺摊混凝土。

(4) 浇筑过程应满足要求

1) 在浇筑墙、柱、梁、楼板时，现场采用地泵输送混凝土到各个部位；只在混凝土方量小，又不方便使用地泵的地方使用塔式起重机吊斗运送混凝土。泵送混凝土时必须保证混凝土泵连续工作，如果发生故障，停歇时间超过 45 分钟或混凝土出现离析现象，应立即用压力水或其他方法冲洗管内残留的混凝土。

2) 混凝土浇筑与振捣的要求：

① 混凝土自吊斗口或布料管口下落的自由倾落高度不得超过 2m，浇筑高度如超过 2m 时必须用溜管伸到墙、柱的下部，浇筑混凝土。

② 浇筑混凝土时要分段分层连续进行，浇筑层高度根据结构特点、钢筋疏密决定，控制在一次浇筑 500mm 高。

③ 使用插入式振捣棒应快插慢拔，插点要均匀排列，逐点移动，顺序进行，不得遗漏，做到均匀振实。移动间距不大于振捣作用半径的 1.5 倍（一般为 30～40cm）。振捣上一层时应插入下层 5cm，以消除两层间的接缝。

④ 浇筑混凝土要连续进行。如就餐时间或其他原因，由两班人员换班，现场不得中断。如果必须间歇，其间歇时间应尽量缩短，并应在前层混凝土初凝前，将次层混凝土浇筑完毕。

⑤ 浇筑混凝土时应派木工、钢筋工随时观察模板、钢筋、预埋孔洞、预埋件和插筋等有无移动，变形或堵塞情况，发生问题应立即处理并应在已浇筑的混凝土初凝结前修正完好。

6.1.3.3 混凝土施工

(1) 现场准备

浇筑混凝土前，预先与搅拌站办理商品混凝土委托及申请，委托单的内容包括：混凝土强度等级、方量、坍落度、初凝终凝时间、是否加外加剂以及浇筑时间等。

(2) 施工机具准备

施工前，一切施工用的机具准备充分。机具有：尖锹、平锹、混凝土吊斗、插入式振捣棒、木抹子、铝合金长刮杠、塔式起重机。所有机具均应在浇筑混凝土前进行检查，同时配备专职技工，随时检修。在混凝土浇筑期间，要保证水、电、照明不中断。为了防备临时停水停电，事先应在现场准备一定数量的人工拌合与捣固用工具，以防出现意外施工缝。

应有停电后发电车等备用供电设备的联系电话和要求到场时间。如果停水，则由搅拌站用混凝土罐车运水到现场，以保证混凝土浇筑、洗泵、养护等的用水。

根据混凝土泵的最大出口压力、配管情况、混凝土性能指标和输出量验算泵车的泵送性能，确保工程的使用要求。泵管必须固定牢固，减少由于泵管晃动所引起的泵车泵送性能的损失，泵管固定见图 6-4。

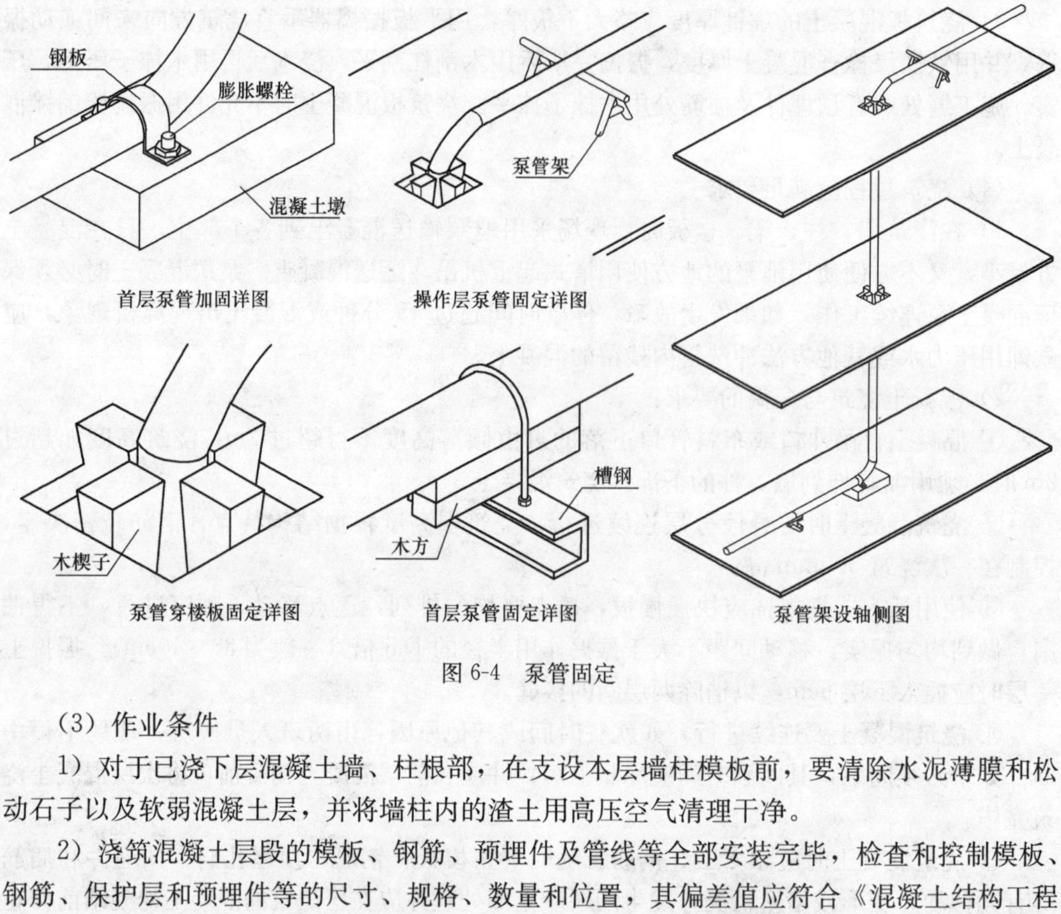

图 6-4　泵管固定

(3) 作业条件

1) 对于已浇下层混凝土墙、柱根部，在支设本层墙柱模板前，要清除水泥薄膜和松动石子以及软弱混凝土层，并将墙柱内的渣土用高压空气清理干净。

2) 浇筑混凝土层段的模板、钢筋、预埋件及管线等全部安装完毕，检查和控制模板、钢筋、保护层和预埋件等的尺寸、规格、数量和位置，其偏差值应符合《混凝土结构工程施工质量验收规范》的规定。检查模板支撑的稳定性以及接缝的密合情况，浇筑前应将模板内的垃圾、泥土等杂物及钢筋上的油污清除干净，并检查钢筋的混凝土垫块是否垫好，柱子模板应在清除杂物及积水后再封闭。并办完隐检、预检手续。

3) 依据定位墙、柱控制线和施工平面图校核各楼层墙、柱轴线及边线；门窗洞口位置线是否在规范允许范围内。

4) 浇筑混凝土用的架子及马道已支搭完毕，泵管已搭设完毕、固定牢固并经检查合格。

5) 水泥、砂、石及外加剂等经检查符合标准要求，试验室已下达混凝土配合比通知单。通知搅拌站运送混凝土，根据浇筑的混凝土工程量、部位、时间的不同，保证混凝土的连续供应，混凝土的连续浇筑。

6）振捣器等机具经检验试运转正常。

7）检查安全设施、劳力配备是否妥当，能否满足浇筑速度要求。

8）混凝土工程责任师（工长）根据施工方案对操作班组进行全面施工技术交底。

9）冬期施工需对混凝土进行热工计算，确定混凝土的使用温度，安排保温、测温细则，进行混凝土成型温度计算。

冬期施工期间，施工单位应与气象部门保持密切联系，随时掌握天气预报和寒潮、大风警报，采取防护措施。

在浇筑前，要清除模板和钢筋上的冰雪和污垢，混凝土罐车、混凝土输送泵管应有保温措施，减少混凝土输送过程中的热量损失。

混凝土拌合物经运输到浇筑时的温度，可按下式计算：

$$T_2 = T_1 - (\alpha t_t + 0.032n)(T_1 - T_a)$$

式中 T_1——混凝土拌合物出机温度（℃）；

T_2——混凝土拌合物经运输到浇筑时温度（℃）；

t_t——混凝土拌合物自运输到浇筑时的时间（h）；

n——混凝土拌合物转运次数；

T_a——混凝土拌合物运输时环境温度（℃）；

α——温度损失系数：

当用混凝土搅拌车输送时，$\alpha=0.25$；

当用手推车时，$\alpha=0.5$。

考虑模板和钢筋的吸热影响，混凝土浇筑成型完成时的温度，可按下式计算：

$$T_3 = \frac{c_c m_c T_2 + c_f m_f T_f + c_s m_s T_s}{c_c m_c + c_f m_f + c_s m_s}$$

式中 T_3——考虑模板和钢筋吸热影响，混凝土成型完成时的温度（℃）；

c_c、c_f、c_s——混凝土、模板、钢筋的比热容［kJ/（kg·K）］：混凝土取 1 kJ/（kg·K）；钢材取 0.48 kJ/（kg·K）；

m_c——每立方米混凝土重量（kg）；

m_f、m_s——与每立方米混凝土相接触的模板、钢筋重量（kg）；

T_f、T_s——模板、钢筋的温度，未预热者可采用当时的环境气温（℃）。

6.1.3.4 混凝土养护

（1）未掺防冻剂混凝土，在混凝土的温度降至 0℃前，其抗压强度不得低于抗冻临界强度，抗冻临界强度见表 6-5。

抗冻临界强度规定如下：

硅酸盐水泥或普通硅酸盐水泥配制的混凝土，为设计的混凝土强度标准值的 30%；

矿渣硅酸盐水泥配制的混凝土，为设计的混凝土强度标准值的 40%，但 C10 及 C10 以下的混凝土，不得低于 $5.0N/mm^2$。

如施工需要调高混凝土强度等级时，应按提高后的强度等级确定。

混凝土抗冻临界强度（N/mm²）　　表 6-5

强度种类	混凝土强度等级													
	C15	C20	C25	C30	C35	C40	C45	C50	C55	C60	C65	C70	C75	C80
$f_{cu,k}$	15	20	25	30	35	40	45	50	55	60	65	70	75	80
$f_{cu,k}\times0.3$	4.5	6	7.5	9	10.5	12	13.5	15	16.5	18	19.5	21	22.5	24
$f_{cu,k}\times0.4$	6	8	10	12	14	16	18	20	22	24	26	28	30	32

（2）掺防冻剂的混凝土，当混凝土温度降到规定温度时，其抗冻临界强度必须符合下述规定：当最低气温不低于－10℃时，混凝土抗压强度不得小于 3.5MPa；当最低气温不低于－15℃时，混凝土抗压强度不得小于 4MPa；当最低气温不低于－20℃时，混凝土抗压强度不得小于 5.0MPa。

（3）整体浇筑的结构，采用蒸汽加热养护时，混凝土的升温和降温速度，不得超过表 6-6 的规定。

用蒸汽直接加热养护混凝土时，当采用普通硅酸盐水泥时，混凝土的温度不超过 80℃，当采用矿渣硅酸盐水泥时，可提高到 85℃。

电热养护混凝土的温度，应符合表 6-7 的规定。

混凝土的升温降温速度　　表 6-6

表面系数	升温速度（℃/h）	降温速度（℃/h）
≥6	15	10
<6	10	5

注：1. 表面系数系指结构冷却的表面积（m²）与结构全部体积（m³）的比值；
2. 厚大体积的混凝土，应根据实际情况确定。

电热养护混凝土温度（℃）　表 6-7

水泥强度等级	表面系数（m^{-1}）		
	<10	10～15	>15
32.5	70	50	45
42.5	40	40	35

（4）在特别寒冷的地方或有条件的工程，经常会搭设保温暖棚进行混凝土的施工及养护，棚内热量分布应尽可能均匀，一般棚内底部温度不得低于 5℃，并设专人测混凝土及棚内温度，测温每昼夜不少于 4 次。

棚内养护期间应注意棚内湿度，并注意观察混凝土是否有失水现象（一般覆盖一层塑料布保湿），若失水时应及时采取增湿措施或向混凝土表面洒水养护，但在停止加热前 12h 就不要再继续进行湿处理，以避免以后的降温冷却给混凝土造成冻伤。

保温暖棚的搭设采用用于楼板结构模板的门型架或钢管架等支撑体系，上搭设横梁及胶合板，上面铺设保温棉，详见图 6-5。

暖棚在混凝土内外温度差及表面与大气最低温差均小于 10℃时，方可拆除。

（5）混凝土养护期间需对混凝土冷却时间与平均温度进行热工计算（适用于蓄热法和综合蓄热法）。

混凝土蓄热养护开始至任一时刻 t 的混凝土温度（℃）

$$T=\eta e^{-\theta\cdot V_{ce}\cdot t}-\varphi e^{-V_{ce}\cdot t}+T_{m,a}$$

混凝土蓄热养护从开始至任一时刻 t 的平均温度（℃）

$$T_m=\frac{1}{V_{ce}\cdot t}\left(\varphi e^{-V_{ce}\cdot t}-\frac{\eta}{\theta}e^{-\theta\cdot V_{ce}\cdot t}+\frac{\eta}{\theta}-\varphi\right)+T_{m,a}$$

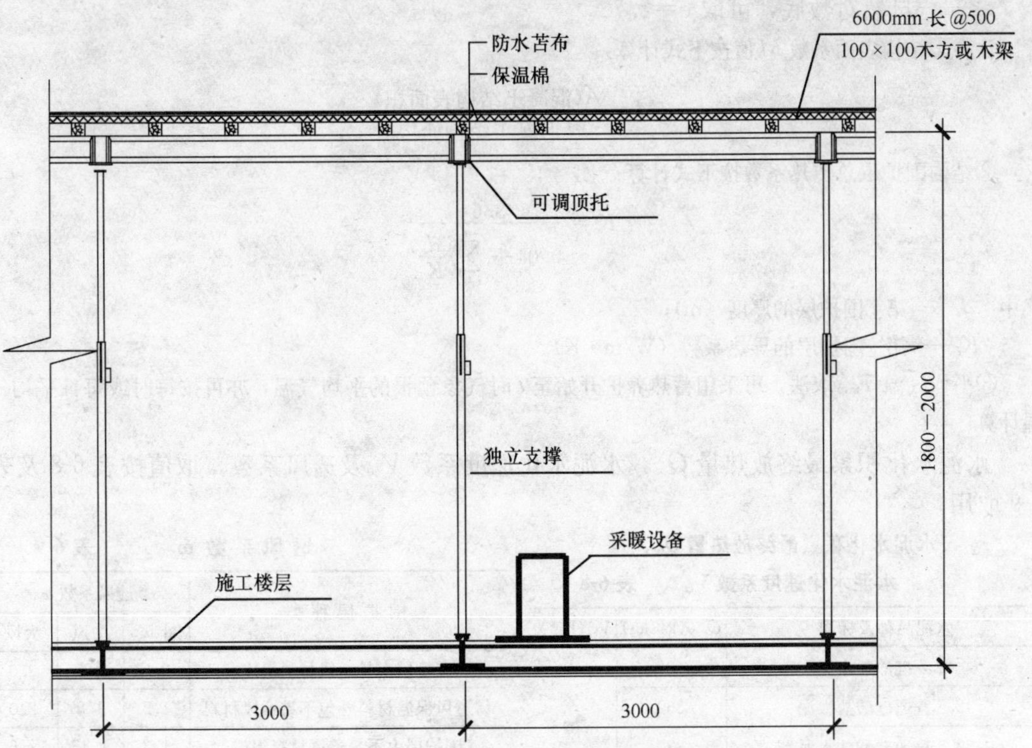

图 6-5　暖棚搭设剖面图

式中　θ、φ、η——综合参数，按下式计算：

$$\theta = \frac{\omega \cdot K \cdot M}{V_{ce} \cdot c_c \cdot \rho_c}$$

$$\varphi = \frac{V_{ce} \cdot Q_{ce} \cdot m_{ce}}{V_{ce} \cdot c_c \cdot \rho_c - \omega \cdot K \cdot M}$$

$$\eta = T_3 - T_{m,a} + \varphi$$

T——混凝土蓄热养护开始至任一时刻 t 的温度（℃）；

T_m——混凝土蓄热养护开始至任一时刻 t 的平均温度（℃）；

t——混凝土蓄热养护开始至任一时刻 t 的时间（h）；

$T_{m,a}$——混凝土蓄热养护开始至任一时刻 t 的平均气温（℃）；

ρ_c——混凝土质量密度（kg/m^3）；

m_{ce}——每立方米混凝土水泥用量（kg/m^3）；

c_c——混凝土的比热容（kJ/kg·K）；

Q_{ce}——水泥水化积累最终放热量（kJ/kg）；

V_{ce}——水泥水化速度系数（h^{-1}）；

ω——透风系数；

M——结构表面系数（m^{-1}）；

K——结构围护层总传热系数（$kJ/m^2 \cdot h \cdot K$）；

e——自然对数底，可取 e=2.72。

注：①结构表面系数 M 值按下式计算：

$$M=\frac{A(\text{混凝土结构表面积})}{V(\text{混凝土结构体积})}$$

②结构围护层总传热系数按下式计算：

$$K=\frac{3.6}{0.04+\sum_{i=1}^{n}\frac{d_i}{K_i}}$$

式中　d_i——第 i 围护层的厚度（m）；

K_i——第 i 围护层的导热系数（W/m·K）。

③平均气温 $T_{m,a}$ 取法，可采用蓄热养护开始至 t 时气象预报的平均气温，亦可按每时或每日平均气温计算。

水泥水化积累最终放热量 Q_{ce}，水泥水化速度系数 V_{ce} 及透风系数 ω 取值按表 6-8 及表 6-9 取用。

水泥水化积累最终放热量 Q_{ce}、水泥水化速度系数 V_{ce}　　表 6-8

水泥品种及标号	Q_{ce}（kJ/kg）	V_{ce}（h^{-1}）
42.5 硅酸盐水泥	400	0.013
42.5 普通硅酸盐水泥	360	
32.5 普通硅酸盐水泥	330	
32.5 矿渣、火山灰、粉煤灰硅酸盐水泥	240	

透风系数 ω　　表 6-9

围护层种类	透风系数 ω		
	小风	中风	大风
围护层由易透风材料组成	2.0	2.5	3.0
易透风保温材料外包不易透风材料	1.5	1.8	2.0
围护层由不易透风材料组成	1.3	1.45	1.6

注：小风风速—$v_W<3$m/s；中风风速—$3\leqslant v_W\leqslant 5$m/s；大风风速—$v_W>5$m/s。

6.1.3.5　混凝土测温

（1）普通玻璃测温计测温

混凝土浇筑后，在结构最薄弱和易冻的部位，应加强保温防冻措施，并应在有代表性的部位或易冷却的部位布置测温点。测温测头埋入深度应为 100～150mm，也可为板厚的 1/2 或墙厚的 1/2。在达到受冻临界强度前应每隔 2h 测温一次，以后应每隔 6h 测一次，并应同时测定环境温度。

测量读数时，应使视线和温度计的水银柱顶点保持在同一水平高度上，以避免视差。读数时，要迅速准确，勿使头、手或灯头接近温度计下端。找到温度计水银柱顶点后，先读小数，后读大数，记录后在复验一次，以免误读。

（2）建筑电子测温仪测温

建筑电子测温仪（图 6-6）测温一般为热电偶测温，是一种附着于钢筋上的半导体传感器，但应与钢筋隔离，并保护测温探头的插头不受污染、不受水浸，插入测温仪前应擦拭干净，保持干燥以防短路。也可以事先埋设，管内插入可周转使用的传感器测温。

热电偶的测温读数要持续至少 30 天，并采用电子仪器记录，具体测温读数时间见表 6-10。

（3）测温人员应同时检查覆盖保温情况，并应了解结构物的浇筑日期、要求温度、养护期限等。若发现混凝土温度有过高或过低现象，应立即通知有关人员，及时采取有效措施。

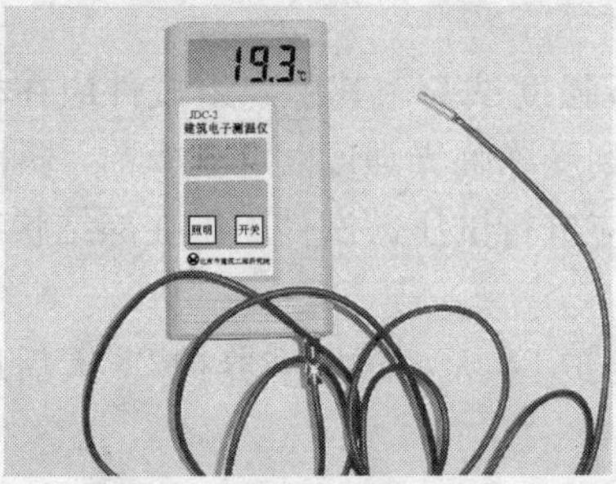

图 6-6　建筑电子测温仪

混凝土施工测温项目和次数　　表 6-10

测温阶段	测温间隔时间
浇筑后连续 3 天内	每 2 小时
以后 10 天	每 4 小时
以后 10 天	每 8 小时
以后数天	每天，当日温差≤5℃后停止测温

混凝土测温资料必须齐全、真实、可靠，测温应与试压同条件试块结合起来，测温记录要记上何时试块强度超过了要求强度，不是为了测温而测温，如温度可能降到低于防冻剂要求的温度时，应立即试压同条件试块，强度未达到抗冻临界强度，应加强保温措施并记录时间及措施内容。

6.1.3.6　混凝土试块的留置

(1) 在混凝土施工过程中，要在浇筑地点随机取样制作一定数量的混凝土试件进行强度试验。其中一组试件应在标准条件下养护，其余放置在工程条件下养护。在达到受冻临界强度时，拆模、拆除支撑前应进行试块的试压。试件不得在冻结状态下试压，边长为 100mm 立方体试件，应在 15～20℃室内解冻 3～4h 或应浸入 10～15℃的水中解冻 3h；边长为 150mm 立方体试件应在 15～20℃室内解冻 5～6h 或浸入 10～15℃的水中解冻 6h，试件擦干后试压。

(2) 检验抗冻、抗渗所用试件，应与工程同条件养护累计达到 600℃·d，后进行抗冻或抗渗试验。

(3) 不同施工季节，不同施工部位的混凝土试件留置建议按表 6-11 要求留置。

混凝土试件留置建议表　　表 6-11

施工部位	常温季节（组）	冬期施工期间应增加（组）
垫层	$B\geqslant1$	
底板	$B\geqslant1$	$DT\geqslant2$；$N\geqslant1$
内墙	$B\geqslant1$；$ST\geqslant1$	$DT\geqslant2$；$N\geqslant1$
外墙	$B\geqslant1$；$T\geqslant2$；$ST\geqslant1$	$DT\geqslant2$；$N\geqslant1$
梁	$B\geqslant1$；$T\geqslant2$；$ST\geqslant1$	$DT\geqslant2$；$N\geqslant1$
板	$B\geqslant1$；$T\geqslant2$	$DT\geqslant2$；$N\geqslant1$
柱	$B\geqslant1$；$ST\geqslant1$	$DT\geqslant2$；$N\geqslant1$

注：*B*——标准养护 28 天强度试件；

T——同条件养护试件，供结构构件拆模、出池、吊装及施工期间临时负荷时确定混凝土强度；

ST——600℃·d 结构实体同条件养护试件；

DT——抗冻临界强度试件，亦为同条件养护试件，仅龄期较短；

N——冬期结束后转常温养护 28d 试件。

(4) 冬期试块留置特殊要求

掺防冻剂混凝土的强度试验应满足下列要求（《混凝土外加剂应用技术规范》GB50119

—2003 第 7.4.2 条)：

1）要在浇筑地点制作一定数量的混凝土试件进行强度试验。其中一组试件应在标准条件下养护，其余放置在与工程同条件下养护。在达到受冻临界强度时，拆模前，拆除支撑前及与工程同条件养护 28 天、再标准养护 28 天均应进行试压。试件不得在冻结状态下试压。

2）检验抗冻、抗渗所用试件，要与工程同条件养护 28 天，再标准养护 28 天后进行抗冻结或抗渗试验。

6.1.3.7 现场搅拌站过冬准备

现场搅拌时要抓好搅拌站过冬准备工作，包括热水锅炉检查、材料储备等，试验室要搞好冬施混凝土配合比的设计管理。现场配备足量的保温材料，以供混凝土养护使用。

6.1.4 质量控制及检验

6.1.4.1 技术要求

(1) 商品混凝土所用的水泥、水、骨料、外加剂等必须符合规范规定，检查出厂合格证或试验报告是否符合质量要求，且派人去搅拌站抽查。

(2) 现场搅拌站搅拌司机操作必须有证件上岗，严禁非司机操作。

(3) 搅拌站人员根据混凝土申请单供应混凝土，不见混凝土单，不搅拌混凝土，防止混凝土积压，造成混凝土延长时间影响质量。

(4) 搅拌站后台上料人员根据配合比按每盘水泥、外加剂的比例准确投料，禁止施工中凭肉眼估计下料。

(5) 在浇筑地点检测混凝土的坍落度，混凝土坍落度损失值控制在 30mm/h 以内，且坍落度总损失值小于 60mm。

(6) 在浇筑混凝土时，工人要挂牌操作，严格控制下料的厚度，一次下料不能过厚，浇筑墙、柱混凝土时每层下料厚度控制在 50cm，要按顺序振捣，以防少振或漏振。保证浇筑出的混凝土面光滑、密实，不会出现蜂窝。对于墙、柱根部及易发生质量通病部位的振捣要派专人监督控制质量，在浇筑墙、柱根部前，要先接浆，底部浇筑混凝土分层薄一些，增加振捣密实度。

(7) 钢筋垫块要与钢筋连接牢固，责任师（工长）和质检员要对各个部位的垫块进行检查，防止出现垫块位移、漏放，钢筋紧贴模板造成漏筋。

(8) 支设模板前要及时涂刷脱模剂并严格控制拆模时间，拆模不要过早，防止构件表面混凝土易粘附在模板上造成麻面脱皮。

(9) 在钢筋较密的部位混凝土要细致振捣，振捣密实，防止未经振捣就继续浇筑上层混凝土。

(10) 柱接头模板要具有足够的刚度，且支设此部位模板时要严格控制断面尺寸，以保证梁、柱连结处端面尺寸满足规范允许偏差范围。

(11) 模板穿墙螺栓要紧固可靠，浇筑时防止混凝土冲击洞口模板，在浇筑洞口两侧混凝土时要两侧浇筑振捣要对称、均匀，防止洞口移位变形。

(12) 地下室外墙与基础的防水混凝土要加强养护的管理力度，确保养护及时到位，防止混凝土结构表面出现裂缝。

(13) 质量要求（表 6-12）

现浇混凝土结构的允许偏差 表 6-12

序号	项目			允许偏差（mm）	检验方法
1	轴线位置	基础		15	钢尺检查
		独立基础		10	
		墙、柱、梁		8	
		剪力墙		5	
2	垂直度	层间	≤5m	8	经纬仪、钢尺检查
			＞5m	10	经纬仪、钢尺检查
		全高		H/1000 且≤30	经纬仪钢尺检查
3	标高	层高		±10	水准仪或拉线、钢尺检查
		全高		±30	
4	截面尺寸			＋8，－5	钢尺检查
5	表面平整度（2m 长度上）			8	2m 靠尺和塞尺检查
6	预埋设施中心线位置	预埋件		10	钢尺检查
		预埋螺栓		5	
		预埋管		5	
7	预留洞中心线位置			15	钢尺检查
8	电梯井	井筒长宽对定位中心线		＋25，0	钢尺检查
		井筒全高垂直度		H/1000 且≤30	经纬仪、钢尺检查
9	外墙和基础表面裂缝宽度			≤0.2	刻度放大镜检查

6.1.4.2 应注意的问题

（1）混凝土搅拌

1）雨期期间搅拌混凝土要严格控制用水量，应随时测定砂、石的含水率，及时调整混凝土配合比，严格控制水灰比和坍落度。雨天浇筑混凝土应适当减小塌落度，必要时可将混凝土强度等级提高半级或一级。

2）混凝土供应单位及现场砂浆搅拌站要抓好搅拌站过冬准备工作，包括热水锅炉检查、材料储备等，试验室要搞好冬施混凝土、砂浆配合比的试配工作。

混凝土搅拌站应保证混凝土到达现场的出罐温度不低于 10℃；在运输中不得有表层冻结、混凝土离析、水泥砂浆流失、坍落度损失等现象。

（2）混凝土输送

1）仔细计算单位时间混凝土用量安排好车辆并加强调度，以保证正常连续施工。

2）冬期施工时现场或混凝土供应公司应保证混凝土的浇筑温度；在运输中不得有表层冻结、混凝土离析、水泥砂浆流失、坍落度损失等现象，并做好混凝土输送设备的保温。

（3）混凝土施工

1）雨期混凝土施工

随时接听、搜集气象预报及有关信息，应尽量避免在雨天进行混凝土浇筑施工，大雨和暴雨天不得浇筑混凝土。小雨可以进行混凝土浇筑，但浇筑部位应进行覆盖，并注意混凝土坍落度根据雨量而适当调整。混凝土浇筑防雨应急措施图见图 6-7，输送泵防雨应急措施见图 6-8。

基础底板的大体积混凝土施工应避免在雨天进行。如突然遇到大雨或暴雨，不能浇筑混凝土时，应将施工缝设置在合理位置，并采取适当的措施，已浇筑的混凝土用塑料布覆盖，待大雨过后清除积水再继续浇筑。

雨后应将模板表面淤泥、积水及钢筋上的淤泥清除掉，施工前应检查板、墙的模板内是否有积水，若有积水应清理后再浇筑混凝土。

浇筑板、墙、柱混凝土时，可适当减小坍落度。梁板同时浇筑时应沿次梁方向浇筑，此时如遇雨而停止施工，可将施工缝留在弯矩剪力较小处的次梁和板上，从而保证主梁的整体性。

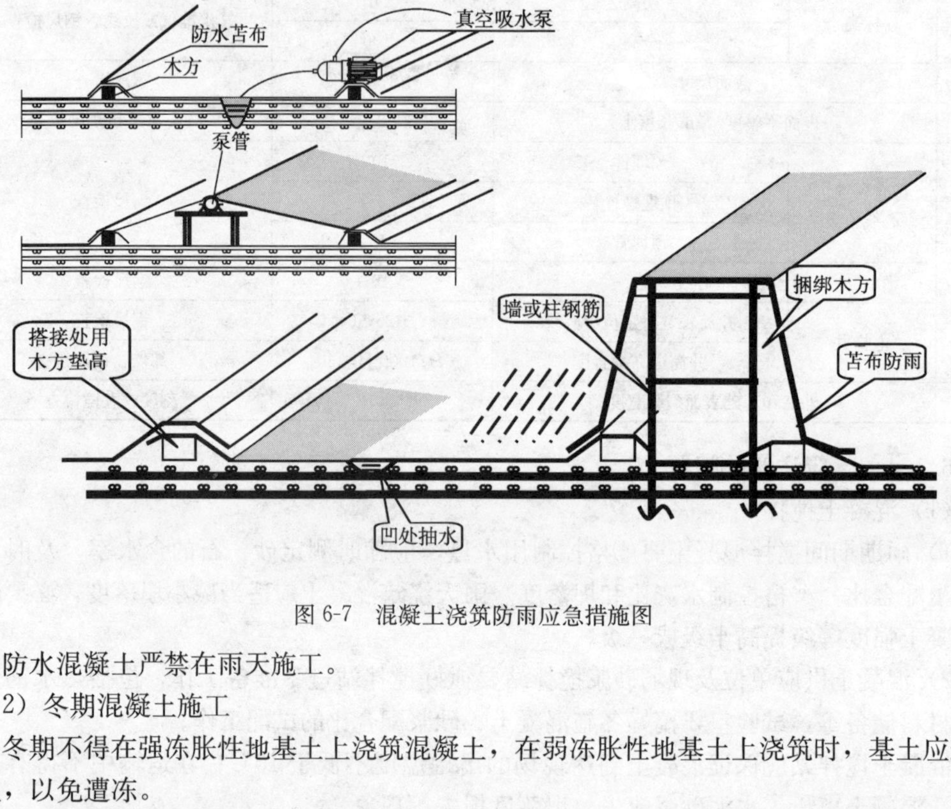

图 6-7　混凝土浇筑防雨应急措施图

防水混凝土严禁在雨天施工。

2）冬期混凝土施工

冬期不得在强冻胀性地基土上浇筑混凝土，在弱冻胀性地基土上浇筑时，基土应进行保温，以免遭冻。

浇筑基础大体积混凝土时，施工前要对地基进行保温以防止冻胀。新拌混凝土的入模温度以 7～12℃为宜。混凝土内部温度与表面温度之差不得超过 20℃为宜。必要时应做保温覆盖。泵送混凝土时，应加强泵管的保温，见图 6-9。

预应力混凝土构件在进行孔道和立缝灌浆前，浇灌部位的混凝土须经预热，并宜采用热的水泥浆、砂浆或混凝土，浇灌后在正温下养护到强度不低于 15N/mm^2。

楼层边缘混凝土应加强防冻措施，见图 6-10。

（4）混凝土养护

1）雨期混凝土养护

大体积混凝土浇筑后，要加强养护，严格控制温度下降梯度，防止遇雨骤冷而产生裂缝。

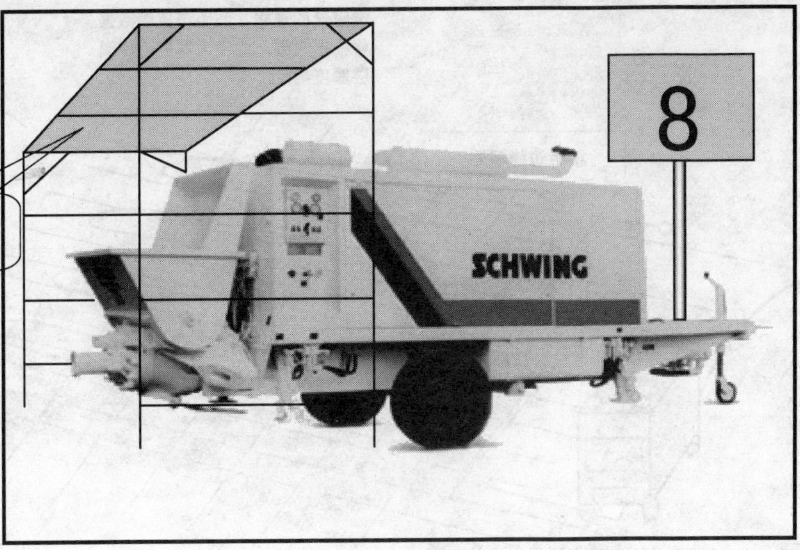

图 6-8　输送泵防雨应急措施图

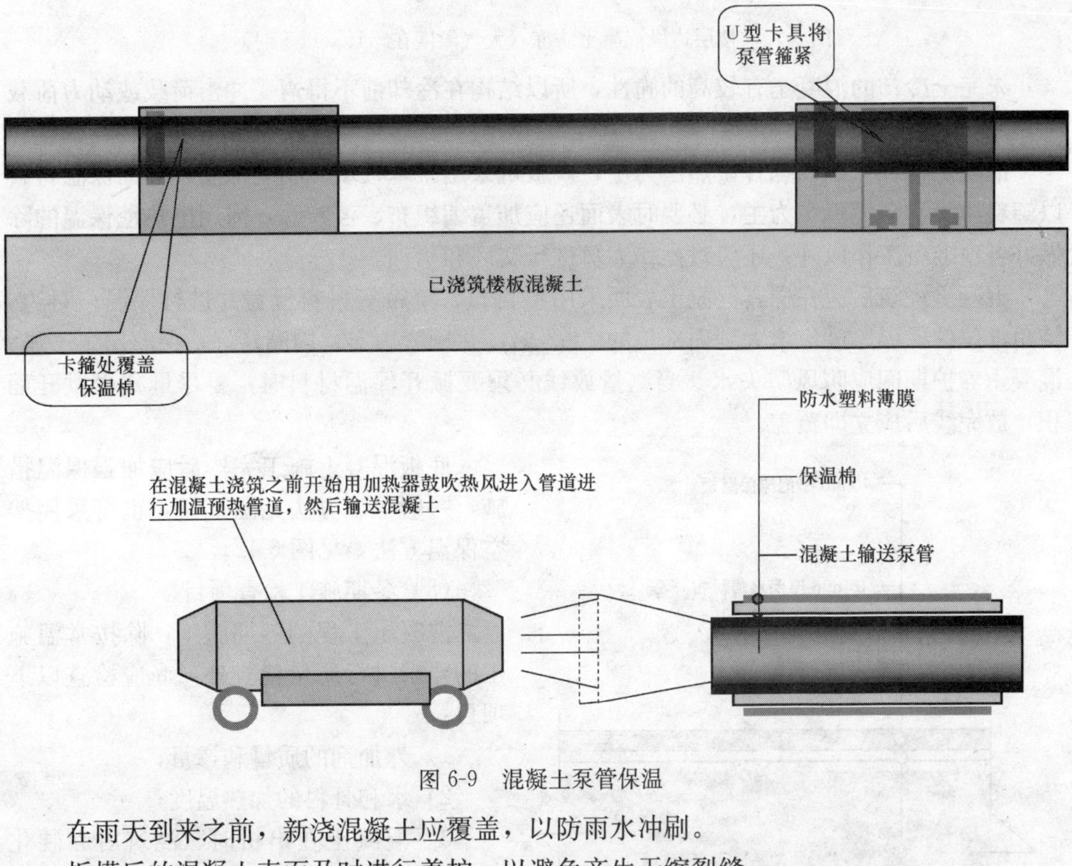

图 6-9　混凝土泵管保温

在雨天到来之前，新浇混凝土应覆盖，以防雨水冲刷。

拆模后的混凝土表面及时进行养护，以避免产生干缩裂缝。

2）冬期混凝土养护

冬期施工时模板和保温层应在混凝土冷却到 5℃后方可拆除。当混凝土与外界温差大于 20℃时，拆模后的混凝土表面，应临时覆盖，使其缓慢冷却。

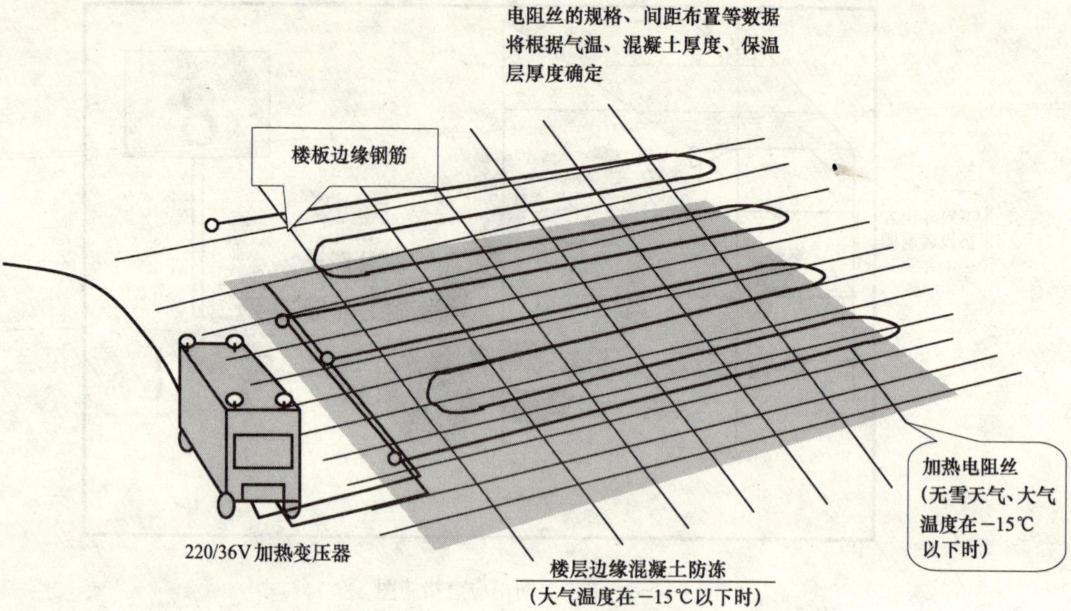

图 6-10　楼层边缘混凝土防冻（大气温度在−15℃以下时）

未完全冷却的混凝土有较高的脆性，所以结构在冷却前不得遭受冲击荷载或动力荷载的作用。

混凝土构件保温以综合蓄热法为主，模板可采用聚苯板填充肋间保温，平面保温材料以塑料薄膜和阻燃草帘为主，必要时表面还应加盖编织布、苫布等，需用电热毯保温的除做好各项准备工作以外，还应对操作人员进行交底和培训。

混凝土浇筑后应在裸露混凝土表面采用塑料布、草帘等材料覆盖并进行保温；对边、棱角部位的保温厚度应增大到面部位的 2～3 倍，并压紧填实、周圈封好；保温层要干燥；混凝土养护期间应防风防失水。当测量放线必须要掀开保温材料时，要尽量减少掀开面积，放完线后应立即覆盖。

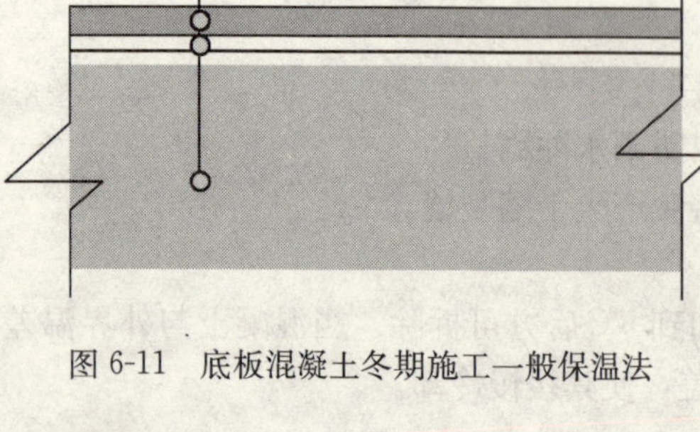

图 6-11　底板混凝土冬期施工一般保温法

底板混凝土施工完毕后应加强保温措施，一般保温方法见图 6-11，也可采用架空保温方法，见图 6-12。

(5) 冬期施工检查项目

混凝土工程的冬期施工，除按常温施工的要求进行质量检查外，尚应检查以下项目：

1) 外加剂的质量和掺量；

2) 水和骨料的加热温度；

3) 混凝土在出机时、浇筑后和硬化过程中的温度；

4) 混凝土温度降至 0℃时的强度（掺防冻剂混凝土则为温度低于外加剂规定温度时的强度）；

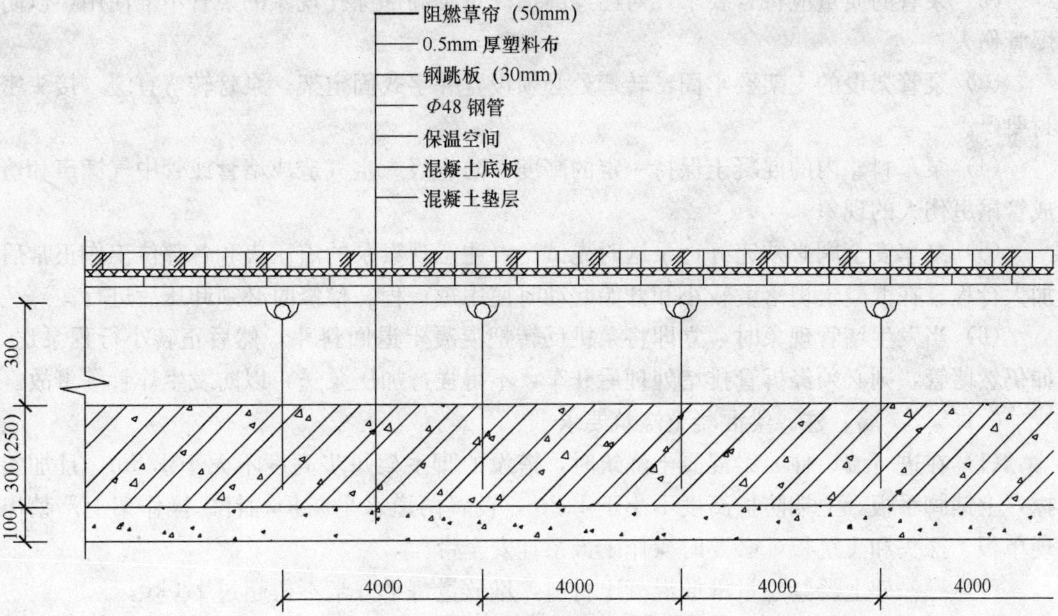

说明：钢筋支撑纵横间距 4000mm。

图 6-12　底板混凝土架空保温

5）水、骨料及混凝土出机时的温度，每工作班至少测量 4 次。

(6) 成品保护

1）雨期成品保护

为防止雨水从各层顶板后浇带处及各层楼板预留洞处流到地下室和底板后浇带中致使底板后浇带中的钢筋由于长期遭水浸泡而生锈，地下室顶板上的后浇带可用竹胶板进行封闭，竹胶板上覆盖彩条布，而各层洞口周围宜做浆加盖板。楼梯间处可用临时挡雨棚罩或在底板上临时留集水坑以便抽水。具体做法见图 6-13。

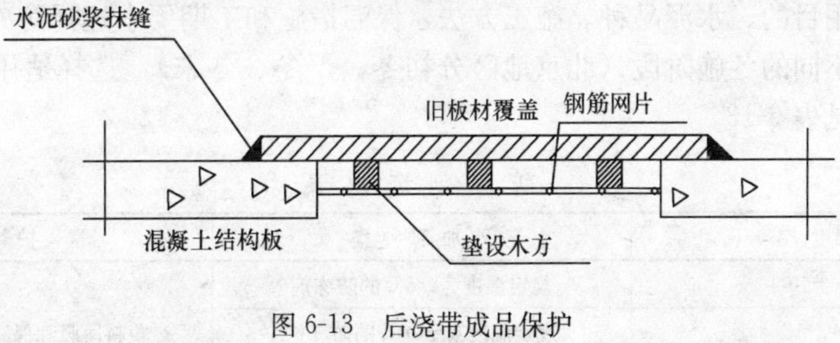

图 6-13　后浇带成品保护

2）冬期成品保护

在已浇的楼板上测温、覆盖时，要在铺好的脚手板上操作，避免踩踏脚印。

拆模后必须对容易损坏的部位：柱角、墙角、楼梯踏步等进行有效遮盖围绑保护，防止被碰撞损坏。柱、墙阳角保护高度为 1.2m，楼梯踏步采用木板进行包角。

6.1.5　对环境职业安全健康要求及措施

6.1.5.1　混凝土泵送设备的主要安全措施

(1) 泵车操作工必须是经培训合格的有证人员，严禁无证操作。

(2) 泵管的质量应符合要求，对已经磨损严重及局部穿孔现象的泵管不准使用，以防爆管伤人。

(3) 泵管架设的支架要牢固，转弯处必须设置井字式固定架。泵管转弯宜缓，接头密封要严。

(4) 泵车料斗内的混凝土保持一定的高度，防止吸入空气造成堵管或管中气锤声和造成管尾甩伤人的现象。

(5) 泵车安全阀必须完好，泵送时先试送，注意观察泵的液压表和各部位工作正常后加大行程。在混凝土坍落度较小和开始起动时使用短行程。检修时必须卸压后进行。

(6) 当发生堵管现象时，立即将泵机反转把混凝土退回料斗，然后正转小行程泵送，如仍然堵管，则必须经拆管排堵处理后开车，不得强行加压泵送，以防发生炸管等事故。

6.1.5.2 墙、柱、梁混凝土浇筑要求

(1) 在进行墙、柱、梁混凝土浇筑时，搭设的脚手架每步高度不大于1.8m，且加斜撑，上铺脚手板。上端防护高度不小于1.2m，设置两道水平防护栏杆。操作架上严禁出现单板、探头和飞跳板，必要时操作工人系挂安全带。

(2) 操作架上严禁超量堆放混凝土材料，堆放量每平方米不得超过120kg。

(3) 在施工作业层外架上增设一层隔音布，降低混凝土施工时的噪声，防止扰民。

(4) 混凝土浇筑过程，在地泵的周围搭设棚子，降低泵车噪声，混凝土罐车在等候进场时必须熄火，以减少噪声扰民。

(5) 混凝土罐车撤离现场前，派人用水将下料斗及车身冲洗干净；罐车、泵车和泵管清洗时，污水定向排放，导引到污水沟。建立二级沉淀池，保证现场和周围环境整洁文明。

6.1.6 混凝土防冻剂

6.1.6.1 基本规定

(1) 防冻剂按其成分可分为氯盐类、氯盐组锈类和无氯盐类，施工单位应根据工程性质、混凝土使用目的、水泥品种、施工方法、保温措施和工期要求选择防冻剂。

(2) 根据不同的冬施阶段（北京地区分初冬、严冬、冬末），选择适用于不同环境温度的防冻剂，见表6-13。

防冻剂选用表 **表6-13**

日最低温度（℃）	外加剂种类	养护方式
−5～−10	规定温度为−5℃的防冻剂	塑料薄膜和保温材料覆盖养护
−10～−15	规定温度为−10℃的防冻剂	
−15～−20	规定温度为−15℃的防冻剂	

(3) 无防冻剂或泵送型防冻剂现场使用经验的施工单位，宜在进入冬施的45天至60天期间，选择几个生产规模大，技术力量雄厚，产品信誉好的厂家的数个防冻剂或泵送防冻剂。提前委托检测机构进行试验，并根据试验结果选择适宜的产品。

(4) 积累了防冻剂现场使用经验的施工单位，宜在进入冬施前的15天至45天间，对使用效果进行评审，选择适宜的厂家和产品，具备条件时，宜对已选择厂家的产品进行取样试验，以复验其性能。

(5) 综合蓄热法施工应选用早强剂或早强型复合防冻剂，并具有减水、引气作用，泵送防冻剂还应有保塑作用。

(6) 采取负温养护法施工的混凝土

1) 混凝土浇筑后的起始养护温度不应低于5℃，并应以浇筑后5d内的预计最低气温来选用混凝土防冻剂。

2) 采用负温养护法应加强测温，当混凝土内部温度降到防冻剂规定温度之前，混凝土的强度应符合表6-14要求。

负温养护混凝土的受冻临界强度　　表6-14

T_{min}（室外最低气温）	受冻临界强度（N/mm²）
$T_{min}\geqslant-10$℃	≥3.5
$T_{min}\geqslant-15$℃	≥4.0
$-30℃\leqslant T_{min}\leqslant-15$℃ $T_{min}\geqslant-20$℃	≥5.0

6.1.6.2　质量控制措施和方法

(1) 一般质量控制措施和方法，见图6-14。

(2) 应急质量控制措施和方法

1) 防止混凝土受冻的应急措施见表6-15。

防止混凝土受冻的应急措施　　表6-15

冬期阶段	气温变化特征	混凝土浇筑及养护情况	质量控制措施
初　冬	日最低气温突然降至0～－5℃	1. 混凝土已浇筑，但未掺入防冻剂或早强剂、早强减水剂，其早期强度尚未达到JGJ 104—97中第7.1.1.1条规定； 2. 混凝土中已掺入早强剂或早强减水剂，但未采取保温措施，其早期强度尚未达到GB 50119—2003中第7.3.9条规定	及时覆盖并保温
		混凝土尚未浇筑	1. 采用掺早强剂或早强减水剂的混凝土配合比 2. 采用掺抗冻剂的混凝土配合比
严　冬	日最低气温突然从－5℃降至－10℃、－15℃或更低	混凝土尚未浇筑	使用相应日最低温度的混凝土配合比
冬　末	突然来寒流，日最低气温降低至0℃以下	降至0～－5℃时混凝土尚未浇筑	采用掺早强剂或早强减水剂或抗冻剂的混凝土配合比
		降至－5℃以下混凝土尚未浇筑	使用相应日最低气温的混凝土配合比

2) 防止使用混凝土防冻剂而引发其他质量问题的应急措施

①冬期浇筑的混凝土结构内，如发现有氨气臭味并经室内环境检测不合格，应暂停使用原商品混凝土搅拌站混凝土或停止使用混凝土防冻剂。

②冬期浇筑的混凝土，如发现凝结硬化异常，应停止施工并追溯混凝土抗冻剂的质量。

③如发现冬期浇筑的混凝土表面有大量的白色絮状物析出，应考虑混凝土防冻剂中是否存在 Na_2SO_4 超标现象。

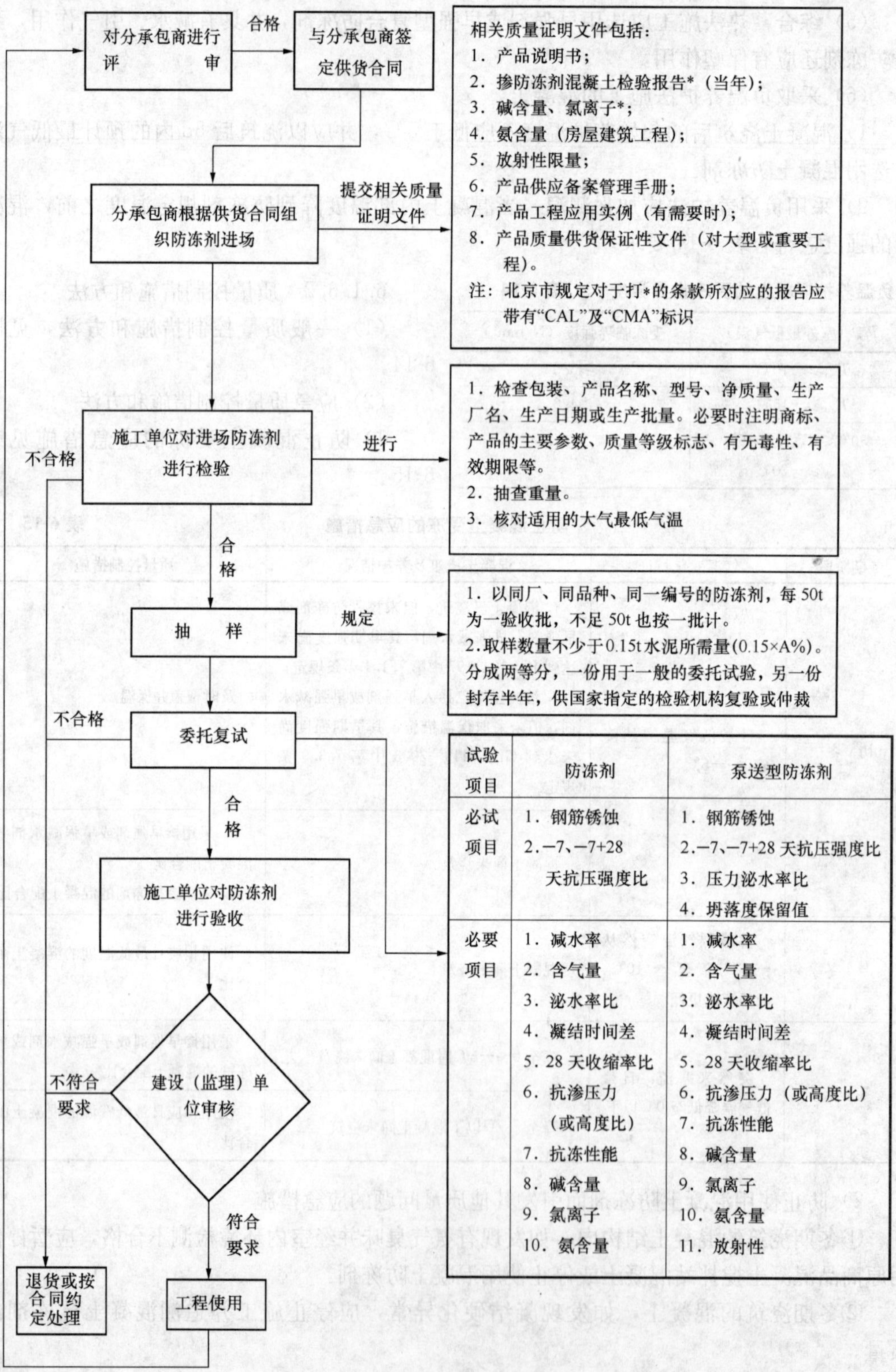

图 6-14　混凝土防冻剂质量控制流程图

④在混凝土入模温度得到有效控制，其保温措施得当的情况下，如发现混凝土表面因遭受冻害而造成强度偏低时，应从抗冻剂的规定温度选用是否适宜以及其抗冻组分是否达到配方要求等方面考虑和追查原因。

(3) 使用注意事项

1) 硝酸盐、亚硝酸盐、碳酸盐不适用于镀锌钢材或铝铁相接触部位的混凝土，也不适用于预应力混凝土。

2) 含有六价铬盐、亚硝酸盐等有毒的防冻剂严禁用于饮水工程及食品接触的工程，计量时其误差不得超过防冻剂掺量±2%。

6.2 钢 筋 工 程

6.2.1 引用的相关规范、规程、标准

(1)《建筑工程施工质量验收统一标准》GB 50300—2001；

(2)《混凝土结构工程施工质量验收规范》GB 50204—2002；

(3)《混凝土结构工程施工质量验收规程》DBJ 01—82—2004（北京地区适用）；

(4)《钢筋焊接及验收规程》JGJ 18—2003/J253—2003；

(5)《钢筋焊接接头试验方法》JGJ/T 27—2001/J140—2001；

(6)《钢筋机械连接通用技术规程》JGJ 107—2003/J257—2003；

(7)《带肋钢筋套筒挤压连接技术规程》JGJ 108—96；

(8)《建筑工程冬期施工规程》JGJ 104—97。

6.2.2 基本要求

6.2.2.1 对原材料的要求

钢筋工程的原材料应符合现行国家标准《混凝土结构工程施工质量验收规范》GB 50204—2002 的有关规定。

(1) 钢筋进场时，其力学性能和化学成分应分别符合下列现行国家标准的规定：

1)《钢筋混凝土用热扎带肋钢筋》GB 1499；

2)《钢筋混凝土用热扎光圆钢筋》GB 13013；

3)《钢筋混凝土用余热处理钢筋》GB 13014；

4)《冷扎带肋钢筋》GB 13788；

5)《低碳钢热扎圆盘条》GB/T 701。

(2) 对有抗震设防要求的框架结构，其纵向受力钢筋的强度应满足设计要求；当设计无具体要求时，对一、二级抗震等级，检验所得的强度实测值应符合下列规定：

1) 钢筋的抗拉强度实测值与屈服强度实测值的比值不应小于 1.25；

2) 钢筋的屈服强度实测值与强度标准值的比值不应大于 1.3。

(3) 当发现钢筋脆断、焊接性能不良或力学性能显著不正常等现象时，应对该批钢筋进行化学成分检验或其他专项检验。

(4) 预埋件接头、熔槽帮条焊接头和坡口焊接头中的钢板和型钢，宜采用低碳钢或低合金钢，其力学性能和化学成分应分别符合现行国家标准《碳素结构钢》GB 700 或《低合金高强度结构钢》GB/T 1591 的规定。

(5) 电弧焊所采用的焊条，应符合现行国家标准《碳钢焊条》GB/T 5117 或《低合金钢焊条》GB/T 5118 的规定，其型号应根据设计确定；若设计无规定时，可按表 6-16 选用。

钢筋电弧焊焊条型号　　表 6-16

钢筋牌号	电弧焊接头型式			
	帮条焊 搭接焊	坡口焊 熔槽帮条焊 预埋件穿孔塞焊	窄间隙焊	钢筋与钢板搭接焊 预埋件T型角焊
HPB 235	E4303	E4303	E4316 E4315	E4303
HRB 335	E4303	E5003	E5016 E5015	E4303
HRB 400	E5003	E5503	E6016 E6015	E5003
RRB 400	E5003	E5503	—	—

(6) 在电渣压力焊和预埋件埋弧压力焊中，可采用 HJ431 焊剂。

(7) 凡施焊的各种钢筋、钢板均应有质量证明书；焊条、焊剂应有产品合格证。

(8) 各种焊接材料应分类存放、妥善管理；应采取防止锈蚀、受潮变质的措施。

(9) 氧气的质量应符合现行国家标准《工业用氧》GB/T 3863 的规定，其纯度应大于或等于 99.5%。

乙炔的质量应符合现行国家标准《溶解乙炔》GB 6819 的规定，其纯度应大于或等于 98.0%。

液化石油气应符合现行国家标准《液化石油气》GB 11174 或《油气田液化石油气》GB 9052.1 的各项规定。

6.2.2.2　基本规定

(1) 当钢筋的品种、级别或规格需作变更时，应办理设计变更文件。

(2) 在浇筑混凝土之前，应进行钢筋隐蔽工程验收，其内容包括：

1) 纵向受力钢筋品种、规格、数量、位置等；

2) 钢筋的连接方式、接头位置、接头数量、接头面积百分率等；

3) 箍筋、横向钢筋的品种、规格、数量、间距等；

4) 预埋件的规格、数量、位置等。

(3) 从事钢筋焊接施工的焊工必须持有焊工考试合格证，才能上岗操作。

(4) 采用机械连接接头施工时，技术提供单位应提交有相应资质等级的检测机构出具的型式检验报告。

6.2.3　施工准备

6.2.3.1　现场准备

(1) 根据施工现场的需要和天气情况组织钢筋进场，应避免加工后的钢筋长时间放置；钢筋的进场运输应尽量避免在雨天进行。

(2) 现场钢筋堆放应垫高，下部地面硬化或铺碎石，以防钢筋泡水锈蚀。有条件的应将钢筋堆放在钢筋骨架上。

（3）雨后钢筋视情况进行防锈处理，不得把锈蚀的钢筋用于结构上。

（4）若遇到连续时间较长的阴雨天，对钢筋及其半成品等需采用塑料薄膜进行覆盖。

（5）大雨时应避免进行钢筋焊接施工。小雨时如有必须施工部位应采取防雨措施以防触电事故发生，可采用雨布或塑料布搭设临时防雨棚，不得让雨水淋在焊点上，待完全冷却后，方可撤掉遮盖，以保证钢筋的焊接质量。如遇大雨、大风天气，应立即停止施工。

（6）冬期施工现场需配备一定量的帆布作为钢筋遇雪时的临时覆盖。遇雪天时，绑扎好的钢筋要用帆布遮盖严密，防钢筋表面结冰霜。浇筑混凝土前及时将冰、雪等清理干净。

6.2.3.2　施工机具准备

（1）钢筋加工及钢筋成型机的上方需设棚防雨雪。

（2）钢筋直螺纹加工过程中，必须采用有防腐蚀功能的切削液，冬施应采用防冻切削液。

6.2.3.3　作业条件

（1）对于施工作业面上的钢筋，一旦有锈蚀和污染的现象，要用铁刷子除锈。

（2）已完成轴线、墙柱边线和墙柱模板控制线的投放和校核。

（3）钢筋立筋已检查完成，偏位调正。

（4）施工缝处浮浆已剔除，露出1/3石子粒径。

6.2.4　施工工艺及操作要点

6.2.4.1　钢筋冷拉

（1）常温冷拉施工

钢筋冷拉率在常温下由试验确定。测定同炉批钢筋冷拉率的冷拉应力应符合表6-17的要求。

测定冷拉率时钢筋的冷拉应力　　**表 6-17**

项次	钢筋级别		冷拉控制应力（N/mm²）
1	HPB235，$d\leqslant12$mm		310
2	HRB335	$d\leqslant25$mm	480
		$d=28\sim40$mm	460
3	HRB400、RRB400		530

钢筋试样不应少于4个，并取其试验结果的算术平均值作为该钢筋实际应用的冷拉率。

冷拉后的钢筋，应逐根进行外观质量检查，其表面不得有裂纹和局部颈缩。

钢筋冷拉设备仪表和液压工作系统油液应根据环境温度选用，并应在使用温度条件下进行配套校验。

（2）冬期冷拉施工

1）钢筋冷拉温度不宜低于－20℃，预应力钢筋张拉温度不宜低于－15℃。

2）钢筋负温冷拉方法可采用控制应力方法或控制冷拉率方法。用作预应力混凝土结构的预应力筋，宜采用控制应力方法；不同炉批的热轧钢筋冷拉，不宜采用相同值控制冷拉率。

3）在负温条件下采用控制应力方法冷拉钢筋时，由于伸长率随温度降低而减少，如控制应力不变，则伸长率不足，钢筋强度达不到设计要求，因此在负温下冷拉的控制应力应较常温提高。而冷拉率的确定应与常温施工相同。负温条件下冷拉控制应力及最大冷拉率符合表6-18的要求。

冷拉控制力及最大冷拉率 **表6-18**

项次	钢筋级别		冷拉控制应力（N/mm²）		最大冷拉率（%）
			常温	−20℃	
1	HPB235，$d \leqslant 12$mm		280	310	4.0
2	HRB335	$d \leqslant 25$mm	250	480	1.0
		$d = 28 \sim 40$mm	430	460	
3	HRB400、RRB400		500	530	

4）在负温下冷拉后的钢筋，要逐根进行外观质量检查，其表面不得有裂纹和局部颈缩。

6.2.4.2 钢筋加工

(1) 钢筋加工前必须调直，除锈皮，只准使用合格钢材。

(2) 钢筋加工及搬运过程中不得受到损伤。

(3) 钢筋加工后应按构件、筋号挂牌分别堆放于架空木方上，防止变形。

(4) 当温度低于−20℃时，严禁对钢筋进行冷弯操作，以避免在钢筋弯点处发生强化，造成钢筋脆断。

6.2.4.3 钢筋的连接

(1) 钢筋焊接连接

非绑扎钢筋的连接方法与适宜直径见表6-19。

非绑扎钢筋连接方法的适用范围 **表6-19**

钢筋连接方法			适用范围	
			钢筋牌号	钢筋直径（mm）
电阻点焊			HPB235 HRB335 HRB400 CRB550	8～16 6～16 6～16 4～12
闪光对焊			HPB235 HRB335 HRB400 RRB400 HRB500 Q235	8～20 6～40 6～40 10～32 10～40 6～14
电弧焊	帮条焊	双面焊	HPB235 HRB335 HRB400 RRB400	10～20 10～40 10～40 10～25
		单面焊	HPB235 HRB335 HRB400 RRB400	10～20 10～40 10～40 10～25

续表

钢筋连接方法			适用范围	
			钢筋牌号	钢筋直径（mm）
电弧焊	搭接焊	双面焊	HPB235	10～20
			HRB335	10～40
			HRB400	10～40
			RRB400	10～25
		单面焊	HPB235	10～20
			HRB335	10～40
			HRB400	10～40
			RRB400	10～25
	预埋件电弧焊	角焊	HPB235	8～20
			HRB335	6～25
			HRB400	6～25
		穿孔塞焊	HPB235	20
			HRB335	20～25
			HRB400	20～25
钢筋滚压直螺纹套筒连接	直接、挤肋滚压		HRB335	16～40
			HRB400	16～40
	剥肋滚压		HRB335	16～50
			HRB400	16～50
钢筋镦粗直螺纹套筒连接			HRB335	16～40
			HRB400	16～40
钢筋套筒挤压连接			HRB335	16～40
			HRB400	16～40
			RRB400	16～40

注：大于等于直径 22 毫米钢筋不宜采用闪光对焊。

钢筋负温焊接一般应遵守：

焊工必须持有上岗证才允许操作；

焊接前必须进行现场条件下的焊接性能试验；

焊接接头应分批检查验收；

雨雪天或施焊现场风速超过 3 级风时施焊应采取遮蔽措施；

焊接后未冷却的接头应避免遇雨雪而急速降温；

当环境温度低于－20℃时，不宜进行施焊。

1）钢筋手工电弧焊

①施工工艺流程

检查设备→选择焊接参数→试焊作模拟试件→送试→确定焊接参数→施焊→质量检验。

为防止接头热影响区的温度梯度突然增大，进行帮条电弧焊或搭接电弧焊时，第一层焊缝，先从中间引弧，再向两端运弧；立焊时，先从中间向上方运弧，再从下端向中间运弧，以使接头端部的钢筋达到一定的预热效果。在以后各层焊缝的焊接时，采取分层控温施焊。层间温度控制在150～250℃之间，以起到缓冷的作用。坡口焊的加强焊缝焊接，也应分两层控温施焊。

帮条焊时帮条与主筋之间用四点定位焊固定。搭接焊时用两点固定，定位焊缝应离帮条或搭接端部20mm以上。帮条焊与搭接焊的焊缝厚度应不小于0.3倍钢筋直径，焊缝宽度不小于0.7倍钢筋直径。

坡口焊时焊缝根部、坡口端面以及钢筋与钢垫板之间均应熔合良好。焊接过程应经常除渣。为了防止接头过热，宜采用几个接头轮流施焊。加强焊缝的宽度应超过V形坡口边缘2～3mm，其高度也应超过2～3mm，并平缓过渡至钢筋表面。

钢筋电弧焊接头进行多层施焊时，采用"回火焊道施焊法"，即最后回火焊道的长度比前层焊道在两端各缩短4～6mm，见图6-15，消除或减少前层焊道及过热区的淬硬组织，以改善接头性能。

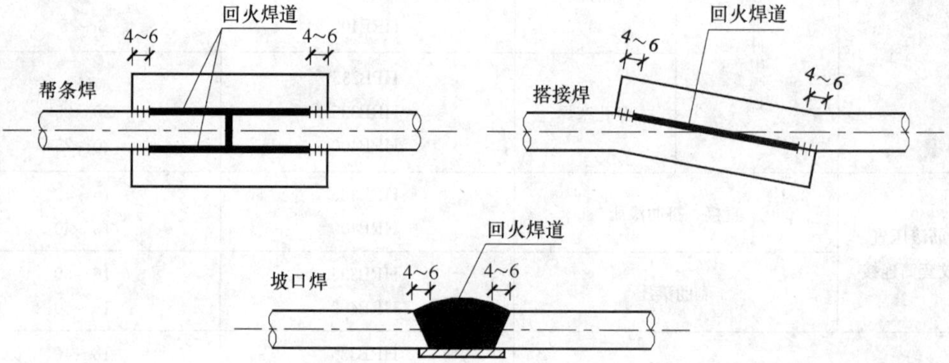

图6-15　回火焊道施焊法

②负温电弧焊施工要点

钢筋负温电弧焊时，可参考表6-20选择焊接参数。焊接时必须防止产生过热、烧伤、咬肉和裂纹等缺陷，在构造上应防止在接头处产生偏心受力状态。

钢筋钢温电弧焊焊接参数　　**表6-20**

焊接种类	钢筋直径(mm)	焊缝层数	平焊 焊条直径(mm)	平焊 焊接电流(A)	立焊 焊条直径(mm)	立焊 焊接电流(A)	焊接速度(mm/min)
帮条、搭接	10～14	1	3.2 4.0	130～140 150～170	3.2 4.0	90～110 110～130	90～100
	16～20	2	3.2 4.0	130～140 150～170	3.2 4.0	90～110 120～140	80～90
	22～40	3	4.0 5.0	150～170 180～240	3.2 4.0	100～120 140～180	70～90
坡口	18～20	1	3.2	140～160	3.2	120～130	
	22～40	2	3.2 4.0	140～160 160～180	3.2 4.0	120～130 150～170	

2）闪光对焊

①施工工艺流程

钢筋端部加工→钢筋上机夹紧→连接闪光/预热闪光/闪光→预热闪光→加力顶锻→卸下钢筋→质量检验。

②闪光对焊冬施要点

钢筋负温闪光对焊宜选用表 6-21 的参数。在施焊时可根据焊件的钢种、直径、施焊温度和焊工技术水平灵活选用。

钢筋负温闪光对焊焊接参数 **表 6-21**

钢筋直径（mm）	变压器级数	调伸长度（mm）	一次闪光留量（mm）	预热留量（mm）	二次闪光留量（mm）	顶锻留量（mm）	见红区长度（mm）
12	Ⅴ	30	10＋e			5	20～25
14～18	Ⅴ	33	3＋e	2～3	8	5～6	25～30
20～25	Ⅳ、Ⅴ	35	3＋e	3～4	9～10	5～6	25～30
28～32	Ⅴ、Ⅵ	37	3＋e	4～5	10	6～7	30～35

注：1. e——钢筋端部不平时，两钢筋凸出部分的长度。

2. 表中焊接参数适用于 LP—75 型对焊机。

负温闪光对焊，宜采用预热闪光焊或闪光-预热-闪光焊工艺。钢筋端面比较平整时，宜采用预热闪光焊；端面不平整时，宜采用闪光-预热-闪光焊。

负温闪光对焊，与常温焊接相比，应采取以下措施：

调伸长度增加 10％～20％，以利于增大加热范围，增加预热留量、预热次数、预热间歇时间和预热接触压力，降低冷却速度，改善接头性能。

控制热影响区长度。热影响区长度随钢筋级别、直径的增加而适当增加。

变压器级数应降低 1～2 级，以能保证闪光顺利为准。

在闪光过程开始以前，可将钢筋接触几次，使钢筋温度上升，以利于闪光过程顺利进行。烧化过程中期的速度适当减慢。

3）钢筋电渣压力焊

①施工工艺流程

夹具固定上下钢筋→引弧→电弧→电渣→顶压→回收焊剂、拆卸工具→去渣壳、质量检查。

②负温自动电渣压力焊施工要点

钢筋负温自动电渣压力焊的焊接参数可参考表 6-22。

钢筋负温自动电渣压力焊的焊接参数 **表 6-22**

钢筋直径（mm）	焊接温度（℃）	焊接电流（A）	焊接通电时间（S）	渣池电压（V）
12	正温	250～350	12	25～35
	－10	350～450	13	
	－20	550～650	15	
16	正温	300～400	16	25～40
	－10	400～500	17	
	－20	600～700	19	

续表

钢筋直径（mm）	焊接温度（℃）	焊接电流（A）	焊接通电时间（S）	渣池电压（V）
20	正温 −10 −20	350～450 450～550 650～750	20 21 23	25～45
22	正温 −10 −20	400～550 500～650 700～850	22 23 25	25～46
25	正温 −10 −20	450～600 550～700 800～900	25 27 29	25～50
28	正温 −10 −20	500～650 600～750 900～1000	30 32 34	25～60

负温自动电渣压力焊的焊接步骤与常温相同，但焊接参数需做适当调整。其中焊接电流的大小，应根据钢筋直径和焊接时的环境温度而定。它影响渣池温度、黏度、电渣过程的稳定性和钢筋熔化速度。当焊接电流过小时，常发生断弧，使焊接接头不能熔合，因此应适当增加焊接电流。焊接通电时间也应根据钢筋直径和环境温度调整。焊接通电时间过短，会使钢筋端面熔化不均匀，不能紧密接触，不易保证接头的熔合，故应适当加大通电时间。

在负温下进行电渣压力焊时，接头药合拆除的时间宜延长 2min 左右；接头的渣壳宜延长 5min 方可打渣。

电渣压力焊质量标准：电渣压力焊接头钢筋轴线偏移不得超过钢筋直径同时亦不得大于 2mm，接头钢筋轴线弯折不得大于 4 度。

4）气压焊

①施工工艺流程

钢筋端头砂磨平整、见新→钢筋对正夹紧→顶压→加热→压接→卸下钢筋→质量检查。

加压法应根据钢筋直径及焊接设备性能分别选用等压法、二次加压法和三次加压法。

②负温气压焊施工要点

负温下进行气压焊应对接头采取缓热措施，缓慢均匀加热，使钢筋充分预热，加压时可选用二次或三次加压工艺保证凸缘平缓，以减少应力集中。拆卸夹具时要待焊接接头充分冷却后拆卸为宜，以防止接头变形。当风速达到 5.4m/s（三级风）或雪天时，不宜进行气压焊施工，如必须施焊时，应设挡风板等措施。

（2）钢筋机械连接

1）钢筋套筒挤压连接（图 6-16）

施工工艺流程：人员培训→设定工艺参数→钢筋端头矫直、清理→在钢筋上标记套筒位置线和检查线→套筒插入钢筋→挤压→检查、标识。

挤压作业可以先行完成挤压一端套筒，在作业区再完成另一半挤压。

现场操作压痕最小直径控制在相应参数允许范围内，后痕直径大则压紧力不够，压痕直径小则发生套筒的塑性变形，而硬化变脆。

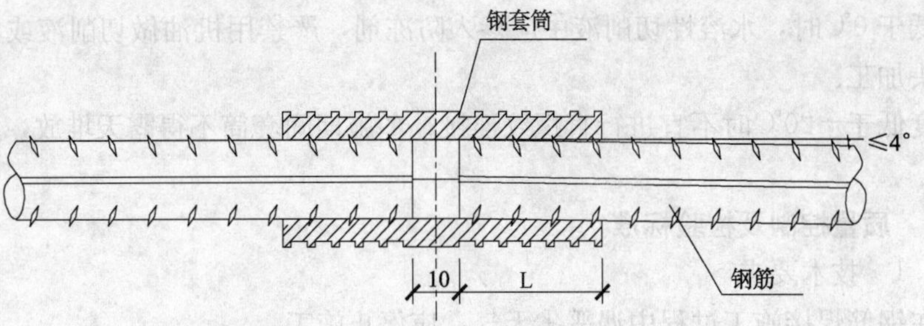

图 6-16　钢筋套筒挤压连接

2）钢筋滚压直螺纹连接

施工工艺流程：钢筋端头清理→端头螺纹加工→丝扣保护→钢筋拧入套筒→质量检验。

钢筋滚压直螺纹连接方法建议使用剥肋滚压直螺纹加工。接头与套筒尺寸分别示于表6-23和表6-24。

剥肋滚压丝头加工尺寸（mm）　　表 6-23

规　格	剥肋直径	螺纹尺寸	丝头长度	完整丝扣圈数
16	15.1±0.2	M16.5×2	22.5	≥8
18	16.9±0.2	M19×2.5	27.5	≥7
20	18.8±0.2	M21×2.5	30	≥8
22	20.8±0.2	M23×2.5	32.5	≥9
25	23.7±0.2	M26×3	35	≥9
28	26.6±0.2	M29×3	40	≥10
32	30.5±0.2	M33×3	45	≥11
36	34.5±0.2	M37×3.5	49	≥9
40	38.1±0.2	M41×3.5	52.5	≥10

标准型套筒的几何尺寸（mm）　　表 6-24

规　格	螺纹直径	套筒外径	套筒长度
16	M16.5×2	25	45
18	M19×2.5	29	55
20	M21×2.5	31	60
22	M23×2.5	33	65
25	M26×3	39	70
28	M29×3	44	80
32	M33×3	49	90
36	M37×3.5	54	98
40	M41×3.5	59	105

3）钢筋机械连接冬期施工要点

钢筋机械连接接头性能必须符合《钢筋机械连接通用技术规程》JGJ 107—2003。当环境温度低于0℃时，水溶性切削液中应掺入防冻剂，严禁用机油做切削液或不加切削液而进行丝头加工。

当温度低于-20℃时不宜进行直螺纹连接；冬施期间套筒不得露天堆放，防止套筒内有霜冻。

6.2.5 质量控制及检验标准

6.2.5.1 技术要求

（1）在钢筋焊接施工过程中遇恶劣天气，应停止施工。

（2）钢筋的品种和质量必须符合设计要求和有关标准的规定。每次绑扎钢筋时，由责任师对照施工图确认。

（3）钢筋表面应保持清洁。如有油污则必须用棉纱蘸稀料擦拭干净。

（4）钢筋的规格、形状、尺寸、数量、锚固长度、接头设置必须符合设计要求和施工规范规定。

（5）钢筋机械连接接头性能必须符合钢筋施工及验收规定。

（6）弯钩的朝向正确，箍筋的间距数量应符合设计要求，弯钩角度应为135°，弯钩平直长度保证不小于10d。

（7）为了防止墙柱钢筋位移，在振捣混凝土时严禁碰动钢筋，浇筑混凝土前检查钢筋位置是否正确，设置定位箍以保证钢筋的稳定性、垂直度。混凝土浇筑时设专人看护钢筋，一旦发现偏位及时纠正。

（8）墙体筋在支完一侧模板后，必须把钢筋上端位置间距重新调整一次并临时附加一根水平筋绑扎牢固，门洞口等关键部位处两边柱筋最后用线坠吊直后上口与墙水平筋重点绑牢，防止浇筑混凝土时主筋跑位。

（9）钢筋保护层塑料卡间距根据钢筋的直径、长度、随时做调整，确保保护层厚度满足设计要求。

（10）直螺纹加工后戴上保护帽以防锈蚀。

6.2.5.2 质量要求

钢筋施工重点控制要点为：规格、品种、数量、位置、保护层、间距、锚固长度、搭接长度、箍筋绑扎到位、箍筋弯曲角度、箍筋弯钩平直长度、弯曲半径、接头位置、起步筋、绑扎丝朝向、冷挤压压痕深度、冷挤压控制线检查标识、直螺纹拧紧力矩、直螺纹拧紧标识、直螺纹丝扣外露长度、定位措施（梯子筋、定位框）、顶模棍、洞口顶棍、下口顶模棍插筋、施工缝水平筋（间距、保护层、甩筋长度、接头错开长度）。

钢筋绑扎允许偏差见表6-25。

钢筋绑扎允许偏差（mm） **表6-25**

项次	项目		允许偏差	检查方法
1	骨架的宽度、高度		±5	钢尺量检查
2	骨架的长度		±10	
3	受力钢筋	间距	±10	钢尺量两端、中间各一点取其最大值
		排距	±5	
4	绑扎箍筋、构造筋间距		±20	钢尺量连续三档取其最大值

续表

项次	项目		允许偏差	检查方法
5	钢筋弯起点位移		20	钢尺量检查
6	焊接预埋件	中心线位移	5	
		水平高差	+3，0	
7	受力钢筋保护层	梁柱	±5	
		墙板	±3	
		基础	±10	

6.2.5.3　应注意的问题

（1）雨期施工

1）钢筋焊接不得在雨天进行，防止焊缝或接头脆裂。

2）为保护后浇带处的钢筋，在后浇带两边各砌一道120mm宽、200mm高的砖墙，上用彩条布及预制板封口，预制板上做防水层及砂浆保护层。雨后要检查基础底板后浇带，对于后浇带内的积水必须及时清理干净，避免钢筋锈蚀。

（2）冬期施工

1）在负温条件下使用的钢筋，施工时应加强检验。钢筋在运输和加工过程中防止撞击和刻痕。

2）钢筋焊接前要进行焊接试验，低温施工要调整焊接工艺。雪天或施焊现场风速超过3级时，采取遮蔽措施，焊接后冷却的接头避免碰到冰雪。

3）预应力张拉应严格遵照相应规范施工。

6.2.6　对环境职业安全健康要求及措施

6.2.6.1　钢筋机械的使用安全

（1）进入现场的钢筋机械在使用前，必须经项目工程部、安全部检查验收，合格后方可使用。操作人员需持证上岗作业，并在机械旁挂牌注明安全操作规定。

（2）钢筋机械必须设置在平整、坚实的场地上，设置机棚和排水沟，防雨、防砸、防水浸泡。焊机必须接地，焊工必须穿戴防护衣具，以保证操作人员安全。

（3）钢筋加工机械要设专人维护维修，定期检查各种机械的零部件，特别是易损部件，出现有磨损的必须更换。现场加工的成品、半成品堆放整齐。

（4）钢筋加工机械处在夜间作业时必须设置足够的照明，保证操作人员在光线较好的环境下操作。在进行加工材料时，弯曲机、切断机等严禁一次超量上机作业。

6.2.6.2　钢筋吊运的安全要求

（1）塔式起重机在吊运钢筋时，必须将两根钢丝绳吊索在钢筋材料上缠绕两圈，钢筋缠绕必须紧密，两个吊点长度必须均匀，钢筋吊起时，保证钢筋水平，预防材料在吊运中发生滑移坠落。塔吊在吊运钢筋时，要派责任心强的有证信号工指挥，不得无人指挥或乱指挥。

（2）成批量的钢筋严禁集中堆放在非承重的操作架上。只允许吊运到安全可靠处后进行传递倒运。

（3）短小材料必须用容器进行吊运，严禁挂在长料上。

6.2.6.3　墙、柱、梁钢筋绑扎安全要求

（1）在进行墙、柱、梁钢筋绑扎时，搭设的脚手架每步高度不大于1.8m，且加斜撑，上铺脚手板。上端防护高度不小于1.2m，设置两道水平防护栏杆。操作架上严禁出现单板、探头和飞跳板，必要时操作工人系挂安全带。

（2）操作架上严禁超量堆放钢筋材料，堆放量每平方米不得超过120kg。

6.2.6.4　钢筋加工机械作业的安全要求

（1）钢筋拉直时，必须用专用卡具，两端设挡板（或挡栏），沿线须设围栏，禁止人员通行。

（2）切断机切断钢筋时，要待机械运转正常后，方准作业。活动刀片前进时禁止送料，并在机械旁设置放料台。机械运转时严禁直接用手靠近刀口附近清料，或将手靠近机械传动部件上。

6.2.6.5　砂轮机的使用安全

（1）打磨钢筋的砂轮机在使用前应经安全部门检验合格后方可投入使用。开机前检查砂轮罩、砂轮片是否完好，旋转方向是否正确。对有裂纹的砂轮严禁使用。

（2）操作人员必须站在砂轮片运转切线方向的旁侧。

（3）用砂轮片切割时压力不宜过大，切割件固定必须牢固。切忌使用劣质砂轮片。使用手持砂轮机时，要佩带绝缘手套及防护墨镜。

6.2.6.6　直螺纹设备使用安全

（1）直螺纹设备应由经过培训的人员持证操作，不许经常更换操作人员。

（2）直螺纹设备的电源线要及时用绝缘钩和缆线用支架挂好，严禁随意铺设、拖地。

6.2.6.7　文明施工

（1）在加工场所产生的垃圾、废屑要及时收集，存放在固定地点，统一清运到规定的垃圾集中地。

（2）在加工场所作业时，必须按工完场清和一日一清的规定执行。

（3）直螺纹套丝的铁屑装入尼龙口袋送废品回收站回收再利用。

6.3 模板工程

6.3.1　引用的相关规范、规程与标准

（1）《建筑工程施工质量验收统一标准》GB 50300—2001；

（2）《混凝土结构工程施工质量验收规范》GB 50204—2002；

（3）《混凝土结构工程施工质量验收规程》DBJ 01—82—2004（北京地区适用）；

（4）《组合钢模板技术规范》GB 50214—2001；

（5）《钢结构设计规范》GB 50017—2003；

（6）《木结构设计规范》GB 50005—2002；

（7）《木结构工程施工质量验收规范》GB 50206—2002；

（8）《钢管脚手架扣件》GB 15831—1995；

（9）《建筑工程大模板技术规程》JGJ 74—2003/J 270—2003；

（10）《建筑施工扣件式钢管脚手架安全技术规定》JGJ 130—2001/J84—2001（2002年版）；

(11)《建筑工程冬期施工规程》JGJ 104—97。

6.3.2 基本规定

模板及其支架应根据工程结构形式、荷载大小、地基土类别、施工设备和材料供应进行设计。当需要清水混凝土时，模板应满足清水混凝土的装饰效果要求。

模板及其支架应具有足够的承载能力、刚度和稳定性，能可靠地承受浇筑混凝土的重量、侧压力以及施工荷载，并应使板面平整、接缝严密、装拆方便、易于施工。

模板支撑部分应有足够的支撑面积，如安装在基土上，基土必须坚实，并有排水措施。

模板安装前，先检查模板的质量，不符合质量标准的不得投入使用。

模板与混凝土的接触面应清理干净，涂刷隔离剂，但不得使用影响混凝土结构性能或妨碍装饰工程施工的隔离剂。

当梁、板跨度不小于4m时，其模板应按设计要求起拱，如设计无具体要求时，起拱高度宜为跨度的1/1000～3/1000。

墙、柱、板、梁等钢筋绑扎完毕，水电管、预埋件、预留孔安装牢固且无遗漏，钢筋保护层垫块绑扎好，并办理完隐蔽验收手续，才可进行模板安装。

模板安装时，不得随意开孔。

临近模板焊接或用模板支承布料杆支腿及泵管支架时，均应采取加垫钢板、多层板或竹胶板等隔离措施。

模板接缝应严密，接缝处不漏浆。

浇筑混凝土前模板内的杂物应清理干净。

模板拆下后，要立即进行清洁、保养，铲净附着在模板上的混凝土浆，保持模板板面不变形，保养支撑架螺杆、穿墙螺栓等。

整体式电梯井筒模应支拆方便、定位准确，并应设置专用操作平台，保证施工安全。

6.3.3 施工工艺及操作要点

6.3.3.1 模板类型及适用范围

(1) 竹、木模板

由面板、龙骨、支架系统组成。面板一般为木板、多层板、竹胶板；厚12、15、18mm；龙骨一般为规格50mm×100mm、100mm×100～200mm的木方、木梁；支架系统包括木支架、支柱、托具、卡具、螺栓、碗扣架、钢管、扣件等。

木模板（多层板、竹胶板）广泛适用于现浇混凝土结构施工。

(2) 大模板

包括全钢大模板（图6-17）、钢木大模板、钢竹大模板、定型组合大钢模等。面板一般为钢板、胶合板等；主要部件有横竖骨架、支撑架、浇筑混凝土工作平台、穿墙螺栓、柱箍等。

大模板的外形尺寸、孔眼尺寸应符合300mm的建筑模数，做到定型化、通用化；且要求重量轻、坚固耐用。面板应满足现浇混凝土成型和混凝土表面质量要求；支撑系统等应满足施工和安全要求。

冬施期间大模板用聚苯板保温。聚苯板最好用塑料布进行包裹，避免聚苯颗粒污染。

大模板适用于多层、高层及一般构造物的现浇钢筋混凝土结构的竖向结构施工。

图 6-17　全钢大模板

(3) 定型组合钢模板

由各种规格的定型钢模板、定型阴阳角模、连接角模、连接附件（U型插销、L型插销、3型扣件、蝶型扣件、钩头螺栓、穿墙螺栓、紧固螺栓）、支撑系统、钢管、扣件等组成。

定型组合钢模板适用于工业与民用建筑现浇混凝土框架和现浇混凝土剪力墙工程以及钢筋混凝土结构构筑物施工。

(4) 柱用工具式模板

使用钢或木面板构成四片（矩形柱）或二片（圆形柱）附带可栓接的柱箍。工具式模板常用于混凝土柱结构，模板可固定为二片整装整拆。

(5) 其他模板

如小钢模及铝合金、塑料、金属压型板、玻璃钢、模壳等等模板及其支撑系统。小钢模适用于结构表面质量要求不严格的结构施工，金属压型板主要用于钢结构楼板永久性模板，玻璃钢模板主要应用于圆柱施工。

6.3.3.2　工艺流程

(1) 墙用木模的工艺流程

放线→检查调整钢筋→安装内侧模板→安装穿墙螺栓→安装外侧模板→紧固穿墙螺栓→模板垂直度校正→填充缝隙→模板垂直度复核检查→浇筑混凝土→拆内侧模板→拆外侧模板→保养。

(2) 墙用大模板工艺流程

放线→检查调整钢筋→吊装内侧模板→安装穿墙螺栓→安放外侧模板支座（用于外墙时）→吊装外侧模板→紧固穿墙螺栓→模板垂直度校正→填充缝隙→模板垂直度复核检查→浇筑混凝土→拆内侧模板→拆外侧模板→拆外侧模板支座→保养。

(3) 墙用定型组合钢模板工艺流程

放线→检查调整钢筋→安装内侧模板→安装穿墙螺栓→安装外侧模板支座（用于外墙时）→安装外侧模板→紧固穿墙螺栓→模板垂直度校正→填充缝隙→模板垂直度复核检查→浇筑混凝土→拆内侧模板→拆外侧模板→拆模板支座（用于外墙时）→保养。

(4) 柱用工具式模板的工艺流程

放线→吊装柱模板→柱模板垂直度校正→紧固柱箍→柱模板垂直度复核检查→浇筑混凝土→养护→拆柱模板→保养。

(5) 梁模板安装工艺流程

放线→安支撑立柱→调正标高→安装梁底模→梁底起拱→绑梁钢筋→安装侧模→浇筑混凝土→养护→拆模板支撑→保养。

(6) 板模板安装工艺流程

地面铺垫板→支设支撑架子（大于4m时支撑起拱）→安装主次龙骨→铺模板→校正

标高→浇筑混凝土→养护→拆模板支撑→保养。

6.3.3.3　施工技术要点

（1）根据图纸要求，放出轴线和模板边线、控制标高线。

（2）根据模板方案、图纸要求和工艺标准，向班组进行模板施工的安全、技术交底。

（3）临近模板面进行焊接工作时，必须用石棉板或薄钢板隔离。

（4）无操作平台模板安装或拆除高度超过 2.5m 时，应搭设临时脚手架。

（5）混凝土达到规范规定拆模强度后方准拆模，拆模应以混凝土同条件养护试块抗压强度为准。

（6）拆模时，支承件和连接件应逐件拆卸，模板应逐块拆卸传递，且不得损伤模板和混凝土。

（7）拆模时，所有穿墙螺栓必须全部拆卸掉，并要检查是否有遗漏，以免吊拆大模板时，损坏起重设备及大模板。

（8）筒体墙模板拆除时，穿墙螺栓应采取易于拔出的措施，例如外加塑料套管等，否则会给整拆模板带来困难。

（9）梁板侧模拆除时应尽量采取整装整拆的措施。

（10）外墙模板后拆外侧模板时必须采取防止外倾措施。

（11）正在浇捣楼板的下一层楼板支撑不准拆除。

（12）拆下的模板，必须进行清理，涂刷隔离剂，并分类堆放。涂敷隔离剂后的模板不能长时间放置，否则影响脱模效果。涂刷隔离剂时要注意周围环境，防止落在建筑物、机具、人体及衣物上。

（13）雨期施工注意事项

雨天使用的木模板拆下后应放平，以免变形。钢模板拆下后应及时清理、刷脱模剂（遇雨应覆盖塑料布），大雨过后应重新刷一遍。

模板拼装后应尽快浇筑混凝土，防止模板遇雨变形。若模板拼装后不能及时浇筑混凝土，又被雨水淋过，则浇筑混凝土前应重新检查、加固模板和支撑。

大块模板落地时，地面应坚实（必要时加通长垫木，并有排水措施，以避免支撑下沉），并用支撑固定牢固。临时停放时应由防风紧固措施，防止大风失稳。

制作模板用的多层板和木方要堆放整齐，且须用塑料布覆盖防雨，防止被雨水淋而变形，影响其周转次数和混凝土的成型质量。

柱及板墙模板应预留清扫口，以利排出杂物及积水。

（14）冬期施工注意事项

支模时，应清除基层的冰雪，并且在雪天时，将支设完的模板上口进行覆盖，防止冰雪进入模板内。

要及时进行模外保温，保温层需严密，钢模板应事先镶嵌聚苯板，见图 6-18。

使用小钢模时应尽量做到整支整拆，即将小钢模拼装后按大模板工艺施工，保温也按大模板保温进行。

采用聚苯板保温应待钢模拼装完毕后，背后适当刷胶，然后将 5cm 厚的泡沫聚苯板压入模板肋间，做到严密结合且固定牢靠。

钢模板使用 5cm 厚岩棉被作保温时，为防止岩棉被脱落，应用细铅丝通过 U 型卡或

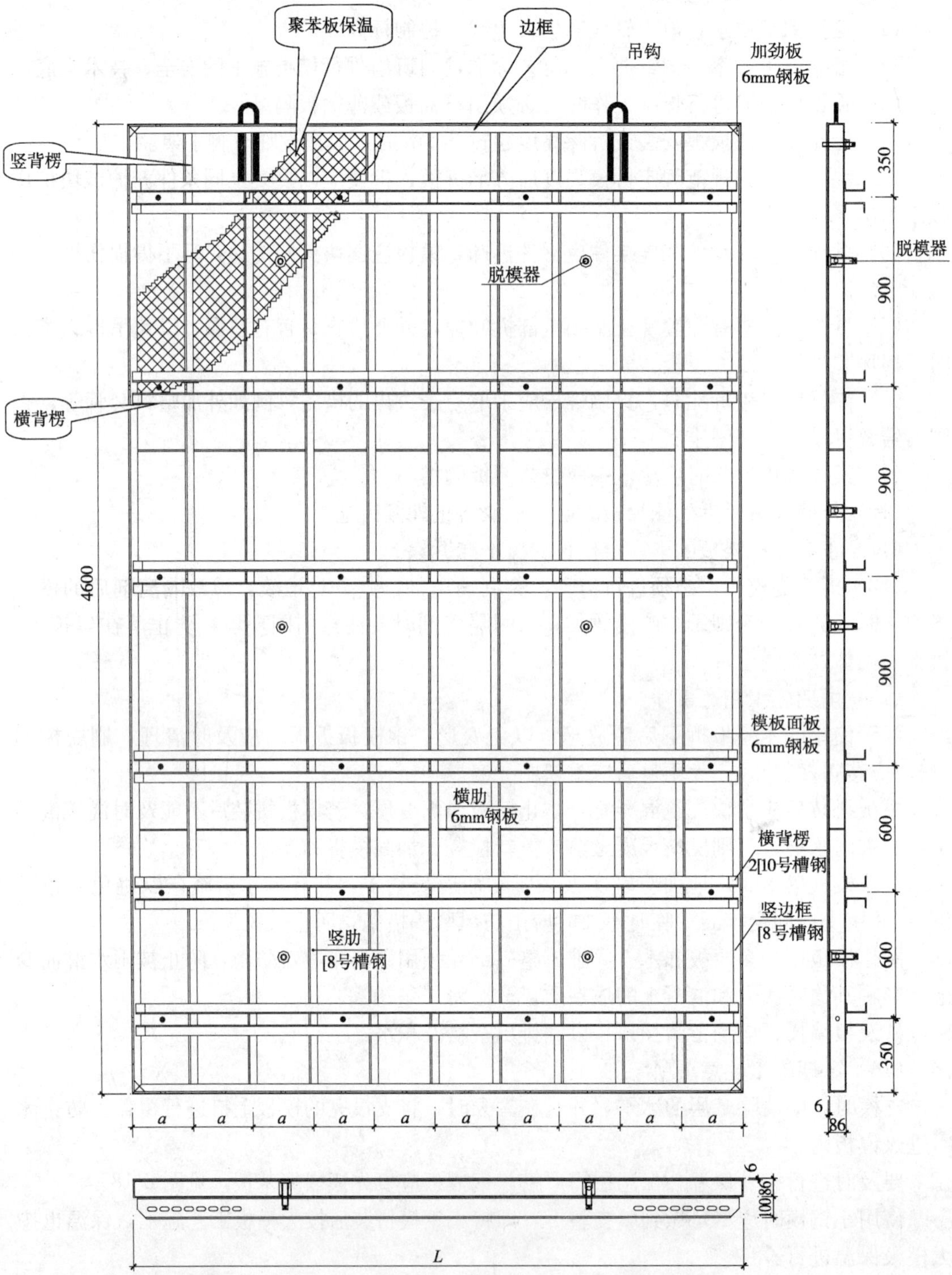
聚苯板保温
边框
吊钩
加劲板
6mm钢板
竖背楞
脱模器
横背楞
4600
模板面板
6mm钢板
横肋
6mm钢板
横背楞
2[10号槽钢
竖边框
[8号槽钢
竖肋
[8号槽钢
a
350
900
900
900
600
600
350
6
86
100
L

图 6-18　大模板保温

肋上连接孔将岩棉被固定。

不可选用潮湿状态的材料做模板的保温层，也不可将保温材料直接铺盖在潮湿的混凝土表面上。

模板的保温层应在混凝土温度冷却到5℃后方可拆除，拆模时混凝土温度与环境温度差不大于20℃，拆模后的混凝土表面应及时覆盖使其缓慢冷却。

支撑不得支在冻土上，如支撑下是素土，为防止冻胀应采取保温防冻胀措施。

6.3.4 质量控制及检验标准

6.3.4.1 主控项目

(1) 模板及其支架应根据工程结构形式、荷载大小、地基类别、施工设备和材料供应等条件进行设计。

(2) 模板及其支架必须有足够的承载力、刚度和稳定性，其支架的支承部分必须有足够的支承面积。如安装在基土上，基土必须坚实并有排水措施。

(3) 现浇结构的上层模板及其支架时，下层楼板应具有承受上层荷载的承载能力，上、下层支架的立柱应对准，并铺设垫板。

(4) 模板拆除时的混凝土强度要求见表6-26。

模板拆除时的混凝土强度要求 **表6-26**

构件类型	构件跨度（m）	达到设计的混凝土立方体抗压强度标准值的百分率（%）	构件类型	构件跨度（m）	达到设计的混凝土立方体抗压强度标准值的百分率（%）
板	≤2	≥50	梁、拱、壳	≤8	≥75
	>2，≤8	≥75		>8	≥100
	>8	≥100	悬臂构件	—	≥100

6.3.4.2 一般项目

(1) 模板的接缝不应漏浆，在浇筑混凝土前，木模板应浇水湿润，板模板内不应有积水。

(2) 模板与混凝土的接触面应清理干净并涂刷隔离剂，但不得采用影响结构性能或妨碍装饰工程的隔离剂。

(3) 浇筑混凝土前，模板内的杂物应清理干净。

(4) 模板侧模拆除时的混凝土强度应能保证其表面及棱角不受损伤。

(5) 模板拆除时，不应对楼层形成冲击荷载。拆除的模板和支架应及时清运。

6.3.4.3 允许偏差

现浇结构模板安装的允许偏差见表6-27。

现浇结构模板安装的允许偏差 **表6-27**

项目		允许偏差（mm）	检验方法
轴线位移		5	钢尺检查
底模上表面标高		±5	水准仪或拉线、钢尺检查
截面内部尺寸	基础	±10	钢尺检查
	柱、墙、梁	+4、−5	钢尺检查

续表

项　目		允许偏差（mm）	检 验 方 法
层高垂直度	不大于5m	6	经纬仪或吊线、钢尺检查
	大于5m	8	经纬仪或吊线、钢尺检查
相邻两板表面高低差		2	钢尺检查
表面平整度		5	2m靠尺和塞尺检查

6.3.5　对职业健康安全要求及文明施工

6.3.5.1　对职业健康安全要求

（1）模板的支撑系统必须使用合格材料。

（2）支模过程中应遵守安全操作规程，支模间歇时，应将已就位的支顶、模板连结稳固，不得空架浮搁；拆模间歇时应将松开的部件和模板拆下，防止伤人。

（3）安装二层及二层以上的外墙、柱及梁模板，应在脚手架上操作。

（4）水平拉杆不准拉接在脚手架或跳板等不稳定物体上。

（5）浇筑混凝土时，必须遵守有关浇筑混凝土的安全操作规程。

（6）在拆除大模板之前应先将堆积在模板上的杂物清除干净，防止拆吊模板时，杂物掉下伤人。

（7）拆模时应搭设脚手板。

（8）拆楼层外边模板时，应有防高空坠落及防止模板外倾的措施。

（9）拆模时，所有穿墙螺栓必须全部拆卸掉，并要检查是否有遗漏，以免吊拆大模板时，损坏起重设备及大模板。

（10）拆模时不准直接踩在水平拉杆上操作，拆下的模板和桁架梁木方要轻放在楼面上，上下传递模板时要互相接应，防止伤人。

（11）在4m以上高空拆除模板时，不得让模板、材料自由下落，更不得大面积同时撬落，操作时必须注意下方是否有人。

（12）安装、拆除外墙外模板时，必须确认脚手架符合安全要求。

（13）操作和运输过程中，不得抛掷模板。

（14）大于6级风时，要停止拆装模板及模板吊运作业。

（15）凡落地堆放的大模板，应搁置在平坦坚实的场地模板架上，或两块大模板采用板面对板面的存放方法。模板底部应垫木方放稳。

（16）堆放大模板时，应将调整螺栓旋至最低点，使大模板与水平面成70°倾角放置，在楼层上临时堆放也应采取防倾斜措施。

（17）夜间支拆模时要有足够的照明设施，并制定夜间施工的安全措施，必要时应设安全巡守人员。

（18）加强季节性劳动保护工作，冬期要做好防滑、防冻。

6.3.5.2　文明施工

（1）所有模板及配件进场前，必须保证模板的平整完好，以满足现场文明施工的要求。

（2）为保证墙面质量，板面应随时清灰，及时涂刷新的隔离剂。拆下的模板如发现板面不平或肋边损坏变形应及时修理。搞好大模板的日常保养工作和维修工作。

（3）噪声的控制：在支拆模板时，必须轻拿轻放，上下、左右有人传递。模板的拆除和修理时，禁止使用大锤敲打模板以降低噪声。

（4）模板面涂脱模剂严禁使用废机油，防止污染土地。装脱模剂的塑料桶设置在专用仓库内。

（5）模板拆除后，清除模板的粘结物如混凝土等，现场要及时清理收集，堆放在固定堆放场地。

6.4 脚手架工程

6.4.1 引用的规范、规程、标准、文件

（1）《钢管脚手架扣件》GB 15831；

（2）《碳素结构钢》GB/T 700；

（3）《木结构设计规范》GB 50005—2003；

（4）《钢结构设计规范》GB 50017—2003；

（5）《龙门架及井架物料提升机安全技术规范》JGJ 88—92；

（6）《建筑工程冬期施工规程》JGJ 104—97；

（7）《建筑施工扣件式钢管脚手架安全技术规定》（2002 年版）JGJ 130—2001；

（8）《建筑施工门式钢管脚手架安全技术规范》JGJ 128—2000；

（9）《北京市建筑工程施工安全操作规程》DBJ 01—62—2002（北京地区适用）；

（10）《建筑工程资料管理规程》DBJ 01—51—2000（北京地区适用）；

（11）《建筑施工附着升降脚手架管理暂行规定》建建［2000］230 号；

（12）《危险性较大工程安全专项施工方案编制及专家论证审查办法》建质［2004］213 号。

6.4.2 材料要求

（1）钢管：脚手架用钢管采用外径 48～51mm，壁厚 3～3.5mm 的管材（宜采用 Φ48×3.5 钢管）。钢管最大长度：横向水平杆 2200mm、其他杆 6500mm，每根钢管的最大质量不应大于 25kg。

1）钢管必须有产品合格证，钢管上严禁打孔且必须涂有防锈漆。

2）新钢管应平直光滑，无裂缝、结疤、分层、错位、硬弯、毛刺、压痕和深的划道。

3）旧钢管应无严重锈蚀、弯曲、压扁或裂纹。

4）严禁将外径 48mm 与 51mm 的钢管混合使用。

（2）扣件：脚手架采用可锻造铸铁制作的扣件，新扣件必须有产品合格证，其材质应符合现行国家标准《钢管脚手架扣件》GB 15831 的规定。

1）旧扣件使用前应进行质量检查，有裂缝、变形的严禁使用，出现滑丝的螺栓必须更换。

2）扣件螺栓拧紧扭力矩不应小于 40N·m，且不应大于 65N·m，螺栓拧紧矩力达 65N·m 时，扣件不得发生破坏。

3）新旧扣件均应进行防腐处理。

（3）脚手板：脚手板可采用钢、木、竹材料制作，每块板质量不宜大于 30kg。

1）冲压新钢脚手板，板长为 1.5～3.6m，板厚 2～3mm，肋高 5cm，宽 23～25cm；板面冲有防滑圆孔，板的一端有连接卡口，以便铺设时扣住另一块板的端部。钢脚手板必须有产品合格证。板的表面锈蚀斑点的直径不得大于 5mm，且沿横截面方向不得多于 3 处。

2）木脚手板应采用杉木或松木制作，其长度为 2～6m，厚度不小于 5cm，宽 23～25cm，两端应设直径为 4mm 的镀锌钢丝箍两道。脚手板不得使用腐朽或有裂缝、斜纹及大横透节的板材制作。

3）竹脚手板宜采用毛竹或楠竹制作的竹串片板、竹芭板。

（4）安全网：安全网宽度不得小于 3m，长度不得大于 6m，网眼不得大于 10cm，必须使用维纶、锦纶、尼龙等材料，严禁使用损坏或腐朽的安全网和丙纶网。密目安全网只准做立网使用。

6.4.3 基本规定

（1）各类脚手架在搭设前要单独编制专项施工方案，并由施工企业总工程师审批。施工现场严格按专项施工方案进行作业。

（2）脚手架应纵成线、横成方，垂直偏差不得大于架高 1/200。脚手架必须有足够的强度、刚度和稳定性，在设计荷载作用下，确保不变形、不倾斜、不摇晃。

（3）脚手架搭设前应清除地面障碍物、平整场地、夯实基土、作好排水，根据脚手架专项施工方案和安全技术措施交底的要求，基础验收合格后，方能进行脚手架搭设。

（4）脚手架底部必须垫不小于 50mm×150mm×2000mm 的通长木板或支搭在底座（托）上。

（5）脚手架必须设置纵、横向扫地杆。纵向扫地杆应采用直角扣件固定在距底座上皮不大于 200mm 处的立杆上。横向扫地杆亦应采用直角扣件固定在紧靠纵向扫地杆下方的立杆上。当立杆基础不在同一高度上时，必须将高处的纵向扫地杆向低处延长两跨与立杆固定，高低差不应大于 1m。靠边坡上方的立杆轴线到边坡的距离不应小于 500mm（图 6-19）。

（6）脚手架必须按楼层与结构拉接牢固，拉接点垂直点距离不得超过 4m，水平距离不得超过 6m。

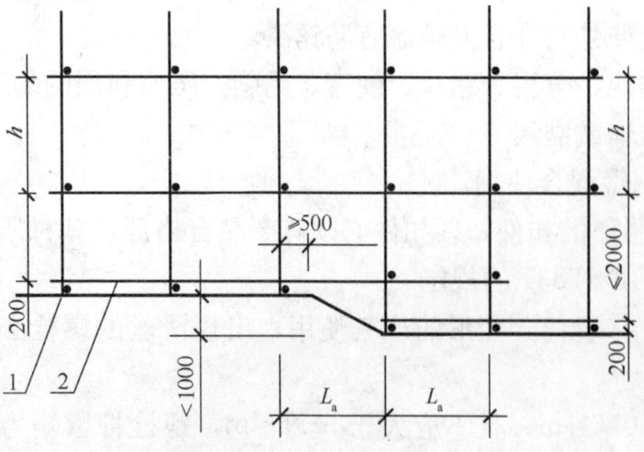

图 6-19 纵、横向扫地杆构造
1—横向扫地杆；2—纵向扫地杆

（7）各类拉接用缆风绳应固定在建筑物的坚实构件上或专设地锚上，要设专人定期检查，发现松动要及时调整花蓝螺栓。

（8）剪刀撑的底部要插到垫板处，与立杆相交点必须加扣件。剪刀撑接头可采用搭接形式，搭接长度不少于 1000mm，且在搭接处加至少二个扣件。

（9）落地式双排钢管脚手架搭设高度不宜超过 50m，50m 高的脚手架双立杆高度应不小于 35m。双立杆搭设立面见图 6-20。

（10）当脚手架基础下有设备基础、管沟时，在脚手架使用过程中不应开挖，否则必须采取加固措施。

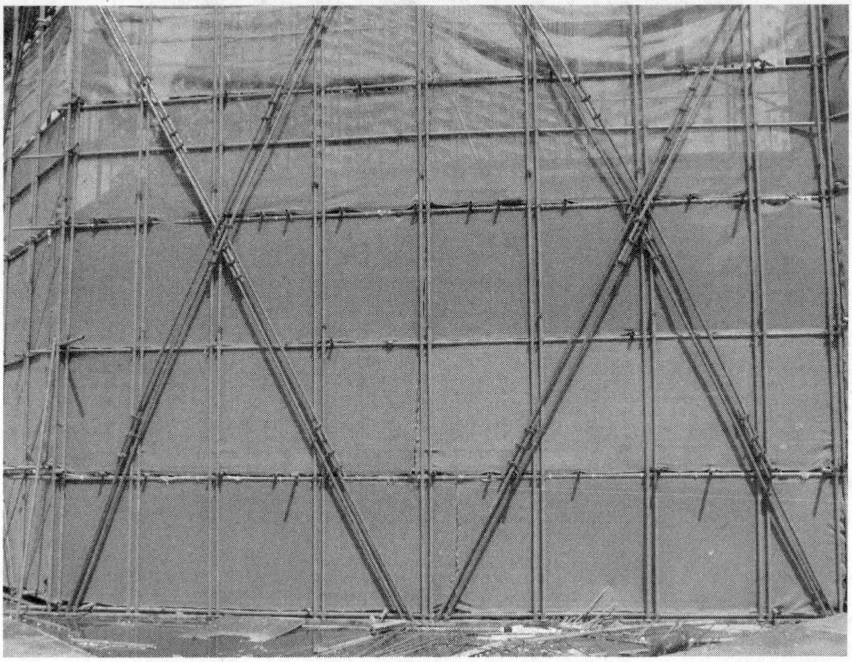

图 6-20 双立杆搭设立面

（11）脚手架必须配合施工进度搭设，一次搭设高度不应超过相邻连墙件以上两步。搭设未完的脚手架，在离开作业岗位时，不得留有未固定构件和不安全隐患，确保架子稳定。

（12）脚手架拆除作业必须由上而下逐层进行，严禁上下同时作业。

（13）脚手架作业层上的施工荷载应符合设计要求，不得超载。不得将模板支架、缆风绳、泵送混凝土和砂浆的输送管等固定在脚手架上；严禁悬挂起重设备。

（14）脚手架用于结构，施工荷载不得超过 3kN/m。脚手架用于装修，施工荷载不得超过 2kN/m。操作面下方必须按规定搭设水平安全网。

（15）高层建筑脚手架搭设，在基本风压≥0.35kN/m^2 的地区，脚手架设计均应考虑风荷载。且连墙件设置每点覆盖面积不大于 27m^2，构造符合规范规定。

（16）高大脚手架、井架等若在相邻建筑物、构筑物的防雷装置的保护范围以外，应安装防雷装置。

（17）同一单位工程的外脚手架不得采用两种或两种以上的架体材料搭设。

（18）恶劣天气条件下（高温、大雨、大风、大雪、大雾、六级以上风），严禁进行脚手架搭设作业。

6.4.4 施工方法及质量要求

6.4.4.1 扣件式钢管脚手架

（1）落地式双排架外立面见图 6-21。

图 6-21　落地式双排脚手架外立面

（2）脚手架立杆接长除顶层顶步外，其余各层各步必须采用对接扣件连接。相邻的两根立杆接头应错开 500mm，不得在同一步架内。

（3）纵向水平杆接长宜采用对接扣件连接，也可采用搭接。纵向水平杆的对接扣件应交错布置：两根相邻纵向水平杆的接头不宜设置在同步或同跨内；不同步或不同跨两个相邻接头在水平方向错开的距离不应小于 500mm；各接头中心至最近主节点的距离不宜大于纵距的 1/3（图 6-22）；搭接长度不应小于 1m，应等间距设置 3 个旋转扣件固定，端部扣件盖板边缘至搭接纵向水平杆杆端的距离不应小于 100mm。

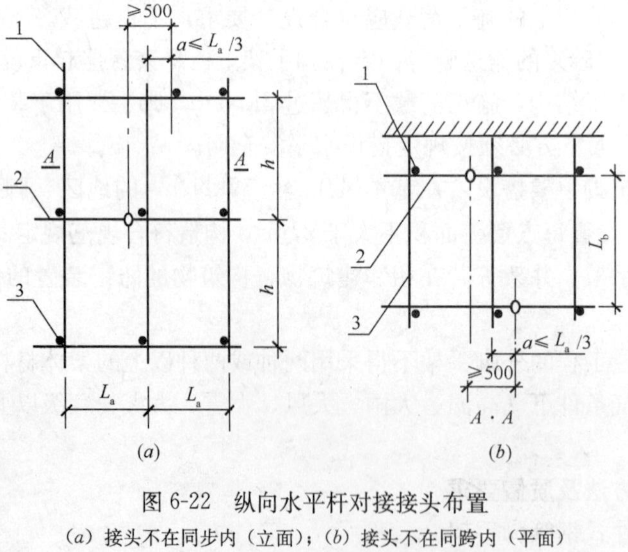

图 6-22　纵向水平杆对接接头布置

（a）接头不在同步内（立面）；（b）接头不在同跨内（平面）

1—立杆；2—纵向水平杆；3—横向水平杆

(4) 脚手架在主节点处必须设置一根横向水平杆，用直角扣件扣接且严禁拆除。横向水平杆端头伸出外立杆应大于100mm，伸出里立杆为450mm。

(5) 双排脚手架应设置剪刀撑与横向斜撑，单排脚手架应设置剪刀撑。每道剪刀撑宽度不应小于4跨，且不应小于6m，剪刀撑与地面夹角为45°～60°。剪刀撑每节两端应用旋转扣件与立杆或横向水平杆扣牢。剪刀撑布置见图6-23。

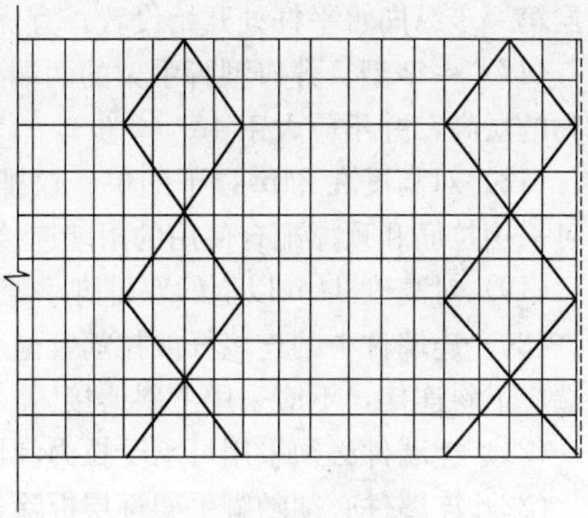

图6-23 剪刀撑布置

(6) 剪刀撑跨越立杆的最多根数，见表6-28。

剪刀撑跨越立杆的最多根数 表6-28

剪刀撑斜杆与地面的倾角 α	45°	50°	60°
剪刀撑跨越立杆的最多根数 n	7	6	5

(7) 高度在24m以下的单、双排脚手架，均必须在外侧立面的两端各设置一道剪刀撑，并应由底至顶连续设置。

(8) 高度在24m以上的双排脚手架应在外侧立面整个长度和高度上连续设置剪刀撑。

(9) 剪刀撑、横向斜撑搭设应随立杆、纵向和横向水平杆等同步搭设。

(10) 高层建筑施工脚手架，当需要搭设50m以上的脚手架时，要求自30m起采用不明确分段卸载措施，每15～18m卸荷一次，根据工程实际情况，采取撑、挑、吊等分阶段将荷载卸到建筑物上的技术措施。

(11) 脚手架高度当符合JGJ 130—2001的要求时可控制在允许搭设高度之内，当条件不符时应进行结构计算，采取双立杆或卸荷措施。

(12) 脚手架作业层应铺满、铺稳脚手板，脚手板离开墙面120～150mm；脚手板的铺设可采用对接平铺，亦可采用搭接铺设。脚手板对接平铺时，接头处必须设两根横向水平杆，脚手板外伸长应取130～150mm，两块脚手板外伸长度的和不应大于300mm（图6-24a）；脚手板搭接铺设时，接头必须支在横向水平杆上，搭接长度应大于200mm，其伸出横向水平杆的长度不应小于100mm（图6-24b）。

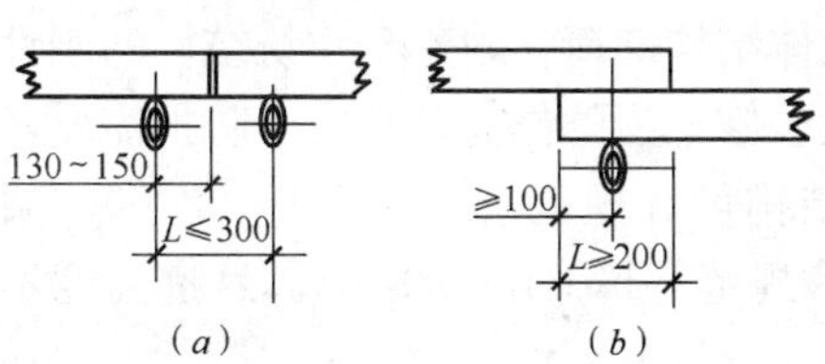

图6-24 脚手板对接、搭接构造

(a) 脚手板对接；(b) 脚手板搭接

(13) 脚手架自顶层作业层的脚手板下计，宜每隔12m满铺一层脚手板。

(14) 翻脚手板应二人操作，配合要协调，要按每档由里逐块向外翻，到最外一块时，站到邻近的脚手板上把外边一块翻上去。

(15) 翻、铺脚手板时必须系好安全带。脚手板翻板后，下层必须留一层脚手板或兜一层水平安全网，作为防护层。不铺板时，横向水平杆间距不得大于3m。

(16) 连墙件的布置：宜靠近主节点设置，偏离主节点的距离不应大于300mm；应从底层第一步纵向水平杆处开始设置；宜优先采用菱形布置，也可采用方形、矩形布置。

(17) 一字型、开口型脚手架的两端必须设置连墙件，连墙件的垂直间距不应大于建筑物的层高，并不应大于4m (2步)。

(18) 对高度在24m以下的单、双排脚手架，宜采用刚性连墙件与建筑物可靠连接，亦可采用拉筋和顶撑配合使用的附墙连接方式。严禁使用仅有拉筋的柔性连墙件。

(19) 对高度24m以上的双排脚手架，必须采用刚性连墙件与建筑物可靠连接。

(20) 连墙件中的连墙杆或拉筋宜呈水平设置，当不能水平设置时，与脚手架连接的一端应下斜连接，不应采用上斜连接。

(21) 连墙件必须采用可承受拉力和压力的构造。

(22) 连墙件必须随脚手架逐层拆除，严禁先将连墙件整层或数层拆除后再拆脚手架；分段拆除高差不应大于两步，如高差大于两步，应增设连墙件加固。

6.4.4.2　满堂红脚手架（不含支模满堂红脚手架）

(1) 承重的满堂红脚手架，立杆的纵、横向间距不得大于1.5m。纵向水平杆（顺水杆）每步间距离不得大于1.4m。横杆间距不得超过750mm。脚手板应铺严、铺齐。立杆底部必须夯实，垫通板。

(2) 满堂红脚手架支架四边与中间每隔四排支架立杆应设置一道纵、横向剪刀撑，由底至顶连续设置。架高超过4m以上，其两端与中间每隔4排立杆从顶层开始向下每隔2步设置一道水平剪刀撑。

(3) 装修用的满堂红脚手架，立杆纵、横向间距不得超过2m。靠墙的立杆应距墙面500～600mm，纵向水平杆每步间隔不得大于1.7m，横杆间距不得大于1m。搭设高度在6m以内的，可花铺脚手板，两块板之间间距应小于200mm，板头必须用12号铁丝绑牢。搭设高度超过6m时，必须满铺脚手板。

(4) 满堂红脚手架四角必须设抱角戗，戗杆与地面夹角应为45°～60°。

(5) 封顶架子立杆，封顶处应设双扣件，不得露出杆头。运料应预留井口，井口四周应设两道护身栏杆，并加固定盖板，下方搭设防护棚，上人孔洞口处应设爬梯。爬梯步距不得大于300mm。

6.4.4.3　悬挑式脚手架

(1) 悬挑式脚手架（以下简称悬挑架）是指架体结构卸荷在附着于建筑结构的刚性悬挑梁（架）上的脚手架，用于建筑施工中的主体或装修工程的作业及其安全防护需要。悬挑架必须经设计计算确定。悬挑结构应符合《钢结构设计规范》GB 50017—2003。架体部分应符合《建筑施工扣件式钢管脚手架安全技术规范》JGJ 130—2001。悬挑高度不宜超过24m。悬挑架外立面见图6-25。

(2) 悬挑架依附的建筑结构应是钢筋混凝土结构或钢结构，不得依附在砖混结构或石结构上。

(3) 悬挑架的支承结构应为型钢制作的悬挑梁或悬挑桁架，其节点应螺栓连接或焊接。与建筑结构连接应采用水平支承于建筑梁板结构上的形式，固端长度应不小于1.5倍的外挑长度，与建筑物连接必须可靠（如由不少于两道的预埋U形螺栓与压板采用双螺母固定，螺杆露出螺母应不少于3扣），连接强度应经计算确定。

(4) 悬挑架架体应采用刚性连墙件与建筑物牢靠连接。连墙件的垂直间距不应大于建

图 6-25　悬挑架外立面

筑物的层高，每 2 步 3 跨或拉接点垂直点距离不得超过 4m，水平距离不得超过 6m。严禁采用柔性连墙件。

（5）悬挑架应在外侧立面沿整个长度和高度上设置连续剪刀撑，每道剪刀撑宽度不应小于 4 跨，且不应小于 6m，剪刀撑水平夹角为 45°～60°。

（6）构架底部与悬挑结构应连接牢靠，不得滑动或窜动。构架底部应设置纵向和横向扫地杆，扫地杆应贴近悬挑梁（架），纵向扫地杆距悬挑梁（架）不得大于 20cm；首步架纵向水平杆步距不得大于 1.5m。

（7）悬挑架不得使用钢丝绳作为悬挑结构的受力构件，只能作为卸荷使用，并保证钢丝绳锚固不少于 3 只夹具夹紧。

（8）架体结构在架体立面转角处、架体与塔吊、电梯、物料提升机、卸料平台等设备需要断开或开口处部位应有加强措施。

（9）沿架体外围必须用密目式安全网全封闭，密目式安全网宜设置在脚手架外立杆的内侧，并顺环扣逐个与架体绑扎牢固。

（10）架体底层的脚手板必须铺设牢靠、严实，且应用平网及密目式安全网双层兜底。

（11）悬挑架搭设、拆卸作业时，应设置警戒区，禁止无关人员进入施工现场。施工现场应当设置负责统一指挥的人员和专职监护的人员。各工序应当定岗、定人、定责。作业人员应当严格执行施工方案及有关安全技术规定。

6.4.4.4　吊篮

（1）吊篮搭设必须按照专项施工方案进行。吊篮组装或拆除时，应有多人配合操作，严格按程序作业，任何人不允许改变施工方案。

（2）吊篮的负载不得超过 1176N/m^2（120kg/m），吊篮上的作业人员和材料要对称分布，不得集中在一端以保持吊篮负载平衡。

（3）升降吊篮的手扳葫芦应用 3t 以上的专用配套钢丝绳，倒链应用 2t 以上的承重的钢丝绳。钢丝绳直径不应小于12.5mm。吊篮两端应设保险绳，其直径与承重钢丝绳同。绳卡不得少于3个，严禁使用有接头钢丝绳。

(4) 承重钢丝绳与挑梁连接必须牢靠，并应有预防钢丝绳受剪的保护措施。吊篮配重应标有质量标记，并应准确、牢固地安装在配重点上。

(5) 吊篮的位置和挑梁的设置应根据建筑物实际情况而定。挑梁挑出的长度与吊篮的吊点必须保持垂直，安装挑梁时，应使挑梁探出建筑物一端稍高于另一端。挑梁在建筑物的内外两端应用杉槁或钢管连接牢固，成为整体。阳台部位的挑梁在挑出部分的顶端要加斜撑抱桩，斜撑下要加垫板，并且将受力的阳台板和以下的两层阳台板设立柱加固。

(6) 吊篮长度一般不得超过8m，宽度以0.8m至1m为宜。单层吊篮的高度以2m为宜。用钢管为立杆的吊篮，立杆间距不得超过2.5m，且至少设三道横杆。

(7) 以钢管组装的吊篮大、小面均需设戗。以焊接预制框架组装的吊篮，长度超过3m的大面要设戗。

(8) 吊篮的脚手板必须铺平、铺严，并与横向水平杆固定牢。横向水平杆的间距可根据脚手板厚度而定，一般以0.5～1m为宜。吊篮作业层外排和两端小面均应设两道护身栏，并挂密目安全网封严，索死下角；里侧应设护身栏。

(9) 以手扳葫芦为吊具的吊篮，钢丝绳穿好后，必须将保险板把卸掉，系牢保险绳或安全锁，并将吊篮与建筑物拉牢。

(10) 吊篮里侧距建筑物100mm为宜。两个吊篮之间间距不得大于200mm，不得将两个或几个吊篮连在一起同时升降。两个吊篮接头处应与窗口、阳台作业面错开。

(11) 升降吊篮时，必须同时摇动所有手扳葫芦或拉动倒链，各吊点必须同时升降，保持吊篮平衡。吊篮升降时应有专人负责推动吊篮，以防止吊篮挂碰建筑物。

(12) 吊篮使用期间，应经常对吊篮防护、保险、挑梁、手扳葫芦、倒链和吊索等进行检查，发现隐患，立即解决。

(13) 吊篮组装、升降、拆除、维修必须由专业架子工进行。

6.4.4.5 门式脚手架

(1) 脚手架搭设前必须对门架、配件、加固件按规范进行检查验收，严禁使用不合格的配件。

(2) 脚手架搭设场地应进行清理、平整夯实，并做好排水。

(3) 地基基础施工应按门架专项施工方案和安全技术措施交底进行。基础上应先弹出门架立杆位置线，垫板、底座安放位置应准确。

(4) 门架安装应自一端向另一端延伸，不得相对进行。每搭完一步后，应检查、调整其水平度与垂直度。不配套的门架与配件不得混合使用于同一脚手架。

(5) 交叉支撑、水平架和脚手板应随门架的安装及时设置。连接门架与配件的锁臂、搭钩必须锁住、锁牢。水平架和脚手板应在同一步内连续设置。脚手板必须铺满、铺严，不准有空隙。

(6) 底层钢梯的底部应加设钢管并用扣件扣紧在门架的立杆上，钢梯的两侧均应设置扶手，每段梯可跨越两步或三步门架再行转折。护身栏杆、立挂密目安全网应设置在脚手架作业层外侧，门架立杆的内侧。

(7) 加固杆、剪刀撑必须与脚手架同步搭设。水平加固杆应设于门架立杆内侧，剪刀撑应设于门架立杆外侧，并扣接牢固。

（8）连墙件的搭设必须随脚手架搭设同步进行，严禁滞后设置或搭设完毕后补做。当脚手架作业层高出相邻连墙件已两步的，应采取确保稳定的临时拉接措施，直到连墙搭设完毕后，方可拆除。

（9）加固件、连墙件等与门架采用扣件连接。扣件规格必须与所连钢管外径相匹配。

（10）脚手架搭设完毕或分段搭设完毕，必须进行验收检查，验收合格后才能交付使用。

（11）脚手架拆除必须按拆除方案和拆除安全技术措施交底规定进行。拆除前应清除架子上材料、工具和杂物；拆除时应设置警戒区和挂警戒标志，并派专人负责监护。

（12）脚手架拆除的顺序，应从一端向另一端，自上而下逐层进行，同一层的构配件和加固件应按先上后下，先外后里的顺序进行，最后拆除连墙件。连墙件、通长水平杆和剪刀撑等必须在脚手架拆除到相关门架时，方可拆除。

（13）拆除脚手架的工人必须站在临时设置的脚手板上进行拆卸作业。拆除工作中，严禁使用榔头等硬物击打、撬挖。拆卸连接部件时，应先将锁座上的锁板与卡钩上的锁片旋转至开启位置，然后拆除，不得硬拉、敲击。

（14）拆下的门架、钢管与配件，应成捆用机械吊运或由井架传送至地面，防止碰撞，严禁抛掷。

6.4.4.6 附着升降脚手架

（1）严格执行建设部《建筑施工附着升降脚手架管理暂行规定》建建［2000］230号文规定。

（2）安装、使用和拆卸附着升降脚手架的工人必须经过专业培训，考试合格。未经培训的任何人（含架子工）严禁从事此操作。

（3）附着升降脚手架安装前必须认真组织学习专项安全施工方案和安全技术措施交底，研究安装方法，明确岗位责任。控制中心必须设专人负责操作，严禁非本岗人员操作。

（4）组装附着升降脚手架的水平梁及竖向主框架，在两相邻附着支撑结构处的高差应不大于20mm；竖向主框架和防倾导向装置的垂直偏差应不大于5‰和60mm；预留穿墙螺栓孔和预埋件应垂直于工程结构外表面，其中心误差小于15mm。

（5）附着升降脚手架组装完毕，必须经技术负责人组织进行检查验收，验收合格后方准投入使用。

（6）升降操作必须严格遵守升降作业程序，要严格控制并确保架子的荷载，并拆除所有妨碍架体升降的障碍物。进行升降操作时，严禁任何人（含操作人员）停留在架体上，特殊情况必须经领导批准，采取安全措施后，方可实施。

（7）附着升降脚手架在升降过程中，必须确保升降平稳。脚手架升降过程中，架体下方严禁有人逗留。要设置安全警戒区，并派人负责监护。

（8）严格按设计规定控制各提升点的同步性。相邻提升点间的高差不得大于30mm，整体架最大升降差不得大于80mm。升降过程中必须实行统一指挥，规范指令。升降指令只允许由总指挥一人下达，但当有异常情况出现时，任何人均可立即发出停止指令。

（9）架体升降到位后，必须及时按使用状况进行附着固定。在架体没有完成固定前，作业人员不得擅离岗位或下班。在未办理交付使用手续前，必须逐项进行点检，合格后方准交付使用。

(10) 严禁利用架体吊运物料和拉接吊装缆绳（索）；不准在架体上推车，不准任意拆卸结构件、松动连接件或移动架体上的安全防护设施。

(11) 架体螺栓连接件、升降动力设备、防倾装置、防坠装置、电控设备等应定期（至少半月一次）检查、维修、保养和不定期的抽检，发现异常，要立即解决，严禁带病使用。

(12) 架体外侧必须用密目安全网（≥800 目/100cm^2）围挡；密目安全网必须可靠固定在架体上。

(13) 架体底层的脚手板必须铺设严密，且应用平网及密目安全网兜底。应设置架体升降时底层脚手板可折起的翻板构造，保持架体底层脚手板与建筑物表面在升降和正常使用中的间隙，防止物料坠落。

(14) 在每一作业层架体外侧必须设置上、下两道防护栏杆（上杆高度 1.2m，下杆高度 0.6m）和挡脚板（高度 180mm）。

(15) 单片式和中间断开的整体式附着升降脚手架，在使用工况下，其断开处必须封闭并加设栏杆；在升降工况下，架体开口处必须有可靠的防止人员及物料坠落的措施。

(16) 遇六级以上强风必须停止升降或作业，复工时必须逐项检查，无异常方准复工。

(17) 附着升降脚手架的拆卸工作，必须按专项安全施工方案和安全技术措施交底规定执行，拆卸时必须按顺序先搭后拆、先上后下，先拆附件、后拆架体，必须有预防人员、物体坠落的措施，且严禁向下抛扔物料。

6.4.4.7 浇灌混凝土施工脚手架

(1) 架子立杆间距不得超过 1.5m，土质松软的地面应夯实或垫板，并加设扫地杆。

(2) 架子纵向水平杆不得少于两道。其高度超过 4m 时，纵向水平杆不得大于 1.7m；宽度超过 2m 时，应在跨中加吊 1 根纵向水平杆，且每隔两根立杆在下面加设 1 根托杆，使其与两旁纵向水平杆互相连接。托杆中部搭设八字斜撑。

(3) 架子横向水平杆间距不得大于 1m。脚手板对头铺时，要铺严、铺牢，板端底部设双横向水平杆。脚手板搭接铺设时，端头必须压过横向水平杆 150mm。

(4) 架子大面必须设剪刀撑或八字戗，小面每隔两根立杆和纵向水平杆搭接部位必须打剪刀戗。

(5) 架子高度超过 2m 时，临边必须搭设两道护身栏杆。

6.4.4.8 架空线路安全防护架

(1) 外电架空线路安全防护脚手架应使用剥皮杉木、落叶松等作为杆件，不得使用腐朽、折裂、枯节等易折木杆和易导电材料。

(2) 外电架空线路安全防护脚手架应高于架空线 1.5m。

(3) 立杆埋置，深度不小于 500mm，遇有土质松软，应夯实并设扫地杆。立杆时必须 2～3 人配合操作。

(4) 纵向水平杆应搭设在立杆里侧。搭设第一步纵向水平杆时，必须检查立杆是否立正，搭设至四步时，必须搭设临时抛撑和临时剪刀撑。搭设纵向水平杆时，必须 2～3 人配合操作，由中间 1 人接杆、放平，由大头至小头顺序绑扎。

(5) 剪刀撑杆子应贴在立杆上，不得别绑。剪刀撑下桩杆应选用粗壮较大杉槁，由下方人员找好角度再由上方人员依次绑扎。剪刀撑上桩（封顶）椽子应大头朝上，顶着立杆绑在纵向水平杆上。

(6) 两杆连接，其有效搭接长度不得小于 1.5m，两杆搭接处绑扎不少于三道。杉槁大头必须绑在十字交叉点上。相邻两杆的搭接点必须相互错开，水平及斜向接杆，小头应压在大头上边。

(7) 递杆（拔杆）上下、左右操作人员应协调配合，拔杆人员应注意不碰撞上方人员和已绑好的杆子，下方递杆人员应在上方人员接住杆子呼应后，方可松手。

(8) 遇到两根杆子交叉必须绑扣。绑扎材料可用扎绑绳。如使用铅丝绑扣严禁碰触外电架空线。铅丝扣不得过松、过紧，应使 4 根铅丝敷实均匀受力，拧扣以一扣半为宜，并将铅丝末端弯贴在杉槁外皮上，不得外翘。

6.4.4.9 坡道（斜道）

(1) 脚手架运料坡道宽度不得小于 1.5m，坡度以 1∶6（高∶长）为宜。人行坡道，宽度不得小于 1m，坡度不得大于 1∶3.5。

(2) 立杆、纵向水平杆间距应与结构脚手架相适应。单独坡道的立杆、纵向水平杆间距不得超过 1.5m，横向水平杆间距不得大于 1m。坡道宽度大于 2m 时，横向水平杆中间应加吊杆，并每隔 1 根立杆在吊杆下加绑托杆和八字戗。

(3) 脚手板应铺严、铺牢。对头搭接时板端部分应用双横向水平杆。搭接板的板端应搭过横向水平杆 200mm，并用三角木填顺板头凸棱。斜坡坡道的脚手板应钉防滑条。防滑条厚度 30mm，间距不得大于 300mm。

(4) 之字坡道的转弯处应搭设平台，平台面积应根据施工需要，但宽度不得小于 1.5m。平台应绑剪刀撑或八字戗。

(5) 坡道及平台必须绑两道护身栏杆和 180mm 高度的挡脚板。

(6) 按规范要求设置连墙件、剪刀撑和横向斜撑。

6.4.4.10 龙门架及井架

(1) 龙门架及井架的搭设和使用必须符合行业标准《龙门架及井架物料提升机安全技术规范》规定要求。

(2) 立杆和纵向水平杆的间距均不得大于 1m。立杆底端应安放铁板墩，夯实后垫板。

(3) 井架四周外侧均应搭没剪刀撑一直到顶。剪刀撑斜杆与地面夹角为 60°。

(4) 平台的横向水平杆的间距不得大于 1m。脚手板必须铺平、铺严，对头搭接时应用双横向水平杆，搭接时板端应超过横向水平杆 15cm。每层平台均应设护身栏和挡脚板。

(5) 两杆应用对接扣件连接，交叉点必须用扣件，不得绑扎。

(6) 天轮架必须搭设双根天轮木，并加顶八字钢管撑，用扣件卡牢。

(7) 组装三角柱式龙门架，每节立柱两端焊法兰盘。拼装三角柱架时，必须检查各部件焊口是否牢固，各节点螺栓必须拧紧。

(8) 两根三角立柱应连接在地梁上。地梁底部要有锚铁并埋入地下防止滑动。埋地梁时地基要平整并应夯实。

(9) 各楼层进口处，应搭设卸料过桥平台。过桥平台两侧应搭设两道护身栏杆（高 1.2m），并立挂密目安全网。过桥平台下口落空处应搭设八字戗。

(10) 井架和三角柱式龙门架严禁与电气设备接触，并应有可靠的绝缘防护措施。高度在 15m 以上时应有防雷设施。

(11) 井架，龙门架必须设置超高限位、断绳保险，机械、手动或连锁定位托杠等安全防护装置。

(12) 架高在10～15m时，应设1组缆风绳。每增高10m加设1组，每组4根。缆风绳应用直径不小于12.5的钢丝绳，要按规定埋设地锚。缆风绳严禁捆绑在树木、电线杆、构件等物体上。禁止使用别杠调节钢丝绳长度。

(13) 龙门架、井架首层进料口一侧应搭设长度不小于2m的安全防护棚，另三侧必须采取封闭措施。每层卸料平台和吊笼（盘）出入口必须安装安全门，吊笼（盘）运行中不准乘人。

(14) 龙门架、井架的导向滑轮必须单独设置牢固地锚，导向滑轮至卷扬机卷筒的钢丝绳，凡经通道处均应予以遮护。

(15) 天轮与最高一层上料平台的垂直距离应不小于6m，使吊笼（盘）上升的最高位置与天轮间的垂直距离不小于2m。

6.4.4.11 碗扣式脚手架

(1) 碗扣节点构成：由上碗扣、下碗扣、立杆、横杆接头和上碗扣限位销组成（图6-26、图6-27）。

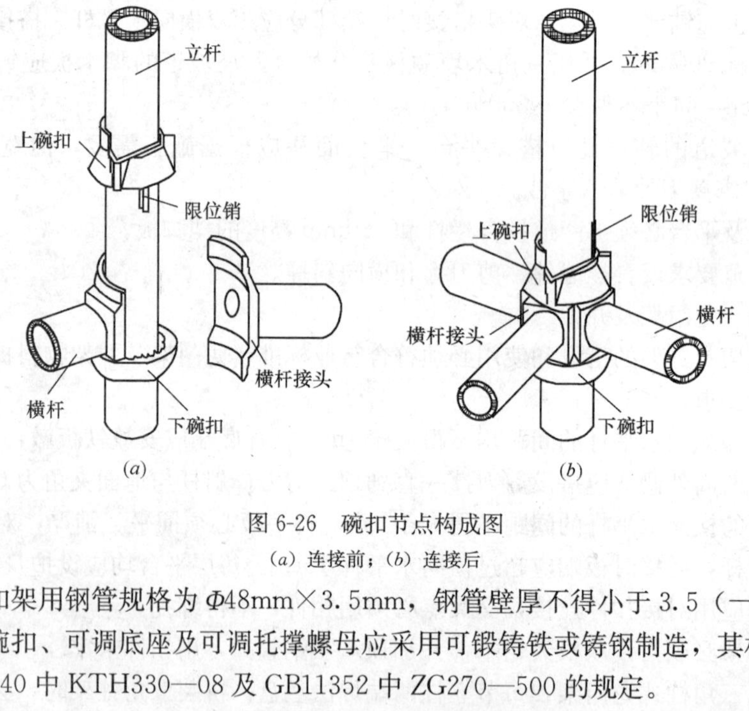

图6-26 碗扣节点构成图

(a) 连接前；(b) 连接后

(2) 碗扣架用钢管规格为Φ48mm×3.5mm，钢管壁厚不得小于3.5（－0.025）mm。

(3) 上碗扣、可调底座及可调托撑螺母应采用可锻铸铁或铸钢制造，其材料机械性能应符合GB9440中KTH330—08及GB11352中ZG270—500的规定。

(4) 下碗扣、横杆接头、斜杆接头应采用碳素铸钢制造，其材料机械性能应符合GB11352中ZG230－450的规定。

(5) 立杆上的上碗扣应能上下串动和灵活转动，不得有卡滞现象；杆件最上端应有防止上碗扣脱落的措施。

(6) 立杆碗扣节点应按0.6m模数设置。立杆上应设有接长用套管及连接销孔。立杆与立杆连接的连接孔处应能插入Φ12mm连接销。在碗扣节点上同时安装1～4个横杆，上碗扣均应锁紧。

(7) 可调底座及可调托撑丝杆与螺母捏合长度不得少于 4～5 扣，插入立杆内的长度不得小于 150mm。

(8) 脚手架搭设应按立杆、横杆、斜杆、连墙件的顺序逐层搭设，每次上升高度不大于 3m。

(9) 脚手架首层立杆应采用不同的长度交错布置，底部横杆（扫地杆）严禁拆除，立杆应配置可调底座。

(10) 连墙杆与脚手架立面及墙体应保持垂直，每层连墙杆应在同一平面，水平间距应不大于 4 跨；连墙杆应设置在主节点处，采用钢管扣件做连墙杆时，连墙杆应采用直角扣件与立杆连接，连接点距碗扣节点距离应≤150mm。

6.4.4.12 安全网

(1) 各类建筑施工中必须按规定搭设安全网。安全网分为平支网和立挂网两种。安全网搭设要搭接严密、牢固、外观整齐，网内不得存留杂物。

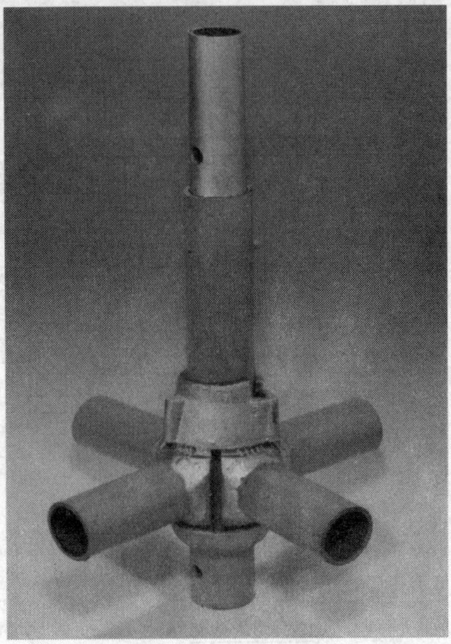

图 6-27 碗扣节点构成图

(2) 安全网绳不得损坏和腐朽，搭设好的水平安全网应做模拟冲击试验，安全网在承受 100kg 重的砂袋假人）从 10m 高处的冲击后，网绳、系绳、边绳不断。搭设安全网支撑杆间距不得大于 4m。

(3) 无外脚手架或采用单排外脚手架和工具式脚手架时，凡高度在 4m 以上的建筑物，首层四周必须支设 3m 宽的水平安全网（20m 以上的建筑物搭设 6m 宽双层安全网），网底距下方物体表面不得小于 3m（20m 以上的建筑物不得小于 5m）。安全网下方不得堆物品。某工程首层安全网搭设示意见图 6-28。

(4) 在施工程 20m 以上的建筑每隔 4 层（10m）要固定一道 3m 宽的水平安全网。安全网的外边沿要明显高于内边沿 50～60cm。

(5) 扣件式钢管外脚手架，必须立挂密目安全网沿外架子内侧进行封闭，安全网之间必须连接牢固，并与架体固定。

(6) 工具式脚手架必须立挂密目安全网沿外排架子内侧进行封闭，并按标准搭设水平安全网防护。

(7) 20m 以上建筑物施工用安全网一律用组合钢管角架挑支，用钢丝绳绷拉，其外沿要高于内口，并尽量绷直，内口要与建筑物锁牢。

(8) 在施工程的电梯井、采光井、螺旋式楼梯口，除必须设金属可开启式安全防护门外，还应在井口内首层并每隔 3 层（或 4 层）固定一道水平安全网。某工程电梯井安全网搭设示意见图 6-29。

(9) 水平安全网要到高处作业全部完工时方可拆除。无法搭设水平安全网的，必须逐层立挂密目安全网全封闭。

6.4.4.13 拆除脚手架

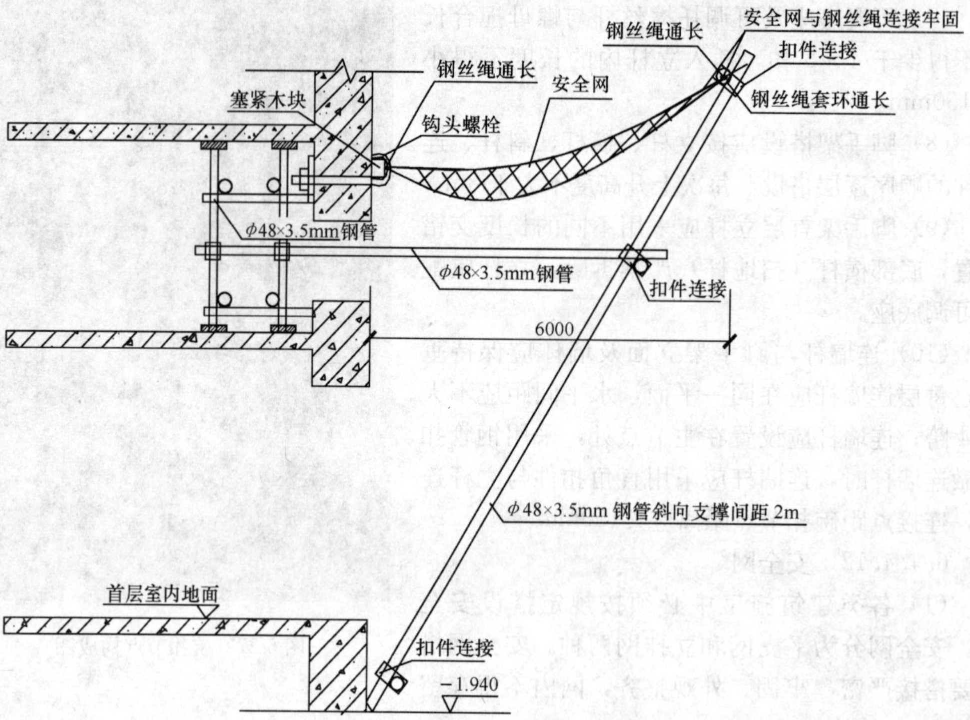

图 6-28　首层安全网搭设示意图

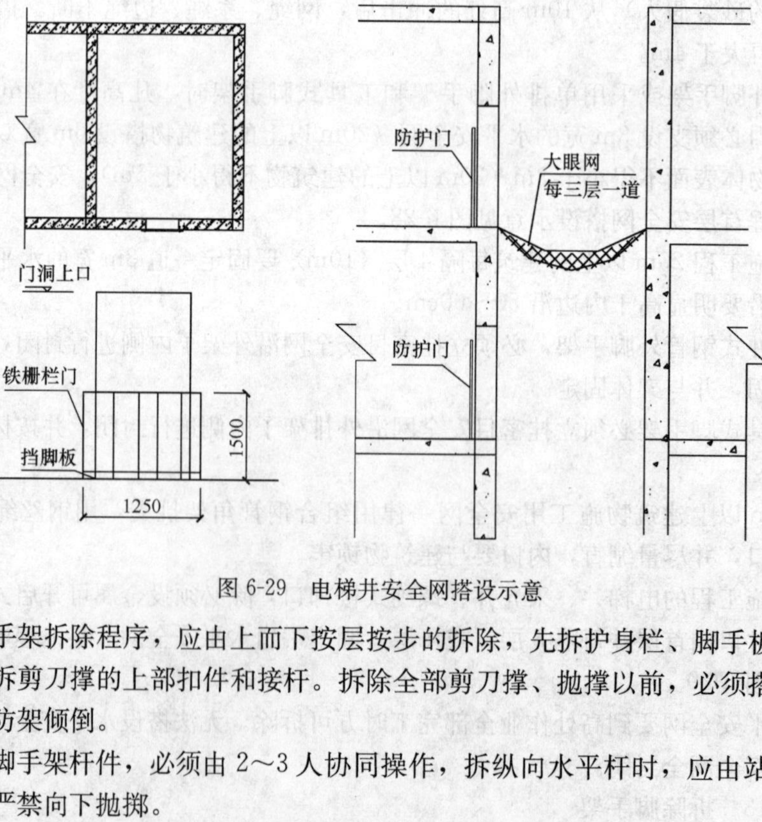

图 6-29　电梯井安全网搭设示意

（1）脚手架拆除程序，应由上而下按层按步的拆除，先拆护身栏、脚手板和横向水平杆，再依次拆剪刀撑的上部扣件和接杆。拆除全部剪刀撑、抛撑以前，必须搭设临时加固斜支撑，预防架倾倒。

（2）拆脚手架杆件，必须由 2～3 人协同操作，拆纵向水平杆时，应由站在中间的人向下传递，严禁向下抛掷。

(3) 拆除作业区的周围及进出口处，必须派专人瞭望，严禁非作业区人员进入危险区域，拆除大片架子应加临时围栏。作业区内电线及其他设备有妨碍时，应事先与有关部门联系拆除、转移或加防护。

(4) 拆除全部过程中，应指派1名责任心强、技术水平高的工人担任指挥和监护，并负责任拆除撤料和监护操作人员的作业。

(5) 已拆下的材料必须及时清理，运至指定地点码放。

(6) 拆至底部时，应先加临时固定措施后，再拆除。

6.4.5 冬、雨期施工要点

(1) 架子工程应编制单项安全技术方案，并详细交底，否则不许施工。

(2) 脚手架基础座的基土必须坚实，并有可靠排水措施，防止积水浸泡地基。

(3) 遇风力六级以上（含六级）强风和高温、大雨、大雾、大雪等恶劣天气，应停止脚手架搭设与拆除作业。风、雨、雾、雪过后要检查所有的脚手架、井架等架设工程的安全情况，发现倾斜下沉、松扣、崩扣要及时修复，合格后方可使用。

(4) 井架、龙门架缆风绳应固定在建筑物的坚实构件上或深埋的地锚上，并由专人定期检查，发现松动，要及时调整花蓝螺栓，严禁私自拆改。

(5) 在雨期施工期间，要及时对脚手架进行清扫，并要采取防滑和防雷措施，防雷接地电阻不大于10Ω。

(6) 雨期要及时排除架子基底积水，大风暴雨后要认真检查，发现立杆下沉、悬空、接头松动等问题应及时处理，并经验收合格后方可使用。

(7) 脚手架、上人马道要采取防滑措施。霜雪天要及时清扫、大风雪后及时检查安全网的牢固性。脚手架的坡道要加防滑条，防滑条间距不大于30cm，并安装挡脚板和防护网。

(8) 严冬季节外架子的迎风面要设挡风帘，特殊情况下应搭暖棚。

(9) 加强季节性劳动保护工作，冬期要做好防滑、防冻。

(10) 冬期施工搭设的外架子，在解冻过程中要随时进行观查，防止地基冻融沉陷造成倾斜倒塌。

6.4.6 环境与职业健康安全要求及措施

(1) 建筑登高作业（架子上），必须经专业安全技术培训，考试合格，持特种作业操作证上岗作业。非架子工未经同意不得单独进行作业。

(2) 架子工必须经过体检，凡患有高血压、心脏病、癫痫病、晕高或视力不够以及不适合于登高作业的，不得从事登高架设作业。

(3) 脚手架搭设、拆除、维修和升降必须由架子工负责，非架子工不准从事脚手架操作。

(4) 班组（队）接受任务后，必须组织全体人员，认真学习领会脚手架专项安全施工方案和安全技术措施交底，研讨搭设方法，明确分工，并派1名技术好、有经验的人员负责搭设技术指导和监护。

(5) 作业时精神要集中，团结协作、互相照应、统一指挥、不得“走过档”和跳跃架子，严禁打闹玩笑、酒后作业。

(6) 正确使用个人安全防护用品，必须着装灵便（紧身紧袖），在高处（2m以上）

作业时，必须佩戴安全带与搭好的立、横杆挂牢，穿防滑鞋。

(7) 脚手架要结合工程进度搭设，未搭设完的脚手架，不得留有未固定构件和安全隐患，要确保架子稳定。

(8) 脚手架开始搭设立杆时，应每隔6跨设置一根抛撑，直至连墙件安装稳定后，方可根据情况拆除。

(9) 各种非标准的脚手架，跨度过大、负载超重等特殊架子或其他新型脚手架，要按专项安全施工方案批准的意见进行作业。

(10) 脚手架搭设到高于在建建筑物顶部时，里排立杆要低于檐口40～50mm，外排立杆要高出檐口1～1.5m，搭设两道护身栏，并挂密目安全网。

(11) 脚手架工程专项施工方案应有施工环境保护措施、能源消耗节约措施、材料与资源合理利用和施工人员安全与健康防护的有效措施。

(12) 脚手架运输车辆、设备的尾气排放应符合国家或地方规定。

(13) 架料运输应安排在白天进行，避免夜间装卸扰民。钢管扣件装卸应轻拿轻放，严禁抛扔。

(14) 架料进场后，必须严格分批按长度、规格分别堆放，并挂牌标识。

(15) 脚手架搭设、拆除应安排在白天进行，夜间严禁施工，防止产生噪声扰民。

(16) 脚手架在储存期间，应有防止雨水等浸泡的措施，防止钢管产生锈蚀，锈水渗入土壤，对土壤及地下水源造成污染。

(17) 脚手架严禁自架面上向下抛掷材料、物品和倾倒垃圾，预防扬尘。操作人员严禁在架面上奔跑、嬉闹，避免发生碰撞、闪失、失衡、脱手、滑跌和落物等不安全作业。

6.5 砌 筑 工 程

6.5.1 引用的规范、规程、标准

(1)《砌体结构设计规范》GB 50003—2001；

(2)《建筑抗震设计规范》GB 50011—2001；

(3)《混凝土外加剂应用技术规程》GB 50119—2003；

(4)《砌体工程施工质量验收规范》GB 50203—2002；

(5)《混凝土结构施工质量验收规范》GB 50204—2002；

(6)《轻集料混凝土小型空心砌块》GB 15229—2002；

(7)《蒸压加气混凝土砌块》GB 11968—1997；

(8)《普通混凝土小型空心砌块》GB 8239—1997；

(9)《硅酸盐水泥、普通硅酸盐水泥》GB 175—1999；

(10)《矿渣硅酸盐水泥、火山灰质硅酸盐水泥及粉煤灰硅酸盐水泥》GB 1344—1999；

(11)《中型砌块建筑设计与施工规程》JGJ 5—80；

(12)《粉煤灰在混凝土和砂浆中应用技术规程》JGJ 28—86；

(13)《混凝土拌合用水标准》JGJ 63—89；

(14)《建筑砂浆基本性能试验方法》JGJ 70—90；

(15)《砌筑砂浆配合比设计规程》JGJ 98—2000；

(16)《建筑工程冬期施工规程》JGJ 104—97；

(17)《多孔砖砌体结构技术规范》(2002 版) JGJ 137—2001；

(18)《混凝土小型空心砌块建筑技术规程》JGJ/T 14—2004；

(19)《混凝土小型空心砌块砌筑砂浆》JC 860—2000；

(20)《建筑生石灰》JC/T 479—1992；

(21)《建筑生石灰粉》JC/T 480—1992；

(22)《砌体结构工程施工质量验收规程》DBJ 01—81—2004 (北京地区适用)；

(23)《干拌砂浆应用技术规范》(试行) DBJ/T 01—73—2003 (北京地区适用)；

(24)《预拌砂浆应用技术规程》DBJ 01—99—2005 (北京地区适用)；

(25)《建筑安装分项工程施工工艺规程》(第二分册) DBJ/T 01—26—2003 (北京地区适用)。

6.5.2 原材料要求

砌体工程所用的材料应有产品的合格证书、产品性能检测报告。块材、水泥、钢筋、外加剂等还应有材料主要性能的进场复验报告。严禁使用国家明令淘汰的材料。

施工时所用的砌体材料，其产品龄期宜大于 35d，不应小于 28d。

6.5.3 施工准备

6.5.3.1 现场准备

(1) 砌块的装卸和运输应平稳，避免冲击，严禁倾卸重掷，砌块应分规格整齐堆放，堆放场地必须平整，堆放高度不超过 1.5m。

(2) 砌块进场时应有出厂合格证书，合格证书中须注明厂名、证书字号、发证日期、砖等级、耐久性实验是否符合要求及签章等。

(3) 施工前对入场的砌块型号、数量、质量再次检查验证。

(4) 施工中所需门窗框、插筋、预埋件等必须事先作好安排，配合砌筑进度及时送到现场。

(5) 砌体施工时，提前将砌体材料运送到作业面，但必须注意楼面和屋面堆载不得超过楼板的允许荷载值。施工层进料口楼板下，宜采取临时加撑措施。

(6) 空心砖、蒸压加气混凝土砌块、轻骨料混凝土小型空心砌块等的运输、装卸过程中，严禁抛掷和倾倒。进场后应按品种、规格分别堆放整齐，堆置高度不宜超过 2m。加气混凝土砌块应防止雨淋。

(7) 填充墙砌体砌筑前块材应提前 2d 浇水湿润。蒸压加气混凝土砌块砌筑时，应向砌块面适量浇水。

(8) 砌筑砂浆应通过试配确定配合比。当砌筑砂浆的组成材料有变更时，其配合比应重新确定。

(9) 设置在潮湿环境或有化学侵蚀性介质的环境中的砌体灰缝内的钢筋应采取防腐措施。

6.5.3.2 施工机具准备

按照现场实际情况设置强制式砂浆搅拌机、现场垂直和水平运输设备，满足现场施工的需求。

6.5.3.3 作业条件

（1）基础砌筑时垫层混凝土浇筑完毕并经过验收，主体砌筑时保证基础工程验收合格。

（2）弹好轴线、边线，验线合格后立好皮数杆。

（3）砌筑前拉线检查基础、垫层表面，标高尺寸是否符合设计要求，如第一次水平灰缝厚度超过 20mm，应用细石混凝土找平，不得用砂浆掺石子代替。

（4）砂浆配合比经实验室确定，并按砂的含水率、砖的含水率调整为施工配合比。

（5）各种机电预留洞口已经放出位置线，并经过检验。

6.5.4 施工方法要点

（1）砌筑基础前，应校核放线尺寸，允许偏差应符合表 6-29 的规定。

放线尺寸的允许偏差 **表 6-29**

长度 L、宽度 B（m）	允许偏差（mm）	长度 L、宽度 B（m）	允许偏差（mm）
L（或 B）≤30	±5	60<L（或 B）≤90	±15
30<L（或 B）≤30	±10	L（或 B）>90	±20

（2）在墙上留置临时施工洞口，其侧边离交接处墙面不应小于 500mm，洞口净宽度不应超过 1m。抗震设防烈度为 9 度的地区建筑物的临时施工洞口位置，应会同设计单位确定。临时施工洞口应做好补砌。

（3）施工楼板或屋面的墙或柱，当可能遇到大风时，其允许自由高度不得超过表6-30 的规定。如超过表中限值时，必须采用临时支撑等有效措施。

墙和柱的允许自由高度（m） **表 6-30**

墙（柱）厚（mm）	砌体密度>1600（kg/m³）			砌体密度 1300～1600（kg/m³）		
	风载（kN/m²）			风载（kN/m²）		
	0.3（约 7 级风）	0.4（约 8 级风）	0.5（约 9 级风）	0.3（约 7 级风）	0.4（约 8 级风）	0.5（约 9 级风）
190	—	—	—	1.4	1.1	0.7
240	2.8	2.1	1.4	2.2	1.7	1.1
370	5.2	3.9	2.6	4.2	3.2	2.1
490	8.6	6.5	4.3	7.0	5.2	3.5
620	14.0	10.5	7.0	11.4	8.6	5.7

注：1. 本表适用于施工相对标高（H）在 10m 范围内的情况。如 10m<H≤15m，15m<H≤20m 时，表中的允许自由高度应分别乘以 0.9、0.8 的系数；如 H>20m 时，应通过抗倾覆验算确定其允许自由高度。
2. 当所砌筑的墙有横墙或其他结构与其连接，而且间距小于表列限值的 2 倍时，砌筑高度可不受本表的限制。

（4）搁置预制梁、板的砌体顶面应找平，安装时应坐浆。当设计无具体要求时，应采用 1∶2.5 的水泥砂浆。

（5）用轻骨料混凝土小型空心砌块或蒸压加气混凝土砌块砌筑墙体时，墙底部应砌烧结普通砖或多孔砖，或普通混凝土小型空心砌块，或现浇混凝土坎台等，其高度不宜小于 200mm。

（6）砌砖工程当采用铺浆法砌筑时，铺浆长度不得超过 750mm；施工期间气温超过 30℃时，铺浆长度不得超过 500mm。

（7）墙面勾缝应随砌随勾，横平竖直、深浅一致、搭接平顺；混凝土砌块压缝深度不大于 3mm，多孔砖凹缝深度宜为 4～5mm。清水外墙灰缝应平顺圆滑，十字缝部位交接圆顺，可根据缝隙大小制作勾缝专用工具。

(8) 不得在下列墙体或部位设置脚手眼：

1) 120mm 厚墙和独立柱；

2) 过梁上与过梁成 60°角的三角形范围及边梁净跨度 1/2 的高度范围内；

3) 宽度小于 1m 的窗间墙；

4) 砌体门窗口两侧 200mm 和转角处 450mm 范围内；

5) 设计上不允许设置脚手眼的部位。

(9) 采用外加剂法施工，应按不同负温界限选择适宜的外加剂掺量。可使用氯盐或亚硝酸钠等盐类外加剂拌制砂浆。当采用氯盐外加剂时，砌体的钢筋、金属埋件应作防腐处理。

(10) 配筋砌体不得采用掺盐砂浆法施工。

(11) 混凝土小型空心砌块不得采用冻结法施工。加气混凝土砌块承重墙体及围护外墙不宜冬期施工。

(12) 砖柱不得采用先砌四周后填心的包心砌法。柱面上下皮的竖缝应相互错开 1/2 砖长或 1/4 砖长，使柱心无通天缝。

(13) 砖墙砌体应上下错缝，内外搭砌，实心砖砌体宜采用一顺一丁、梅花丁或三顺一丁砌法的砌筑形式；多孔砖砌体宜采用一顺一丁、梅花丁的砌筑形式。

(14) 基底标高不同时，应从低处砌起，并应由高处向低处搭砌。当设计无要求时，搭接长度不应小于基础扩大部分的高度。

(15) 砌体的转角处和交接处应同时砌筑。当不能同时砌筑时，应按规定留槎、接槎。

(16) 每层承重墙（240mm 厚）的最上一皮砖，砖砌体的阶台水平面上以及挑出层（挑檐、腰线等）应用整砖丁砌。

(17) 排砖撂底：根据弹好的门窗洞口位置线，认真核对窗间墙、垛尺寸，破活排在窗口中间，附墙垛或其他不明显的部位。

(18) 盘角：每次不超过五层，新盘的大角，及时吊靠，盘角时仔细核对皮数杆的砖层和标高，控制好灰缝大小，使灰缝均匀一致。大角盘好后再复查一次，平整和垂直完全符合要求后，再挂线砌墙。

(19) 挂线：砌筑一砖半混水墙单面外手挂线，每层砖都要穿线看平，使水平缝均匀一致，平直通顺。

(20) 砌砖：采用“一铲灰、一块砖、一挤揉”的“三一”砌砖法，即满铺、满挤操作法。砌砖一定要跟线，“上跟线、下跟棱，左右相邻要对平”。水平灰缝厚度和竖向灰缝宽度一般为 10mm，但不应小于 8mm，也不应大于 12mm。

(21) 留槎：外墙转角处应同时砌筑。内外墙交接处必须留斜槎，槎子长度不应小于墙体高度的 2/3，槎子必须平直、通顺。

(22) 木砖预留孔洞和墙体拉结筋：木砖预埋时应小头在外，大头在内，数量按洞口高度决定。洞口高在 1.2m 以内，每边放 2 块；高 1.2～2m，每边放 3 块；高 2～3m，每边放 4 块，预埋木砖的部位一般在洞口上边或下边四皮砖，中间均匀分布。

6.5.5 雨期施工措施

(1) 雨期施工前，应对施工场地原有的排水系统进行疏通或加固，必要时应增加排水措施，保证水流通畅，应有必要的防大雨、暴雨措施。

(2) 基坑坑边要有设挡水埂，防止地面水流入。基坑内设集水坑并配足水泵。坡道部分应备有临时接水措施（如草袋挡水）。

(3) 基础护坡桩距既有建筑物较近者时，应随时测定位移情况。

(4) 施工过程中，考虑足够的防雨应急材料，如人员配备雨衣、电器设备配置档雨板、成形后砌体的覆盖材料（如油布、塑料薄膜等）。尽量避免砌体被雨水冲刷，以免砂浆被冲走，影响砌体的质量。

(5) 楼层砌筑时，外脚手架应按雨期施工方案要求搭设，并经检查验收符合安全及使用要求。

(6) 对砖堆应加以保护，淋雨过湿的砖不得使用，以防砌墙时发生溜砖现象。

(7) 严格控制砌块的含水率，空心砖含水率10%～15%；灰砂砖、粉煤灰砖含水率宜为5%～8%。

(8) 中型小砌块砌筑前，应绘制砌块的排列图，并在前一天将预砌砌块与原结构相接处浇水湿润，确保砌体的粘结。

(9) 控制砌体含水率，不得使用过湿砌块，以避免砂浆流淌，影响砌体质量。

(10) 砂浆稠度应适宜，砌筑操作时应防止砂浆流淌而弄脏墙面。若是清水墙面，应及时勾缝。

(11) 严格控制砂浆的配合比、砂的含泥量、水灰比及砂浆的和易性，确保砂浆的强度等级。

1) 重点控制砂浆的稠度、砖的含水率，以保证砌筑工程的质量。

2) 雨后砂浆配合比按实验室配合比调整为施工配合比，其计算公式如下：

水泥：水泥用量不变。

施工配合比中砂子用量： $S=S_{SY}+S\times a$

施工配合比中水用量： $W=W_{SY}-S\times a$

式中 S_{SY}——实验室配合比中砂子用量；

S——施工配合比中砂子用量；

W_{SY}——实验室配合比中水用量；

W——施工配合比中水用量；

a——砂子含水率（%）。

(12) 每天的砌筑高度不得超过1.2m。收工时应覆盖砌体表面。确实无法施工时，可留接槎缝，但应做好接缝的处理工作。

(13) 雨后继续施工时，应复核砌体垂直度。

(14) 遇大雨或暴雨时，砌体工程一般应停止施工。

6.5.6 冬期施工措施

6.5.6.1 施工准备

(1) 现场准备

1) 排除现场积水，对施工现场进行必要的修整，截断流入现场的水源，做好排水措施。消除现场施工用水、用汽造成场地结冰现象。

2) 施工场地积雪清扫后，积雪不应堆放在机电设备、构件堆放场地附近。

3）搅拌机棚，前后台的出入口应做好封闭、棚内通暖。设置热水箱、外加剂储存容器。搅拌机清洗时的污水应做好组织排水。封闭沉淀池，防止其结冰，定期清理。污水管保持畅通。

4）进入冬期施工前，必须完成锅炉房及管道的搭设，埋设管道。埋入地下的管道其埋深应超过冻结深度。架空管道做好保温。

5）上水管、截门井、消火栓井做好保温。

6）原材料加热设备、设施的进场、搭设。如拌合水加热设备、砂子加热的热坑等。

7）在暖棚法施工前，应根据现场实际情况结合工程特点，制定处经济、合理、低耗、适用的方案措施，编制相应的材料、机具进场计划以指导施工。对暖棚的热耗，应考虑维护结构的热量损失。

（2）施工机具准备

1）锅炉、管道的安装、保温、试烧。

2）热源器件的安装：暖风机、煤炉、烟筒等。

3）施工现场的原材料加热设施，如热水炉、水箱、砂子坑等。

4）生活用的煤炉或暖气管道、暖气片的安装。

5）采用暖棚法施工时，对暖棚的加热可优先采用热风机装置。如利用天然气、焦炭炉或火炉等加热时，施工时须严格注意安全防火和煤气中毒。

6）冬期施工仪器仪表准备：大气温度测量：木制百叶箱，最高最低温度计；外加剂浓度测量：比重计；室内测温：干湿温度计；各种测温表格及文具。

（3）主要材料准备

1）外加剂材料的准备：

外加剂品种的确定。根据不同的气温阶段和使用部位的要求，按冬期施工方案中明确定的外加剂的技术性能指标，结合市场供应情况，提出外加剂使用配方、品种、数量。事先作好复试工作，保证其性能达到技术要求。

2）保温材料的选择根据其使用部位大致分为：

管道保温：选用珍珠岩保温瓦，玻璃丝棉、草绳等。

暖棚保温：一般选用塑料布、阻燃草袋子。

门窗洞口封闭保温：选用塑料布、棉帘子等。

根据冬期施工方法所选用的保温材料品种、规格、使用周转次数和工程量。

3）冬期施工燃料的准备：

冬期施工燃料主要考虑生活用煤、工程采暖和施工热源用煤。各种施工燃料要分别提出计划，并要求及时运至施工现场，保证生活、生产的需要。

用于围护结构保温材料如塑料布、保温门帘、阻燃草袋、搭设暖棚所用的骨架材料等依据施工方案材料计划组织进场。

（4）作业条件

1）作好冬施前的准备工作，包括暂设、热源、设备检查、防寒保温材料贮备，及水泥、砂石、外加剂等产品进场，用于砌筑的水泥、外加剂等材料要提前做见证取样试验，经见证试验室检测合格后方准使用。

2）搞好气温预报，随时掌握气温变化，并作好记录：

日最高、最低气温；砂浆搅拌前砂、水温度；砂浆出罐温度和使用温度；暖棚、暖房地面以上 500mm 处温度。

3）暖棚法施工砖石和砂浆砌筑时的温度不应低于＋5℃。而距离所砌的结构底面 0.5m 处的棚内温度也不应低于＋5℃。

6.5.6.2　冬期砌筑工程施工方法分类、适用范围、适用条件

（1）冬期施工砌筑工程常用的施工方法分类见表 6-31。

施工方法分类　　　**表 6-31**

施工方法	定　义
外加剂法	外加剂法是指在水泥砂浆、水泥混合砂浆中掺入一定量的外加剂，并用这种掺外加剂砂浆砌筑的施工方法
冻结法	冻结法是指采用不掺有化学外加剂的普通水泥砂浆或水泥混合砂浆进行砌筑，砌体砌完后，不需加热保温等附加措施的一种冬期施工方法
暖棚法	利用现有的简单结构或骨架条件搭设暖棚，用成本较低的维护材料或保温材料，将所需要砌筑的砌体与工作面临时封闭起来，使工人在正温条件下进行砌筑和砌体养护

（2）常用施工方法的适用范围见表 6-32。

施工方法的适用范围　　　**表 6-32**

施工方法	适用范围及适用条件
外加剂法	由于含氯盐的砂浆吸湿性大，保温性能下降，并有析盐现象，对铁埋件、钢筋有腐蚀现象等，因此下列有特殊功能要求的工程不得使用含氯盐的外加剂法之外，其余一般工程均可以采用外加剂法施工： （1）对装饰工程有特殊要求的建筑物； （2）使用湿度大于 80％的建筑物； （3）配筋、钢埋件无可靠的防腐处理措施的砌体； （4）接近高压电线的建筑物（如变电所、发电站等）； （5）经常处于地下水位变化范围内，以及在地下未设防水层的结构； （6）经常受 40℃以上高温影响的建筑物
冻结法	由于冻结法允许砂浆在砌筑后遭受冻结，且在解冻后其强度仍可继续增长，在施工中没有掺化学外加剂，所以对有保温、绝缘、装饰等特殊要求的工程和受力配筋砌体以及不受地震区条件限制的其他工程。均可采用冻结法施工。 冻结法施工不得在冻结的地基上砌筑，使用冻结法砌筑基础，在施工操作过程中和施工完毕后，均应做好防止地基遭受冻结的保护工作，如采取随砌随回填暖土。砌体表面覆盖保温材料等。 采取冻结法施工，不得连续突击砌筑，以避免砌体由于砌筑过快而随之出现的变形、倾斜甚至倒塌等事故的发生

施工方法	适用范围及适用条件
冻结法	下列砖石砌体，不得采用冻结法施工： (1) 空斗墙、毛石砌体； (2) 砖薄壳、双曲砖拱、筒式拱及承受侧压力的砌体； (3) 在解冻期间可能受到振动或其他动力荷载的砌体； (4) 在解冻时，砌体不允许产生沉降的结构； (5) 在解冻期间其计算高度大于规定数值的墙和柱
暖棚法	暖棚法适用于较寒冷地区的地下工程、基础工程以及量小又急需砌筑使用的砌体结构，并且工序穿插少、工艺简便的操作环境。由于搭设暖棚需要大量的材料、设备、能源和劳力，成本高，一般不宜多用。 在特殊情况下，如解冻阶段有较大偏心而又不易临时加固的砌体或横向荷载较大采用其他方法有困难的也可采用暖棚法施工

6.5.6.3　施工方法的选择

（1）暖棚法施工要点

1）砌体在暖棚内的养护时间，根据暖棚内的温度，应按表 6-33 规定：

暖棚法砌体的养护时间　　**表 6-33**

暖棚内温度（℃）	5	10	15	20
养护时间（d）	≥6	≥5	≥4	≥3

2）采用暖棚法施工，搭设的暖棚要求坚实牢固，并要求齐整而不能过于简陋。出入口最好只设一个，并设在背风面，同时做好避风屏障，并用保温门帘。当必须设两个出入口时，应避免两出入口对开。

3）施工中，应做好同砌体的砂浆试块制作与养护，并同时做好测温记录。

（2）冻结法施工要点（北京地区不允许使用冻结法施工）

1）冻结法施工中采取水平分段施工，有利于合理安排施工程序，进行分期施工，以减少建筑物各部分的不均匀沉降和满足砌体在解冻时的稳定要求。如在施工时可根据设计布局先砌筑自重及荷载较大的单元，后砌筑自重荷载较小的单元，基础埋置深的先施工，易受相邻建筑物影响的后施工。

2）墙体砌筑时，一般在一个建筑水平施工作业面上，依据设计图，结合实际情况科学地划分若干个水平施工段，然后确定主次，分出先后施工作业范围，逐段施工。施工时应在已确定的一个工作范围内砌筑至一个施工层的高度，不得任意间断。冻结法砌筑的墙体不宜昼夜连续作业荷集中大量人力突击作业，要求每天砌筑的高度和临时间断处的高度差均不大于 1.2m。

3）不设沉降缝的砌体，其分段处之间的高度差不得大于 4m。间断处的砌体应作成阶梯式，并埋设 $\Phi 6$ 的拉结筋，其间距不得超过 8 皮砖，拉结筋伸入砌体两边不应小于 1m。在进行后续接茬时，应仔细清除接茬部位的残留冰雪或已经冻结的砂浆。在进行接茬砌筑时砂浆必须密实饱满。砌体分段施工时，应注意在沉降缝、伸缩缝或门窗口处划分工作段。其相邻的工作段或临时的高度差，不得超过一个楼层的高度，不得将一段墙砌得很高，另一段墙丢着不砌，在分段留接茬处必须严格采取措施。砌体的砂浆在尚未凝固前或融化期间，不得任意在砌体上面行走，或堆放大量料具和碰撞砌体。对未安装楼板或屋面的墙体，特别是较高大的山墙要及时采取临时支撑和加固措施，以保证砌体的稳定，防止解冻遇大风引起砌体自由倾斜或倒塌。

4）冻结法砌筑的砌体在解冻过程中，当发现砌体有不均匀沉降、裂缝、倾斜、鼓起等现象时，应分析发生的原因，并立即采取措施，以消除或减弱其影响。在解冻期加强进行人工观测，特别注意观测多层房屋的下层的柱和窗间墙、梁端支撑处、墙的交接处和梁模板支撑处等地方。此外还必须观测砌体的沉降大小、方向和均匀性，砌体灰缝内砂浆的硬化情况。观测应在整个解冻期内不间断地进行，根据各地气温状况不同，一般不应少于15d。

（3）外加剂法施工要点

1）冬期砌筑采用外加剂法时，可使用氯盐或亚硝酸等盐类外加剂拌制砂浆。氯盐应以氯化钠为主。当气温低于－15℃时，也可与氯化钙复合使用。

2）外加剂的掺量要严格按照试验室砂浆配合比通知单执行。施工过程中注意外加剂计量的准确性。对于粉质外加剂建议使用小包装，或事先依据配合比将每盘砂浆所使用的剂量单独打包，便于投放。外加剂使用氯盐溶液应设专人配制，配制的标准盐溶液应在施工的前一天完成以保证固体盐能充分融化。并将配制成规定浓度溶液置于专用容器中，然后再按规定加入搅拌机中拌制成所需砂浆。

3）掺外加剂砂浆的拌制：

掺入外加剂的砂浆应采用机械进行拌合，搅拌时间应比常温季节增加1/2至1倍。以2.5～3min为宜。

掺氯盐砂浆掺入微沫剂时，盐溶液和微沫剂必须分别存放，应先加氯盐溶液拌合后，再加微沫剂溶液拌合。否则混合在一个容器内或混合在一起拌合时微沫剂溶液会析出大量白色沉淀物，而使砂浆中微泡消失，失去塑化作用。

4）外加剂法的施工操作要点

①砂浆保温：

冬期施工时不得忽视掺外加剂砂浆的保温。砂浆保温可减少热损失，同时延长砂浆冻结时间，促进水泥水化，提高早期强度。因此，搅拌站应设暖棚，运送砂浆的车子，盛砂浆的灰槽子应有保温措施。使用砂浆时，应从灰槽子的边缘往中间撮灰。

②冬期施工使用的砂浆温度，不应低于＋5℃。砖与砂浆的温差最好控制在20℃以内，最大不超过30℃。

③冬期施工砖浇水有困难，可增加砂浆稠度来解决砖含水率不足而影响砌筑质量等不利因素，但砂浆最大稠度不应超过130mm。

④冬期施工砌块的主要问题是，由于砌块体积大，吸热量多，随着温度降低，砂浆塑性也很快下降，影响砌筑质量。当砂浆冻结以后，水泥水化反应停止，而影响砂浆强度和粘结力，因此，施工过程中应将各种材料集中堆放，并用草帘、草包等遮盖保温，砌好的墙体也应用草帘遮盖。

⑤施工时不可浇水润湿砌块。

⑥砌筑砂浆宜选用水泥石灰混合砂浆，不宜用水泥砂浆或水泥黏土混合砂浆。为确保铺灰均匀，并与砌块粘结良好，砂浆稠度宜为50～60mm。

5）掺外加剂砂浆砌筑的质量要求

①掺外加剂砂浆的配制，要按当时的气温条件，砌体的部位，严格控制外加剂的掺加量。

②溶液的配制应设专人负责，用比重计随时测定溶液的浓度。当发现有变异时，要及时查找原因，直到调整达到要求后方可使用。

③砂浆的出机温度不宜超过35℃。使用时的最低温度不应低于5℃。

④不准用任意增加微沫剂掺量的方法来改善砂浆的和易性。

⑤砂浆配制，计量要准确，应以重量比为主。对水泥、各种外加剂掺量的计量误差控制在±2%以内；砂、石灰膏及外掺粉煤灰等掺合料时，掺量计量误差控制在±5%以内。

6.5.7 质量标准及保证措施

6.5.7.1 质量标准

（1）主控项目

1）雨期施工

①严格控制砌块的含水率，空心砖含水率宜为10%～15%；灰砂砖、粉煤灰砖含水率宜为5%～8%。砌块砌筑前，应绘制砌块的排列图，并在前一天将预砌此砌块与原结构相接处浇水润湿，确保砌体的粘结。

②严格控制砂浆的配合比、砂的含泥量、水灰比及砂浆的和易性，确保砂浆的强度等级。

③控制砌筑高度每天在1.2m以内，以免砌体结构不稳定甚至出现倒塌现象。

④雨后继续施工时，应复核砌体垂直度，确保砌体质量。

2）冬期施工

①石灰膏、电石膏等应防止受冻，如遭冻结，应经融化后使用。

②拌制砂浆用砂，不得含有冰块和大于10mm的冻结块。

③砌体用砖或其他块材不得遭水浸冻。

④拌合砂浆宜采用两步投料法。水的温度不得超过80℃，砂的温度不得超过40℃，砂浆稠度宜较常温适当增大。

⑤外加剂的使用按设计要求或按有关规定使用。

⑥冬期低温下砌筑墙柱，收工时表面应用草垫、塑料薄膜做适当覆盖保温，防止冻坏墙体。

⑦冬期施工的砌体，应按“三一”砌砖法施工，灰缝不应大于10mm。

（2）一般项目

1）雨期施工

雨期施工主要以防为主，采取防雨措施及加强排水手段，确保雨期施工正常进行，不受季节气候的影响。

2）冬期施工

①基土无冻胀性时，基础可在冻结的地基上砌筑；基土有冻胀性时，应在未冻的地基上砌筑。在施工期间和回填土前，均应防止地基遭受冻结。

②普通砖、多孔砖和空心砖在气温高于0℃条件下砌筑时，应浇水湿润。在气温低于或等于0℃条件下砌筑时，可不浇水，但必须增大砂浆稠度。抗震设防烈度为9度的建筑

物，普通砖、多孔砖和空心砖无法浇水湿润时，如无特殊措施，不得砌筑。

③搅拌砂浆的出罐温度宜控制在15℃以上。其使用温度应符合下列规定：

(A) 采用掺外加剂法时，不应低于+5℃；

(B) 采用氯盐砂浆法时，不应低于+5℃；

(C) 采用暖棚法时，不应低于+5℃；

(D) 采用冻结法当室外空气温度应符合表6-34要求：

冻结法施工室外温度及砂浆温度要求 表6-34

室外空气温度	-10～0℃	-25～-11℃	-25℃以下时
砂浆使用最低温度	10℃	15℃	20℃

④用暖棚法施工时，要求砖石或砂浆的温度均不应低于+5℃，而距离所砌的结构底面500mm处的棚内温度也不应低于+5℃。

⑤在暖棚内的砌体，养护时间应根据暖棚内的温度按表6-33确定，同时暖棚内应保持一定湿度，以利于砌体强度的增加。

6.5.7.2 质量保证措施

(1) 砖、砌块的品种、强度等级必须符合设计要求，砂浆品种及强度应符合设计要求。

(2) 现场搅拌砂浆的质量控制：

1) 现场设填写配合比的小黑板，小黑板上的配合比内容由现场搅拌站负责人填写，并由技术负责人审核，不准口头通知，或在其他地方乱写。

2) 现场应测砂含水率，雨天每2小时测一次，平时两天测一次，而且要准确，并根据砂含水率做好水使用量的调整。

3) 现场搅拌用水要有准确的计量，应认真测出每秒的出水升数，不准用水管直接往搅拌机内加水和眼睛估计，要严格准确地控制用水量，严禁使用地下水，严禁其他人随意调整加水时间，以免影响砂浆的质量及强度。

4) 砂、水泥的计量设专用磅秤，磅秤每年到计量检测机构去标定一次，并贴上标签，注明下一次标定的时间。

5) 现场不同强度的水泥禁止混放，堆放时不同标号的水泥要间隔3m以上。

6) 水泥库内袋装水泥应复查重量差，场内应设有磅秤，根据水泥重量差进行调整搅拌用的水泥量。

7) 现场使用水泥时，先后进场的水泥要分开放置，并设置水泥标识，注明进场日期，禁止出现水泥先进场后使用的情况，有利于水泥的周转。

8) 非搅拌站管理人员禁止调整、操作搅拌站上料控制器。

9) 现场交叉搅拌不同强度等级的砂浆或每班搅拌砂浆工作完成后，须对搅拌机进行清洗工作。运料手推车统一编号，贴好标签注明车重，专车专用，不准与砂浆车混用。

10) 设置专职计量员、试验员、机械操作员、机械维修员，并持有效证件上岗。

(3) 采用配合比调整记录表（表6-35）对现场砂浆配合比的用水量进行调整。

现场砂浆搅拌配合比调整记录表 **表 6-35**

砂浆强度等级： 试配编号： 调整配合比编号：

	水泥	砂	水	外加剂
品种（规格、产地）				
每 m^3 干料用量（kg）				
每盘干料用量（kg）				
砂含水率		测定日期		
每盘用量（kg）				

审核人： 计算： 日期： 年 月 日

（4）砂浆搅拌：砂浆配合比采用重量比，配合比由试验室提供。计量精度水泥控制在±2%以内；砂、灰膏控制在±5%以内。采用机械搅拌，投料完后砂浆搅拌时间不少于2分钟，掺用外加剂的砂浆不得少于3分钟。

（5）砌体砂浆必须密实饱满，砌体应上下错缝，每间2皮砖通缝不超过3处；砌体转角处和交接处的接槎应通顺、平实，接槎处砂浆应密实，临时间断处留槎做法必须符合施工规范规定。砖缝平直接槎部位水平灰缝厚度小于5mm或透亮的缺陷不超过5个。

（6）预埋拉结筋的数量、长度均符合设计要求和施工规范规定，留置间距偏差不超过一皮砖。

（7）构造柱留置位置正确，大马牙槎先退后进、上下顺直、残留砂浆清理干净、马牙槎进退高度＜300mm。切齿深度为1/2砌块长，构造柱内的落地灰、砖渣、杂物清理干净，防止夹渣（马牙槎见图6-30）。

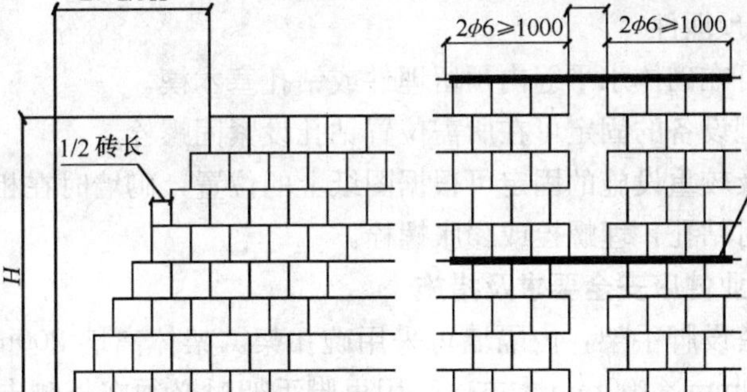

图 6-30 马牙槎

(*a*) 接槎斜槎；(*b*) 接槎直槎

（8）水平灰缝大小要均匀，立皮数杆要标高一致，采用外脚手架砌筑时，皮数杆立在墙里边；采用里脚手架砌筑时，皮数杆立在墙外边。

（9）砌块砌筑应做到横平竖直，砌体表面平整清洁，砂浆饱满，灌缝密实，砌体的允许偏差见表6-36。

（10）填充墙与柱、梁交接部位、施工洞口补砌部位防裂措施

1）在柱内间隔500mm预埋扁钢，待后期砌筑填充墙时，根据砌块砌筑的具体高度焊

接 U 形 ϕ6 钢筋做拉结；施工洞口两侧间隔 500mm 预埋拉结筋、钢丝网片。

2）填充墙、补砌洞口所用砂浆在拌制时应掺加微膨剂。填充墙、补砌洞口在砌至梁、板底时，应留一定空隙，待填充墙砌筑完并应至少间隔 7d 后，再将其补砌挤紧。

3）施工洞口应留凹凸搓，预埋 2ϕ6 拉结筋不少于两步。砌筑时接茬处表面必须清理干净，洒水湿润并填实微膨胀砂浆。接搓处灰缝应边砌边压，缝深 6～8mm，待灰缝表面基本干燥后二次填压接茬缝。

4）及时采取喷水养护。

砌体的允许偏差　　表 6-36

项目		允许偏差（mm）
轴线位移		10
楼面标高		±15
垂直度	每层	5
	全高	20
表面平整		8
灰缝平直度		10
灰缝厚度（五皮砖累计）		±10
外墙窗口偏移（五皮砖累计）		20

（11）施工时设备的固定和管线的敷设

1）对设计规定的洞口、沟槽孔预埋件等应在砌筑时预留或预埋，严禁在砌好的墙体上剔凿，必要时可用高速旋转钻钻孔。

2）电气管线可采用在砌块竖向芯孔内敷设塑料波纹管，按图纸要求位置布置混凝土块作为安装电气接线盒用，电气导线的水平敷设可走楼板芯孔或挂镜线槽、踢脚板线槽、楼板板缝内，不应在圈梁和过梁内沿其纵向敷设电气管线。对多孔砖砌体竖向暗管宜采用开槽机，槽口尺寸不大于 60mm×60mm，密集处可砌成马牙搓并设拉结筋，后补浇细石混凝土。

3）需后期安装的预埋件

①门窗框的固定可在砌体水平缝内预留埋件或钻孔塞木楔。

②靠墙管线或轻型设备的固定可在所需位置钻孔设紧固螺栓。

③厨厕卫生设备及较重设施的固定可根据图纸上的位置，砌墙时在相应的砌块孔内灌实混凝土，设备安装时钻孔，埋螺栓或膨胀螺栓。

6.5.8　环境与职业健康安全要求及措施

（1）砌筑墙体需搭设脚手架，内隔墙可采用碗扣架。架体离墙 200mm。立杆下口必须垫通长木跳板或 100mm×100mm 木方，采用里脚手架时必须在外侧支搭安全网；采用外脚手架时应设护身栏杆和挡脚板。脚手架必须经过安全员验收合格后方可使用。作业人员必须认真戴好安全帽、系好安全带。

（2）脚手架上、下行梯道要有防滑措施，外脚手架要经常检查。大雪后必须将架子上的积雪清扫干净，并检查马道平台；如有松动下沉现象，务必及时处理。

（3）脚手架上堆料量不得超过规定荷载，堆砖高度不得超过三皮侧砖，同一块脚手板上的操作人员不应超过两人。

（4）不准用不稳固的工具或物体在脚手板面垫高操作，更不准在未加固的情况下，在脚手架上随意再叠加一层。

（5）砍砖时应面向内打，注意碎砖跳出伤人。

（6）操作和清理时，不得从窗口、留洞口和架子上直接向外抛掷废土、垃圾、碎砖等杂物。

(7) 用塔吊吊砖要用砖笼，砖笼回转范围内不得有人停留，砖笼落到架子上时，砌筑人员要暂停操作，并避开一边。

(8) 不准勉强在超过胸部以上的墙体上进行砌筑，以免将墙体碰撞倒塌或上砖时失手掉下，造成安全事故。

(9) 施工时接触汽源、热水，要防止烫伤。使用氯化钙、漂白粉时，要防止腐蚀皮肤。亚硝酸钠有剧毒，必须设专人保管和配置，防止误食中毒。

(10) 制定文明施工制度，划分环卫包干区，做到责任到人。

(11) 砂浆在现场内的遗洒应及时清理干净。

(12) 现场废弃的砖头碎块，应及时归堆清理，不得有无人过问的现象。

(13) 施工班组长必须对班组作业区的文明现场负责。坚持谁施工，谁清理，做到工完场清。

(14) 现场使用的锅炉、火坑等用煤炭时，应有完善的通风条件，防止煤气中毒。

(15) 采用暖棚法施工时，如利用天然气、焦碳炉或火炉等加热时，施工时应严格注意安全防火或煤气中毒。

(16) 现场火源，要加强管理。电源开关、控制箱等设施要统一布置，加锁保护，防止乱拉电线，设专人负责管理，防止漏电、触电。使用电焊、气焊时，应注意防止发生火灾。

(17) 冻结法施工的砌体解冻期内进行加固时，应特别注意安全，在变形迅速发展时，抢修工作带有一定程度的危险性，必要时解冻期施工操作作业应当暂停。

(18) 现场应建立防火组织机构，设防火工具。

6.6 钢结构工程

6.6.1 引用标准规范

6.6.1.1 国家标准规范

(1)《碳素结构钢》GB/T 700—2006；

(2)《低合金高强度结构钢》GB/T 1591—1994；

(3)《低合金钢焊条》GB/T 5118—1995；

(4)《碳钢焊条》GB/T 5117—1995；

(5)《熔化焊用钢丝》GB/T 14957—1994；

(6)《低合金钢埋弧焊用钢焊剂》GB 12470—90；

(7)《气体保护焊用钢丝》GB/T 14958—94；

(8)《钢结构设计规范》GB 50017—2003；

(9)《钢结构工程施工质量验收规范》GB 50205—2001；

(10)《建筑防腐工程施工验收规范》GB 50212—2002；

(11)《工程测量规范》GB 50026—93；

(12)《建筑工程施工质量验收统一标准》GB 50300—2001；

(13)《冷弯型钢技术条件》GB 6725—92；

(14)《建筑结构荷载规范》GB 50009—2001；

(15)《钢结构防火涂料》GB 14907—2002；

(16)《厚度方向性能钢板》GB/T 5313—85；

(17)《屋面工程质量验收规范》GB 50207—2002；

(18)《建筑用压型钢板》GB/T 12755—91；

(19)《钢结构用高强度大六角头螺栓、大六角螺母、垫圈与技术条件》GB/T 1231—910。

6.6.1.2 行业标准规范

(1)《建筑钢结构焊接技术规程》JGJ 81—2002；

(2)《钢结构防火涂料应用技术规程》CECS：90；

(3)《钢网架结构安装工艺标准》507—1996；

(4)《网架结构设计与施工规程》JGJ 7—91；

(5)《网架结构质量检验评定标准》JGJ 78—91；

(6)《网壳结构技术规程》JGJ 61—2003；

(7)《钢网架焊接球节点》JGJ 11—99；

(8)《建筑机械使用安全技术规程》JGJ/T 33—2001；

(9)《建筑施工高空作业安全技术规范》JGJ 80—91；

(10)《施工现场临时用电安全技术规范》JGJ 46—2005；

(11)《钢结构高强螺栓连接的设计、施工及验收规范》JGJ 82—91；

(12)《门式刚架轻型房屋钢结构技术规程》CECS 102：2002；

(13)《钢结构防火涂料应用技术规范》CECS 24：90；

(14)《钢管混凝土结构设计与施工规范》CECS 28：90；

(15)《钢结构加固技术规程》CECS 77：96；

(16)《建筑工程冬期施工规程》JGJ 104—97。

6.6.1.3 地方标准规范（北京地区适用，其他地区可参考）

(1)《建筑安装工程技术资料管理规程》DBJ01—51—2003；

(2)《市政基础设施工程质量检验与验收统一标准》DBJ01—90—2004；

(3)《建筑防火涂料（板）工程设计、施工与验收规程》DBJ01—616—2004。

6.6.2 材料管理

(1) 钢结构使用的钢材、焊接材料、涂装材料和紧固件等应具有质量证书，必须符合设计要求和现行标准的规定。

(2) 连接材料：焊条、高强度螺栓等连接材料，应符合规范规定的主控项目和一般项目及设计要求，并有质量合格证明文件、中文标志及检验报告等。

(3) 建筑钢结构工程防腐材料的选用应符合设计要求。防腐蚀材料有底漆、面漆和稀料等。建筑钢结构工程防腐底漆有红丹油性防锈漆、钼铬红环氧酯防锈漆等；建筑钢结构防腐面漆有各色醇酸磁漆和各色醇酸调合漆等。各种防腐材料应符合国家有关技术指标的规定，还应有产品出厂合格证。

(4) 进厂的原材料，除必须有生产厂的出厂质量证明书外，并应按合同要求和有关现行标准在甲方、监理的见证下，进行现场见证取样、送样、检验和验收，做好检查记录。

并向甲方和监理提供检验报告。

(5) 材料代用应由制造单位事先提出附有材料证明书的申请书（技术核定单），向甲方和监理报审后，经设计单位确认后方可代用。

(6) 在加工过程中，如发现原材料有缺陷，必须经检查人员、主管技术人员研究处理。

(7) 严禁使用药皮脱落或焊芯生锈的焊条、受潮结块或已熔烧过的焊剂以及生锈的焊丝。用于栓钉焊的栓钉，其表面不得有影响使用的裂纹、条痕、凹痕和毛刺等缺陷。

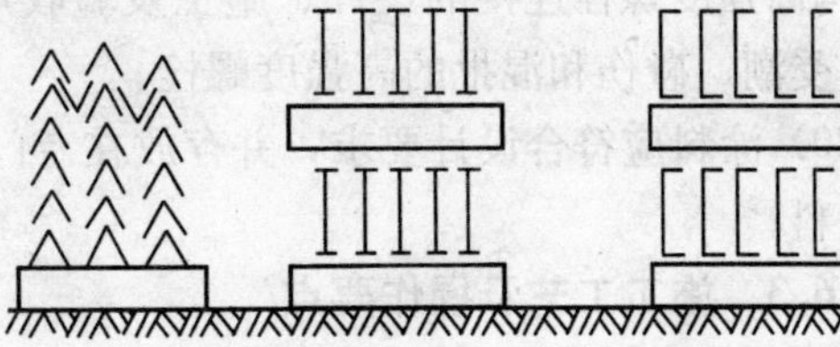
图 6-31　钢材露天堆放示意图

(8) 钢材堆放要减少钢材的变形和锈蚀，节约用地，也要使钢材提取方便。露天堆放时，堆放场地要平整，并高于周围地面，四周有排水沟，雪后易于清扫。堆放时尽量使钢材截面的背面向上或向外，以免积雪、积水（图 6-31）。

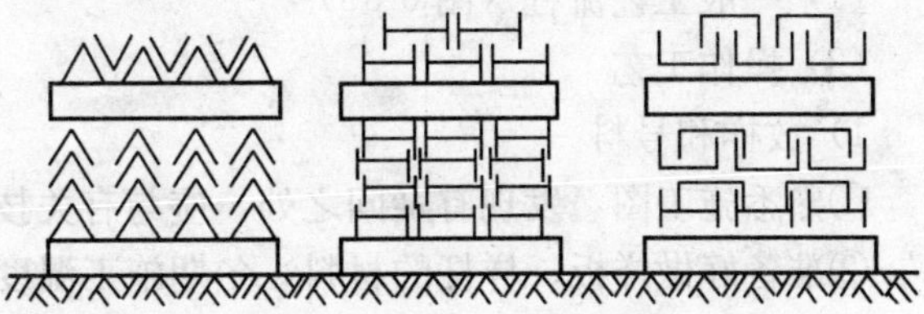
图 6-32　钢材在仓库内堆放

(9) 堆放在有顶棚的仓库内时，可直接堆放，对小钢材亦可堆放在架子上，堆与堆之间应留出走道（图 6-32）。

(10) 堆放时每隔 5～6 层放置楞木，其间距以不引起钢材明显的弯曲变形为宜。楞木要上下对齐，在同一垂直平面内。为增加堆放钢材的稳定性，可使钢材互相勾连，或采取其他措施。这样，钢材的堆放高度可达到所堆宽度的两倍；否则，钢材堆放高度不应大于其宽度。

(11) 上、下相邻的钢材须前后错开，以便在其端部固定标牌和编号。标牌应标明钢材的规格、钢号、数量和材质验收证明书号，并在钢材端部根据其钢号涂以不同颜色的油漆，油漆的颜色可按表 6-37 选择。

钢材钢号和色漆对照表　　**表 6-37**

钢号	Q195	Q215	Q235	Q255	Q275	Q345
油漆颜色	白十黑	黄色	红色	黑色	绿色	白色

(12) 对于冬期施工，钢构件表面的温度过低的，所用涂料应符合负温度下涂刷的性能要求，不得使用水基涂料。

(13) 在雨期所有施工用电设备，不允许放在低洼的地方，防止被水浸泡。

(14) 高强螺栓、焊丝、焊条全部入仓库，保证不漏、不潮，下面应架空通风，四周设排水沟，避免积水。

(15) 露天存放的钢材及钢构件下边应用木方垫起避免被水浸泡，并在周围挖排水沟以防积水。

(16) 雨期施工，空气湿度大，焊接材料应集中管理，建立专用仓库，库内要干燥，通风良好。

(17) 在仓库内保管的焊接材料，要保证离地离墙不少于 300mm 的距离，室内要通风干燥，以保证焊接材料在干燥的环境下保存。

(18) 氧气瓶、乙炔瓶在室外放置时，放入专用钢筋笼，并加顶盖。

(19) 螺栓应在干燥通风的室内存放。高强度螺栓的入库验收，应按国家现行标准《钢结构高强度螺栓连接的设计、施工及验收规程》JGJ 82 的要求进行，严禁使用锈蚀、沾污、受潮、碰伤和混批的高强度螺栓。

(20) 涂料应符合设计要求，并存放在专门的仓库内，不得使用过期、变质、结块失效的涂料。

6.6.3 施工工艺及操作要点

6.6.3.1 钢结构加工、制作

钢结构制作包括放样、号料、下料、矫正、成型和组装连接等内容。

(1) 一般工艺流程（图 6-33）

(2) 操作工艺

1) 放样和号料

①熟悉施工图，发现有疑问之处，应与有关技术部门联系解决。

②准备好做样板、样杆的材料，冬期施工温度较低，不易采用塑料板制作，一般可采用薄铁皮和小扁钢。

③放样和号料应考虑冬期温度影响，应留出预留收缩量（包括现场焊接收缩量）及切割、铣端等需要的加工余量：

(A) 铣端余量：剪切后加工的一般每边加 3～4mm，气割后加工的则每边加 4～5mm。

(B) 切割余量：自动气割割缝宽度为 3mm，手工气割割缝宽度为 4mm。焊接收缩量根据构件的结构特点由工艺给出。

2) 下料切割

①在冬期施工时，碳素结构钢不得在－20℃以下，合金钢不得在－15℃以下的气温条件下进行剪切和冲孔。如必须进行时，应对局部进行加热到正常温度时进行。

②在负温下需要对边缘加工的零件，应采用精密切割加工，焊接坡口宜采用自动切割。

③冬期使用乙炔发生器时要放在零度以上条件，防止水结成冰，同时提高乙炔气体的产出量。

④冬期施工使用氧气瓶时，将其放在暖棚中，如露天放置时，应检查氧气瓶的出气口中含有的水分是否冻结、堵塞出气口。

3) 矫正和成型

①成品冷矫正，一般使用翼缘矫平机、撑直机、油压机、压力机等机械力进行矫正。

②火焰矫正，加热方法有点状加热、线状加热和三角形加热三种。

(A) 低碳钢和普通低合金钢的热矫正加热温度一般为 600～900℃，而 800～900℃为热塑性变形的理想温度，但不准超过 900℃。

(B) 中碳钢则会由于变形而产生裂纹，所以中碳钢一般不用火焰矫正。

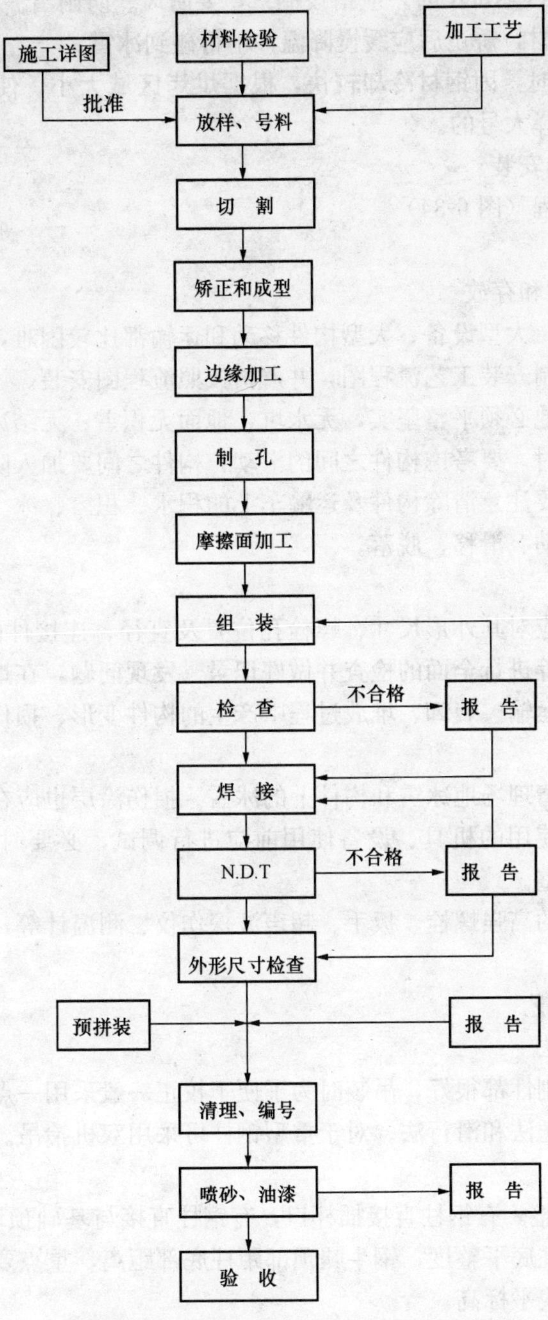

图 6-33　钢结构加工、制作一般工艺流程

(C) 普通低合金钢在加热矫正后应缓慢冷却。

③碳素结构钢当环境温度低于−16℃，低合金结构钢当环境温度低于−12℃时，不得进行冷弯和冷矫正。

④在负温下进行矫正，应以静力矫正为主，严禁用锤机敲打。

⑤冬期施工宜采用火焰矫正法。

⑥冬期进行加热矫正时，应注意以下事项：

(A) 冬期室外进行热矫正时，应搭设棚罩，要防风、防雨雪。

(B) 加热后的钢材，矫正后应缓慢降温，不得碰到冰雪。

(C) 当气温较低时，因钢材冷却较快，根据烘烤区域大小，使用两把以上的烤枪同时烘烤时，焊嘴应选择大号的。

6.6.3.2 钢结构安装

(1) 一般工艺流程（图 6-34）

(2) 操作工艺

1) 钢构件的运输和存放

①冬期气温较低，大型设备、大型构件移动和运输都比较困难，所以钢结构的安装工程在安装前应考虑编制安装工艺流程图，并严格按照流程图安装。

②构件堆放的场地必须平整坚实，无水坑，地面无积雪、无结冰。

③多层构件堆放时，要考虑构件之间的滑动，构件之间要加入防滑垫块。

④构件运输时，要注意清除构件及运输车上的积水、积雪、冰。运输过程中要经常检查构件拉结绳是否松动、滑移、脱落。

2) 安装前的准备

①构件安装前，应对其外形尺寸、螺栓孔位置及直径、连接件的位置及尺寸、焊缝、摩擦面处理、防腐面等进行全面的检查并做好记录。发现问题，在地面处理。

②凡是在制作、运输、装卸、堆放过程中产生的构件变形、损伤、脱漆等缺陷，要在地面处理。

③构件起吊前应清理场地冰雪和构件上的冰雪。损伤涂层也应在地面上涂好。

④负温度下安装使用的机具、设备使用前应进行调试，必要时在低温下要进行试运转，发现问题及时修整。

⑤对于特殊要求的高强螺栓、扳手、超声波探伤仪、测温计等，要在低温下进行调试和标定。

3) 钢柱的安装工艺

①钢柱的安装方法

一般钢柱弹性和刚性都很好，吊装时为了便于校正一般采用一点吊装法，常用的钢柱吊装法有旋转法、递送法和滑行法。对于重型钢柱可采用双机抬吊。

②钢柱的校正

(A) 柱基标高调整。有钢柱直接插杯口，有钢柱直接与基础预埋件螺栓或焊接连接。根据钢柱实际长度，柱底平整度，钢牛腿顶部距柱底部距离，重点要保证钢牛腿顶部标高值，以此来控制基础找平标高。

(B) 平面位置校正。在起重机不脱钩的情况下将柱底定位线与基础定位轴线对准缓慢落至标高位置。

(C) 钢柱校正。优先采用无缆风绳校正（同时柱脚底板与基础间间隙垫上垫铁），对于不便采用无缆风绳校正的钢柱可采用缆风或可调撑杆校正。

4) 钢吊车梁的安装工艺

①钢吊车梁的安装

钢吊车梁安装一般采用工具式吊耳或捆绑法进行吊装。在进行安装以前应将吊车梁的

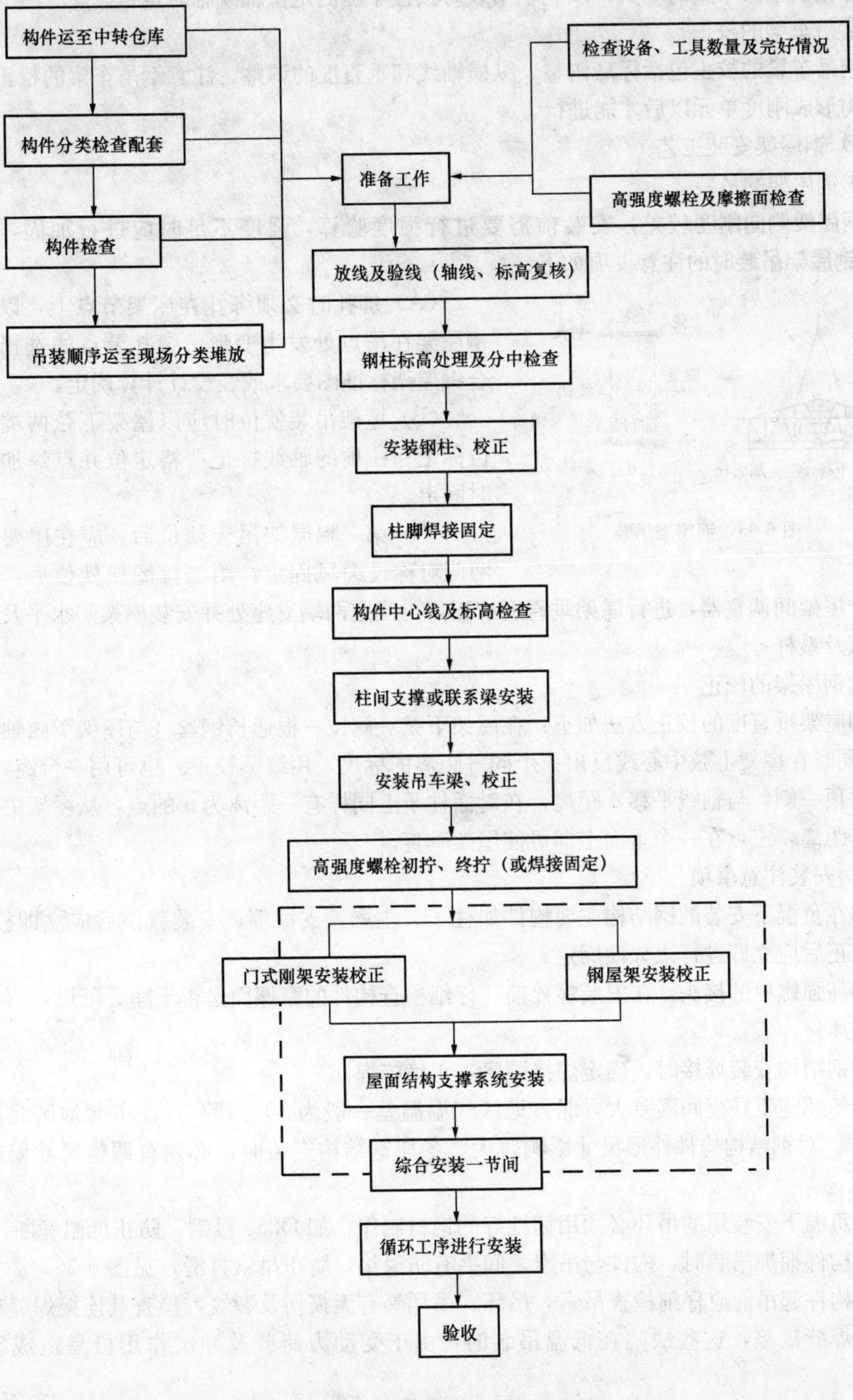

图 6-34　钢结构安装一般工艺流程

分中标记引至吊车梁的端头，以利于吊装时按柱牛腿的定位轴线临时定位。

②吊车梁的校正

钢吊车梁的校正包括标高调整、纵横轴线和垂直度的调整。注意钢吊车梁的校正必须在结构形成刚度单元以后才能进行。

5）钢屋架安装工艺

①钢屋架的吊装

钢屋架侧向刚度较差，安装前需要进行强度验算，强度不足时应进行加固，见图6-35。钢屋架吊装时的注意事项如下：

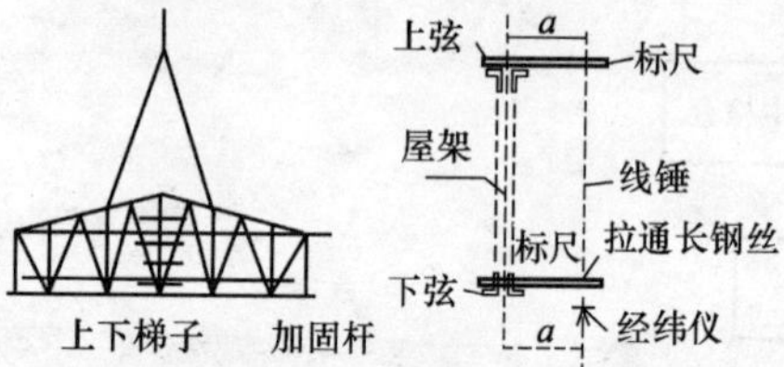

图 6-35 钢屋架吊装

(A) 绑扎时必须绑扎在屋架节点上，以防止钢屋架在吊点处发生变形。绑扎节点的选择应符合钢屋架标准图要求或经设计计算确定。

(B) 屋架吊装就位时应以屋架下弦两端的定位标记和柱顶的轴线标记严格定位并点焊加以临时固定。

(C) 第一榀屋架吊装就位后，应在屋架上弦两侧对称设缆风固定，第二榀屋架就位后，每坡用一个屋架间调整器，进行屋架垂直度校正，再固定两端支座处并安装屋架间水平及垂直支撑以及系杆。

②钢屋架的校正

钢屋架垂直度的校正方法如下：在屋架下弦一侧拉一根通长钢丝（与屋架下弦轴线平行），同时在屋架上弦中心线反出一个同等距离的标尺，用线坠校正。也可用一台经纬仪，放在柱顶一侧，与轴线平移 a 距离，在对面柱子上同样有一距离为 a 的点，从屋架中线处挑出 a 距离，三点在一个垂面上即可使屋架垂直。

6）安装注意事项

①在负温下安装的钢结构主要构件如柱子、主梁、支撑等，安装就位后应立即校正，位置校正后应立即进行永久性固定。

②高强螺栓的接头，在安装螺栓前，仔细检查构件的摩擦面是否干净、干燥，不得有积雪结冰。

③钢结构安装焊接时，确定焊接顺序，正确施焊。

④冬期施工昼夜间温差大，北方地区气温温差一般为 10～15℃，在东北地区北部高达 20℃。对钢结构构件外形尺寸影响较大，冬期钢结构安装时，必须有调整尺寸偏差的措施。

⑤负温下安装用的吊环必须用韧性好的钢材制作，如 Q235 号钢，防止低温脆断。

⑥构件捆绑吊装时，构件与吊索之间夹有防滑垫，防止吊索打滑，见图 6-36。

⑦构件起吊前应仔细检查吊索、吊环、吊耳等有无损伤及裂纹，检查其连接焊缝有无裂纹等焊缝缺陷，这些缺陷在低温吊装时，由于受动力荷载及冲击作用极易造成裂纹扩散。

6.6.3.3 高强度螺栓施工

一般工艺流程见图 6-37。具体操作工艺略。

图 6-36 构件与吊索之间设防滑垫图

6.6.3.4 钢结构涂装

(1) 钢结构防腐涂装工艺流程：基面清理→底漆涂装→面漆涂装→检查验收。具体操作工艺略。

(2) 钢结构防火涂料涂装工艺流程：作业准备→防火涂料配料、搅拌→喷涂→检查验收。具体操作工艺略。

6.6.4 钢结构负温焊接

6.6.4.1 操作工艺

冬期施工，由于温度对焊接质量的影响，在焊接施工中，焊条选择、焊接电流的选择控制、焊前预热、焊后保温、施焊顺序等因素都会对焊接质量产生很大的影响。

(1) 焊接参数的选择

1) 焊条直径的选择

焊条直径主要根据焊件厚度选择，见表 6-38。多层焊的第一层以及非水平位置焊接时，焊条直径应选小一点。

焊条直径选择 **表 6-38**

焊件厚度（mm）	<2	2	3	4～6	6～12	>12
焊条直径（mm）	1.6	2	3.2	3.2～4	4～5	4～6

2) 焊接电流的选择

主要根据焊条直径选择电流，方法有二种：

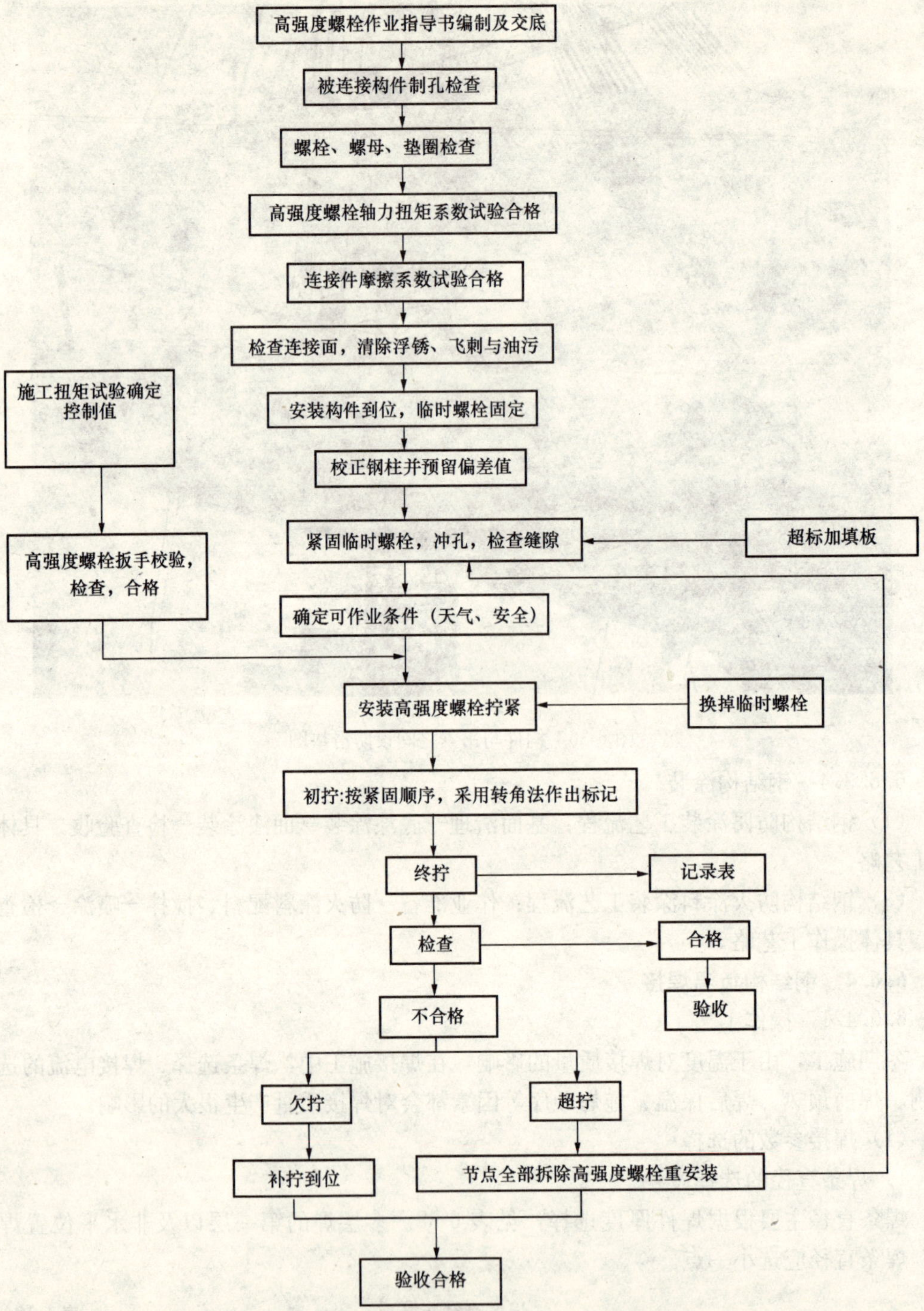

图 6-37　高强度螺栓施工一般工艺流程

方法一：查表 6-39。

方法二：近似的经验公式估算法：

$$I=(30\sim55)d$$

式中　d——焊条直径（mm）；

I——焊接电流（A）。

焊角焊缝时，电流要稍大些。

焊接电流选择　　**表 6-39**

焊条直径（mm）	1.6	2.0	2.5	3.2	4.0	5.0	5.8
焊接电流（A）	25～40	40～60	50～80	100～130	160～210	200～270	260～300

注：立、仰、横焊电流应比平焊小 10%左右。

打底焊时，特别是焊接单面焊双面成形焊道时，使用的焊接电流要小；填充焊时，通常用较大的焊接电流；盖面焊时，为防止咬边和获得较美观的焊缝，使用的电流稍小些。

碱性焊条选用的焊接电流比酸性焊条小 10%左右。不锈钢焊条比碳钢焊条选用电流小 20%左右。

焊接电流初步选定后，要通过试焊调整。

3）电弧电压主要取决于弧长。电弧长，则电压高；反之，则低。在焊接过程中，一般希望弧长始终保持一致，并且尽量使用短弧焊接。所谓短弧是指弧长为焊条直径的 0.5～1.0 倍。一般低氢型焊条采用短弧、低压操作能得到比较好的焊接效果。

4）焊接工艺参数的选择，应在保证焊接质量条件下，采用大直径焊条和大电流焊接，以提高劳动生产率。

5）性能要求高的焊缝与接头，每层焊缝厚度不宜大于 4mm。

6）坡口底层焊道宜采用不大于 $\Phi3.2$mm 的焊条，底层根部焊道的最小尺寸应适宜，以防产生裂纹。

7）在承受动载荷情况下，焊接接头的焊缝余高 c 应趋于零，在其他工作条件下，c 值可在 0～3mm 范围内选取。

8）焊缝在焊接接头每边的覆盖宽度不小于 2～4mm。

（2）焊前准备

1）施焊前，焊工应复核焊接件的接头质量和焊接区域的坡口、间隙、钝边等的处理情况。当发现有不符合要求时，应修整合格后方可施焊。

2）焊接时不得使用药皮脱落或焊芯生锈的焊条。

3）T 形接头、十字接头、角接头和对接接头主焊缝两端，必须配置引弧板和熄弧板，其材质和坡口形式应与焊件相同。手工电弧焊焊缝引弧和熄弧焊缝长度应大于或等于 25mm。引弧和熄弧板宽度应大于或等于 50mm，长度宜为板厚的 1.5 倍且不小于 30mm，厚度宜不小于 6mm。引弧和熄弧板应采用气割的方法切除，并修磨平整，不得用锤击落。

4）焊接区应保持干燥、不得有油、锈和其他污物。

5）焊条在使用前应按产品说明书规定的烘焙时间和烘焙温度进行烘焙，见图 6-38。

（3）焊接操作要点

1）定位焊采用的焊材型号应与焊件材质相匹配。定位焊必须由持有相应合格证书的焊工施焊，定位焊焊缝应与最终焊缝有相同的质量要求。

①定位焊焊脚尺寸不宜超过设计焊缝厚度的 2/3，且不应大于 6mm。长焊缝焊接时，

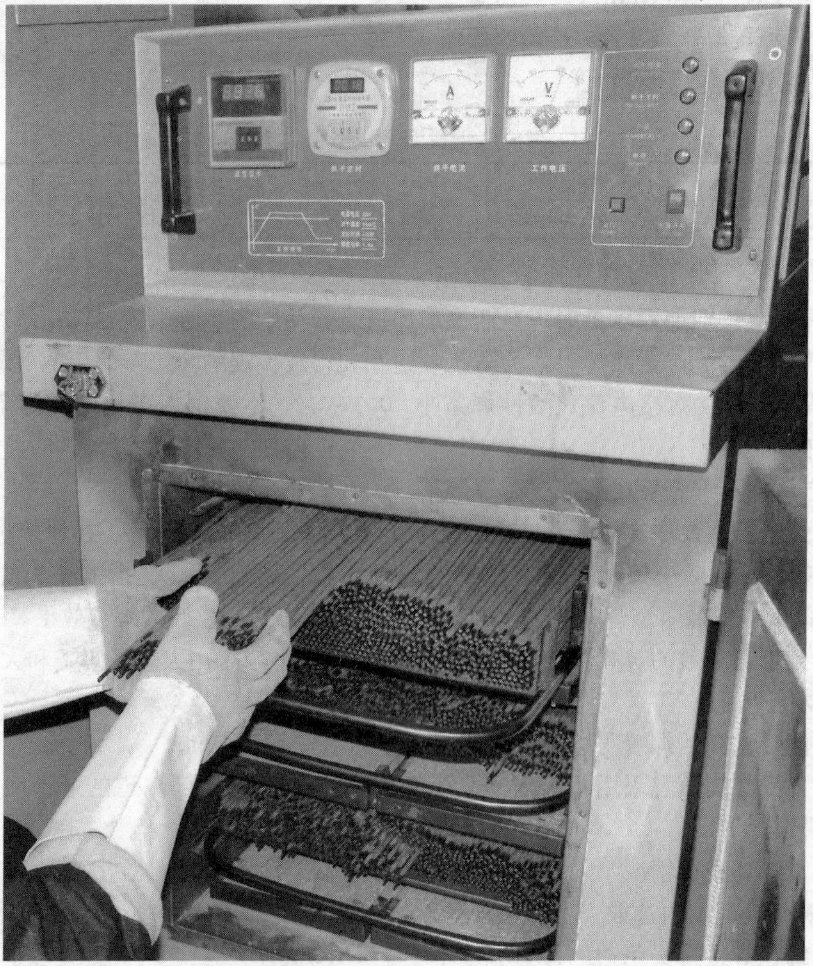

图 6-38　焊条烘焙

定位焊缝长度不宜小于 50mm，焊缝间距 500～600mm，并应填满弧坑。

②定位焊的位置应布置在焊道以内。如遇有焊缝交叉时，定位焊缝应离交叉处 50mm 以上。

③定位焊缝的余高不应过高，定位焊缝的两端应与母材平缓过渡，以防止正式焊接时产生未焊透等缺陷。

④如定位焊缝开裂，必须将裂纹处的焊缝铲除后重新定位焊。在定位焊之后，如出现接口不平齐，应进行校正，然后才能正式焊接。

⑤定位焊缝不得有裂纹、夹渣、焊瘤等缺陷。焊前必须清除焊接区的有害物。

⑥定位焊预热温度应高于正式焊接温度。

⑦当定位焊焊缝上有气孔或裂纹时，必须清除后重新进行焊接。

2）对于非密闭的隐蔽部位，应按施工图的要求进行涂层处理后，方可进行组装；对刨平顶紧的部位，必须经质量部门检验合格后才能施焊。

3）多层焊的施焊应符合下列要求：

①厚板多层焊时应连续施焊，每一焊道焊接完成后应及时清理焊渣及表面飞溅物，发

现影响焊接质量的缺陷时，应清除后方可再焊。在连续焊接过程中应控制焊接区母材温度，使层间温度上、下限符合工艺文件要求。遇有中断施焊的情况，应采取适当的后热、保温措施，再次焊接时重新预热温度应高于初始预热温度；

②坡口底层焊道采用焊条直径应不大于 Φ4mm，焊条底层根部焊道的最小尺寸应适宜，但最大厚度不应超过 6mm。

4）在组装好的构件上施焊，应严格按焊接工艺规定的参数以及焊接顺序进行，以控制焊后构件变形。

①控制焊接变形，可采取反变形措施。

②在约束焊道上施焊，应连续进行；如因故中断，再焊时应对已焊的焊缝局部做预热处理。

③采用多层焊时，应将前一道焊缝表面清理干净后再继续施焊。

（4）焊前预热

1）冬期负温焊接时，钢材表面处于负温条件。由于气温较低，焊接时为了避免钢材的骤热而影响焊接质量，冬期在负温下焊接中厚钢板、厚皮钢管时，应进行焊前预热。预热条件与钢板厚度、工作地点温度有关。一般应通过试验确定预热温度。预热范围应在焊缝四周不小于 100mm 区域。预热方法可采用氧乙炔火焰烘烤及其他电热红外线法烘烤，见图 6-39。

图 6-39　火焰烘烤加热

2）手工电弧焊时，焊接刚性大的焊件，要求对其进行焊前加热，焊后保温处理，其预热温度见表 6-40。

低碳钢的加热温度 **表 6-40**

钢号	材料厚度（mm）	加热温度（℃）	
		预热、层间	焊后回火
Q235A 10、15、20	≤50		
	50～100	>100	600～650
25 20g、22g	≤25	>50	600～650
	>25	>100	600～650

3）手工电弧焊时，在低温条件下焊接容器类等产品时，应考虑碱性焊条，并考虑焊前预热，其预热温度见表 6-41。

焊接容器类等产品预热温度 **表 6-41**

工作场所温度（℃）	焊件厚度（mm）		预热温度（℃）
	梁、柱、桁架类	导管、容器类	
－30 以下	30 以下	16 以下	100～150
－20 以下		17～30	
－10 以下	31～50	31～40	
0 以下	51～70	41～50	

4）低温下焊接的注意事项

钢材在低温下可焊性较差，这是由于焊缝冷却速度加快后钢材容易产生裂纹。特别是在板厚大、结构刚度大、气温低、湿度高时，更容易产生裂纹。

为了避免钢材在低温下焊接产生裂纹，在焊接工艺方面可采取下列措施：

①焊前预热，预热温度一般为 100～150℃。不同钢材、不同厚度结构需要预热的条件见表 6-42。

不同钢材、不同厚度结构需要加热的条件 **表 6-42**

低碳钢结构		低碳钢管		16Mn 钢结构	
壁厚（mm）	需要预热的气温（℃）	壁厚（mm）	需要预热的气温（℃）	壁厚（mm）	需要预热的气温（℃）
				≤10	低于－26℃
≤30	低于－30℃	≤16	低于－30℃	10～15	低于－10℃
31～50	低于－10℃	17～30	低于－20℃	16～24	低于－5℃
51～70	低于 0℃	31～40	低于－10℃	25～40	低于 0℃
		41～50	低于 0℃	40 以上	不论气温多少

②用低氢碱性焊条，并按规定焙烘。

③尽可能避免在低温下冷弯和校正。

④尽可能减少焊接缺陷（未焊透、弧坑裂缝、咬边、夹渣等）。尽可能用连续焊缝而不用断续焊缝。对断续焊缝，定位固定焊缝或多层焊的第一层焊缝，应加大电流，降低焊速，增加焊缝长度和焊接高度。

⑤焊接钢管时，将其一端堵塞以免空气流通降低温度。

（5）焊后处理

1）由于厚钢板组成的结构，在负温下焊接完成后，应立即进行焊后热处理。焊后热处理一方面可消除焊接产生的残余应力，另一方面亦可使残留的氢逸出，以免产生氢脆事故。

2）焊后热处理范围应在焊缝的两侧板厚的 2～3 倍范围内，用氧乙炔火焰进行烘烤。加热温度为 150～300℃，保持 1～2 小时。冬期由于气温低，热损失大，烘烤时应用大号喷嘴烤枪多把连续进行操作。

3）热处理后立即用石棉布覆盖保温，见图 6-40。冷却速度控制不大于 10℃/min。

图 6-40 焊后构件保温

6.6.4.2 钢结构质量检查

(1) 焊接的钢结构质量检查分为焊缝的外观检查和内部缺陷检查两种。国家规定的焊缝质量级别分为一、二、三级。一、二级焊缝质量等级及缺陷分级见表 6-43，二、三级焊缝外观质量标准见表 6-44。

一、二级焊缝质量等级及缺陷分级 **表 6-43**

焊缝质量等级		一级	二级
内部缺陷超声波探伤	评定等级	Ⅱ	Ⅲ
	检验等级	B级	B级
	探伤比例	100%	20%
内部缺陷射线探伤	评定等级	Ⅱ	Ⅲ
	检验等级	AB级	AB级
	探伤比例	100%	20%

注：探伤比例的计数方法应按以下原则确定：(1) 对工厂制作的焊缝，应按每条焊缝计算百分比，且探伤长度应不小于 200mm，当焊缝长度不足 200mm 时，应对整条焊缝进行探伤；(2) 对现场安装焊缝，应按同一类型、同一施焊条件的焊缝条数计算百分比，探伤长度应不小于 200mm，并应不少于 1 条焊缝。

二、三级焊缝外观质量标准（mm）　　表 6-44

项目	允许偏差	
缺陷类型	二级	三级
未焊满（指不足设计要求）	≤0.2+0.02t，且≤1.0	≤0.2+0.04t，且≤2.0
	每 100.0 焊缝内缺陷总长≤25.0	
根部收缩	≤0.2+0.02t，且≤1.0	≤0.2+0.04t，且≤2.0
	长度不限	
咬边	≤0.05t，且≤0.5；连续长度≤100.0，且焊缝两侧咬边总长≤10%焊缝全长	≤0.1t 且≤1.0，长度不限
弧抗裂纹	—	允许存在个别长度≤5.0 的弧坑裂纹
电弧擦伤	—	允许存在个别电弧擦伤
接头不良	缺口深度 0.05t，且≤0.5	缺口深度 0.1t，且≤1.0
	每 1000.0 焊缝不应超过 1 处	
表面夹渣	—	深≤0.2t 长≤0.5t，且≤20.0
表面气孔	—	每 50.0 焊缝长度内允许直径≤0.4t，且≤3.0 的气孔 2 个，孔距≥6 倍孔径

注：表内 t 为连接处较薄的板厚。

6.6.4.3　成品保护

（1）构件焊接后的变形，应进行成品矫正，成品矫正一般采用热矫正，加热温度不宜大于 650℃，构件矫正应符合表 6-45 要求。

构件矫正　　表 6-45

项目	允许偏差
柱底板平面度	5.0
桁架、腹杆弯曲	1/1500 且不大于 5mm，梁不准下挠
桁架、腹杆扭曲	H/250 且不大于 5.0mm
牛腿翘曲	当牛腿长度≤1000 时为 2 当牛腿长度>1000 时为 3

（2）凡构件上的焊瘤、飞溅、毛刺、焊疤等均应清除干净。要求平的焊缝应将焊缝余高磨平。

（3）零、部件采用机械矫正法矫正，一般采用压力机进行。

（4）根据装配工序对构件标识的构件代号，用钢印打入构件翼缘上，距端 500mm 范围内。构件编号必须按图纸要求编号，编号要清晰、位置要明显。

（5）应在构件打钢印代号的附近，在构件上挂铁牌，铁牌上用钢印打号来表明构件编号。

（6）用红色油漆标注中心线标记并打钢印。

（7）钢构件制作完成后，应按照施工图的规定及《钢结构工程施工质量验收规范》进行验收，构件外形尺寸的允许偏差应符合上述规定中的要求。

（8）钢结构件在工厂内制作完毕后，根据合同规定或业主的安排，由监理进行验收。验收合格者方可安排运输到现场。验收要填写记录报告。

（9）验收合格后才能进行包装。包装应保护构件不受损伤，零件不变形、不损坏、不散失。

（10）包装应符合运输交通部门的有关部门规定，超限构件的运输应在制作之前向有关交通部门办理超限货物运输手续。

(11) 现场安装用的连接零件，应分号捆扎出厂发运。

(12) 成品发运应填写发运清单。

(13) 运输由钢结构加工厂直接运输到现场。根据现场总调度的安排，按照吊装顺序一次运输到安装使用位置，避免二次倒运。

(14) 超长、超宽构件安排在夜间运输，并在运输车前后设引路车和护卫车，以保证运输的安全。

6.6.5 雨期施工技术措施

6.6.5.1 雨期施工范围

钢结构施工安装、焊接、高强度螺栓、防火喷涂作业。

6.6.5.2 雨期施工准备工作

(1) 雨期施工前，认真组织有关人员分析雨期施工生产计划，落实雨期施工前的各项准备工作，解决雨期施工中的问题。

(2) 成立以安装经理为首的防汛领导小组，制定防汛计划和紧急预防措施。

(3) 雨期施工项目所需材料：木方、塑料布、彩条布等。

(4) 夜间设专职的值班人员，保证昼夜有人值班并做好值班记录，同时要设置天气预报员，负责收听和发布天气情况。现场常住10人准备防汛工作。

(5) 应做好施工人员的雨期施工培训工作。组织相关人员进行一次全面检查，包括临时设施、临电、机械设备防雨、防护等工作，检查施工现场构件堆放地的排水设施，清理雨水排水口，保证雨天排水通畅。雨期前对现场配电箱、闸箱、电缆临时支架等仔细检查，需加固的及时加固。缺盖、罩、门的及时补齐，确保用电安全。

(6) 在雨期到来前，检查脚手架、钢结构，安全部门要对避雷装置做一次全面检查，确保防雷安全。

6.6.5.3 主要防雨措施

(1) 原材料、设备的储存和堆放

1) 焊丝、焊条、焊剂全部入仓库，保证不漏、不潮，架空存放。

2) 在雨期所有施工用电设备，不允许放在低洼的地方，防止被水浸泡。

3) 氧气瓶、乙炔瓶在室外放置时，放入专用钢筋笼，并加盖。

4) 在仓库被保管的焊接材料，要保证离地离墙不少于300mm的距离，室内要通风干燥，以保证焊接材料在干燥的环境下保存。

5) 露天存放的钢材及钢构件下边应用木方垫起避免被水浸泡，并在周围挖排水沟以防积水。

(2) 雨期施工焊接措施

1) 电焊机设置地点应防潮、防雨、防砸，并放入专用的钢筋笼中。雨期室外焊接时，为保证焊接质量，施焊部位都要有防雨棚，雨天没有防雨措施不准施焊。

2) 因降雨等原因使母材表面潮湿（相对湿度）80%或大风天气，不得进行露天焊接，但焊工及被焊接部分如果被充分保护且对母材采取适当处置（如预热、去潮等）时，可进行焊接。

3) 电焊条使用前应烘烤，但每批焊条烘烤次数不超过2次。

4）氧气瓶、乙炔瓶使用木板对其进行遮盖，并加大安全距离。

5）在高空作业施焊时，除做好以上几点的防雨措施外，还须做好防风措施。施焊时注意清除干净周围的易燃物，以免发生火灾，在大风天气应停止施工。

6）雨天严禁焊接作业。

（3）高强度螺栓施工措施

1）高强度螺栓得必须入库存放，并架高并且不得靠墙放置，以防止螺栓受潮，高强度螺栓包装严禁随意打开。

2）高强度螺栓的紧固按设计的要求严格操作，雨天不进行高强度螺栓作业。

3）当天安装的高强度螺栓必须当天紧固完毕，不得搁置过夜，以防止螺栓受潮，高强度螺栓扭矩系数发生变化。

4）雨水淋过的构件，吊装之前应将摩擦面上水擦拭干。

（4）安装作业措施

1）防滑：现场施工人员一律穿着防滑鞋，严禁穿凉鞋、拖鞋。及时清扫构件表面的积水。

2）及时清扫构件上泥水，防止构件带泥吊入作业面。

3）已安装构件上的积水及时清扫。

4）检查临电电闸箱、用电工具确保其绝缘性能。

5）雨后检查安全绳、防护设施的安全性。

6）大雨天气严禁进行构件的吊运以及人工搬运材料和设备等工作。

7）所有的电焊机底部必须高于地面，严禁焊机放置位置有积水。

（5）测量作业

1）雨天校正钢结构对测量设备需要进行防雨保护，测量的数据要在晴天复测。

2）钢尺、仪器用后进行保养，保持设备的良好状态，保证安装校正的精度要求。

3）雨后轴线投放之前需要进行清扫将积水扫除干净，使轴线清楚准确。

（6）钢结构涂装

1）环境相对湿度大于80%及下雨期间禁止进行涂装作业。

2）露天涂装构件，要时刻注意观察涂装前后的天气变化，尽量避免刚涂装完毕，就下雨造成油漆固化缓慢，影响涂装质量。

3）潮湿天气进行涂装，要用气泵吹干构件表面，保持构件表面达到涂装要求。

4）防火喷涂作业禁止在雨中施工。

6.6.5.4 防高温措施

（1）氧气瓶、乙炔瓶严禁爆晒，使用木板对其进行遮盖，并加大安全距离。

（2）测量设备在阳光下施工时，使用遮阳伞遮挡。

（3）安装操作人员配发护目太阳镜，防止阳光强烈造成炫目。

（4）施工现场备足充分的茶水（绿豆汤、淡盐水）作为防暑降温之用，并且准备十滴水、风油精等防暑药物，以备不时之需。

6.6.5.5 其他措施

（1）出入施工现场的车辆应保持清洁干净，不得将泥土带出工地，污染市政道路。

（2）大雨天气严禁进行室外施工。

(3) 做好防火、防触电、雷击，防中暑和食物中毒。

(4) 保证现场干净整洁，防止蚊蝇滋生，避免传染病的发生，为此应经常对办公室、宿舍等地打药、消毒。

(5) 对破坏严重、变质、失效的夏季防护劳保用品设施及时整改更换，确保夏季施工安全。

(6) 雨后要对所使用的电器进行检查，防止雨水或潮气造成用电事故。

6.6.6 冬期施工技术措施

在钢结构施工过程中经常遇见在冬期气温很低的环境下进行施工，当室外日平均气温连续5天低于5℃即认为进入冬期施工阶段；当室外日平均温度连续5天高于5℃时解除冬期施工。在冬期施工过程中钢结构的制作、安装、焊接、涂装均应严格按照《建筑工程冬期施工规程》执行。

6.6.6.1 钢结构工程冬期施工特点及一般要求

(1) 在建筑工程中设计使用的钢结构，皆为工程结构设计中较重要的部位。因此要求制作加工精度较高，质量控制较严格。特别是在冬期严寒条件施工，由于人工操作难度增大，材料对温度变化的敏感性较强，各项目必须根据自身工程的特点编制冬期施工工艺规程和施工组织设计。

(2) 在冬期施工中，钢结构制作和安装所使用的钢尺、量具应采用土建单位使用的钢尺量具用同一精度级别鉴定。要制定土建结构和钢结构的不同验收标准，不同温度膨胀系数差值的调整措施。

(3) 钢结构在负温度下进行安装时，要注意温度变化引起钢结构外形尺寸偏差。特别是在正温度下制作，在负温度下安装时，要有偏差调整措施。

(4) 凡参加在负温度施工的电焊工，除了取得常温资格证书外，常需要经过负温度焊接工艺培训，经考试合格后，方可参加负温度钢结构施工。

6.6.6.2 准备工作

(1) 各项目经理部要进行冬施安全、消防的宣传工作，制定现场安全制度，落实安全责任制，做好安全检查及记录，制定防风、防冻、防滑、防毒、防爆炸具体措施。

(2) 对所有参加吊装人员在入场前进行冬期施工的安装、安全、防火教育。对工人进行冬施安全教育和安全交底。

(3) 严格实行工地范围用火申请制度。各项目经理部应制定防火规章制度。每天应有专人值班，防火人员要经常对现场进行巡回检查，现场要配备足够数量的灭火设施。

(4) 要设置天气预报员，负责收听和发布天气情况。

(5) 电气焊操作必须经申请同意，并设专人看火，配备好消防器材和消防用水。

(6) 临时用电必须达到安全标准，机电设备要有安全防护措施，电工要持证上岗，所有用电设备应有防雪罩或置于棚内。

(7) 冬施前，应作好冬施现场布置和规划。注意消防通道要畅通，加强易燃物的控制管理。

(8) 各种作业人员应严格遵守本岗的操作规程。

6.6.6.3 钢结构制作

(1) 结构在负温度放样时，切割、铣刨的尺寸，应计入在负温度下钢材收缩的影响。

(2) 端头为焊接接头的构件下料时，应根据工艺要求预留焊缝收缩量，多层框架和高层结构的多节柱应预留荷载使柱子产生压缩变形量。焊接收缩量与压缩变形量应与钢材在负温度下产生的变形量相协调。

(3) 形状复杂和要求在负温度下弯曲加工的构件，应按制作工艺规定的方向取料。弯曲构件的外侧不应有大于 1mm 的缺口和伤痕。

(4) 普通碳素钢结构工作地点温度低于－20℃、低碳合金钢工作地点温度低于－15℃时不得剪切冲孔，普通碳素钢结构工作地点温度低于－16℃、低合金钢结构工作地点温度低于－12℃时不得进行冷矫正和冷弯曲。

(5) 负温度下需要对边缘加工的零件采用精密切割机加工，焊缝坡口宜采用自动切割。采用坡口机、刨条机进行坡口加工时，不得出现鳞状表面。

(6) 构件的组装必须按照工艺规定的顺序进行，应由里往外扩展组拼。焊接结构在负温度下组拼时，预留焊缝收缩值宜由试验确定，点焊缝的数量和长度应由计算确定。

(7) 零件组装时应把焊缝两侧各 50mm 内的铁锈、毛刺、泥土、油污、冰雪等清理干净，并应保持接缝干燥，没有残留水分。

(8) 在负温度下构件组装定型后进行焊接应符合焊接工艺规定。

(9) 负温度下厚度大于 9mm 的钢板应分多层焊接，焊缝要一次焊完，不得中断，再次施焊时，应先进行处理，清除焊接缺陷，合格后方可按焊接工艺规定再继续施焊。

(10) 在负温度下露天焊接钢结构时宜搭设临时防护棚。雨水雪花不得飘落在炽热的焊缝上。

(11) 负温度下厚钢板焊接完成后，在焊缝两侧板厚的 2～3 倍范围内，立即进行后热处理，加热温度 150～300℃，保持 1～2h。焊完后或后热处理完后，要采取保温措施，使焊缝缓慢冷却，冷却速度不大于 10℃/min。

(12) 在钢结构制作和现场安装时，采用氧乙炔气切割钢材应注意以下几点：

1) 冬季使用的氧乙炔发生器应放置在 0℃以上的条件下，因为除了防止水冻结外，还要防止由于温度降低影响乙炔气的产出量，影响使用效果。

2) 一般情况氧气瓶在使用时也应置于暖棚中，如露天放置时应注意检查氧气瓶的出气口是否因氧气中含有水分冻结，堵塞出口。

6.6.6.4 钢结构安装

(1) 冬期运输、堆存钢构件时，必须采取防滑措施。构件堆放场地必须平整坚实，无水坑、地面无结冰。同一型号构件叠放时，必须保证构件的水平度，垫块必须在同一垂直线上，防止构件滑落。

(2) 结构安装前除按常规检查外，尚须根据负温度条件对构件质量进行详细复验。凡是在制作中漏检和运输堆放中造成的构件变形等，偏差大于规定，影响安装质量时，必须在地面进行修理、矫正。符合设计要求和规范规定后方能起吊安装。

(3) 绑扎、起吊钢构件的钢索与钢件直接接触时，要加防滑隔垫。凡是与构件同时起吊的节点板、安装人员使用的挂梯、校正用的卡具、绳索必须绑扎牢固。直接使用吊环、吊耳起吊构件时，要检查吊环、吊耳连接焊缝有无损伤。

(4) 构件上有积雪、结冰、结露时，安装前应清除干净，但不得损伤涂层。

(5) 在负温度下安装钢结构的专用机具应按负温度要求进行检验。使用前应进行调试，必要时要在低温下进行试运转。

(6) 在负温度下安装柱子、主梁、支撑等大构件时，构件安装后应立即进行校正。校正后立即进行永久固定。当天安装的构件，要形成空间稳定体系，保证钢结构的安装质量和结构的安全。

(7) 多层钢结构安装时，应限制楼面上堆放物的荷载，施工活荷载、积雪、结冰的重量不得超过钢梁和楼板（压型钢板）的承载力。

(8) 在负温度下钢结构使用的高强螺栓、普通螺栓应有产品合格证，高强螺栓应在负温下进行扭矩系数、轴力的复验工作，符合要求后方能使用。

(9) 高强螺栓接头安装时，构件摩擦面应干净，不得有积雪、结冰，并不得雨淋、接触泥土、油污等杂质。

(10) 在负温度下安装钢结构时，要注意温度变化引起的钢结构外形尺寸的偏差。如钢结构在常温下制作、在负温度下安装时，要采取措施调整偏差。

(11) 构件运输时，要注意清除运输车厢里的冰、雪。垫块更应注意防滑垫稳。要用拉解绳拉牢，以免运输中产生碰撞使构件局部变形或损坏。

(12) 负温度下安装使用的吊环必须用韧性好的钢材制作，如Q235号钢，防止低温脆断。

(13) 用捆绑法起吊钢构件时，要用防滑隔垫，防止吊索打滑。和构件连接在一起的起吊附件，如节点板、校正用的卡具、安装人员用的挂梯、绳索等应捆绑牢固，防止碰动掉落发生事故。

(14) 栓钉焊接前，应根据负温度值的大小，对焊接电流、焊接时间等参数进行测定。

(15) 压型钢板铺设前应先除去板面上的水露。

(16) 瓷环如受潮，使用前应在烘箱中加热干燥，表面不得有油污、水等杂质。

(17) 栓钉使用前应保持清洁干燥，表面不得有水、油污等杂质，不得生锈。

(18) 大雪天不进行测量作业，小雪天在可保证观测条件下可以进行测量作业，校正钢结构对测量设备需要进行防雪保护，测量的数据要在晴天复测。

(19) 雪后轴线投放之前需要进行清扫，将积雪扫除干净，使轴线清楚准确。

(20) 现场施工人员一律穿着防滑的橡胶底鞋，严禁穿塑料底鞋。及时清扫构件表面的积雪。

(21) 已安装构件上积雪及时清扫。

(22) 检查临电电箱、用电工具确保其绝缘性能。

(23) 风力大于5级、浓雾天气，停止高空吊装及安装的配套工序，如结构焊接、铺设压型钢板、连接高强螺栓、结构校正。

6.6.6.5 钢结构焊接

(1) 焊材和设备

1) 选用负温度条件下钢结构焊接用的焊条、焊丝，在满足设计强度要求的前提下，应选择屈服强度较低冲击韧性较好的低氢型焊条。重要结构可采用高韧性超低氢型焊条。

2) 碱性焊条在使用前应按照产品出厂证明书的规定进行烘焙，烘焙合格后，存放在80～100℃烘箱内，使用时应取出放在保温桶内，随用随取。当负温度下使用焊条外露超过2h时，应重新烘焙。焊条的烘焙次数不宜超过2次。

3）气体保护焊采用的二氧化碳，气体纯度不宜低于99.5%（体积比），含水量0.005%（重量比）。

4）二氧化碳气瓶应倒置24小时后打开阀门把水放尽方可使用，防止冻结。瓶内气体高压低于1MPa时应停止使用。焊接前要先检查气体压力表上的指示，然后检视气体流量计并调节气体流量。

5）焊机及电压应正常，地线压紧牢固接触可靠，电缆及焊钳无破损，送丝机应能均匀送丝，气管应无漏气或堵塞。

6）焊接材料和焊接设备、技术条件应符合国家标准，性能优良，清渣加热，气刨、打磨、焊条保温、温度测量等装置应齐全就手。

（2）现场焊接

1）焊接作业区风速超过下列规定时，应设防风棚或采取其他防风措施：手工电弧焊：8m/s；气体保护焊：2m/s。主要目的是为了防止保护气体被吹散和防止降温过快。

2）当焊件表面潮湿或有冰雪覆盖时，应采取加热去潮湿措施。焊接区相对湿度不得大于90%。

3）预热可使用氧气、乙炔焰加热至预定温度。焊前用特制烤枪对坡口及其两侧各100mm范围内的母材均匀加热，并用表面测温计测量温度，防止温度不符合要求或表面局部氧化。

4）中碳钢：根据含碳量和构件厚度，确定焊前预热温度和焊后保温温度，焊后热处理1～8小时，低合金钢：屈服点在345MPa以内、厚度在30mm以内的，控制层间温度不低于60℃，厚度大于30mm的，焊前预热，控制层间温度，焊后保温。

5）装焊垫板及引弧板其表面清洁，要求与表面坡口相同，垫板与母材应贴紧，引弧板与母材焊接应牢固。

6）焊接第一道应封焊坡口内母材与垫板之连接处，然后逐道逐层垒至填满坡口，每道焊缝焊完后都必须清除焊渣及飞溅物，出现焊接缺陷应及时磨去并修补。

7）每道焊接层间母材温度应控制在100～150℃左右，温度太低时应重新预热，太高时应暂停焊接，焊接时不得在坡口处的母材上打火引弧。

8）一个接口必须连续焊完，如不得已而中途停焊，再焊以前须重新按规定加热；外观检查在焊后冷却到环境温度时进行。

9）遇大雪天时应停焊，环境温度低于零度时应按规范预热，后热措施施工，构件焊口周围及上方应有挡风雨设施。

10）焊后消氢处理应在焊缝完成后立即进行。消氢热处理的加工温度应达到200～250℃，在此温度时间依据构件板厚度而定，应为每25mm板厚0.5h，且不小于1h。然后使之缓冷至常温。

11）在冬季进行超声波探伤检查时，要注意超声波探伤仪的探头与钢材之间使用的耦合剂，应使用油基耦合剂，不能使用水基耦合剂，以防冻结。

6.6.6.6 钢结构涂装

（1）结构使用的涂料应符合负温下涂刷的性能要求，禁止使用水基涂料。

（2）在低于0℃的钢件上涂刷防腐涂层前，应进行涂刷工艺试验。

（3）涂刷时必须将构件表面的铁锈、油污、边沿孔洞的飞边毛刺等清除干净，并保持构件表面干燥。

（4）严禁在雨雪后立刻进行油漆的喷涂工作，要等构件表面的水气完全干燥之后再进行喷涂工作。

（5）为了加快涂层干燥速度，可用热风、红外线照射干燥。干燥温度和时间由试验确定。

6.6.7 质量控制及检验标准

6.6.7.1 材料质量控制

（1）当对钢材有疑义时，应抽样复验，只有试验结果达到国家标准的规定和技术文件的要求时，方可采用。

（2）用火焰矫正时，对钢材的牌号Q345、Q390的焊件不准浇水冷却，一定要在自然状态下冷却。

（3）高强度螺栓孔及孔距必须符合规范要求，它直接关系到安装质量的大问题。

（4）处理后的摩擦面应妥为保护；自然生锈，一般生锈期不得超过90天，摩擦面不得重复使用。

6.6.7.2 制作质量控制

（1）号料前必须了解原材料的材质及规格，检查原材料的质量。不同规格、不同材质的零件应分别号料。并依据先大后小的原则依次号料。

（2）主要受力构件和需要弯曲的构件，在号料时应按工艺规定的方向取料，弯曲件的外侧不应有样冲点和伤痕缺陷。

（3）下料划线以后的钢材，必须按其所需的形状和尺寸进行下料切割。材料剪切后的弯曲变形，必须进行矫正；剪切面粗糙或带有毛刺，必须修磨光洁。

（4）低碳钢和普通低合金钢的热矫正加热温度一般为600～900℃，而800～900℃为热塑性变形的理想温度，但不准超过900℃。

（5）热加工成型，对低碳钢一般都在1000～1100℃，热加工终止温度不应低于700℃。加热温度在500～550℃。钢材产生脆性，严禁锤打和弯曲，否则容易使钢材断裂。

（6）构件制孔优先采用钻孔，当证明某些材料质量、厚度和孔径，冲孔后不会引起脆性时允许采用冲孔。

6.6.7.3 安装质量控制

（1）柱基标高调整，建议采用螺栓微调方法，重点保证钢牛腿顶部标高值。

（2）钢柱、吊车梁、钢屋架（门式刚架、立体拱桁架）的垂偏值，在允许偏差值以内。

（3）钢柱采用无缆风校正时，要防止初偏值过大，柱倾倒造成事故。

（4）在多层与高层钢结构工程现场施工中，吊装机具的选择，吊装方案、测量监控方案、焊接方案等的确定尤为关键。

（5）对焊接节点处必须严格按无损检测方案进行检测，必须作好高强度螺栓连接副和高强度螺栓连接件抗滑移系数的试验报告。对钢结构安装的每一步都应作好测量监控。

（6）对满堂脚手架或拼装支点支架应有足够的强度、刚度和稳定的沉降量。否则由于拼装支架的变形而影响网架的拼装精度。

(7) 要严格掌握不同结构形式，采取不同的拼装顺序，以减少累计偏差。

(8) 在拼装过程中及跟踪测量其标高及轴线位置。

(9) 支顶点拆除必须遵从统一指挥的等比例下降。

(10) 及时清扫构件上泥水，防止构件带泥吊入作业面。

(11) 已安装构件上积水及时清扫。

(12) 检查临电电箱、用电工具确保其绝缘性能。

(13) 雨天校正钢结构对设备需要进行防雨保护。

(14) 钢尺、仪器用后进行保养，保持设备的良好状态，保证安装校正的精度要求。

(15) 雨后轴线投放之前需要进行清扫将积水扫除干净，使轴线清楚准确。

6.6.7.4 焊接质量控制

(1) 电焊机设置地点应防潮、防雨、防砸，并放入专用钢筋笼中。雨期室外焊接时，为了保证焊接质量，室外施焊部位都要有防雨棚，雨天没有防雨措施不准施焊。

(2) 电焊条使用前应烘烤，但每批焊条烘烤次数不超过 2 次。

(3) 焊口要搭设防雨棚或准备好篷布盖好，在暴风雨突来时保护焊缝免受温度骤变影响焊接质量，当相对湿度大于 90%时应停止作业。

(4) 在高空作业施焊时，除作好以上几点的防雨措施外，还须作好防风措施。施焊时注意清干净周围的易燃物，以免发生火灾，在大风天气应停止施工。

(5) 柱与柱焊接遇大风天气施工，为了保证焊接质量，需搭设一定的防风措施，并将平台平面上的洞、缝用石棉布盖严，以便防风及焊渣下落伤人并防止保护气体被吹散和防止降温过快。

(6) 二氧化碳气瓶应倒置 24 小时后打开阀门把水放尽方可使用，防止冻结。瓶内气体高压低于 1MPa 时应停止使用。焊接前要先检查气体压力表上的指示，然后检视气体流量计并调节气体流量。

(7) 所有的焊接材料和焊接设备、技术条件应符合国家标准，性能优良，清渣加热，气刨、打磨、焊条保温、温度测量等装置应齐全就手。

(8) 焊前预热焊后保温

气温降至 0℃左右时，根据材质要求对焊接部位周围 10cm 范围内用氧乙炔焰加热，测温点距焊缝 50mm。36mm 以上板按照钢结构焊接规程要求进行预热。焊后用石棉布覆盖进行保温。

(9) 冬期焊接程序及一般规定

1) 程序：焊前检查→预热→装引弧板→测温再预热→焊接→保温或后热→检验→填写作业记录表。

2) 预热，焊前用特制烤枪在坡口及其两侧各 100mm 范围内的母材均匀加热，并用表面测温计测量温度，防止温度不符合要求或表面局部氧化。

3) 装焊垫板及引弧板其表面清洁，要求与表面坡口相同，垫板与母材应贴紧，引弧板与母材焊接应牢固。

4) 重新检查预热温度，如温度不够应重新加热并测量至符合要求。

5) 焊接第一道应封焊坡口内母材与垫板之连接处，然后逐道逐层垒至填满坡口，每道焊缝焊完后都必须清除焊渣及飞溅物，出现焊接缺陷应及时磨去并修补。

6）每道焊接层间母材温度应控制在100～150℃左右，温度太低时应重新预热温度，太高时应暂停焊接，焊接时不得在坡口处的母材上打火引弧。

7）一个接口必须连续焊完，如不得已而中途停焊，再焊以前须重新按规定加热；外观检查在焊后冷却到环境温度时进行。

6.6.7.5　高强螺栓质量控制

（1）高强螺栓必须入库存放，并架高并且不得靠墙放置，以防止螺栓受潮。高强螺栓包装严禁随意打开。

（2）高强螺栓的紧固按设计的要求严格操作，雨天不进行高强螺栓作业。

（3）当天安装的高强螺栓必须当天紧固完毕，不得搁置过夜，以防止雨水淋湿使高强螺栓扭矩系数发生变化。

（4）雨水淋过的构件吊装之前将摩擦面上水擦拭干。

6.6.7.6　涂装质量控制

（1）涂层作业气温应在5～38℃之间为宜，当天气温度低于5℃时，应选用相应的低温涂层材料施涂。

（2）涂刷时必须将构件表面的铁锈、油污、边沿孔洞的飞边毛刺等清除干净，并保持构件表面干燥。

（3）当空气湿度大于85%，或构件表面有结露时，不宜进行涂层作业。露点温度见表6-46。

露点温度值对照表　　**表6-46**

环境温度（℃）	相对湿度（%）								
	55	60	65	70	75	80	85	90	95
0	−7.9	−6.8	−5.8	−4.8	−4.0	−3.0	−2.2	−1.4	−0.7
5	−3.3	−2.1	−1.0	0.0	0.9	1.8	2.7	3.4	4.3
10	1.4	2.6	3.7	4.8	5.8	6.7	7.6	8.4	9.3
15	6.1	7.4	8.6	9.7	10.7	11.5	12.5	13.4	14.2
20	10.7	12.0	13.2	14.4	15.4	16.4	17.4	18.3	19.2
25	15.6	16.9	18.2	19.3	20.4	21.3	22.3	23.3	24.3
30	19.9	21.4	22.7	23.9	25.1	26.2	27.2	28.2	29.1
35	24.8	26.3	27.5	28.7	29.9	31.1	32.1	33.1	34.1
40	29.1	30.7	32.2	33.5	34.7	35.9	37.0	38.0	38.9

（4）钢构件制作前，应对构件隐蔽部位、结构夹层难以除锈的部位，提前除锈，提前涂刷。

（5）当气温高于40℃时，应停止涂层作业。因构件温度超过40℃时，在钢材表面涂刷油漆会产生气泡，降低漆膜的附着力。

（6）在低于5℃的钢件上涂刷防腐涂层前，应进行涂刷工艺试验。

（7）严禁在雨雪后立刻进行油漆的喷涂工作，要等构件表面的水气完全干燥之后再进行喷涂工作。

（8）为了加快涂层干燥速度，可用热风、红外线照射干燥。干燥温度和时间由试验确定。

（9）防火喷涂作业禁止在雨中施工。

6.6.8 环境及职业健康安全

6.6.8.1 安全措施

（1）一般要求

1）在钢结构施工以前，应建立健全安全生产管理体系，层层落实安全生产责任制。

2）根据工程的具体特点，做好切合实际的安全技术书面交底。定期与不定期的进行安全检查。

3）认真执行各工种的安全操作规程。

4）对用电设备采取漏电保护措施，以防触电。

5）对起重机要严禁超载吊装。

6）各工种操作时，要佩带好劳动保护用品。

7）进入施工现场必须戴好安全帽。

8）雨天、雪天进行高空作业时，必须采取可靠的防滑、防寒和防冻措施，对水、冰、霜、雪均应及时清除，方可工作。

9）高空作业人员必须进行体格检查并持证上岗。对患有不宜高空作业疾病（心脏病、高血压、贫血等）的人员不得安排高空作业。

10）高空作业的安全措施发现问题及时解决，危机人身安全时，必须停止作业。

11）高空作业人员必须佩带好安全帽、安全带和工具袋。

12）现场配备足够的消防器材和设备。

（2）高强螺栓

1）现场用电必须严格执行 GB50194、JGJ 46—88 等的规定，高强度螺栓施工机具的接电口应有防雨、防漏电的保护措施，防止施工人员高空触电。

2）高空操作人员使用的工具及安装用的零部件，应放入随身携带的工具袋内，不可随便向上下丢抛。手动工具如棘轮扳手、梅花扳手等应用小绳栓在施工人员的手腕上，拧下来的扭剪螺栓梅花头应随手放入专用的收集袋内，避免坠落伤人。

3）做好高空施工的安全防护工作，标准化设计和制作高强度螺栓施工用安全吊篮，要求吊篮安全牢靠轻便，便于工人施工转场。

（3）钢结构拼装

1）拼装支架必须符合稳定性要求，以确保安全生产。

2）采用扣件式钢管脚手架作拼装支架，其结构形式应根据其工作位置、荷载大小、荷载情况、支架高度、场地条件等因素通过计算而定。

3）拼装支架，在铺脚手板的操作层上，应设防护栏杆。

4）根据结构的节点形式，网格形式，起重机性能，现场条件制定出切实可行的小拼、中拼或大拼方案、测量方案、焊接方案。

（4）钢结构吊装

1）吊装过程当中，确保构件整体稳定，必要时可采取加固措施。

2）起重机械，拔杆等设备，各部件灵敏可靠，尤其是刹车必须调整好，索具滑轮组、缆风地锚等进行专职检查，以防失误。

3）五级以上大风停止工作。

4）统一指挥，定岗责任到人，按操作规则及程序，进行培训。

5）进行试吊 50cm，全部检查无误，再正式起吊。

6）采用单机或多机抬吊时，要根据构件重量而定，当多机抬吊时，其额定起重能力乘以 0.75 系数。

7）现场起重机行驶道路平整、坚实。

8）起重机型号、起吊速度尽量统一；确保同步起升或下降。

9）采用拔杆安装时，单根或多根拔杆（简称“拔杆集群”吊装法）要根据构件重量而定，拔杆集群吊装时其额定起重能力乘以 0.75 系数。

10）如支承柱上设有凸出构造（如牛腿等），需采取措施以防止构件在提升过程中被凸出卡住。

11）拔杆的拆除应确保网架结构的安全，按拆装方案进行施工。

12）为确保同步卷扬机规格（卷筒直径和转速）尽量做到一致，线速度差不能太大，以防不同步造成事故。

（5）钢结构涂装

1）用喷砂除锈时，喷嘴接头要牢固，不准对人；喷嘴堵塞时，应消除压力后方可修理或更换。

2）使用煤油、汽油、松香水、丙酮等调配材料时，应戴好防护用品并严禁吸烟。

3）在室内或容器内喷涂时要确保通风良好，且作业的周围不得有火种。

4）静电喷涂时，喷涂间应有接地保护装置。

5）刷外开窗扇，必须佩挂安全带，刷封檐板设置脚手架，在铁皮坡屋面上刷油时，应设置活动跳板、防护栏杆和安全网。

6）喷砂机械设备的防护设备必须齐全可靠。

（6）其他措施

1）冬季保温用品要在安全地点码放好，四周设消防器材，各种可燃保温材料不准堆放在电闸箱、电焊机、变压器四周，防止电热自燃。

2）加强食堂人员教育，搞好卫生工作防止发生中毒事件。

3）使用锄头时严禁戴手套，在上、下爬梯时手中不得持有任何物体。

4）电、气焊工更换施焊地点应断电、关气，氧气表、乙炔表应套上防风保温布套。

6.6.8.2 环保保护

（1）认真贯彻执行国家有关安全生产法规，认真贯彻执行有关施工安全规程。同时结合公司实际，制定安全生产制度和奖罚条例，并认真执行。

（2）牢固树立“安全第一”的思想，坚持预防为主的方针，对职工经常进行安全生产教育，定期开展安全活动，充分认识安全生产的重要性，掌握一定的安全生产知识，对职工进行安全生产培训。在安全生产上，一定要克服麻痹思想。

（3）坚持所有进入车间的人员必须戴安全帽，每天上班前检查车间用气体的安全措施。

（4）搞好安全用电。所有电缆、用电设备的拆除、车间照明等均由专业电工担任，要使用的电动工具，必须安装漏电保护器，值班电工要经常检查、维护用电线路及机具，认真执行 JGJ 46—88 标准，保持良好状态，保证用电安全。

(5) 各种施工机械编制操作规程和操作人员岗位责任制，专机专人使用保管，特殊工种必须持证上岗。

(6) 切实搞好防火。氧气、乙炔气、CO_2 气要放在规定的安全处，并按规定正确使用，车间、工具房、操作平台等处设置足够数量的灭火器材。电焊、气割时，先注意周围环境有无易燃物后再进行工作。

6.6.8.3 文明施工

(1) 对施工人员进行文明施工教育，加强职工的文明施工意识。

(2) 实行区域管理，划分责任范围，定期进行文明施工检查。

(3) 切实加强火源管理。车间禁止吸烟，电、气焊及焊接作业时应清理周围的易燃物，消防工具要齐全，动火区域要安放灭火器，并定期检查。

(4) 废料要及时清理，并在指定地点堆放，保证施工场地的清洁和施工道路的畅通。

(5) 做好成品的外观及形体保护，减少污染。

(6) 使用风动或其他噪声较大的工具、机具施工时要尽量避免夜间施工，以免噪声扰民。

(7) 拧下来的扭剪型高强度螺栓梅花头要集中堆放，统一处理。

(8) 出入施工现场的车辆应保持清洁干净，不得将泥土带出工地，污染市政道路。

第7章 防 水 工 程

7.1 一 般 规 定

7.1.1 引用的规程、规范、标准

(1)《地下工程防水技术规范》GB 50108—2001；

(2)《混凝土结构施工质量验收规范》GB 50204—2002；

(3)《屋面工程质量验收规范》GB 50207—2002；

(4)《地下防水工程质量验收规范》GB 50208—2002；

(5)《石油沥青纸胎油毡》GB 326—89；

(6)《涂料作业安全规程 安全管理通则》GB 7691—2003；

(7)《沥青复合胎柔性防水卷材》JC/T 690—1998；

(8)《石油沥青玻璃纤维胎油毡》GB/T 14686—93；

(9)《弹性体改性沥青防水卷材》GB 18242—2000；

(10)《塑性体改性沥青防水卷材》GB 18243—2000；

(11)《建筑工程冬期施工规程》JGJ 104—97；

(12)《建筑安装分项工程施工工艺规程》(第一分册) DBJ/T 01—26—2003 (北京地区适用)；

(13)《建筑安装分项工程施工工艺规程》(第四分册) DBJ/T 01—26—2003 (北京地区适用)；

(14)《屋面防水施工技术规程》DB J01—93—2004 (北京地区适用)；

(15)《地下室防水施工技术规程》DB 11/367—2006 (北京地区适用)。

7.1.2 基本要求

(1) 防水工程施工必须由有相应资质的专业防水队伍进行施工；专业操作人员应经过专业培训，持有防水专业岗位证书，持证上岗。

(2) 防水工程使用的防水材料，应有产品出厂合格证和技术性能检测报告。材料的品种、规格、技术性能等应符合设计要求和现行国家和行业标准。

(3) 防水材料进入施工现场，应按规定进行现场见证抽样复验，并在国家指定的法定检测单位进行检测，并提出试验报告，复验合格方能使用。

(4) 严禁在工程中使用不合格的防水材料。

(5) 地下室防水工程不应使用改性沥青复合胎的防水卷材。

(6) 防水工程施工时应特别注意防毒、防火的安全施工。施工现场进行热作业防水施工时必须备好灭火器材，严防火灾。

(7) 胶粘剂中含有有机溶剂、稀释剂(清洗剂)等，均属有毒、易燃品，施工现场必须通风良好，严禁烟火。

（8）不同的防水材料所选用的基层处理剂、封缝胶粘剂、密封材料等配套材料应与铺贴的卷材材料相容。

（9）防水工程雨、雪天及雨后基层潮湿不得施工，五级风及以上者不得施工。热熔法施工温度宜在－10～40℃，不受季节限制，全年均可施工。

7.2 屋面防水工程

7.2.1 材料要求

7.2.1.1 屋面防水卷材应具备如下特性：水密性、大气稳定性好，温度稳定性好，具有一定的力学性能，施工性能良好，污染少。

7.2.1.2 屋面防水涂料及其形成的涂膜防水层应具备如下特性：有一定的固体含量，优良的防水能力，耐久性好，温度敏感性低，具有一定的力学性能，施工性能良好，对环境污染少。

7.2.1.3 合成高分子防水卷材或涂膜防水层上部，不得采用热熔法施工防水材料。

7.2.1.4 涂膜与卷材复合使用时，涂膜宜放在下部。耐穿刺、耐老化的防水材料宜放在上部。两种或两种以上柔性材料复合使用时，应具有相容性。

7.2.1.5 屋面卷材防水材料

（1）屋面防水材料包括沥青防水材料、高聚物改性沥青防水材料与合成高分子防水卷材等产品。

（2）沥青防水卷材适用于坡度小于25％、防水等级Ⅲ～Ⅳ级的屋面防水，不宜在负温度条件下施工。

（3）高聚物改性沥青防水卷材，其代表产品是聚酯胎或玻纤毡胎的SBS或APP改性沥青防水卷材，它适用于坡度小于25％、防水等级Ⅰ～Ⅲ级的屋面防水，高聚物改性沥青防水卷材的低温柔性好，一般适宜于在－10℃左右的气温环境下，采用热熔法进行施工作业，其防水工程质量可达到常温施工的质量要求。

（4）高聚物改性沥青防水卷材的辅助材料：基层处理剂（冷底子油），涂刷在水泥砂浆基层上，以增加基层与卷材的粘结强度，性能应符合表7-1的规定。

（5）合成高分子防水卷材耐老化，耐热性、低温柔性较好，拉伸强度较高，断裂延伸率较大，对基层伸缩或开裂变形的适应性较强并可在较低气温条件下进行施工。适用于重要民用建筑、工业建筑以及高层建筑Ⅰ～Ⅲ级的屋面防水。

（6）合成高分子防水卷材的配套材料见表7-2。

基层处理剂的技术要求　　表7-1

项　目	要　求
外　观	黑褐色常温下呈液态并易于涂刷
固体含量（％）	≥40
干燥时间（h）	≯2

注：单组分基层处理剂应无毒、环保型与卷材性相容，保管和使用时应避开火源、热源，现场不得兑加溶剂，即开即用。

7.2.1.6 涂膜防水

（1）涂膜防水层的防水涂料分为高聚物改性沥青防水涂料和合成高分子防水涂料。适用于防水等级Ⅰ～Ⅳ级屋面防水。

合成高分子防水卷材配套材料　　表 7-2

卷材名称	配套材料名称	规　格	用　途
三元乙丙橡胶防水卷材	聚氨酯底胶	甲、乙料，双组分	基层处理剂
	CX-404 胶	单组分氯丁胶	卷材与基层粘结
	丁基胶粘剂	A、B 双组分	卷材与卷材粘结
	聚氨酯密封膏	甲、乙双组分	卷材接缝密封
氯化聚乙烯-橡胶共混防水卷材	聚氨酯底胶	甲、乙料，双组分	基层处理剂
	CX-409 胶	单组分氯丁胶粘剂	卷材与基层粘结
	CX-401 胶	甲、乙双组分	卷材与卷材粘结
	聚氨酯密封膏	甲、乙双组分	卷材接缝密封

注：胶粘剂的粘结剥离强度（卷材与卷材）≥15N/10mm，浸水率的保持率不小于 70%。

(2) 高聚物改性沥青防水涂料常用的品种有：氯丁橡胶改性沥青防水涂料（水乳型、溶剂型）、SBS（APP）改性沥青防水涂料、聚氨酯改性沥青防水涂料、再生胶改性沥青防水涂料等。

(3) 合成高分子防水涂料常用的品种有：聚氨酯防水涂料（单双组分）、丙烯酸脂防水涂料、硅橡胶防水涂料、聚合物水泥防水涂料等。

7.2.2　施工方法分类

施工方法分类、适用范围、适用条件见表 7-3。

施工方法分类、适用范围、适用条件　　表 7-3

项　目	屋面防水等级			
	Ⅰ	Ⅱ	Ⅲ	Ⅳ
建筑物类别	特别重要或对防水有特殊要求的建筑	重要的建筑和高层建筑	一般的建筑	非永久性的建筑
防水层合理使用年限	25 年	15 年	10 年	5 年
防水层选用材料	宜选用合成高分子防水卷材、高聚物改性沥青防水卷材、金属板材、合成高分子防水涂料、细石混凝土等材料	宜选用高聚物改性沥青防水卷材、高分子防水卷材、金属板材、合成高分子防水涂料、高聚物改性沥青防水涂料、细石混凝土、平瓦、油毡瓦等材料	宜选用三毡四油沥青防水卷材、高聚物改性沥青防水卷材、高分子防水卷材、金属板材、合成高分子防水涂料、高聚物改性沥青防水涂料、细石混凝土、平瓦、油毡瓦等材料	可选用二毡三油沥青防水卷材、高聚物改性沥青防水涂料等材料
设防要求	三道或三道以上设防	二道设防	一道设防	一道设防

7.2.3　施工准备

7.2.3.1　技术准备

(1) 屋面防水施工前，应进行图纸会审，掌握施工图中的细部构造及有关要求，并应编制防水施工方案。

(2) 由施工负责人（责任工程师）向班组进行技术交底。

7.2.3.2　材料准备

(1) 防水材料必须具有出厂合格证（包括质量合格证明和检验报告）、地方准用证书方可进场，进入现场防水材料必须经过（见证）抽检复验合格后方可使用。

(2) 按施工面积计算防水材料及配套材料的用量。

7.2.3.3　施工机具准备

平铲、扫帚、滚刷、汽油喷灯、剪刀、卷尺、油工铲刀、小线绳、油漆刷、电动搅拌器、搅拌桶、弹簧秤、棕毛刷、钢丝刷、大小铁桶、压滚等。

7.2.3.4　作业条件

(1) 基层平整（用 2m 直尺检查，平整度偏差不超过 5mm）、干燥、干净、含水率 <9%（用 $1m^2$ 的卷材覆盖在基层上 3～4h，基层及卷材表面均应无水印）。

(2) 严禁在雨天、雪天和五级风及其以上的条件下施工。

(3) 气温低于 0℃时不宜施工，必须在负温下施工时，应采取相应措施，以保证工程质量。水乳型氯丁橡胶沥青防水涂料不得在 0℃以下施工，雨天、风砂天不得施工，不宜在夏季太阳暴晒下和后半夜潮露时施工。

(4) 热熔法施工时的气温不宜低于－10℃。施工中途下雨、雪，应作好已铺卷材的防护工作。

(5) 夏季施工，屋面如有露水潮湿，应待其干燥后方可铺贴卷材，并避免在高温烈日下施工。

(6) 施工环境气温条件见表 7-4。

施工环境气温　　**表 7-4**

项　　目	施工环境气温
沥青防水卷材	不低于 5℃
高聚物改性沥青防水卷材	冷粘法不低于 5℃，热熔法不低于－10℃
合成高分子防水卷材	冷粘法不低于 5℃，热风焊接法不低于－10℃
高聚物改性沥青防水涂料	溶剂型不低于－5℃，水溶型不低于 5℃
合成高分子防水涂料	溶剂型不低于－5℃，水溶型不低于 5℃
刚性防水层	不低于 5℃

(7) 霜、雪天气不宜进行涂膜施工、露天作业，涂层易遭霜雪侵害，也会影响膜质量。

7.2.4　屋面防水工程一般要求

7.2.4.1　基层找平层必须牢固，无开裂松动现象，表面应平整，泛水坡度应符合要求。水落口四周直径 500mm 的范围内，做成深 5～20mm 锅底式或凹槽，以利于排水。

7.2.4.2　屋面找平层必须经过验收。找平层与突出屋面的结构，如女儿墙、变形缝、出入口、管道等相连接的部位，应抹成圆弧形或钝角。

7.2.4.3　屋面防水层施工时，先做好节点、附加层和屋面排水比较集中部位的处理：屋面与水落口连接处、檐口、天沟、屋面转角处、板端缝处等，然后由屋面最低标高处向上施工，铺贴天沟、檐沟卷材时，宜顺天沟、檐沟方向，减少搭接。

7.2.4.4　严格控制基层的含水率，通常要求在 8%～15%，一般采用简易检测法检测基层的干燥程度。铺贴时注意压实，反复碾压，排除空气。含水率简易检测法：是将 $1m^2$ 卷材平坦地干铺在找平层上，静置 3～4h 后掀开检查，找平层覆盖部位及卷材表面未见水印即可铺贴。

7.2.4.5　伸出屋面的管道、设备或埋件等应在防水层施工前安装完成。

7.2.4.6　卷材防水施工前，对防水基层进行淋水试验，保证屋面排水畅通。

7.2.4.7　施工环境气温符合防水材料施工的要求：

(1) 冬期应尽量避免在气温低于 0℃下施工，如必须在气温低于 0℃下施工，应采取相应的措施，保证施工。

(2) 沥青防水卷材屋面必须在 5℃以上施工，凡没有保温措施，达不到 5℃者，不得进行沥青防水卷材施工。

(3) 夏季施工时，如基层有露水潮湿，要采取措施除潮湿，待基层干燥后方可铺贴卷材，并避免在高温烈日下施工。

(4) 雨、雪天及五级风以上必须停止施工。雨、霜、雪天后必须在基层干燥后方可施工。

7.2.4.8　冷粘法铺贴卷材时，胶粘剂应涂刷均匀，不漏底，不堆积，并控制好胶粘剂涂刷与卷材铺贴的时间间隔，接缝口应用密封材料封严，宽度不小于 10mm。

7.2.4.9　热熔法铺贴卷材时，卷材加热要均匀，不得过分加热或烧穿卷材，卷材表面热熔后应立即滚铺卷材，搭接时接缝部位必须溢出热熔的改性沥青胶。严禁采用热熔法铺贴厚度小于 3mm 的高聚物改性沥青防水卷材。

7.2.4.10　自粘法铺贴卷材时，自粘胶底面的隔离纸应全部撕净，基层表面应均匀涂刷基层处理剂，干燥后及时铺贴卷材。接缝口应用密封材料封严，宽度不小于 10mm。

7.2.4.11　铺贴的卷材应平整顺直，搭接尺寸准确，不得扭曲、皱折。

7.2.5　主要施工工艺及技术要求

主要介绍卷材防水层、涂料防水层的施工工艺。

7.2.5.1　卷材防水施工

(1) 卷材防水施工工艺流程：基层表面清理、修补→喷、涂基层处理剂→节点附加增强处理→定位、弹线、试铺→铺贴卷材防水层→收头处理、节点密封→清理、检查、修整→保护层施工。

(2) 卷材防水施工应符合以下规定：

1) 所选用的基层处理剂、接缝胶粘剂、密封材料等配套材料应与铺贴的卷材材性相容。

2) 在坡度大于 25%的屋面上采用卷材做防水层时，应采取固定措施。固定点应密封严密。

3) 基层必须干净、干燥。采用简易测试法检测基层含水率。

4) 卷材铺贴方向应符合下列规定：屋面坡度小于 3%时，卷材宜平行屋脊铺贴；屋面坡度在 3%～15%时，卷材可平行或垂直屋脊铺贴；屋面坡度大于 15%或屋面受震动时，沥青防水卷材应垂直屋脊铺贴，高分子防水卷材、高聚物改性沥青防水卷材可平行或垂直屋脊铺贴；上下层卷材不得相互垂直铺贴。

5) 防水卷材厚度要求见表 7-5。

防水卷材厚度要求　　表 7-5

屋面防水等级	设防道数	合成高分子防水卷材	高聚物改性沥青防水卷材	沥青防水卷材
Ⅰ级	三道或三道以上设防	不应小于 1.5mm	不应小于 3mm	—
Ⅱ级	二道设防	不应小于 1.2mm	不应小于 3mm	—
Ⅲ级	一道设防	不应小于 1.2mm	不应小于 4mm	三毡四油
Ⅳ级	一道设防	—	—	二毡三油

6）铺贴卷材采用搭接法时，上下层及相邻两幅卷材的搭接缝应错开。各种卷材搭接宽度应符合表 7-6 要求。

各种卷材搭接宽度　　表 7-6

铺贴方法 / 卷材种类		短边搭接		长边搭接	
		满粘法	空铺、点粘、条粘法	满粘法	空铺、点粘、条粘法
沥青防水卷材		100	150	70	100
高聚物改性沥青防水卷材		80	100	80	100
合成高分子防水卷材	胶粘剂	80	100	80	100
	胶粘带	50	60	50	60
	单缝焊	60，有效焊接宽度不小于 25			
	双缝焊	80，有效焊接宽度 10×2＋空腔宽			

（3）热熔法施工：是指高聚物改性沥青热熔卷材的铺贴方法。热熔卷材可采用满粘法或条粘法铺贴。这里主要介绍滚铺法施工。

1）起始端卷材的铺贴：将卷材置于起始位置，对好长、短方向搭接缝，滚展卷材 1000mm 左右，掀开已展开部分，开启喷枪点火，喷枪头与卷材与基层交接处，慢慢放下卷材平铺基层，然后进行排汽辊压使卷材与基层粘结牢固。当铺贴至剩下 300mm 左右长度时，将其翻放不在隔热板上，用火焰加热余下起始端基层后，再加热卷材起始端余下部分，然后将其粘贴于基层。

2）滚铺：卷材起始端铺贴完成后即可大面积滚铺。持枪人位于卷材滚铺的前方，按上述方法同时加热卷材和基层，条粘时只需加热两侧边，加热宽度各为 150mm 左右。推滚卷材人蹲在已铺好的起始端上面，等卷材充分加热后缓缓推压卷材，并随时注意卷材的平整顺直和搭接缝宽度。其后紧跟一人用辊子从中间向两边抹压卷材，赶出气泡，用刮刀将溢出的热熔胶刮压接缝边。另一人用辊子压实卷材，使之与基层粘结密实。

3）搭接缝施工

热熔卷材表面一般有一层防粘隔离纸，因此在热熔粘结接缝之前，应先将下层卷材表面的隔离纸烧掉，以利搭接牢固严密。

操作时，由持枪人手持烫板（隔火板）柄，将烫板沿搭接粉线后退，喷枪火焰随烫板移动，喷枪应离开卷材 50～100mm，贴靠烫板。移动速度要控制合适，以刚好熔去隔离纸为宜。烫板和喷枪要密切配合，以免烧伤卷材。排气和辊压方法与前述相同。

当整个防水层熔贴完毕后，所有搭接缝均应用密封材料涂封严密。

4）复杂部位附加增强层的铺贴

需增强部位基层一般需要涂刷一遍基层处理剂（或稀释剂）作为基层处理，以便较好地粘结增强层，附加增加层卷材应及时粘贴，因此加热前应先做试贴，以提高粘贴速度；附加增强部位较小时，宜采用手持汽油喷枪进行粘贴。

5）热熔法铺贴卷材应符合下列规定

①火焰加热器加热卷材应均匀，不得过分加热或热穿卷材；厚度小于 3mm 的高聚物改性沥青防水卷材严禁采用热熔法施工。

②卷材表面热熔后应立即滚铺卷材，卷材下面的空气应排尽，并辊压粘结牢固，不得空鼓。

③卷材接缝部位必须溢出热熔的改性沥青胶。

④铺贴的卷材应平整顺直，搭接尺寸准确，不得扭曲、皱折。

6）冬期施工间应注意事项

①卷材铺贴应采用满粘法，铺贴时采用喷灯（或热喷枪）均匀加热基层和卷材，喷灯（或热喷枪）距卷材的距离宜为 0.5m，不要过分加热或烧穿，应待卷材表面熔化后，缓缓地滚铺铺贴。

②卷材搭接应按设计要求，无要求时，横向搭接宽度宜为 120mm，纵向搭接宽度宜为 100mm，搭接时采用喷灯（或热喷枪）加热搭接部位，趁卷材熔化尚未冷却时，用铁抹子把接缝抹好，再用喷灯（或热喷枪）均匀细致地密封。

③卷材搭接接缝的边缘以及末端收头部位应以密封材料嵌缝处理，必要时也可在经过密封处理的末端接头处再用掺防冻剂的水泥砂浆压缝处理。

④冬施期间不宜做蓄水或淋水试验，可在来年出冬施或雨期再进行检验。

7）雨期施工注意事项

见第 7.2.3.4 作业条件。

(4) 冷粘法施工：主要介绍滚铺法施工。

1）将涂完胶粘剂并达到要求干燥的卷材用 ϕ50～100mm 的塑料管或原来用来装运卷材的筒芯重新成卷，使涂布胶粘剂的一面朝外，成卷时将卷材两端要平整，不应出现笋状，以保证铺贴时能对齐粉线，并要注意防止砂子、灰尘等杂物粘在卷材边面。成卷后用 1 根 ϕ30×1500mm 的钢管穿入中心的塑料管或筒芯内，由两人分别持钢管两端，抬起卷材的端头，对准粉线，固定在已铺好的卷材顶端搭接部位或基层面上，抬起卷材的端头，对准粉线，固定在已铺好的卷材顶端搭接部位或基层面上，抬卷材两人同时均速向前，展开卷材，并随时注意将卷材边缘对准粉线，同时应使卷材铺贴平整，直到铺完一幅卷材。铺贴合成高分子卷材要尽量保持其松弛状态，但不能有皱折。

2）每铺完一幅卷材，应立即用干净而松软的长柄压辊从卷材横向顺序滚压一遍，彻底排除卷材粘结层间的空气。

3）平面立面交接处，则先粘贴好平面，经过转角，由下往上粘贴卷材，粘贴时切勿拉紧，要轻轻沿转角压紧压实，再往上粘贴，同时排出空气，最后用手持压辊滚压密实，滚压时要从上往下进行。

4）搭接缝的粘贴

卷材铺好与基层压粘后，应将搭接部位的结合面清除干净，可用棉纱沾少量汽油擦洗。然后用油漆刷均匀涂刷接缝胶粘剂，不得出露底、堆积现象。涂胶量可按产品说明书控制，待胶粘剂表面干燥后（指触不粘）即可进行粘合。粘合时应从一端开始，边压合边驱除空气，不许有气泡和皱折现象，然后用密封材料预先加以填封，否则将会成为渗水通道。搭接缝采用密封粘胶带时，应对搭接部位的结合面清除干净，掀开隔离纸，先将一端粘住，平顺地边掀隔离纸粘胶带于一个搭接面上，然后用手持压辊顺边认真仔细滚压一遍，使其粘结牢固。

搭接缝全部粘贴后，缝口要用密封材料缝严，密封时用刮刀沿缝刮涂，不能留有缺口，密封宽度不应小于 10mm。用单面粘胶带封口时，可直接顺接缝粘压密封。

5）冷粘法铺贴卷材应符合下列规定

①胶粘剂涂刷应均匀，不露底，不堆积。

②根据胶粘剂的性能，应控制胶粘剂涂刷与卷材铺贴的间隔时间。

③铺贴卷材下面的空气应排尽，并辊压粘结牢固。

④铺贴的卷材应平整顺直，搭接尺寸准确，不得扭曲、皱折。

⑤接缝口应用密封材料封严，宽度不应小于 10mm。

⑥各种胶粘剂的性能和施工环境不同，有的可以在涂刷后立即粘贴卷材，有的待溶剂挥发一部分后才能粘贴卷材，尤以后者居多，因此要控制好胶粘剂涂刷与卷材铺贴的间隔时间。一般要求基层及卷材上涂刷的胶粘剂达到表干程度，其间隔时间与胶粘剂性能及气温、湿度、风力等因素有关，通常为 10～30min 施工时可凭经验确定，用指触不粘手时即可开始粘贴卷材。

6）冬期施工应注意事项

①涂布基层处理时应将聚氨酯涂膜防水材料的甲料：乙料：二甲苯氨按 1：1.5：3 的比例配合搅拌均匀，然后均匀涂在基层表面，干燥时间不应少于 10h。

②采用聚氨酯涂料做附加层处理时，应将聚氨酯甲料和乙料按 1：1.5 的比例配合搅拌均匀，再均匀涂刷在阴角、水落口和通气口根部的周围，涂刷边缘于中心的距离不应小于 200m，厚度不应小于 1.5mm，并应在固化 36h 以后，方能进行下一工序施工。

③铺贴立面或大坡面合成高分子防水卷材宜用满粘法。胶粘剂应均匀涂刷在基层或卷材底面，并根据其性能，控制涂刷于卷材铺贴的间隔时间。

④冬施期间不宜做蓄水或淋水试验，可在来年出冬施或雨期再进行。

7）雨期施工注意事项

见第 7.2.3.4 作业条件。

（5）自粘法施工：指自粘型卷材的铺贴方法，一般采用满粘法铺贴，这里主要介绍滚铺法施工。

1）当铺贴面积大、隔离纸容易掀剥时，采用滚铺法。用一根钢管插入成筒卷材中心的芯筒，然后由两人各持钢管一端抬至待铺位置的起始端，并将卷材向前展出约 500mm，由另一人掀剥此部分卷材的隔离纸，并将其卷到已用过的芯筒上。将已剥去隔离纸卷入上述芯筒上。将已剥去隔离纸的卷材对准已弹好的粉线轻轻摆铺，再加以压实。起始端铺贴完成后，一人缓缓掀剥隔离纸卷入上述芯筒上。并向前移动，抬着卷材的两人同时沿基准粉线向前滚铺卷材。注意抬卷材两人的移动速度要相同、协调。滚铺时，对自粘贴卷材要稍紧一些，不能太松弛。

2）铺完一幅卷材后，用长柄滚刷，由起始端开始，彻底排除卷材下面的空气。然后再用大压辊或手持式压辊将卷材压实，粘贴牢固。

3）立面和大坡面的铺贴

由于自粘型卷材与基层的粘结力相对较低，在立面或大坡面上，卷材容易产生下滑现象，因此在立面或大坡面上粘贴施工时，宜用手持式汽油喷枪将卷材底面的胶粘剂适当加热后再进行粘贴、排气和辊压。

4）搭接缝的粘贴

自粘型卷材上表面常带有防粘层（聚乙烯膜或其他材料），在铺贴卷材前，应将相邻卷材搭接部位上表面的防粘层先熔化掉，使搭接缝能粘结牢固。操作时，用手持油喷枪沿搭接缝粉线进行。

粘结搭接缝时，应掀开搭接部位卷材，宜用扁头热风枪加热卷材底面胶粘剂，加热后随即粘贴、排气、辊压，溢出的自粘胶随即刮平封口。

5）自粘法铺贴卷材应符合下列规定：

①铺贴卷材前基层表面应均匀涂刷基层处理剂，干燥后应及时铺贴卷材。

②铺贴卷材时，应将自粘胶底面的隔离纸全部撕净。

③卷材下面的空气应排尽，并辊压粘结牢固。

④铺贴的卷材应平整顺直，搭接尺寸准确，不得扭曲、皱折。搭接部位宜采用热风加热，随即粘贴牢固。

⑤接缝口应用密封材料封严，宽度不应小于10mm。

⑥自粘法铺贴卷材施工环境温度为5～35℃，最佳温度为10～35℃，相对湿度应小于80％。

7.2.5.2　涂料防水施工

（1）涂料防水层施工工艺流程：基层表面清理→喷、涂基层处理剂→特殊部位附加增强处理→涂布防水涂料及铺贴胎体增强材料→清理与检查修理→保护层施工。

（2）涂刷基层处理剂：基层处理剂涂刷时应用涂料尽量刷进基层表面内的毛细孔中。

（3）涂料冷涂刷施工

1）厚质涂料宜采用铁抹子或胶皮刮板刮涂施工，薄质涂料可采用棕刷、长柄刷、圆滚刷等进行人工涂布，也可采用机械喷涂。

2）刮涂施工时，一般先将涂料直接分散倒在屋面基层上，用刮板来回刮涂，使其薄厚均匀，不露底、无气泡、表面平整，然后待其干燥。

3）用刷子涂刷一般采用蘸刷法，也可边倒涂料边用刷子刷匀。涂布时应先涂立面，后涂平面，涂布立面最好采用蘸刷法，涂刷应均匀一致。

4）涂料涂布应分条或按顺序进行，分条进行时，每条宽度应与胎体增强材料宽度相一致，为便于抹压，可分条间隔施工。

5）立面部位涂层应在平面涂布前进行，涂布次数应根据涂料的流平性好坏确定，流平性好的涂料应薄而多次进行，以不产生流坠现象为度，以免涂层因流坠使上部涂层变薄，下部涂层变厚，影响防水性能。

6）在涂刷第2遍涂料时，或第3遍涂料涂刷前，即可铺胎体材料。可采用湿铺法或干铺法铺贴。

（4）涂料热熔刮涂施工

1）涂料热熔刮涂方法适用于热熔型高聚物改性沥青防水涂料的施工。将涂料加入熔化釜中，逐渐加热至190℃左右，保温待用。涂布时将熔化的涂料倒在基层上，迅速用带齿的刮板刮涂，注意操作一定要快速、准确，必须在涂料冷却之前刮涂均匀。

2）控制好涂膜层厚度是热熔刮涂施工的关键，施工时胳板应略向刮涂前进方向倾斜，保持一致的倾斜角度平稳地向前刮涂，并应在涂料冷却发粘前将涂料刮涂均匀。

3）当气温较低时，应合理控制上料量。可将基层用喷灯烤热后再上料刮涂。如涂膜未刮匀已开始发粘，应采用喷灯加热涂膜表面，待表面成黑亮色时再用刮板刮涂均匀。

4）增设胎体材料的涂膜防水层施工，涂料每遍涂刮的厚度应控制在1～1.5mm。铺贴胎体增强材料应采用分条间隔施工法，在涂料刮涂均匀后立即铺贴胎体增强材料，然后再刮涂第2遍至设计厚度。

5）热熔涂料与防水卷材复合防水

施工前应将根据卷材宽度和卷材搭接宽度在基层上弹线，施工时，将加热至规定温度的热熔涂料按蛇形浇注摊铺在基层上，并立即用带齿刮板刮涂均匀，随后一人按弹线滚铺卷材，一人用长柄压辊从中间向两边辊压，排出空气，使卷材粘实。待热熔涂料冷却后，进行卷材接缝的处理。

（5）防水涂膜施工应符合下列规定

1）涂膜应根据防水涂料的品种分层分遍涂布，不得一次涂成。

2）应待先涂的涂层干燥成膜后，方可涂后一遍涂料。

3）须铺设胎体增强材料时，屋面坡度小于15%时可平行屋脊铺设，屋面坡度大于15%时应垂直于屋脊铺设。

4）胎体长边搭接宽度不应小于50mm，短边搭接宽度不应小于70mm。

5）采用两层胎体增强材料时，上下层不得相互垂直铺设，搭接缝应错开，其间距不应小于幅宽的1/3。

6）涂膜厚度（mm）选用见表7-7。

涂 膜 厚 度（mm） **表7-7**

屋面防水等级	设防道数	合成高分子防水涂料	高聚物改性沥青防水涂料
Ⅰ级	三道或三道以上设防	不应小于1.5mm	—
Ⅱ级	二道设防	不应小于1.5mm	不应小于3mm
Ⅲ级	一道设防	不应小于2mm	不应小于3mm
Ⅳ级	一道设防	—	不应小于2mm

7）屋面基层的干燥程度应视所用涂料特性确定。当采用溶剂型涂料时，屋面基层应干燥。

8）多组分涂料应按配合比准确计量，搅拌均匀，并应根据有效时间确定使用量。

9）天沟、檐沟、檐口、泛水和立面涂膜防水层的收头，应用防水涂料多遍涂刷或用密封材料封严。

10）涂膜防水层完工后并经验收合格后，应好成品保护，并符合规范要求。

（6）冬期施工注意事项

1）涂膜防水施工的环境气温不低于－5℃，在雪天、五级风及以上时不得施工。

2）基层处理剂可选用有机溶剂稀释而成。使用时应充分搅拌，涂刷均匀，覆盖完全，干燥后方可进行涂膜施工。

3）冬施期间不宜做蓄水或淋水试验，可在来年出冬施或雨期再进行检验。

（7）雨期施工注意事项

见第 7.2.3.4 作业条件。

7.2.5.3　屋面细部构造处理

（1）无组织排水檐口及卷材收口做法，见图 7-1、图 7-2。

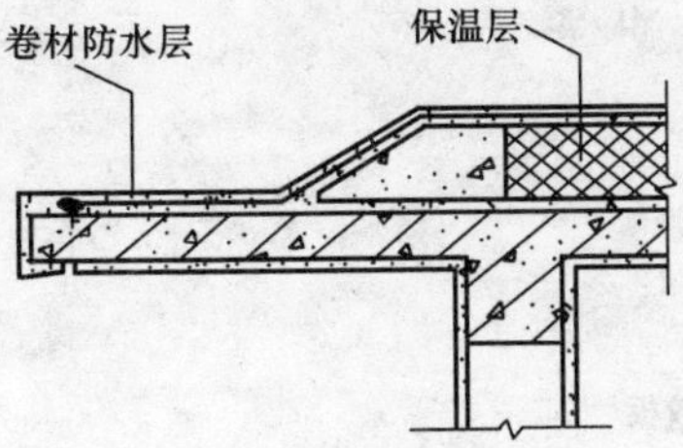

图 7-1　无组织排水檐口

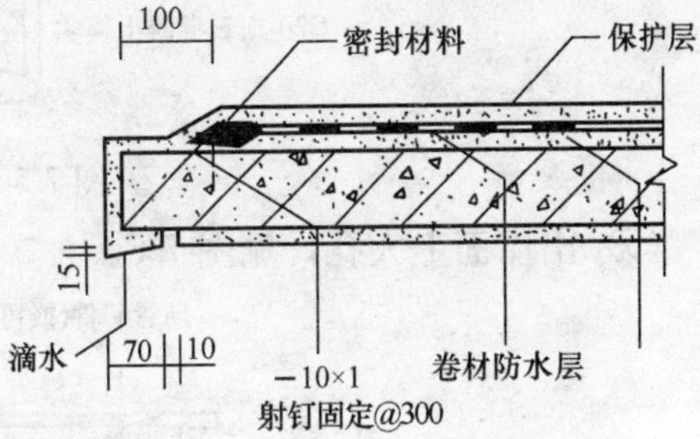

图 7-2　收口大样

（2）女儿墙转角处做法，见图 7-3。

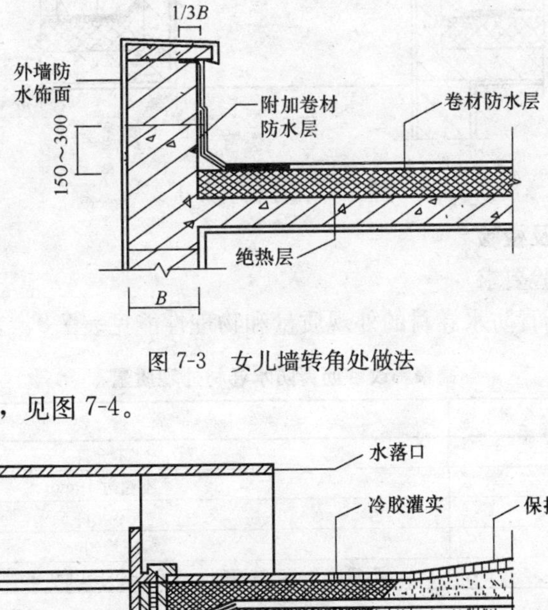

图 7-3　女儿墙转角处做法

（3）水落口构造，见图 7-4。

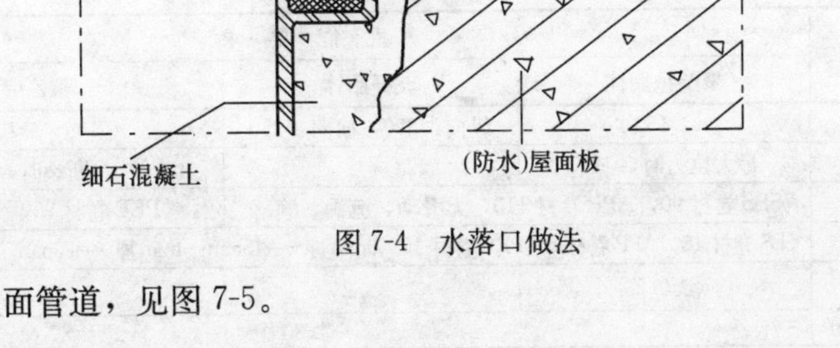

图 7-4　水落口做法

（4）出屋面管道，见图 7-5。

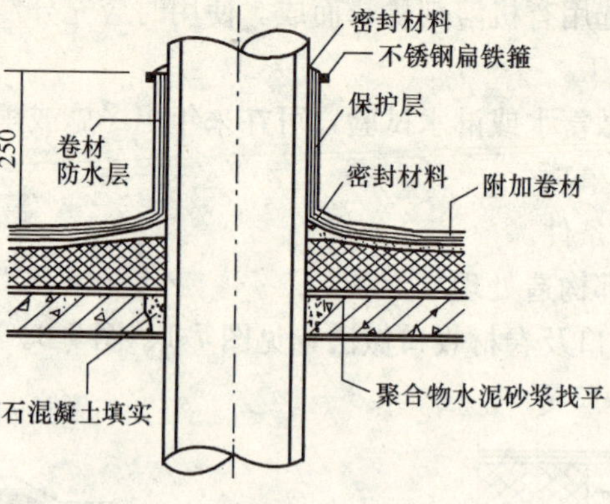

图 7-5　出屋面管道做法

（5）出屋面上人孔，见图 7-6。

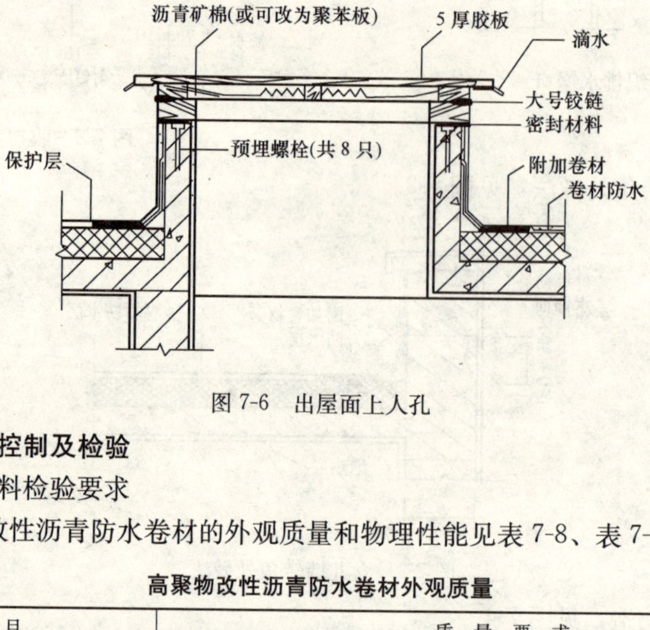

图 7-6　出屋面上人孔

7.2.6　质量控制及检验

7.2.6.1　材料检验要求

（1）高聚物改性沥青防水卷材的外观质量和物理性能见表 7-8、表 7-9。

高聚物改性沥青防水卷材外观质量　　表 7-8

项　目	质量要求
孔洞、缺边、裂口	不允许
边缘不整齐	不超过 10mm
胎体露白、未浸透	不允许
撒布材料粒度、颜色	均匀
每卷卷材的接头	不超过 1 处，较短的一段不应小于 1000mm，接头处应加长 150mm

高聚物改性沥青防水卷材物理性能　　表 7-9

项　目		性能要求		
		聚酯毡胎体	玻纤胎体	聚乙烯胎体
拉力（N/50mm）		≥450	纵向≥350，横向≥250	≥100
延伸率（%）		最大拉力时，≥30	—	断裂时，≥200
耐热度（℃，2h）		SBS 卷材 90，APP 卷材 110，无滑动、流淌、滴落		PEE 卷材 90，无流淌、起泡
低温柔度（℃）		SBS 卷材-18，APP 卷材-5，PEE 卷材-10。3mm 厚 r=15mm；4mm 厚 r=25mm；3s 弯 180°，无裂纹		
不透水性	压力（MPa）	≥0.3	≥0.2	≥0.3
	保持时间（min）	≥30		

(2) 合成高分子防水卷材的外观质量和物理性能见表 7-10、表 7-11。

合成高分子防水卷材外观质量　　表 7-10

项　目	质量要求
折痕	每卷不超过 2 处，总长度不超过 20mm
杂质	大于 0.5mm 颗粒不允许，每 $1m^2$ 不超过 $9mm^2$
胶块	每卷不超过 6 处，每处面积不大于 $4mm^2$
凹痕	每卷不超过 6 处，深度不超过本身厚度的 30%；树脂类深度不超过 15%
每卷卷材的接头	橡胶类每 20m 不超过 1 处，较短的一段不应小于 3000mm，接头处应加长 150mm；树脂类 20m 长度内不允许有接头

合成高分子防水卷材物理性能　　表 7-11

项　目		性能要求			
		硫化橡胶类	非硫化橡胶	树脂类	纤维增强类
断裂拉伸强度（MPa）		≥6	≥3	≥10	≥9
扯断伸长率（%）		≥400	≥200	≥200	≥10
低温弯折（℃）		−30	−20	−20	−20
不透水性	压力（MPa）	≥0.3	≥0.2	≥0.3	≥0.3
	保持时间（min）	≥30			
加热收缩率（%）		<1.2	<2.0	<2.0	<1.0
热老化保持率（80℃，16h）	断裂拉伸强度	≥80%			
	扯断伸长率	≥70%			

(3) 沥青防水卷材的外观质量和物理性能见表 7-12、表 7-13。

沥青防水卷材外观质量　　表 7-12

项　目	质量要求
孔洞、硌伤	不允许
露胎、涂盖不匀	不允许
折纹、皱折	距卷芯 1000mm 以外，长度不大于 100mm
裂纹	距卷芯 1000mm 以外，长度不大于 10mm
裂口、缺边	边缘裂口小于 20mm；缺边长度小于 50mm，深度小于 20mm
每卷卷材的接头	不超过 1 处，较短的一段不应小于 2500mm，接头处应加长 150mm

沥青防水卷材物理性能　　表 7-13

项　目		性能要求	
		350 号	500 号
纵向拉力（25±2℃）（N）		≥340	≥440
耐热度（85±2℃，2h）		不流淌，无集中性气泡	
柔度（18±2℃）		绕 ϕ20mm 圆棒无裂纹	绕 ϕ25m 圆棒无裂纹
不透水性	压力（MPa）	≥0.10	≥0.15
	保持时间（min）	≥30	≥30

(4) 有机防水涂料物理性能见表 7-14。

有机防水涂料物理性能 **表 7-14**

涂料种类	可操作时间（min）	潮湿基面粘结强度（MPa）	抗渗性			浸水 168h 后断裂伸长率（%）	浸水 168h 后拉长强度 MPa	耐水性（%）	表干（h）	实干（h）
			涂膜（30min）	砂浆迎水面	砂浆背水面					
反应型	≥20	≥0.3	≥0.3	≥0.6	≥0.2	≥300	≥1.65	≥80	≤8	≤24
水乳型	≥50	≥0.2	≥0.3	≥0.6	≥0.2	≥350	≥0.5	≥80	≤4	≤12
聚合物水泥	≥30	≥0.6	≥0.3	≥0.8	≥0.6	≥80	≥1.5	≥80	≤4	≤12

（5）无机防水涂料的物理性能见表 7-15。

无机防水涂料的物理性能 **表 7-15**

涂料种类	抗折强度（MPa）	粘结强度（MPa）	抗渗性（MPa）	冻溶循环
水泥基防水涂料	＞4	＞1.0	＞0.8	＞D50
水泥基渗透结晶型防水涂料	≥3	≥1.0	＞0.8	＞D50

（6）胶粘剂质量要求见表 7-16。

胶粘剂质量要求 **表 7-16**

项目	高聚物改性沥青卷材	合成高分子卷材
粘结剥离强度（N/10mm）	≥8	≥15
浸水 168h 后粘结剥离强度保持率（%）	—	≥70

（7）胎体增强材料质量要求见表 7-17。

胎体增强材料质量要求 **表 7-17**

项　目		聚酯无纺布	化纤无纺布	玻纤网布
外　观		均匀无团状，平整无折皱		
拉力（宽 50mm）	纵向（N）	≥150	≥45	≥90
	横向（N）	≥100	≥35	≥50
延伸率	纵向（%）	≥10	≥20	≥3
	横向（%）	≥20	≥25	≥3

（8）合成高分子密封材料物理性能见表 7-18。

合成高分子密封材料物理性能 **表 7-18**

项　目		性 能 要 求	
		弹性体密封材料	塑性体密封材料
拉伸粘结性	拉伸强度（MPa）	≥0.2	≥0.02
	延伸率（%）	≥200	≥250
柔度（℃）		−30，无裂纹	−20，无裂纹
拉伸-压缩循环性能	拉伸-压缩率（%）	≥±20	≥±10
	粘结和内聚破坏面积	≤25	

7.2.6.2　施工质量验收

（1）卷材、涂料防水层检验数量：应按铺贴面积每 $100m^2$ 抽查 1 处，每处 $10m^2$，且不得少于 3 处；接缝密封防水，每 50m 应抽查一处，每处 5m，且不得少于 3 处；细部构造根据分项工程的内容，应全部进行检查。

（2）屋面防水卷材施工验收

1）主控项目：卷材防水层所用卷材及主要配套材料必须符合设计要求；卷材防水层在天沟、檐沟、檐口、水落管、泛水、变形缝和伸出屋面管道的防水构造，必须符合设计要求。

2）一般项目：卷材防水层的搭接缝粘（焊）结牢固，密封严密，不得有皱折、翘边和鼓泡等缺陷；卷材防水层的收头应与基层粘结并固定牢固，缝口封严，不得翘边；卷材防水层上的保护层与防水层应粘结牢固，结合紧密、厚度均匀一致；卷材搭接宽度的允许偏差为－10mm。

（3）屋面防水涂料施工验收

1）主控项目：防水涂料和胎体增强材料必须符合设计要求；涂膜防水层不得有渗漏或积水现象；涂膜防水层在天沟、檐沟、檐口、水落口、泛水、变形缝和伸出屋面管道的防水构造，必须符合设计要求。

2）一般项目：涂膜防水层与基层应粘结牢固，表面平整，涂刷均匀，无流淌、皱折、翘边、露胎体和鼓泡等缺陷；涂膜防水层的平均厚度应符合设计要求，最小厚度不得小于设计厚度的 80％；涂膜防水层上的撒布材料或浅色涂料保护层应铺撒或涂刷均匀，粘结牢固；水泥砂浆、块材或细石混凝土保护层与涂膜防水层间应设置隔离层；刚性保护层的分格缝留置应符合设计要求。

（4）卷材搭接按设计规定，当设计无规定时卷材搭接宽度取值按表 7-19。

卷材搭接宽度（mm）　　表 7-19

卷材种类 \ 铺贴方法		短边搭接		长边搭接	
		满粘法	空铺、点粘、条粘法	满粘法	空铺、点粘、条粘法
沥青防水卷材		100	150	70	100
高聚物改性沥青防水卷材		80	100	80	100
合成高分子防水卷材	胶粘剂	80	100	80	100
	胶粘带	50	60	50	60
	单缝焊	60，有效焊接宽度不小于 25			
	双缝焊	80，有效焊接宽度 10×2＋空腔宽			

7.2.7　环境与职业健康安全要求及措施

7.2.7.1　为施工人员创造良好的施工环境和条件，同时对施工操作人员进行必要安全操作和自救知识的交底，施工操作过程符合安全技术规定，严防人员伤亡事故的发生。

7.2.7.2　皮肤病、支气管炎病、结核病、眼病以及对沥青、橡胶刺激过敏的人员，不得参加操作。

7.2.7.3　按照有关规定配备给劳保用品，合理使用，沥青操作人员不得赤脚或穿短袖衣服进行作业，应将裤脚袖口扎紧，手不得直接接触沥青，接触有毒材料需戴口罩和加强通风。

7.2.7.4　运输路线应畅通，各项运输设施应牢固可靠，屋面孔洞及檐口应有安全措施。

7.2.7.5 屋面施工时，不允许穿带钉子鞋的人员进入。

7.2.7.6 防水材料及其配套辅助材料多属易燃物，进场后应放在通风干燥的仓库，仓库及施工现场应严禁烟火，且须备有消防器材。

7.2.7.7 严禁使用含苯（不含二甲苯）的稀释剂和溶剂。

7.2.7.8 加强型防水涂料（含溶剂型冷底子油）的现场管理，现场即开即用，不准许添加苯类溶剂。

7.2.7.9 橡胶改性沥青类溶剂型防水涂料禁止用于各类建筑防水工程。

7.2.7.10 双（多）组分聚氨酯防水涂料，禁止用于建筑物内部厕浴间及通风不利的施工作业面。

7.2.7.11 每次施工用完的机具要及时用有机溶剂清洗干净。

7.2.7.12 防水材料进场后需存放在干燥通风处，严防雨水浸入受潮，露天保存时应用防水布覆盖，远离火源、要配备消防设备及防火标识，并设有专人看管。

7.2.7.13 溶剂型涂料保管温度不超出＋40℃，水乳型涂料贮存应注意密封，贮存温度应在0℃以上，＋60℃以下。贮存期一般为6个月。

7.2.7.14 基层处理剂、胶粘剂、汽油等均为易燃物，存放时必须分开。

7.2.7.15 防水涂料应随用随配，配置好的混合料宜在2h内用完。

7.2.7.16 溶剂型基层处理剂未挥发前不得使用喷灯（或热熔喷枪）操作，操作时必须保持火焰与卷材的喷距，严防火灾发生。

7.2.7.17 在大坡度屋面或挑檐等危险部位施工时，施工人员必须配带安全带，四周应设防护措施。

7.3 地下（卫生间）防水工程

7.3.1 基本要求

7.3.1.1 橡胶改性沥青类溶剂型防水涂料禁止用于各类建筑工程，双（多）组分聚氨酯防水涂料，禁止用于建筑物内部厕浴间、地下室、地下沟渠、竖井、深坑以及通风不利的施工作业面。

7.3.1.2 卫生间防水施工完工后，应按规范规定对细部构造进行外观检验，并应进行蓄水检验。

7.3.2 原材料的要求

7.3.2.1 防水卷材应具备特性

（1）水密性：即具有一定的抗渗能力，吸水率低，浸泡后防水能力降低少；

（2）大气稳定性好：在阳光紫外线、臭氧老化下性能持久；

（3）温度稳定性好：高温不流淌变形，低温不脆断，在一定温度条件下，保持性能良好；

（4）一定的力学性能：能承受施工及变形条件下的荷载，具有一定强度和伸长率；

（5）施工性能良好：便于施工，工艺简便；

（6）污染少：对人身和环境无污染。

7.3.2.2 防水涂料及其形成的涂膜防水层应具备特性

（1）一定的固体含量：涂料是靠其中的固体成分形成涂膜的，由于各种防水涂料所含固体的密度相差并不太大，当单位面积用量相同时，涂膜的厚度取决于固体含量的大小，如果固体含量过低，涂膜的质量难以保证。

（2）优良的防水能力：在雨水的侵蚀和干湿交替作用下防水能力下降少。

（3）耐久性好：在阳光紫外线、臭氧、大气中酸碱介质长期作用下保持长久的防水性能。

（4）温度敏感性低：高温条件下不流淌、不变形，低温状态时能保证足够的延伸率，不发生脆断。

（5）一定的力学性能：具有一定强度和伸长率，在施工荷载作用下或结构和基层变形时不破坏、不断裂。

（6）施工性能良好：工艺简便，便于施工，易于操作和工程质量控制，对环境污染少。

7.3.2.3　配套所用胶粘剂必须与选用卷材的材性相容，胶粘剂的质量应符合以下要求：高聚物改性沥青防水卷材之间的粘结剥离强度不应小于 8N/10mm；高分子防水卷材配套胶粘剂的粘结剥离强度不应小于 15N/10mm，浸水 168h 后的粘结剥离强度保持率不应小于 70%。

7.3.3　施工方法分类

施工方法分类、适用范围、适用条件见表 7-20。

施工方法分类、适用范围、适用条件　　表 7-20

<table>
<tr><th colspan="3">防水层施工方法分类</th><th>适用范围、适用条件</th></tr>
<tr><td colspan="3">防水混凝土</td><td>适用于防水等级为 1～4 级的地下整体式混凝土结构，不适用环境温度高于 80℃或处于耐侵蚀系数小于 0.8 的侵蚀性介质中使用的地下工程</td></tr>
<tr><td colspan="3">水泥砂浆防水层</td><td>适用于混凝土或砌体结构的基层上采用多层抹面的水泥砂浆防水层。不适用环境有耐侵蚀性、持续振动或温度高于 80℃的地下工程</td></tr>
<tr><td>卷材防水层</td><td>高聚物改性沥青防水卷材
合成高分子防水卷材</td><td>冷粘法热熔法自粘法</td><td>适用于受侵蚀性介质或受振动作用的地下工程主体迎水面铺贴的卷材防水层</td></tr>
<tr><td rowspan="2">涂料防水层</td><td colspan="2">有机防水涂料</td><td rowspan="2">适用于受侵蚀性介质或受振动作用的地下工程主体迎水面或背水面涂刷的涂料防水层</td></tr>
<tr><td colspan="2">无机防水涂料</td></tr>
<tr><td colspan="3">塑料板防水层</td><td>适用于铺设在初期支护与二次衬砌间的塑料防水板（简称“塑料板”）防水层</td></tr>
<tr><td colspan="3">金属板防水层</td><td>适用于抗渗性能要求较高的地下工程中以金属板材焊接而成的防水层</td></tr>
<tr><td colspan="3">细部构造</td><td>适用于防水混凝土的变形缝、施工缝、后浇带、穿墙关岛、埋设件等处</td></tr>
</table>

7.3.4　施工准备

7.3.4.1　技术准备

（1）防水施工前，应进行图纸会审，掌握施工图中的细部构造及有关要求，并应编制防水施工方案。

(2) 由施工负责人（责任工程师）向班组进行技术交底。

7.3.4.2 材料准备

(1) 防水材料必须具有出厂合格证（包括质量合格证明和检验报告）方可进场，进入现场防水材料必须经过（见证）抽检复验合格后方可使用。

(2) 按施工面积计算防水材料及配套材料的用量。

7.3.4.3 施工机具准备

平铲、扫帚、滚刷、汽油喷灯、剪刀、卷尺、油工铲刀、小线绳、油漆刷、电动搅拌器、搅拌桶、磅秤、棕毛刷、大小铁桶、压滚等。

7.3.4.4 作业条件

(1) 基层平整（用 2m 直尺检查，平整度偏差不超过 5mm）、干燥、干净、含水率＜9%（可用高频水分测定计测定，也可用 1.5～2.0mm 厚的 $1m^2$ 橡胶板覆盖在基层上 3～4h，基层及橡胶表面均应无水印）。

(2) 外防外贴时外墙处的阳角用磨机磨圆，阴角用抹灰（1：2.5）抹成圆角 R=50mm。

(3) 施工环境气温条件，见表 7-21。

施工环境气温条件 **表 7-21**

防水层材料	施工环境气温
高聚物改性沥青防水卷材	冷粘法不低于 5℃，热熔法不低于－10℃
合成高分子防水卷材	冷粘法不低于 5℃，热风焊接法不低于－10℃
有机防水涂料	溶剂型－5～35℃，水溶性 5～35℃
无机防水涂料	5～35℃
防水混凝土、水泥砂浆	5～35℃

7.3.5 主要施工工艺及技术要求

以下主要介绍地下工程卷材防水层、涂料防水层的施工工艺。

7.3.5.1 卷材防水层防水卷材厚度要求见表 7-22 规定。

防水卷材厚度要求 **表 7-22**

防水等级	设防道数	合成高分子防水卷材	高聚物改性沥青防水卷材
1 级	三道或三道以上设防	单层：不应小于 1.5mm；双层：每层不应小于 1.2mm	单层：不应小于 4mm；双层：每层不应小于 3mm
2 级	二道设防	不应小于 1.5mm	不应小于 4mm
3 级	一道设防	不应小于 1.2mm	不应小于 3mm
	复合设防		

(1) 外防内贴法施工工艺流程：基层表面清理→涂刷基层处理剂→铺贴立面防水层→铺贴平面防水层→铺贴平立面交接处柔性增强层→保护层施工。

1) 在已施工好的混凝土垫层上砌筑永久保护墙，用 1：3 水泥砂浆在垫层和保护墙上抹找平层。

2) 找平层干燥后即刷基层处理剂，处理剂涂刷应均匀一致，不露底，不堆积，不可反复涂刷。手感不粘时开始铺贴卷材。当基面较潮湿时，应涂刷湿固化胶粘剂或潮湿界面隔离剂。

3）铺贴卷材先立面后平面。

4）在外墙立面与底板平面交接处：铺一道 200 宽牛皮纸，防水卷材平面压立面，附加增强层卷材宽度为 500mm。立面卷材甩茬高度应符合设计要求。

5）两幅卷材短边和长边的搭接宽度均不应小于 100mm。采用多层卷材时，上下两层和相邻两幅卷材的接缝应错开 1/3 幅宽，且两层卷材不得相互垂直铺贴。同层相邻两幅卷材铺贴时，短边搭接缝应错开 1500mm 以上。

6）若卷材面层表面附有页岩片，搭接时用热融喷枪加热后用抹子刮掉页岩部分后方可搭接。

7）卷材铺贴完毕后，在搭接部位、端头及卷材收头部位，应嵌涂密封材料，进行密封处理。

8）所选用的基层处理剂、胶粘剂、密封材料等配套材料，均应与铺贴的卷材材性相容。

9）铺贴立面防水层按设计要求做好收头密封处理。

10）卷材铺贴根据不同的使用功能和平面部位可采用满粘法，也就采用空铺法、点粘法、条粘法。

11）卷材防水层完工并经验收合格后应及时作保护层，保护层应符合下列规定：顶板的细石混凝土保护层与防水层之间宜设置隔离层；底板的细石混凝土保护层厚度应大于 50mm；侧墙宜采用聚苯乙烯泡沫塑料保护层，或砌砖保护墙（边砌边填实）和铺设 30mm 厚水泥砂浆。

（2）外防外贴法施工工艺流程：垫层清理→砌筑砖保护墙→底板防水层铺贴→底板、外墙混凝土施工→外墙混凝土抹 20 厚 1∶3 水泥砂浆找平层→基层清理→涂刷基层处理剂→铺贴防水卷材→卷材收头部位处理→平、立面交接处加强层及外墙水平施工缝部位加强层施工→保护层→基槽回填。

1）在垫层上砌筑永久性保护墙，墙下铺一层干油毡。墙的高度不小于需防水结构底板厚度再加 100mm，在保护墙上抹 1∶3 水泥砂浆找平层，待找平层基本干燥后，即可铺贴卷材。

2）大面积铺贴卷材之前，应先在转角处空铺 500 宽卷材加强层，然后进行大面积铺贴。

3）卷材施工方法基本同外防内贴法。

平面（底板）转向立面（外墙）的卷材，正好是有隔离纸的一面背对墙面，因此从平面转到立面这部分卷材与基层的粘铺只能用冷胶粘剂粘铺，更换卷材后仍使用自粘法粘铺，但应注意搭接缝处理好。自粘法铺贴立面卷材同冷粘法施工，只是不须涂刷冷胶粘剂，而只须撕剥卷材面上的隔离纸。

立面铺贴易产生下坠滑落现象，可用手持汽油喷灯将卷材底面胶粘剂适当加热再进行粘贴施工。

4）若外墙采用双层卷材材性应相容，底板双层卷材材性相容，亦可不相容，相容时卷材间宜满粘，适用于水压大的一级地下工程，不相容时，上层卷材应空铺，适用于变形量很大的一级地下工程；若卷材、涂料复合防水时，底板部分为涂膜在下，卷材在上，两者材性可相容，亦可不相容，不相容时卷材空铺，适用于一级地下防水，外墙涂料与卷材的材性必须相容；当外墙涂料防水层需置于内侧时，可在保护墙处留出甩接茬并注意保护。

7.3.5.2　涂料防水层施工

地下防水工程涂膜防水层的设置一般为：内防水、外防水、内外结合防水。

(1) 涂料防水层施工工艺流程：基层表面清理→涂刷基层处理剂→涂刷立面防水层→涂刷平面防水层→铺贴平立面交接处柔性增强层→保护层施工。

(2) 基层处理

1) 基层表面应平整、干净，不得有空鼓、松动、起砂和脱皮现象；基层阴阳角处应做成圆弧形。

2) 大面积涂刷之前，先做阴阳角、管道、变形缝等部位的附加层处理，然后再进行大面积涂膜施工。

3) 阴阳角细部做法：在基层涂布底层涂料之后，应先进行增强涂布，同时将玻璃纤维布铺贴好，然后再涂布第一道、第二道涂膜。

4) 管道根部：将管道用砂纸打毛，并用溶剂洗除油污，管根周围基层应清洁干燥；在管根周围及基层涂刷底层涂料；底层涂料固化后做增强涂布；增强层固化后再涂刷涂膜防水层。

5) 施工缝（或裂缝处理）：先涂刷底层涂料，固化后铺设1mm厚10cm宽的橡胶条，然后再涂布涂膜防水层。

(3) 涂料防水层施工应符合下列规定

1) 涂料涂刷前应先在基层上涂一层与涂料相容的基层处理剂。

2) 涂膜施工应多遍完成，涂刷应待前遍涂层干燥成膜后进行。每遍涂刷时应交替改变涂层的涂刷方向，同层涂膜的先后搭茬宽度宜为30～50mm。

3) 涂料防水层的施工缝（甩槎处）应注意保护，搭接缝宽度应大于100mm。接涂前应将其甩槎表面处理干净。

4) 涂料防水层中的胎体增强材料，同层相邻的搭接宽度应大于100mm，上下层接缝应错开1/3幅宽。

5) 防水涂料厚度要求见表7-23规定。

防水涂料厚度要求（mm） **表7-23**

防水等级	设防道数	有机涂料			无机涂料	
		反应型	水乳型	聚合物水泥	水泥基础	水泥基渗透结晶型
1级	三道或三道以上设防	1.2～2.0	1.2～1.5	1.5～2.0	1.5～2.0	≥0.8
2级	二道设防	1.2～2.0	1.2～1.5	1.5～2.0	1.5～2.0	≥0.8
3级	一道设防	—	—	≥2.0	≥2.0	—
	复合设防	—	—	≥1.5	≥1.5	—

6) 保护层的厚度要求同上述要求。

(4) 聚氨酯涂膜防水施工

只适用于地下室结构外防外涂的防水施工做法，不适用于外防内涂做法。即聚氨酯涂膜应刷在地下室结构面上，所形成的涂膜防水层能够适应变形，应特别注意，聚氨酯涂膜不应涂在保护墙上。

1) 涂刷基层处理剂，涂刷要均匀，不得漏刷，涂后应干燥5h以上，方能进行下一道工序的施工。

2) 用刮板或滚刷刮涂配好的混合料，顺序均匀地涂刷在基层处理剂已干燥的基层表面上，涂刷时要求薄厚均匀一致，对平面基层以涂刷 2～3 遍为宜，对立面基层以涂刷 3～4遍为宜，总厚度应符合设计要求。

3）涂完第一遍涂膜后，一般需固化 5h 以上，至指触基本不粘时，再按上述方法进行下道涂刷，涂刷方向应相互垂直，凡是底板与立墙相连接的阴角部位，应铺设聚酯纤维无纺布进行增强处理，即在涂刷第二道涂膜后，立即铺贴聚酯纤维无纺布，并使其平坦地粘在涂膜上，在无纺布上再刮涂混合料，滚压密实，不允许有皱折或空鼓现象存在，经过 5h 以上的固化后，方可涂刷第三遍涂膜。

4）当平面部位最后一道涂膜完全固化，经检查验收合格后，即可做 20 厚的水泥砂浆或用低档的卷材做保护隔离层。

（5）水乳型氯丁橡胶沥青防水涂料施工

适用于地下混凝土工程防潮，沼气池防漏气；卫生间、厨房及室内地面防水。阳离子水乳型氯丁橡胶沥青防水涂层，以二布六涂涂层为主，厚度见表 7-24。

水乳型氯丁橡胶沥青防水涂料厚度要求 **表 7-24**

涂　层	玻璃纤维布	二布六涂
厚度（mm）	＞2	＞2

1）底涂层施工：将稀释防水涂料布于基层找平层上。涂刷时最好选择在无阳光的早晚时间进行，以使涂料有充分的时间向基层毛细孔内渗透，增强涂层对底层的粘结力。干后再涂刷防水涂料 2～3 遍，涂刷涂料时应作到厚度适宜，涂部均匀，不得有流淌、堆积现象，以利于水分蒸发，避免起泡。以下各涂层均按此要求进行施工。

2）中涂层施工：中涂层为加筋涂层，要铺贴玻璃纤维网格布，施工时可采用干铺法或湿铺法。

①干铺法

在已干的底涂层上干铺玻璃纤维网格布，展开后用涂料点粘固定玻璃纤维网格布纵向搭接宽度为 70mm，对接宽度为 10mm。

铺过两个纵向搭接缝的网格布后，开始涂刷防水涂料。依次刷防水涂料 2～3 遍。涂层干后，按上述做法铺第二层网格布。交接缝要与第一层网格布错位搭接，在第二层网格布上涂刷 1～2 遍涂料。

在施工过程中，为防止涂层表面粘脚，可在局部涂层表面上抛撒少量粉砂（40 目以上）或滑石粉（50～100 目）。粉料宜少撒，以免影响涂层质量。

②湿铺法

在已干的底涂层上，边涂防水涂料边铺贴玻璃纤维网格布。为了操作方便，可将玻璃纤维网格布卷成圆卷，边滚边贴。随即用毛刷将纤维网格布碾平整，排除气泡，并用刷子沾涂料在其上面均匀涂刷，使玻璃纤维网格布牢固粘结到基层上，并且使全部玻璃纤维网眼浸满涂料，不得有漏涂现象和皱折，干后再刷涂料。

3）面层保护层施工。

7.3.5.3　地下防水工程细部构造要求

（1）一般钢筋混凝土底板、外墙防水外防外贴做法见图 7-7。

（2）地下室底板、外墙防水外防内贴做法见图 7-8。

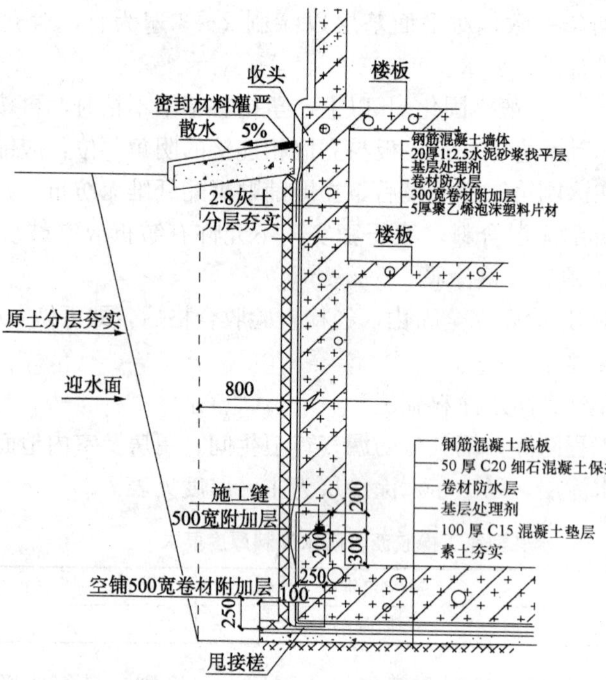

图 7-7　外防外贴防水做法

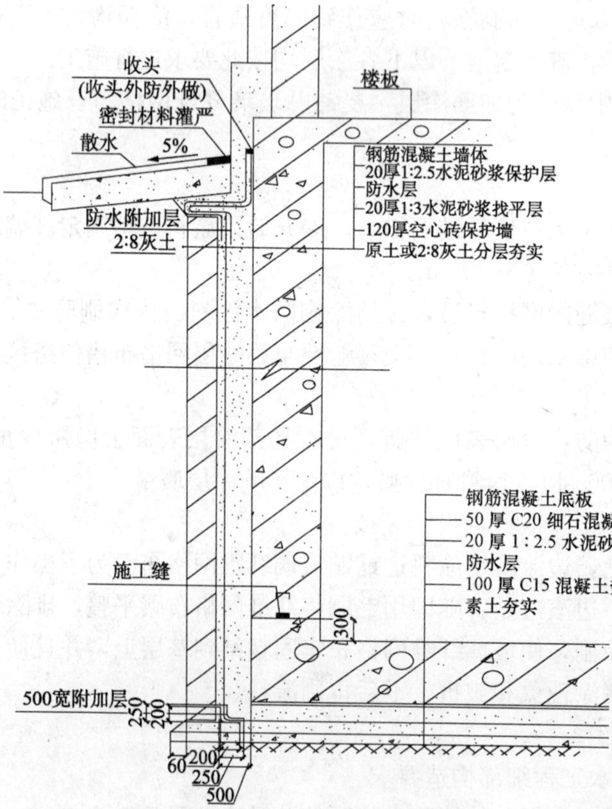

图 7-8　外防内贴防水做法

（3）地下室窗井防水做法见图 7-9。

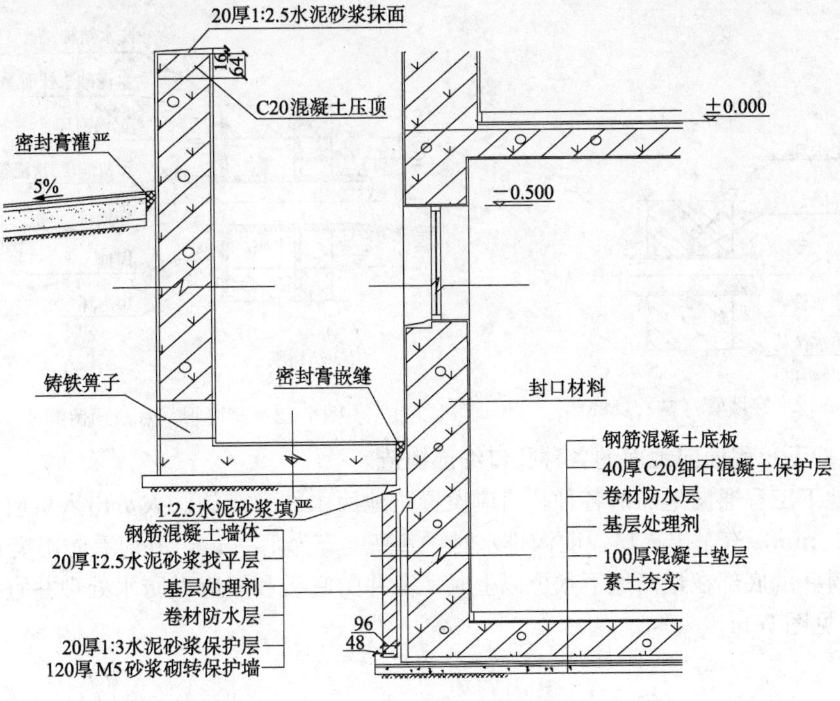

图 7-9　一般窗井防水

（4）变形缝处防水构造：变形缝处止水带侧的模板必须固定牢固，确保密封，严禁在止水带两侧渗浆。橡胶质止水带在混凝土中的位置必须准确，混凝土施工时不得变形与位移。止水点设置节点图见图 7-10、图 7-11。

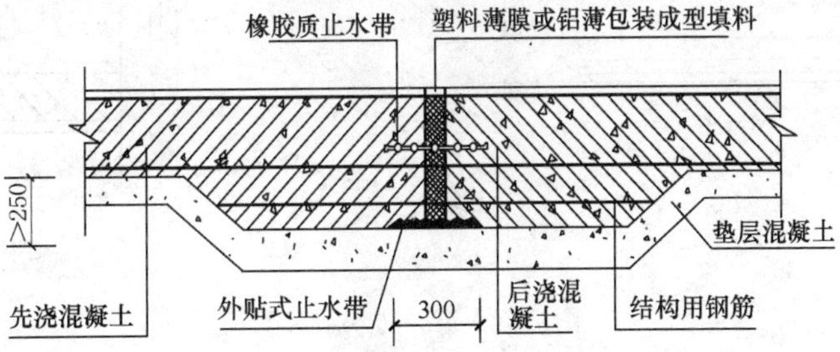

图 7-10　底板止水带设置节点

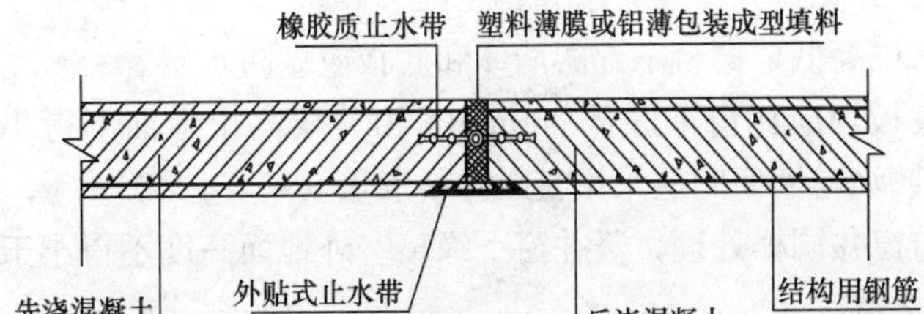

图 7-11　外墙止水带设置节点

（5）穿墙管（盒）细部构造：单管固埋法有现浇和预留洞两种方法。见图 7-12、图 7-13。

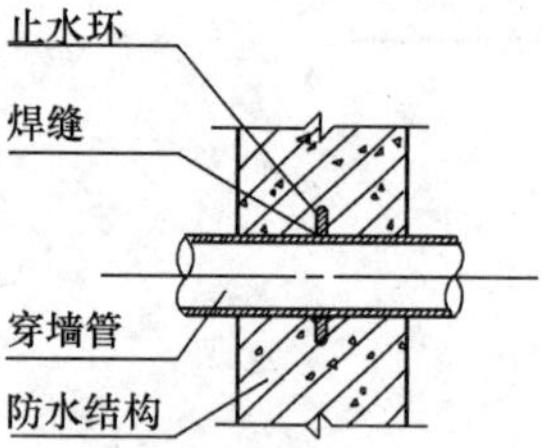

图 7-12 穿墙管（盒）现浇法

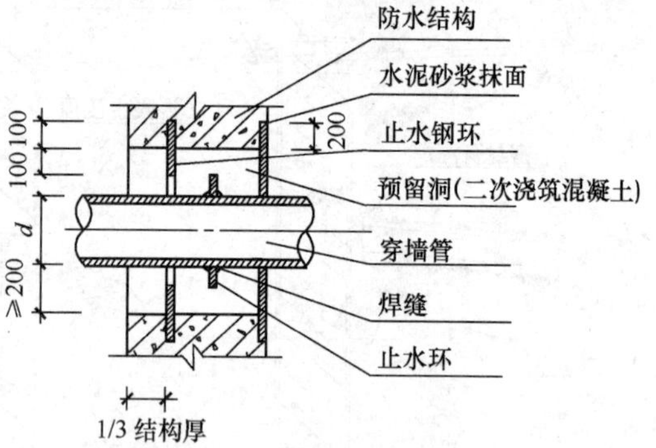

图 7-13 穿墙管（盒）预留洞法

（6）地下工程通向地面的各种孔口细部构造

1）地下工程通向地面的各种孔口应设置防地面水倒灌措施。人员出入口应高出地面不小于 500mm，汽车出入口设明沟排水时，其高度宜为 150mm，并应有防雨措施。

2）窗井的底部在最高地下水位以上时，窗井的底板和墙应做防水处理并宜与主体结构断开，见图 7-14。

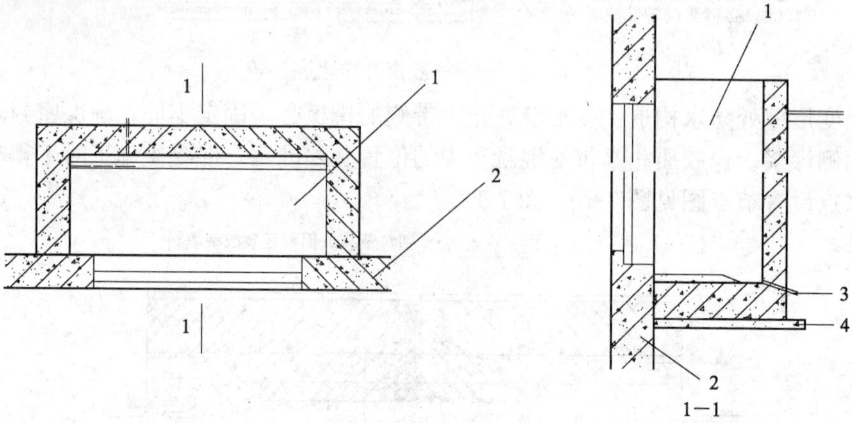

图 7-14 窗井防水示意图

1—窗井；2—主体结构；3—排水管；4—垫层

3）窗井或窗井的一部分在最高地下水位以下时，窗井应与主体结构连成整体，其防水层也应连成整体，并在窗井内设集水井，见图 7-15。

4）无论地下水位高低，窗台下部的墙体和底板应做防水层。

5）窗井内的底板，应比窗下缘低 300mm，窗井墙高出地面不得小于 500mm，窗井外地面应做散水，散水与墙面间应采用密封材料嵌填。

6）通风口应与窗井同样处理，竖井窗下缘离室外地面高度不得小于 500mm。

（7）坑池细部构造

1）坑、池、储水库宜用防水混凝土整体浇筑，内设其他防水层。受振动作用时应设柔性防水层。

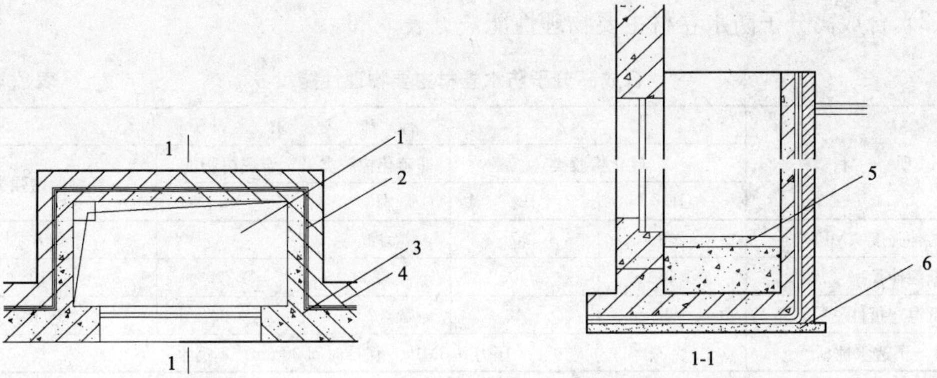

图 7-15　窗井防水示意图

1—窗井；2—防水层；3—主体结构；4—防水层保护层；
5—集水井；6—垫层

2）底板以下的坑、池，其局部底板必须相应降低，并应使防水层保护连续，见图 7-16。

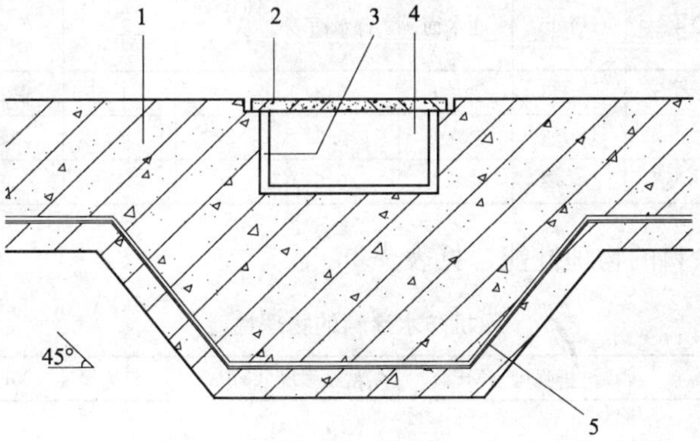

图 7-16　底板下坑、池的防水构造

1—底板；2—盖板；3—池防水层；4—坑、池；5—主体结构防水层

7.3.6　质量控制及检验

7.3.6.1　材料检验要求

（1）高聚物改性沥青防水卷材主要物理性能，见表 7-25。

高聚物改性沥青防水卷材主要物理性能　　表 7-25

项目		性能要求		
		聚酯毡胎体卷材	玻纤毡胎体卷材	聚乙烯膜胎体卷材
拉伸性能	拉力（N/50mm）	≥800（纵横向）	≥500（纵向） ≥300（横向）	≥140（纵向） ≥120（横向）
	最大拉力时延伸率（%）	≥80（纵横向）	—	≥250（纵横向）
低温柔性（℃）		≤−15		
		3mm 厚，r=15mm；4mm 厚，r=25mm；3s，弯 180°，无裂纹		
不透水性		压力 0.3MPa，保持时间 30min，不透水		

(2) 合成高分子防水卷材主要物理性能，见表7-26。

合成高分子防水卷材主要物理性能 **表7-26**

项目	性能要求				
	硫化橡胶类		非硫化橡胶类	合成树脂类	纤维胎增强类
	JL_1	JL_2	JF_3	JS_1	
拉伸强度（MPa）	≥8	≥7	≥5	≥8	≥8
断裂伸长率（%）	≥450	≥400	≥200	≥200	≥10
低温弯折性（℃）	−45	−40	−20	−20	−20
不透水性	压力0.3MPa，保持时间30min，不透水				

(3) 有机防水涂料物理性能，见表7-27。

有机防水涂料物理性能 **表7-27**

涂料种类	可操作时间（min）	潮湿基面粘结强度（MPa）	抗渗性（MPa）			浸水168h后断裂伸长率（%）	浸水168h后拉伸强度MPa	耐水性（%）	表干（h）	实干（h）
			涂膜（30min）	砂浆迎水面	砂浆背水面					
反应型	≥20	≥0.3	≥0.3	≥0.6	≥0.2	≥300	≥1.65	≥80	≤8	≤24
水乳型	≥50	≥0.2	≥0.3	≥0.6	≥0.2	≥350	≥0.5	≥80	≤4	≤12
聚合物水泥	≥30	≥0.6	≥0.3	≥0.8	≥0.6	≥80	≥1.5	≥80	≤4	≤12

(4) 无机防水涂料的物理性能，见表7-28。

无机防水涂料的物理性能 **表7-28**

涂料种类	抗折强度（MPa）	粘结强度（MPa）	抗渗性（MPa）	冻溶循环
水泥基防水涂料	>4	>1.0	>0.8	>D50
水泥基渗透结晶型防水涂料	≥3	≥1.0	>0.8	>D50

(5) 胶粘剂质量要求见表7-29。

胶粘剂质量要求 **表7-29**

项目	高聚物改性沥青卷材	合成高分子卷材
粘结剥离强度（N/10mm）	≥8	≥15
浸水168h后粘结剥离强度保持率（%）	—	≥70

(6) 胎体增强材料质量要求见表7-30。

胎体增强材料质量要求 **表7-30**

项目		聚酯无纺布	化纤无纺布	玻纤网布
外观		均匀无团状，平整无折皱		
拉力（宽50mm）	纵向（N）	≥150	≥45	≥90
	横向（N）	≥100	≥35	≥50
延伸率	纵向（%）	≥10	≥20	≥3
	横向（%）	≥20	≥25	≥3

（7）合成高分子密封材料物理性能见表7-31。

合成高分子密封材料物理性能　　表7-31

项目		性能要求	
		弹性体密封材料	塑性体密封材料
拉伸粘结性	拉伸强度（MPa）	≥0.2	≥0.02
	延伸率（%）	≥200	≥250
柔度（℃）		−30，无裂纹	−20，无裂纹
拉伸-压缩循环性能	拉伸-压缩率（%）	≥±20	≥±10
	粘结和内聚破坏面积	≤25	

7.3.6.2　施工质量验收

（1）卷材、涂料防水层施工检验数量：应按铺贴面积每100m² 抽查1处，每处10m²，且不得少于3处。

（2）地下工程防水卷材施工验收

1）主控项目：卷材防水层所用卷材及主要配套材料必须符合设计要求；卷材防水层及其转角处、变形缝、穿墙管道等细部做法均符合设计要求。

2）一般项目：卷材防水层的基层应牢固，基层应洁净、平整，不得有空鼓、松动、起砂和脱皮现象；基层阴阳角处应作成圆弧形；卷材防水层的搭接缝粘（焊）结牢固，密封严密，不得有皱折、翘边和鼓泡等缺陷；侧墙卷材防水层的保护层与防水层应粘结牢固，结合紧密、厚度均匀一致；卷材搭接宽度的允许偏差为−10mm。

（3）地下工程防水涂料施工验收

1）主控项目：涂料防水层所用材料及配合比必须符合设计要求；涂料防水层及其转角处、变形缝、穿墙管道等细部做法均符合设计要求。

2）一般项目：涂料防水层的基层应牢固，基层应洁净、平整，不得有空鼓、松动、起砂和脱皮现象；基层阴阳角处应作成圆弧形；涂料防水层应与基层粘结牢固。表面平整、涂刷均匀，不得有流淌、皱折、翘边、露胎体和鼓泡等缺陷；涂料防水层的平均厚度应符合设计要求，最小厚度不得小于设计厚度的80%；侧墙涂料防水层的保护层与防水层应粘结牢固，结合紧密、厚度均匀一致。

7.3.7　冬、雨期施工注意事项

7.3.7.1　严禁在雨天、雪天和五级风及其以上的条件下施工。

7.3.7.2　热熔型卷材施工较简便，一般不受温度和湿度的影响，可在较低气温下，以及雾、露、霜天气施工，六级以上大风应停止热熔施工。

7.3.7.3　施工环境气温条件，见表7-21。

7.3.7.4　霜、雪天气不宜进行涂膜施工、露天作业，涂层易遭霜雪侵害，也会影响膜质量。

7.3.7.5　水乳型氯丁橡胶沥青防水涂料不得在0℃以下施工，雨天、风砂天不得施工，不宜在夏季太阳暴晒下和后半夜潮露时施工。

7.3.8　环境与职业安全健康要求及措施

7.3.8.1　防水材料及其配套辅助材料多属易燃物，进场后应放在通风干燥的仓库，严防雨水浸入受潮，露天保存时应用防水布覆盖，仓库及施工现场应严禁烟火，要有防火标识，配备足够的消防器材，并设有专人看管。

7.3.8.2 严禁使用含苯（不含二甲苯）的稀释剂和溶剂。

7.3.8.3 加强型防水涂料（含溶剂型冷底子油）的现场管理，现场即开即用，不准许添加苯类溶剂。

7.3.8.4 橡胶改性沥青类溶剂型防水涂料禁止用于各类建筑防水工程。

7.3.8.5 双（多）组分聚氨酯防水涂料，禁止用于建筑物内部厕浴间、地下室、地下沟渠、竖井、深坑以及通风不利的施工作业面。

7.3.8.6 为施工人员创造良好的施工环境和条件，配备必要的劳动保护用品；同时对施工操作人员进行必要安全操作和自救知识的交底，严防人员伤亡事故的发生。

7.3.8.7 每次施工用完的机具要及时用有机溶剂清洗干净。

7.3.8.8 自粘型卷材环境温度不超过35℃，叠放层数不应超过5层，否则会因重压而变形。溶剂型涂料保管温度不超出＋40℃，水乳型涂料贮存应注意密封，贮存温度应在0℃以上，＋60℃以下。贮存期一般为6个月。

7.3.8.9 基层处理剂、胶粘剂、汽油等均为易燃物，存放时必须分开。

7.3.8.10 聚氨酯涂料应随用随配，配置好的混合料宜在2h内用完。

7.3.8.11 水乳型氯丁橡胶沥青防水涂料贮运环境应大于0℃，注意密封，贮存期不宜超过6个月。

第8章 屋 面 工 程

8.1 一 般 规 定

8.1.1 引用标准规范

(1)《屋面工程技术规范》GB 50345—2004;

(2)《屋面工程质量验收规范》GB 50207—2002;

(3)《建筑地面工程施工质量验收规范》GB 50209—2002;

(4)《建筑工程冬期施工规程》JGJ 104—97;

(5)《建筑安装分项工程施工工艺规程》DBJ/T 01—26—2003(第四分册)(北京地区适用);

(6)《混凝土结构工程施工质量验收规范》GB 50204—2002;

(7)《建筑构造通用图集(第二版)88J5-1 屋面》。

8.1.2 基本要求

8.1.2.1 原材料要求

(1) 屋面工程所采用的保温隔热材料应有产品合格证书和性能检测报告,材料的品种、规格、性能等应符合现行国家产品标准和设计要求。

(2) 材料进入现场后应按国家有关规定进行抽样复验,并出具试验报告,复验合格后方能使用。严禁在工程中使用不合格的保温隔热材料。

(3) 防水材料要求见防水工程。

(4) 保温隔热屋面材料要求

1) 保温材料堆积密度或表观密度、导热系数以及板材的强度、吸水率,必须符合设计要求。松散保温材料质量要求见表 8-1,板状保温材料质量要求见表 8-2。

松散保温材料质量要求 **表 8-1**

项 目	膨胀蛭石	膨胀珍珠岩
粒径	3～15mm	≥0.15mm,<0.15mm 的含量不大于 8%
堆积密度	≤300kg/m³	≤120kg/m³
导热系数	≤0.14W/(m·K)	≤0.07W/(m·K)

板状保温材料质量要求 **表 8-2**

项 目	聚苯乙烯泡沫塑料		硬质聚氨酯泡沫塑料	泡沫玻璃	加气混凝土类	膨胀珍珠岩类
	挤 压	模 压				
表观密度(kg/m³)	—	15～30	≥30	≥150	400～600	200～350
导热系数[W/(m·K)]	≤0.03	≤0.041	≤0.027	≤0.062	≤0.22	≤0.087

续表

项　目	聚苯乙烯泡沫塑料		硬质聚氨酯泡沫塑料	泡沫玻璃	加气混凝土类	膨胀珍珠岩类
	挤　压	模　压				
抗压强度（MPa）	—	—	—	≥0.4	≥2.0	≥0.3
压缩强度（MPa）	≥250	60～150	≥150	—	—	—
70℃，48h后尺寸变化率（%）	≤2.0	≤4.0	≤5.0	—	—	—
吸水率（V/V,%）	≤1.5	≤6.0	≤3.0	≤0.5	—	—
外观质量	板材表面基本平整，无严重凹凸不平					

2）保温隔热材料的贮运、保管符合下列规定：保温材料应采取防雨、防潮的措施，并应分类堆放，防止混杂；板状保温材料在搬运时应轻放，防止损伤断裂，缺棱掉角，保证板的外形完整。

3）架空隔热制品及其支座材料的质量应符合设计要求及有关材料标准。

4）蓄水屋面应采用刚性防水层或在卷材、涂膜防水层上面再做刚性防水层，防水层应采用耐腐蚀、耐霉烂、耐穿刺性能好的材料。

5）种植屋面的防水层应采用耐腐蚀、耐霉烂、耐穿刺性能好的防水材料；采用卷材防水层时，上部应设置细石混凝土保护层。

（5）瓦屋面材料要求

1）平瓦及其脊瓦的质量及贮运、保管应符合下列规定：平瓦及其脊瓦应边缘整齐，表面光洁，不得有分层、裂纹和露砂等缺陷，平瓦的瓦爪与瓦槽的尺寸应准确；平瓦运输时应轻拿轻放，不得抛扔、碰撞，进入现场后应堆垛整齐。

2）油毡瓦的质量及贮运、保管应符合下列规定：油毡瓦应边缘整齐，切槽清晰，厚薄均匀，表面无孔洞、楞伤、裂纹、折皱和起泡等缺陷；油毡瓦应在环境温度不高于45℃的条件下保管，避免雨淋、日晒、受潮，并应注意通风和避免接近火源。

3）金属板材的质量及贮运、保管应符合下列规定：金属板材应边缘整齐，表面光滑，色泽均匀，外形规则，不得有扭翘、脱膜和锈蚀等缺陷；金属板材堆放地点宜选择在安装现场附近，堆放场地应平坦、坚实且便于排除地面水。

4）各种瓦的规格和技术性能，应符合国家现行标准的要求。进场后应进行外观检验，并按有关规定进行抽样复验。

8.1.2.2　施工要求

（1）屋面工程施工前应通过图纸会审，掌握施工图中的细部构造及有关技术要求，编制屋面工程的施工方案或技术措施。

（2）屋面工程施工时，应建立各道工序的自检、交接检和专职人员检查的“三检”制度，并有完整的检查记录。每道工序完成，应经监理单位（或建设单位）检查验收，合格后方可进行下道工序的施工。

（3）当下道工序或相邻工程施工时，对屋面已完成的部分应采取保护措施。

（4）伸出屋面的管道、设备或预埋件等，应在防水层施工前安设完毕。屋面防水层完工后，不得在其上凿孔打洞或重物冲击，并做蓄水试验，见图8-1。

图 8-1　屋面蓄水试验

（5）屋面工程完工后，应对细部构造、接缝、保护层等进行外观检验，并应进行淋水或蓄水检验。

（6）屋面的保温层和防水层严禁在雨天、雪天和五级风及其以上时施工。屋面保温层和防水层施工环境气温宜符合表 8-3 的要求。

屋面保温层和防水层施工环境气温　　表 8-3

项　目	施工环境气温
粘结保温层	热沥青不低于－10℃；水泥砂浆不低于 5℃
沥青防水卷材	不低于 5℃
高聚物改性沥青防水卷材	冷粘法不低于 5℃；热熔法不低于－10℃
合成高分子防水卷材	冷粘法不低于 5℃；热风焊法不低于－10℃
高聚物改性沥青防水涂料	溶剂型不低于－5℃；水溶型不低于 5℃
合成高分子防水涂料	溶剂型不低于－5℃；水溶型不低于 5℃
刚性防水层	不低于 5℃

（7）冬施过程中有交叉作业时，应做到合理安排隔汽层、保温层、找平层、防水层的各项工序，并宜做到连续操作。对已完成部位应及时覆盖，以免受潮、受冻。穿过屋面防水层的管道设备或预埋件，应在防水施工前安装完毕并做好防水处理。

（8）屋面工程中推广应用的新技术，必须经过科技成果鉴定或新产品、新技术鉴定，并应指定相应的技术标准，经工程实践符合有关安全及功能的检验。

（9）屋面工程应建立管理、维修、保养制度，屋面排水系统应保持畅通，严防水落口、天沟、檐沟堵塞。

（10）防水施工要求见防水工程。

8.1.2.3　施工准备

（1）现场准备

1）根据实物工程量，提前组织有关机具和保温材料进场。

2）各种穿过屋面的预埋管件、穿洞已补好；屋面的女儿墙、机房、后浇带、天沟等均按设计图纸要求施工完毕。

3）主体结构已进行验收。

4）按设计要求的坡度，弹好墨线，并清好场地。

5）现场设天气告示板，并设专人记录天气预告，以便在大雨和寒流到来前做好各项防雨、保温和防冻措施。

（2）技术准备

1）提前做好屋面保温、防水工程施工所需物质的材料计划。

2）屋面工程施工前，项目有关技术、施工管理人员均要熟悉图纸，掌握施工图中的细部构造及技术要求。

3）屋面工程施工中，按施工工序、层次进行检验，合格后方可进行下道工序、层次的作业。

4）加强施工方案或技术措施的执行和检查工作，施工管理人员以及技术人员认真学习施工方案，并做好技术交底和施工过程检查工作。

（3）安全准备

1）施工前组织生产、技术、安全、消防等部门有关人员对现所有机具、电气设备以及消防设备进行检查。

2）保证消防道路畅通，要及时清除建筑垃圾以及废旧材料。各种屋面施工材料堆放严禁占用道路。

8.2 施工工艺及操作要点

8.2.1 卷材、涂膜防水屋面找平层

8.2.1.1 屋面找平层施工工艺流程

基层清理→管根封堵、固定→弹线找坡→洒水湿润→打底、找坡→铺找平层→压实、养护→验收。

8.2.1.2 找平层厚度和技术要求见表8-4。

找平层厚度和技术要求 **表8-4**

类　别	基层种类	厚　度（mm）	技术要求
水泥砂浆找平层	整体混凝土	15～20	1∶2.5～1∶3（水泥∶砂）体积比，宜掺抗裂纤维
	整体或板状材料保温层	20～25	
	装配式混凝土板	20～30	
细石混凝土找平层	板状材料保温层	30～35	混凝土强度等级C20
混凝土随浇随抹	整体现浇混凝土	—	原浆表面抹平、压光

8.2.1.3 找平层的基层采用装配式钢筋混凝土板时，应符合下列规定：板端、侧缝应用细石混凝土灌缝，其强度等级不应低于C20；板缝宽度大于40mm或上窄下宽时，板缝内应设置构造钢筋（钢筋直径、数量按设计要求）；板端缝应进行密封处理。

8.2.1.4 找平层的排水坡度应符合设计要求。平屋面采用结构找坡不应小于3%，采用材料找坡宜为2%；天沟、檐沟纵向找坡不应小于1%，沟底水落差不得超

过 200mm。

8.2.1.5　找平层宜设分格缝（图 8-2），并嵌填密封材料，分格缝缝宽宜为5～20mm，纵横缝的最大间距不宜大于 6m。

图 8-2　找平层分格缝

8.2.1.6　基层与突出屋面结构（女儿墙、山墙、天窗壁、变形缝、烟囱等）的交接处和基层的转角处（水落口、檐口、天沟、檐沟、屋脊等），均应做成圆弧形，圆弧半径应符合表 8-5 的要求。内部排水的水落口周围，找平层应做成略低的凹坑。

转角处圆弧半径　　表 8-5

卷材种类	圆弧半径（mm）
沥青防水卷材	100～150
高聚物改性沥青防水卷材	50
合成高分子防水卷材	20

8.2.1.7　铺设屋面隔汽层或防水层前，基层必须干净、干燥，应进行基层含水率的检测。基层含水率的简易检验方法：将 $1m^2$ 的卷材平坦的干铺在找平层上，静置 3～4h 后掀开检查，找平层覆盖部位与卷材上未见水印，即可铺设隔汽层或防水层。

8.2.1.8　找平层应牢固坚实，表层无凹凸、起砂、起皮现象。

8.2.1.9　铺设屋面隔气层和防水层前，找平层应干净、干燥。冬施如有积雪、残留冰霜、杂物等，应清扫干净。

8.2.2　卷材、涂膜防水屋面保温层

8.2.2.1　施工工艺流程

基层清理→管根堵孔、固定→铺设隔汽层→弹线找坡度→保温层铺设→找（刮）平→养护→检查验收。

8.2.2.2　在纬度 40°以北地区且室内空气湿度大于 75%，或其他地区室内空气湿度常年大于 80%时，若采用吸湿性保温材料做保温层，应选用气密性、水密性好的防水卷材或防水涂料做隔汽层。隔汽层应沿墙面向上铺设，并与屋面的防水层相连接，形成全封闭的整体。冬施采用卷材时，可采用花铺法施工，卷材搭接宽度不应小于 80mm，采用防水涂料时，宜选用溶剂型涂料。隔汽层施工的温度不应低于－5℃。

8.2.2.3　保温层的构造应符合下列规定：保温层设置在防水层上部时，保温层的上面应做保护层；保温层设置在防水层下部时，保温层的上面应做找平层；屋面坡度较大时，保温层应采取防滑措施。

8.2.2.4　保温层应干燥，封闭式保温层的含水率应相当于该材料在当地自然风干状态下的平衡含水率。

8.2.2.5　屋面保温层干燥有困难时，应采用排汽屋面。排汽屋面应符合下列规定：

(1) 找平层设置的分格缝可兼作排汽道。铺贴卷材时宜采用空铺法、点粘法、条粘法。

(2) 排汽道应纵横贯通，并同与大气连通的排汽管相通，排汽管可设在檐口下或屋面排汽道交叉处，见图 8-3。

图 8-3　排汽道与排汽管

(3) 排汽道宜纵横设置，间距宜为 6m。屋面面积每 $36m^2$ 宜设置一个排汽孔，排汽孔应做防水处理。

(4) 在保温层下可铺设带支点的塑料板，通过空腔层排水、排汽。

8.2.2.6　倒置式屋面应符合下列规定：倒置式屋面坡度不宜大于 3%。应采用吸水率小、长期浸水不腐烂的保温材料；保温层可采用干铺或粘贴板状保温材料，也可采用硬质聚氨酯泡沫塑料；现喷硬质聚氨酯泡沫塑料与涂料保护层间应具有相容性；屋面的檐沟、水落口等部位，应采用现浇混凝土或砖砌堵头，并作好排水处理；保温层上应用细石混凝土、块体材料、水泥砂浆或卵石做保护层时，保护层与保温层之间应铺设隔离层，见图 8-4、图 8-5。

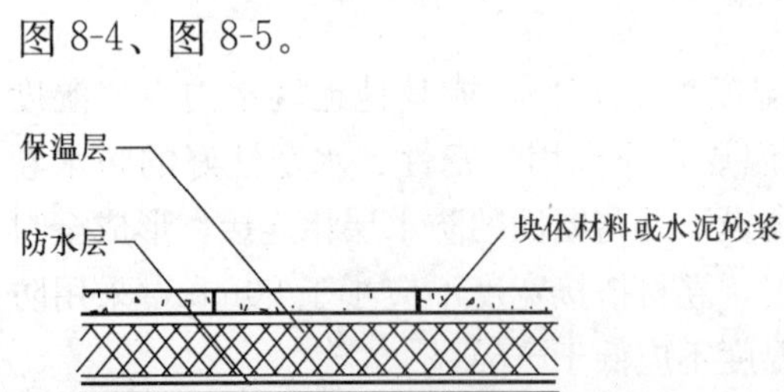

图 8-4　倒置式屋面（一）

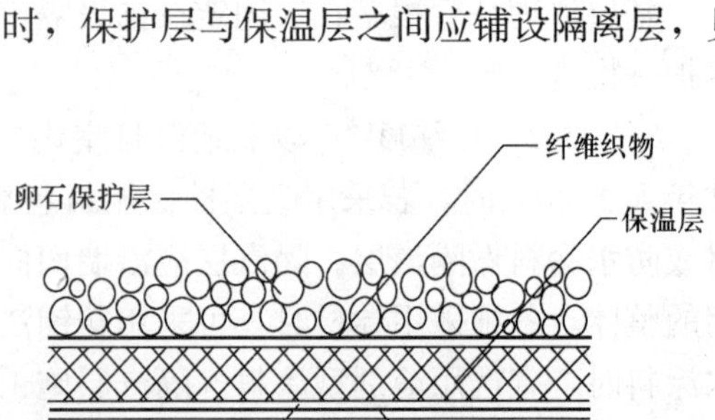

图 8-5　倒置式屋面（二）

8.2.2.7 松散材料保温层施工应符合下列规定：

铺设松散材料保温层的基层应平整、干燥和干净；保温层含水率应符合设计要求；松散保温材料应分层铺设并压实，压实的程度与厚度应经试验确定；保温层施工完成后，应及时进行找平层和防水层的施工；雨季施工时，保温层应采取遮盖措施。

8.2.2.8 板状材料保温层施工应符合下列规定：

板状材料保温层的基层应平整、干燥和干净；板状保温材料应紧靠在需保温的基层表面上，并应铺平垫稳；分层铺设的板块上下层接缝应相互错开；板间缝隙应采用同类材料嵌填密实；粘贴的板状保温材料应贴严、粘牢。

8.2.2.9 整体现浇（喷）保温层施工应符合下列规定：

沥青膨胀蛭石、沥青膨胀珍珠岩宜用机械搅拌，并应色泽一致，无沥青团；压实程度根据试验确定，其厚度应符合设计要求，表面应平整；硬质聚氨酯泡沫塑料应按配比准确计量，发泡厚度均匀一致；施工环境气温宜为 15～30℃，风力不宜大于三级，相对湿度宜小于 85%。

8.2.2.10 干铺的保温层可在负温下施工，用有机胶粘剂粘贴的板状材料保温层，在气温低于－10℃时不宜施工，用水泥砂浆粘贴的板状材料保温层，在气温低于 5℃时不宜施工。

8.2.2.11 雨天、雪天和五级及其以上时不得施工，当施工中途下雨、下雪时，应采取遮盖措施。

8.2.2.12 与保温层有关的细部构造要求

(1) 保温屋面在与室内空间有关联的天沟、檐沟处，均应铺设保温层；天沟、檐沟、檐口与屋面交接处，屋面保温层的铺设应延伸到墙内，其伸入的长度不应小于墙厚的 1/2。

(2) 屋面的排汽出口应埋设排汽管，排汽管宜设置在结构层上，穿过保温层及排汽道的管壁四周应打排汽孔，排汽管应做防水处理，见图 8-6、图 8-7。

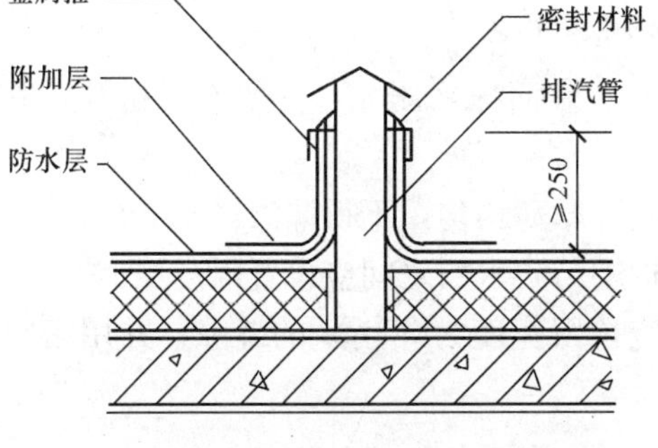

图 8-6 屋面排汽口（一）

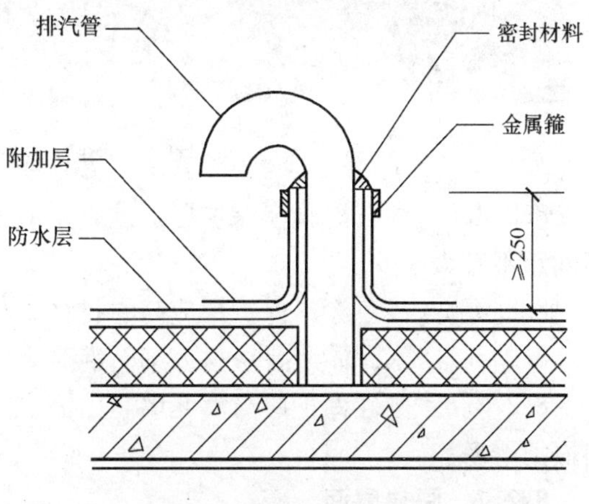

图 8-7 屋面排汽口（二）

(3) 倒置式屋面的保温层上面，可采用块体材料、水泥砂浆或卵石做保护层；卵石保护层与保温层之间应铺设聚酯纤维无纺布或纤维织物进行隔离保护。

(4) 倒置式屋面施工完的防水层，应进行蓄水或淋水试验，合格后方可进行保温层的铺设；板状保温材料的铺设应平稳，拼缝应严密；保护层施工时，应避免损坏保温层和防水层；当保护层采用卵石铺压时，卵石的质（重）量应符合设计规定。

8.2.3 卷材、涂膜防水屋面面层

8.2.3.1 绿豆砂保护层应清洁、预热、铺撒均匀，并使其与沥青玛脂粘结牢固，不得残留未粘结的绿豆砂。

8.2.3.2 云母或蛭石保护层不得有粉料，撒铺应均匀，不得露底，多余的云母或蛭石应清除。

8.2.3.3 水泥砂浆保护层的表面应抹平压光，并设表面分格缝，分格面积宜为 $1m^2$。

8.2.3.4 块体材料保护层应留设分格缝，分格面积不宜大于 $100m^2$，分格缝宽度不宜小于 20mm，见图 8-8。

图 8-8 块体材料保护层分格缝

8.2.3.5 细石混凝土保护层，混凝土应密实，表面抹平压光，并留设分格缝，其纵横间距不宜大于 6m。

8.2.3.6 浅色涂料保护层应与卷材粘结牢固，厚薄均匀，不得漏涂。

8.2.3.7 水泥砂浆、块材或细石混凝土保护层与防水层之间应设置隔离层。

8.2.3.8 刚性保护层与女儿墙、山墙之间应预留宽度为 30mm 的缝隙，并用密封材料嵌填严密。

8.2.4 隔热屋面

8.2.4.1 架空屋面

(1) 架空屋面的坡度不宜大于 5%。

(2) 架空隔热层的进风口，宜设置在当地炎热季节最大频率风向的正压区，出风口宜设置在负压区。

(3) 架空隔热制品支座底面的卷材、涂膜防水层上应采取加强措施，操作时不得损坏已完工的防水层。

(4) 架空隔热层施工时，应将屋面清扫干净，并根据架空板的尺寸弹出支座中线。

(5) 铺设架空板时应将灰浆刮平，随时扫净屋面防水层上的落灰、杂物等，保证架空隔热层气流畅通。操作时不得损伤已完工的防水层。

(6) 架空板的铺设应平整、稳固；缝隙宜采用水泥砂浆或混合砂浆嵌填，并应按设计要求留变形缝。

(7) 架空隔热层的高度应按照屋面宽度或坡度大小的变化确定，当屋面宽度大于 10m 时，应设置通风屋脊。屋面的架空隔热层高度宜为 180～300mm，架空板与女儿墙的距离不宜小于 250mm，见图 8-9。

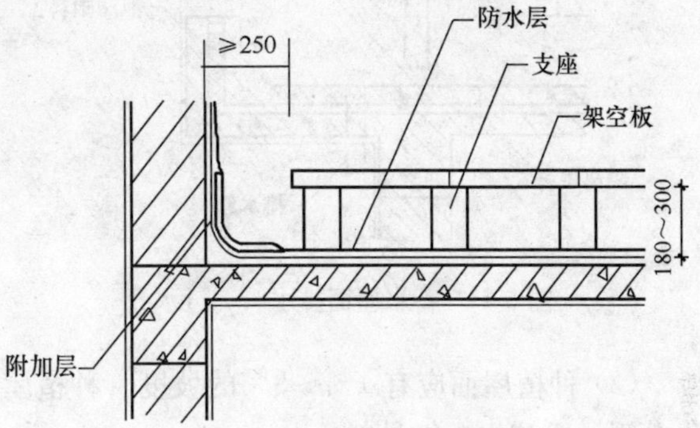

图 8-9 架空屋面

8.2.4.2 蓄水屋面

(1) 蓄水屋面的坡度不宜大于 0.5%。

(2) 蓄水屋面应采用刚性防水层或在卷材、涂膜防水层上面再做刚性防水层，防水层应采用耐腐蚀、耐霉烂、耐穿刺性能好的材料。

(3) 蓄水屋面应划分为若干蓄水区，每区的边长不宜大于 10m，在变形缝的两侧应分成两个互不连通的蓄水区；长度超过 40m 的蓄水屋面应设分仓缝，分仓隔墙可采用混凝土或砖砌体；蓄水屋面应设置人行通道。

(4) 蓄水屋面应设排水管、溢水口和给水管等，并在防水层施工前安装完毕。排水管应与水落管或其他排水出口连通。

(5) 每个蓄水区的防水混凝土应一次浇筑完毕，不得留施工缝；立面与平面的防水应同时做好。

(6) 蓄水屋面的刚性防水层完工后，应及时养护，养护时间不得少于 14 天，蓄水后不得断水。

(7) 蓄水屋面泛水的防水层高度，应高出溢水口 100mm；蓄水屋面的蓄水深度宜为 150～200mm。

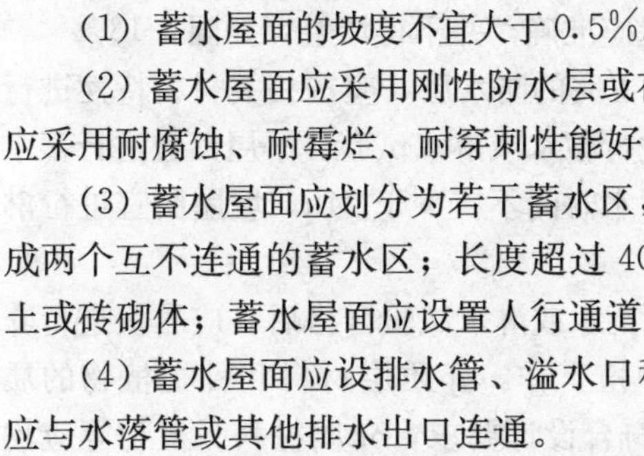

图 8-10 蓄水屋面溢水口

(8) 蓄水屋面的溢水口应距分仓墙顶面 100mm，见图 8-10。

过水孔应设在仓墙底部，排水管应与水落管连通，见图 8-11。

分仓缝内应嵌填泡沫塑料，上部用卷材封盖，然后加扣混凝土盖板，见图 8-12。

8.2.4.3 种植屋面

(1) 种植屋面的防水层应采用耐腐蚀、耐霉烂、耐穿刺性能好的材料。

(2) 种植屋面采用卷材防水层时，上部应设置细石混凝土保护层。

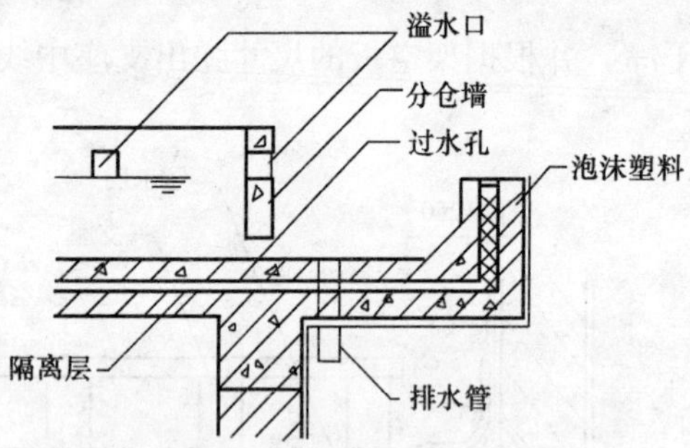

图 8-11 蓄水屋面排水管、过水孔

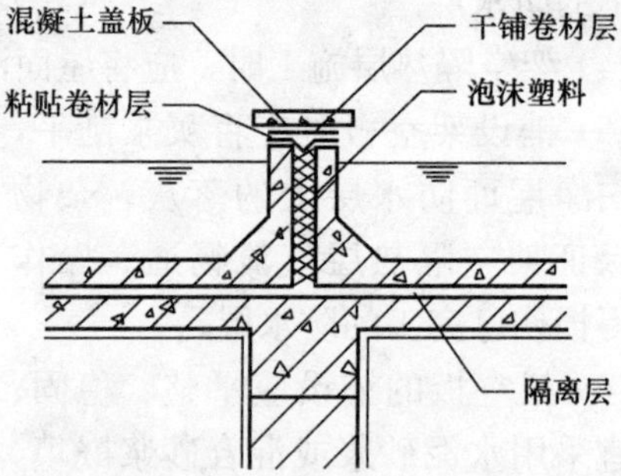

图 8-12 蓄水屋面分仓缝

(3) 种植屋面应有 1%～3%的坡度。种植屋面四周应设挡墙，挡墙下部应设泄水孔，孔内侧放置疏水粗细骨料。

(4) 种植覆盖层的施工应避免损坏防水层；覆盖材料的厚度、质（重）量应符合设计要求。

(5) 种植屋面挡墙（板）施工时，留设的泄水孔位置应准确，并不得堵塞。种植介质四周应设挡墙，挡墙下部应设泄水孔。泄水孔位置应准确，并不得堵塞，如图 8-13。

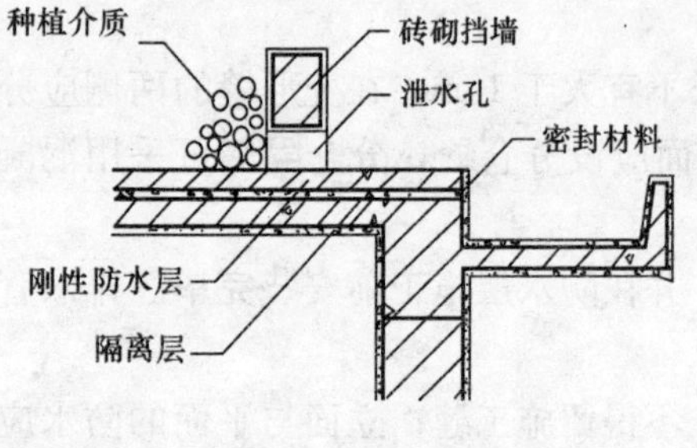

图 8-13 种植屋面

(6) 施工完的防水层，应按相关材料特性进行养护，并进行蓄水或淋水试验。平屋面宜进行蓄水试验，其蓄水时间不应少于 24h；坡屋面宜进行淋水试验。

(7) 经蓄水或淋水试验合格后，应尽快进行介质铺设及种植工作。介质层材料和种植植物的质（重）量应符合设计要求，介质材料、植物等应均匀堆放，并不得损坏防水层。

(8) 植物的种植时间，应根据植物对气候条件的要求确定。

8.2.5 瓦屋面

8.2.5.1 平瓦屋面施工

(1) 施工工艺流程：屋面基层施工及验收→施工放线→挂（铺）瓦→挂斜沟、斜背、山墙半瓦→找平做斜屋面脊→做屋面泛水→验收。

(2) 在木基层上铺设卷材时，应自下而上平行屋脊铺贴，搭接顺流水方向。卷材铺设时应压实铺平，上部工序施工时不得损坏卷材。

(3) 挂瓦条间距应根据瓦的规格和屋面坡长确定。挂瓦条应铺钉平整、牢固，上棱应成一直线。

(4) 平瓦应铺成整齐的行列，彼此紧密搭接，并应瓦榫落槽，瓦脚挂牢。瓦头排齐，檐口应成一直线。

(5) 脊瓦搭盖间距应均匀；脊瓦与坡面瓦之间的缝隙，应采用掺有纤维的混合砂浆填实抹平；屋脊和斜脊应平直，无起伏现象。沿山墙封檐的一行瓦，宜用1∶2.5的水泥砂浆做出坡水线将瓦封固。

(6) 铺设平瓦时，平瓦应均匀分散堆放在两坡屋面上，不得集中堆放。铺瓦时，应由两坡从下向上同时对称铺设。

(7) 在基层上采用泥背铺设平瓦时，泥背应分两层铺抹，待第一层干燥后再铺抹第二层，并随铺平瓦。

(8) 在混凝土基层上铺设平瓦时，应在基层表面抹1∶3水泥砂浆找平层，钉设挂瓦条挂瓦。当设有卷材或涂膜防水层时，防水层应铺设在找平层上；当设有保温层时，保温层应铺设在防水层上。

8.2.5.2 油毡瓦屋面施工

(1) 施工工艺流程：基层清理→找平层→防水层→保温层→找平层→空铺卷材一层→油毡瓦→验收。

(2) 油毡瓦的木基层应平整。铺设时，应在基层上先铺一层卷材垫毡，从檐口往上用油毡钉铺钉，钉帽应盖在垫毡下面，垫毡搭接宽度不应小于50mm。

(3) 油毡瓦应自檐口向上铺设，第一层瓦应与檐口平行，切槽向上指向屋脊；第二层瓦应与第一层叠合，但切槽向下指向槽口；第三层瓦应压在第二层上，并露出切槽。相邻两层油毡瓦，其拼缝及瓦槽应均匀错开。

(4) 每片油毡瓦不应少于4个油毡钉，油毡钉应垂直钉入，钉帽不得外露油毡瓦表面。当屋面坡度大于150%时，应增加油毡钉或采用沥青胶粘贴。

(5) 铺设脊瓦时，应将油毡瓦切槽剪开，分成四块做为脊瓦，并用两个油毡钉固定；脊瓦应顺年最大频率风向搭接，并应搭盖住两坡面油毡瓦接缝的1/3；脊瓦与脊瓦的压盖面，不应小于脊瓦面积的1/2。

(6) 屋面与突出屋面结构的交接处，油毡瓦应铺贴在立面上，其高度不应小于250mm。在屋面与突出屋面的烟囱、管道等交接处，应先做二毡三油防水层，待铺瓦后再用高聚物改性沥青卷材做单层防水。在女儿墙泛水处，油毡瓦可沿基层与女儿墙的八字坡铺贴，并用镀锌薄钢板覆盖，钉入墙内预埋木砖上；泛水上口与墙间的缝隙应用密封材料封严。

(7) 在混凝土基层上铺设油毡瓦时，应在基层表面抹1∶3水泥砂浆找平层，按上述第(1)、(5)条规定铺设卷材垫毡和油毡瓦。当与卷材或涂膜防水层复合使用时，防水层应铺设在找平层上，防水层上再做细石混凝土找平层，当设有保温层时，保温层应铺设在防水层上，保温层上再做细石混凝土找平层，然后铺设卷材垫毡和油毡瓦。

8.2.5.3 金属板材屋面施工

(1) 压型钢板施工工艺流程：固定支架→钢板安装→连接件固定→屋脊、泛水、封板、包角板安装→密封胶→验收。

(2) 金属板材应用专用吊具吊装，吊装时不得损伤金属板。

(3) 金属板材应根据板型和设计的配板图铺设；铺设时，应先在檩条上安装固定支架，板材和支架的连接，应按所采用板材的质量要求确定。

(4) 压型板材应采用带防水垫圈的镀锌螺栓（螺钉）固定，固定点应设在波峰上。所有外露螺栓（螺钉），均应涂抹密封材料保护。

(5) 铺设金属板材屋面时，相邻两块板应顺年最大频率风向搭接；上下两排板的搭接长度，应根据板型和屋面坡长确定，并应符合板型的要求，搭接部位用密封材料封严；对接拼缝与外露钉帽应做密封处理。

(6) 天沟用金属板材制作时，应伸入屋面金属板材下不小于100mm；当有槽沟时，屋面金属板材应伸入槽沟内，其长度不应小于50mm；檐口应用异型金属板材的堵头封檐板；山墙应用异型金属板材的包角板和固定支架封严。

(7) 每块泛水板的长度不宜大于2m，泛水板的安装应顺直；泛水板与金属板材的搭接宽度，应符合不同板型的要求。

8.2.5.4 细部构造

(1) 平瓦屋面的瓦头挑出封檐的长度宜为50～70mm，见图8-14、图8-15。

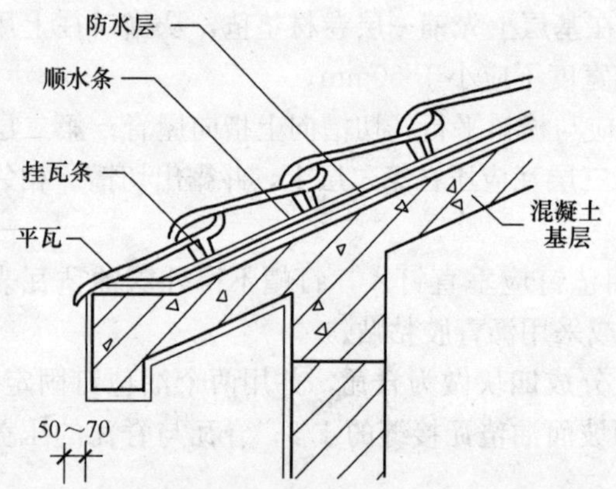

图8-14 平瓦屋面檐口（一）

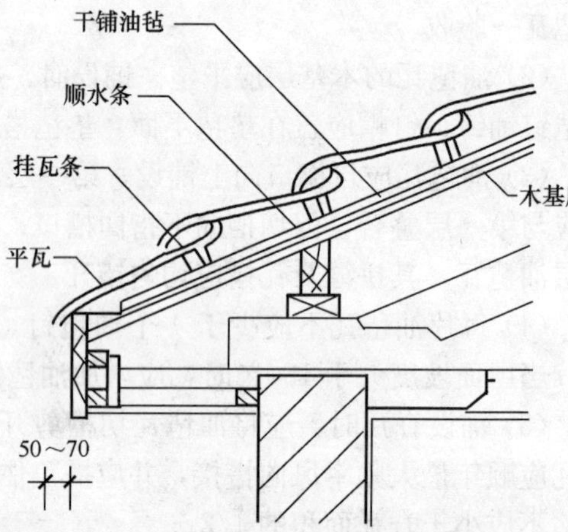

图8-15 平瓦屋面檐口（二）

油毡瓦屋面的檐口应设金属滴水板，见图8-16、图8-17。

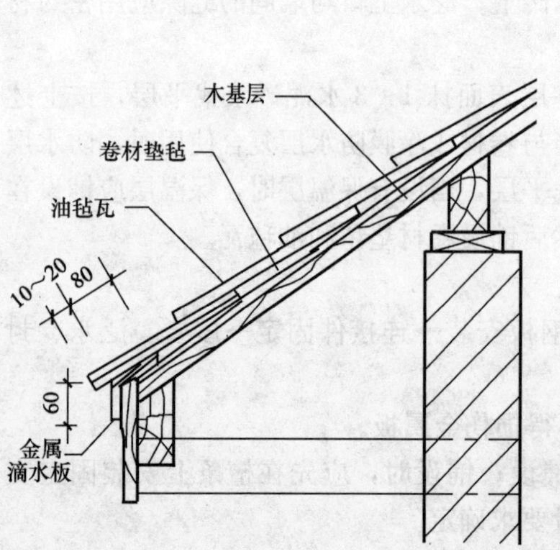

图8-16 油毡瓦屋面檐口（一）

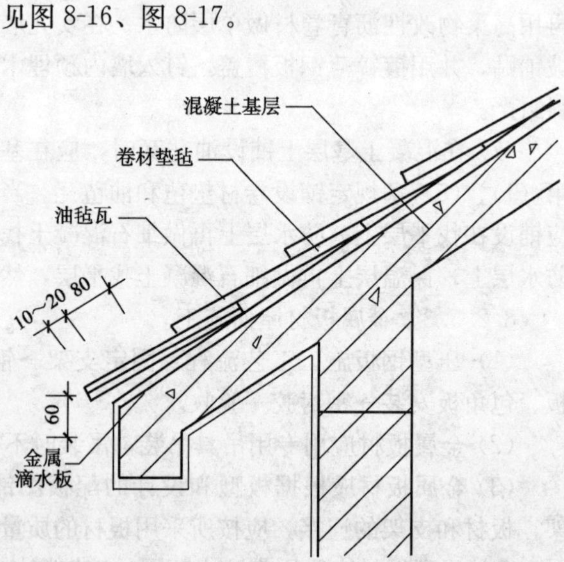

图8-17 油毡瓦屋面檐口（二）

（2）平瓦屋面的泛水，宜采用聚合物水泥砂浆或掺有纤维的混合砂浆分次抹成；烟囱与屋面的交接处，在迎水面中部应抹出分水线，并应高出两侧各 30mm，见图8-18。

油毡瓦屋面和金属板材屋面的泛水板，与突出屋面的墙体搭接高度不应小于 250mm，见图 8-19、图 8-20。

（3）平瓦伸入天沟、檐沟的长度宜为 50～70mm，见图 8-21、图 8-22。

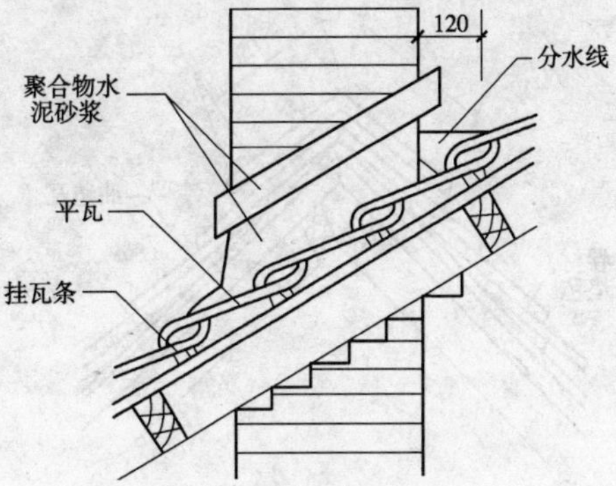

图 8-18　平瓦屋面烟囱泛水

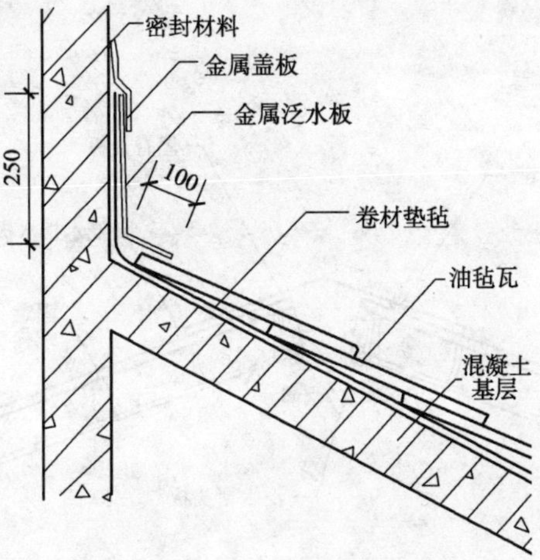

图 8-19　油毡瓦屋面泛水

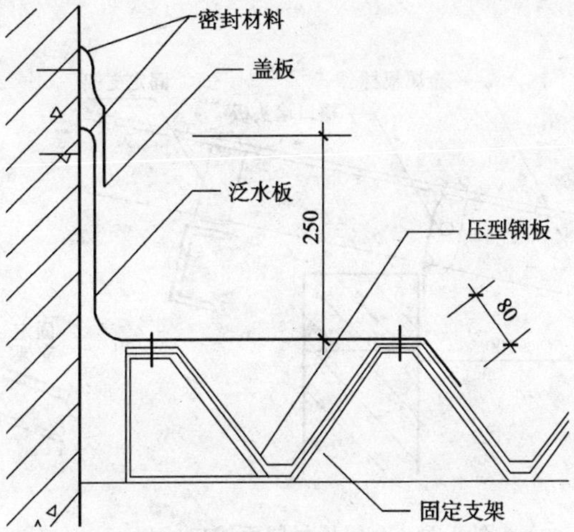

图 8-20　压型钢板屋面泛水

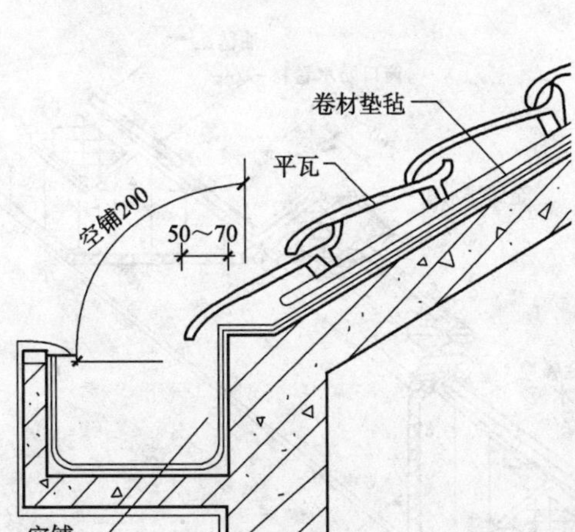

图 8-21　平瓦屋面檐沟

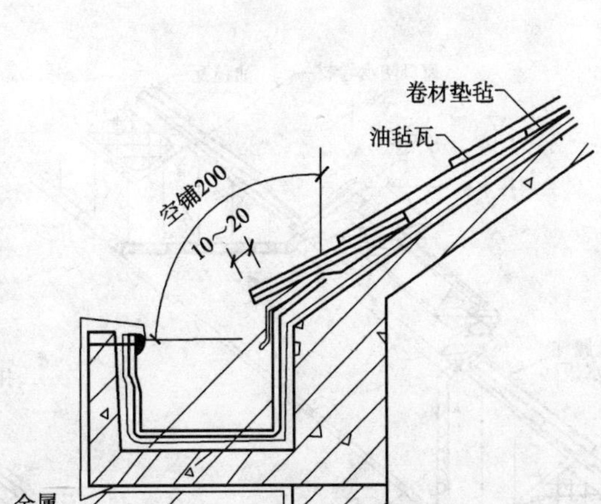

图 8-22　油毡瓦屋面檐沟

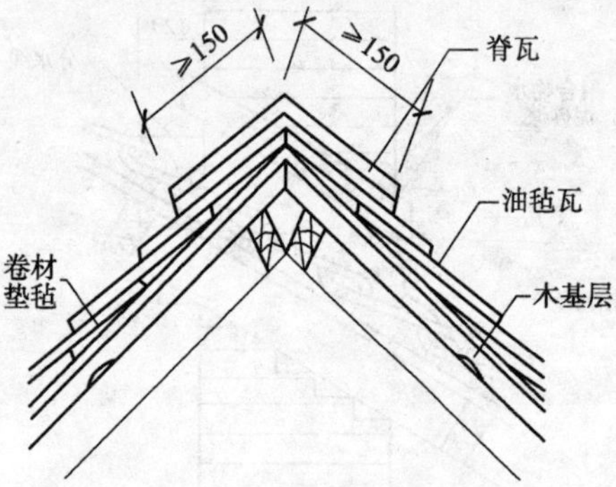

图 8-23　油毡瓦屋脊

(4) 平瓦屋面的脊瓦下端距坡面瓦的高度不宜大于 80mm，脊瓦在两坡面瓦上的搭盖宽度，每边不应小于 40mm。油毡瓦屋面的脊瓦在两坡面瓦上的搭盖宽度，每边不应小于 150mm，见图 8-23。

(5) 金属板材屋面檐口挑出的长度不应小于 200mm，见图 8-24。

屋面脊部应用金属屋脊盖板，并在屋面板端头设置泛水挡水板和泛水堵头板，见图 8-25。

(6) 平瓦、油毡瓦屋面与屋顶窗交接处，应采用金属排水板、窗框固定铁角、窗口防水卷材、支瓦条等连接，见图 8-26、图 8-27。

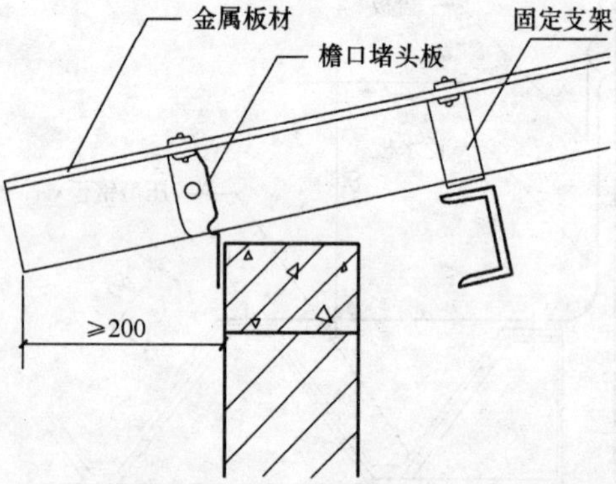

图 8-24　金属板材屋面檐口

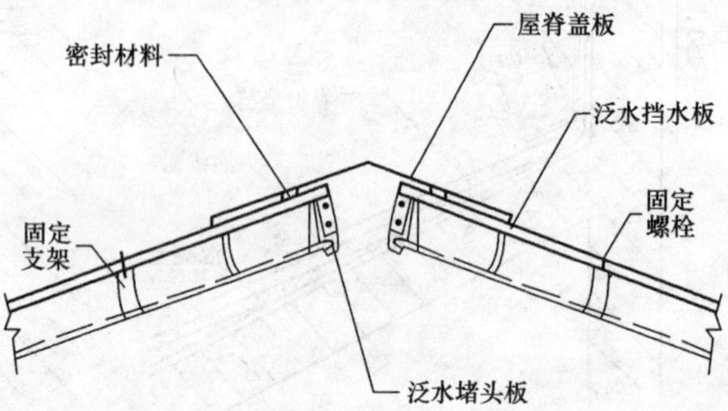

图 8-25　金属板材屋脊

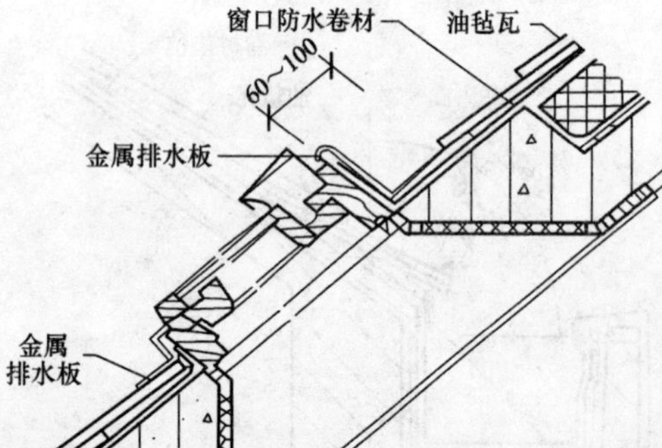

图 8-26　平瓦屋面屋顶窗

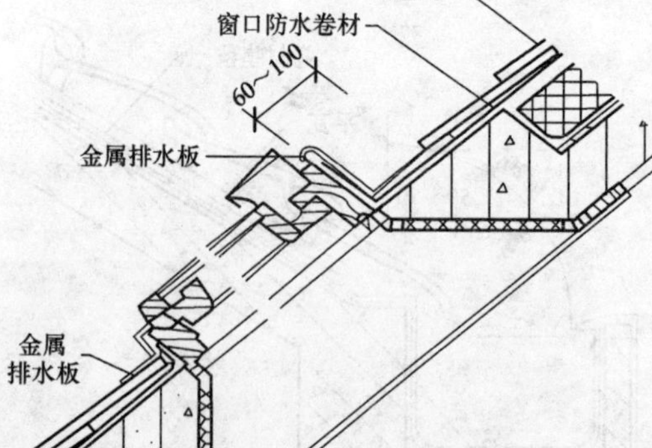

图 8-27　油毡瓦屋面屋顶窗

8.3 质量控制及检验标准

8.3.1 一般要求

卷材、涂膜防水屋面、隔热屋面和瓦屋面工程的各分项工程的施工质量检验批量应符合下列规定：按屋面面积每 $100m^2$ 抽查一处，每处 $10\ m^2$，且不得少于 3 处。细部构造根据分项工程的内容，应全部进行检查。

8.3.2 卷材、涂膜防水屋面找平层的检验标准及质量控制点

8.3.2.1 主控项目

找平层的材料质量及配合比，必须符合设计要求。屋面（含天沟、檐沟）找平层的排水坡度，必须符合设计要求。

8.3.2.2 一般项目

(1) 基层与突出屋面结构的交接处和基层的转角处，均应做成圆弧形，且整齐平顺。

(2) 水泥砂浆、细石混凝土找平层应平整、压光，不得有酥松、起砂、起皮现象。

(3) 找平层分格缝的位置和间距应符合设计要求。

(4) 找平层表面平整度的允许偏差为 5mm。

8.3.2.3 质量控制点

(1) 找平层起砂：砂浆拌和配合比不准，水泥强度等级不够或不稳；抹压程度不足，养护过早、过晚，过早上人踩踏等均能引起找平层起砂。

(2) 找平层空鼓、开裂：所用砂子过细，基层表面处理不干净，施工前未浇水或浇水养护不够；基底厚薄不均匀或施工中局部漏压；屋面转角处，出屋面管根和埋件周围漏压或操作不够认真。

(3) 屋面倒泛水：冲筋时泛水没有找准确，或在铺灰时未用木杠找出泛水，铺灰厚度没按冲筋刮平顺，使泛水失去作用。

(4) 冬期施工注意事项

1) 水泥砂浆找平层应符合下列规定：制作水泥砂浆时应依据气温和养护温度要求掺入防冻剂，其掺量应由试验确定。当采用氯化钠防冻剂时宜选用普通硅酸盐水泥或矿渣硅酸盐水泥，严禁使用高铝水泥，砂浆强度不应低于 $3.5N/mm^2$，施工温度不应低于 -7℃。氯化钠掺量应按表 8-6 采用。

氯化钠掺量（占水重量%） **表 8-6**

项目	施工时室外气温（℃）		
	0～−2	−3～−5	−5～−7
用于平面部位	2	4	6
用于檐口、天沟等部位	3	5	7

2) 水泥砂浆预制板找平层施工时，预制板块几何尺寸可选用 500mm×500mm×25mm，并在正温度下制作达到设计强度。表面干燥后需在暖棚内至少先涂上一道冷底子油。铺设时，板下应采用厚度 50mm 干砂或炉渣找平并用沥青或沥青砂浆灌缝，施工温度不宜低于－10℃。

3) 找平层宜留设分格缝，缝宽宜为 5～20mm，并嵌填密封材料。当分格缝兼作排汽屋面的排汽道时，可适当加宽，并应与保温层连通。分格缝应留设在板端处，其纵横最大间距采用水泥砂浆时不应大于 6m。找平层表面宜平整，平整度不应超过 5mm，也不得有酥松、起砂、起皮现象。

8.3.3 卷材、涂膜防水屋面保温层的检验标准

8.3.3.1 主控项目

保温材料的堆积密度或表观密度、导热系数以及板材的强度、吸水率，必须符合设计要求。保温层的含水率必须符合设计要求。

8.3.3.2 一般项目

(1) 保温层的铺设应符合下列要求：

松散保温材料：分层铺设，压实适当，表面平整，找坡正确；板状保温材料：紧贴（靠）基层，铺平垫稳，拼缝严密，找坡正确；整体现浇保温层：拌合均匀，分层铺设，压实适当，表面平整，找坡正确。

(2) 保温层厚度的允许偏差：松散保温材料和整体现浇保温层为＋10%，－5%；板状保温材料为±5%，且不得大于4mm。

(3) 当倒置式屋面保护层采用卵石铺压时，卵石应分布均匀，卵石的质（重）量应符合设计要求。

8.3.3.3 质量控制点

(1) 保温隔热层功能不良：保温材料密度过大，颗粒和粉末含量比例不均匀，铺设前含水量大，未充分晾干。使用前的材料应严格按照有关标准选择，加强保管和处理，对不符合规范要求的材料，不得使用。

(2) 铺设厚度不均匀：松散材料铺设时移动、堆积，找坡不匀；抹找平层的方法不当，压实过程中挤压了保温层；分层铺设时应掌握好各层的厚度。

(3) 雨施：保温层施工完后，应及时铺抹找平层，以减少受潮和进水，尤其在雨季施工，更要及时采取苫盖措施。

(4) 冬期施工注意事项

1) 冬期施工采用的屋面保温材料不得含有冰雪、冻块和杂质。

2) 干铺的保温层可在负温下施工，采用沥青胶结的整体保温层和板状保温层应在气温不低于－10℃时施工，采用水泥、石灰或乳化沥青胶结的整体保温层和板状保温层应在气温不低于5℃时施工。当气温低于上述要求时，应采取保温、防冻措施。

3) 采用水泥砂浆粘贴板状保温材料以及处理板间缝隙，可采用掺有防冻剂的保温砂浆。防冻剂掺量应通过试验确定。

4) 干铺的板状保温材料在负温下施工时，板材应在基层表面铺平垫稳，分层铺设。板块上下层缝应相互错开，缝间隙应采用同类材料的碎屑填嵌密实。

5) 雪天或五级及以上大风天气不得施工。

6) 当采用倒置式屋面进行冬期施工时：

①应选用憎水性保温材料，施工之前应检查防水层平整度及有无结冰、霜冻或积水现象，合格后方可施工。

②当采用聚苯乙烯泡沫做倒置屋面的保温层，可用机械方法固定，板缝和固定处的缝隙应用同类材料碎屑和密封材料填实，表面应平整无疵病。

7) 倒置式屋面的保温层上宜采用走道板或砾石等块状材料做覆盖保护，铺设厚度按设计要求应均匀一致。

8.3.4 卷材、涂膜防水屋面面层的检验标准

8.3.4.1 板块面层

(1) 主控项目

面层所用的板块的品种、质量必须符合设计要求。面层与下一层的结合（粘贴）应牢固，无空鼓。

(2) 一般项目

1) 砖面层的表面应洁净、图案清晰，色泽一致，接缝平整，深浅一致，周边顺直。板块无裂纹、掉角和缺棱等缺陷。

2) 面层邻接处的镶边用料及尺寸应符合设计要求，边角整齐、光滑。

3) 楼梯踏步和台阶板块的缝隙宽度应一致，齿角整齐。

4) 面层表面的坡度应符合设计，不泛水、无积水；与排水口、管道结合处应严密牢固，无渗漏。

5) 砖面层的允许偏差可参照建筑地面工程施工质量验收规范中板、块面层的允许偏差和检验方法。

8.3.4.2 水泥砂浆面层

(1) 主控项目

1) 水泥砂浆用硅酸盐水泥、普通硅酸盐水泥，其强度等级不应小于32.5，不同品种、不同强度等级的水泥严禁混用；砂应为中粗砂，当采用石屑时，其粒径应为1～5mm，且含泥量不应大于3%。

2) 水泥砂浆面层的体积比（强度等级）必须符合设计要求；且体积比应为1∶2，强度等级不应小于M15。

3) 面层与下一层应结合牢固，无空鼓、裂纹。

(2) 一般项目

1) 面层表面的坡度应符合设计要求，不得有泛水和积水现象。

2) 面层应洁净，无裂纹、脱皮、麻面、起砂等缺陷。

3) 水泥砂浆面层的允许偏差可参照建筑地面工程施工质量验收规范中板、块面层的允许偏差和检验方法。

8.3.5 隔热屋面的检验标准

8.3.5.1 架空屋面

(1) 主控项目

架空隔热制品的质量必须符合设计要求，严禁有断裂和露筋等缺陷。

(2) 一般项目

1) 架空隔热制品的铺设应平整、稳固，缝隙勾填应密实；架空隔热制品距山墙或女儿墙不得小于250mm，架空层中不得堵塞，架空高度及变形缝做法应符合设计要求。

2) 相邻两块制品的高低差不得大于3mm。

8.3.5.2 蓄水屋面

主控项目：蓄水屋面上设置的溢水口、过水孔、排水管、溢水管，其大小、位置、标高的留设必须符合设计要求。蓄水屋面防水层施工必须符合设计要求，不得有渗漏现象。

8.3.5.3 种植屋面

主控项目：种植屋面挡墙泄水孔的留设必须符合设计要求，并不得堵塞。种植屋面防水层施工必须符合设计要求，不得有渗漏现象。

8.3.6 瓦屋面的检验标准

8.3.6.1 平瓦屋面

(1) 主控项目

平瓦及其脊瓦的质量必须符合设计要求。平瓦必须铺置牢固。地震设防地区或坡度大于50%的屋面，应采取固定加强措施。

(2) 一般项目

挂瓦条应分档均匀，铺钉平整、牢固；瓦面平整，行列整齐，搭接紧密，檐口平直。脊瓦应搭盖正确，间距均匀，封固严密；屋脊和斜脊应顺直，无起伏现象。泛水做法应符合设计要求，顺直整齐，结合严密，无渗漏。

8.3.6.2 油毡瓦屋面

(1) 主控项目

油毡瓦的质量必须符合设计要求。油毡瓦所用固定钉必须钉平、钉牢，严禁钉帽外露油毡瓦表面。

(2) 一般项目

油毡瓦的铺设方法应正确；油毡瓦之间的对缝，上下层不得重合。油毡瓦应与基层紧贴，瓦面平整，檐口顺直。泛水做法应符合设计要求，顺直整齐，结合严密，无渗漏。

8.3.6.3 金属板材屋面

(1) 主控项目

金属板材及辅助材料的规格和质量，必须符合设计要求。金属板材的连接和密封处理必须符合设计要求，不得有渗漏现象。

(2) 一般项目

金属板材屋面应安装平整，固定方法正确，密封完整；排水坡度应符合设计要求。金属板材屋面的檐口线、泛水段应顺直，无起伏现象。

8.3.6.4 质量控制点

(1) 瓦片的安装必须达到水平、垂直、对角线三方面对齐。

(2) 瓦片的安装必须牢固，挂瓦条与基层的连接必须牢固。

(3) 屋面不得有渗漏现象，对天沟、檐沟、泛水及与出屋面的构造物交接处，必须采取可靠的构造措施，确保结合严密，无渗漏。

(4) 雨施：油毡瓦应在环境温度不高于45℃的条件下保管，应避免雨淋、日晒、受潮，并应注意通风和避免接近火源。

8.4 环境及职业健康安全

(1) 患有皮肤病、支气管炎病、结核病、眼病以及对沥青、橡胶刺激过敏的人员，不得参加施工操作。

(2) 按有关规定配给劳保用品并合理使用，操作人员不得赤脚或穿短袖衣服进行作业，手不得直接接触橡胶沥青，接触有毒材料需戴口罩和加强通风。

(3) 在屋面施工现场内严禁烟火。由于有防水施工，因此在操作面附近必须配备灭火器，防止意外着火时及时灭火。

(4) 屋面施工时，不允许穿带钉子鞋或易滑鞋人员进入。

(5) 屋面上的空洞均要加盖木板，檐口处如女儿墙低于 900mm 时，要用钢管搭设 1200 mm 临时高护栏，并罩有安全网。

(6) 高空作业人员不得过分集中，必要时要系安全带。操作人员不得随意向四周抛杂物下地，以免伤人。在靠近檐口部位施工时，要特别注意安全，不要向后退施工，以防坠落。

(7) 在大坡度屋面或挑檐等危险部位施工时，施工人员必须配带安全带，四周应设防护措施。

(8) 如遇恶劣天气（超过五级大风或雨天）要停止高空作业。

第9章 装饰装修工程

9.1 雨期施工措施

9.1.1 一般规定

9.1.1.1 采用的相关规范、规程、标准

(1)《建筑工程质量验收统一标准》GB 50300；

(2)《建筑装饰装修工程质量验收规范》GB 50210；

(3)《住宅装饰装修工程施工规范》GB 50327；

(4)《建筑地面工程施工质量验收规范》GB 50209；

(5)《建筑内部装修设计防火规范》GB 50222—95；

(6)《民用建筑工程室内环境污染控制规范》GB 50325；

(7)《建设工程项目管理规范》GB 50326；

(8)《建设工程施工现场供电安全规范》GB 50194；

(9)《建筑幕墙》JGJ 3035；

(10)《玻璃幕墙工程技术规范》JGJ 102；

(11)《金属与石材幕墙工程技术规范》JGJ 133；

(12)《施工现场临时用电安全技术规范》JGJ 46；

(13)《建筑涂饰工程施工及验收规范》JGJ 29；

(14)《建筑机械使用安全技术规程》JGJ 33；

(15)《建筑工程饰面砖粘结强度检验标准》JGJ 110。

9.1.1.2 施工基本规定

(1) 装饰装修工程雨期施工方案应向劳务层、作业班组做技术交底。装饰装修工程施工应遵守有关雨期施工安全、劳动保护、防火、防爆和防毒的法律法规，应建立有针对性的雨期施工管理制度，并应配备必要的雨期施工及防护设备、器具和标识。

(2) 雨期施工应根据装饰装修工程施工部位和工序安排，制定所需材料、机具、设备的进场计划，提前做好物质准备工作。

(3) 雨期施工应对现场用电设备、机械进行安全检查，做到箱、门、盖、防雨罩、漏电保护器等齐全。严禁不符合安全规定的设备、机械投入使用。

(4) 室外装饰装修工程施工搭设脚手架或吊栏应符合安全管理规定。应对外脚手架的基础情况及避雷接地进行安全检查，是否存在基础被雨水冲动、架空等情况。脚手架或吊栏搭设应经过有关人员检查，经质量安全验收合格后方可使用。

(5) 雨期应根据未来天气预报合理安排施工工序，中雨、大雨或五级以上大风天气不得进行室外装饰装修工程的施工。水溶性涂料应避免在烈日或高温环境下施工；硅酮密封

胶、结构胶、粘结剂等材料施工应按照使用要求监测环境温度和空气相对湿度；空气相对湿度过高时应考虑合理的工序技术间歇时间。

(6) 雨期高层建筑幕墙施工必须做好防雷保护装置，保证施工过程的安全。

(7) 室外装饰装修工程施工应在基体或基层的质量验收合格后施工。抹灰、粘贴饰面砖、打密封胶等粘结工艺的雨期施工，尤其应保证基体或基层的含水率符合施工要求。建筑进行装饰装修前，应对基层进行修补处理并符合质量要求。

(8) 雨期进行外墙外保温的施工，所用保温材料的类型、品种、规格及施工工艺应符合设计要求。应采取有效措施避免保温材料受潮，保持保温材料处于干燥状态。

(9) 雨期室外装饰装修工程施工过程中应做好半成品的保护，大风、雨天应及时封闭外窗及外墙洞口，防止室内装修面受潮、受淋产生污染和损坏。

(10) 烈日或高温天气应做好抹灰等装修面的洒水养护工作，防止出现裂缝和空鼓。

(11) 地下室或封闭房间的室内进行涂饰工程的施工，应有排风设备保证室内空气质量，防止发生中毒事故。

9.1.1.3　材料基本要求

(1) 装饰装修工程所用材料的品种、规格和质量应符合设计要求和国家现行标准的规定。所有材料进场时应对材料的品种、规格、外观和尺寸进行验收。材料包装应完好，应有产品合格证书及相关性能的检测报告，进口产品应按规定进行商品检验。

(2) 装饰装修工程应按照《建筑装饰装修工程质量验收规范》GB 50325 中各章要求，对某些材料种类及项目进行进场复验。同一厂家生产的同一品种、同一类型的进场材料应至少抽取一组样品进行复验。（注：承担建筑装饰装修材料检测的单位应具备相应的资质）。

(3) 建筑装饰装修工程材料复验项目见表 9-1。

建筑装饰装修工程材料复验项目　　表 9-1

建筑装饰装修工程材料复验项目				
序　号	子分部工程名称	材料（构件）名称	试　验　项　目	执　行　标　准
1	抹灰工程	水泥	凝结时间、安定性	GB 175—1999 GB 1344—1999 GB 12958—1999 GB 12573—90
2	门窗工程	1. 人造木板（及其制品）	甲醛含量	GB 18580—2001
		2. 建筑外墙的金属窗、塑料窗	抗风压性能、空气渗透性能和雨水渗漏性能	GB 7106—86 GB 7107—86 GB 7108—86
3	吊顶工程	人造木板（及其制品）	甲醛含量	GB 18580—2001
4	轻质隔墙工程	人造木板（及其制品）	甲醛含量	GB 18580—2001
5	饰面板（砖）工程	1. 人造木板（及其制品）	甲醛含量	GB 18580—2001
		2. 水泥（粘贴用）	凝结时间、安定性和抗压强度	GB 175—1999 GB 1344—1999 GB 12958—1999 GB 12573—90
		3. 花岗岩（室内）	放射性	GB 6566—2001
		4. 陶瓷面砖（外墙）	吸水率	GB/T 3810.3
		5. 陶瓷面砖（寒冷地区外墙）	抗冻性	GB/T 3810.12

续表

建筑装饰装修工程材料复验项目				
序 号	子分部工程名称	材料（构件）名称	试 验 项 目	执 行 标 准
6	幕墙工程	1. 铝塑复合板	剥离强度	
		2. 石材	弯曲强度	（GB 9966.2—88）
		3. 石材（寒冷地区）	耐冻融性	（GB 9966.1—88）
		4. 花岗岩（室内）	放射性	GB 6566—2001
		5. 玻璃幕墙用结构胶	邵氏硬度、标准条件拉伸粘结强度、相容性试验	GB 16776—1997
		6. 石材幕墙用结构胶	粘结强度	
		7. 石材幕墙用密封胶	污染性	GB/T 12954—91
7	裱糊与软包工程	人造木板（及其制品）	甲醛含量	GB 18580—2001
8	细部工程	人造木板（及其制品）	甲醛含量	GB 18580—2001

（4）装饰装修材料应符合国家现行有关装饰装修材料有害物质限量标准和《民用建筑室内环境污染控制规范》GB 50325 的规定。

（5）装饰装修材料在雨期储存保管应避免受潮、受淋和暴晒，应采取有效措施防止材料损坏、变质、虫蛀和污染环境。

（6）易燃易爆材料应储存保管在防火、防潮、防雨淋、防暴晒的专用安全库房，设专人看护保管。易燃易爆材料的使用必须做到当日工完当日入库保管。

（7）露天堆放的砂石等材料应根据要求定期检测含水率，以合理调整控制配制砂浆等材料的水灰比。

9.1.2 主要施工方法、适用范围及条件

主要施工方法、适用范围及条件见表 9-2。

主要施工方法、适用范围及条件 表 9-2

序 号	主要施工方法	适 用 范 围	施 工 适 用 条 件
1	配件安装	室内：墙面、顶棚、地面、细部 室外：墙面、门窗、细部	应在 5℃以上温度施工；室外不宜雨天施工
2	粘 贴	室内：墙面、顶棚、地面、细部 室外：墙面、地面、细部	应在 5～35℃温度内施工；室外不应在大雨天施工并避免烈日暴晒
3	涂刷、喷涂、滚涂	室内：墙面、顶棚、地面、细部 室外：墙面、顶棚、细部	应在 5～35℃温度内施工；室外不应在雨天、大风天施工并避免烈日暴晒
4	裱 糊	室内：墙面	不宜在空气相对湿度过高时施工
5	镶嵌、嵌缝	室内：墙面、细部	应在 5～35℃温度内施工；特殊嵌缝材料应控制空气相对湿度
6	吊 挂	室内：墙面、顶棚、细部	—
7	混合式	室内：墙面、顶棚、地面、细部 室外：墙面、顶棚、地面、细部	（参照以上适用条件）

9.1.3 主要施工工艺和质量要求

9.1.3.1 脚手架工程

(1) 外脚手架、井架要严格按施工组织设计及有关规定搭设。雨季前对所有脚手架进行全面检查，外脚手架要与墙体拉接牢固，脚手架立杆底座也必须牢固。高大脚手架、井架等若在相邻建筑物、构筑物的防雷装置的保护范围外，应安装防雷装置。

(2) 脚手架立杆底座必须设置垫木或混凝土垫块，并保证排水良好，避免积水浸泡，马道及斜坡等均要设置防滑条，防滑条间距不大于30cm。

(3) 雨天应停止在外脚手架上施工，大雨后要对外脚手架进行全面检查，并认真清扫，确认无沉降或松动后方可施工。

(4) 实行总承包项目的脚手架及防护设施，总承包方应与分包方办理交接手续。分包方严禁私自拆改，如有变动须经总承包方批准。

9.1.3.2 外墙贴面砖工程

(1) 雨期施工工艺流程见图9-1。

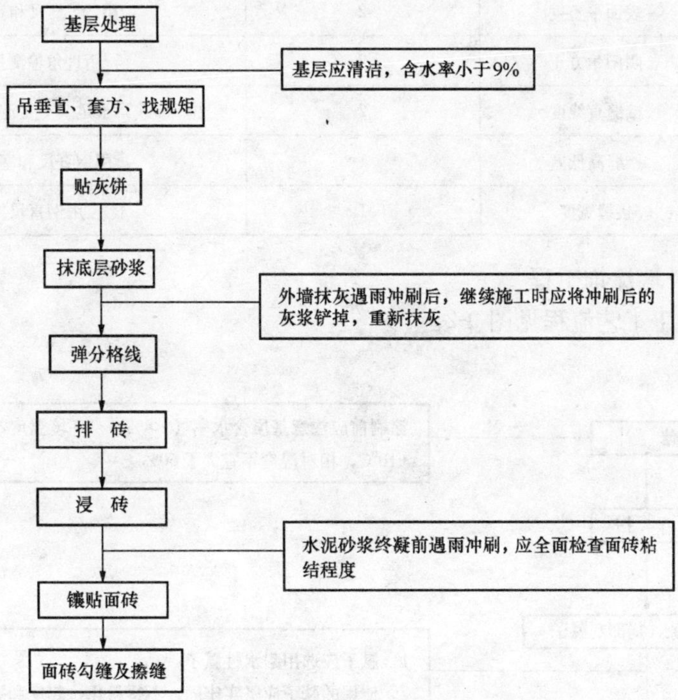

图9-1 外墙贴面砖工程雨期施工工艺流程

(2) 质量标准

1) 主控项目

① 饰面砖的品种、规格、颜色、图案和性能必须符合设计要求。

② 饰面砖粘贴工程的找平、防水、粘结和勾缝材料及施工方法应符合设计要求、国家现行产品标准、工程技术标准及国家环保污染控制等规定。

③ 饰面砖镶贴必须牢固。

④ 满粘法施工的饰面砖工程应无空鼓、裂缝。

2）一般项目：

① 饰面砖表面应平整、洁净、色泽一致，无裂痕和缺陷。

② 阴阳角处搭接方式、非整砖使用部位应符合设计要求。

③ 墙面突出物周围的饰面砖应整砖套割吻合，边缘应整齐。墙裙、贴脸突出墙面的厚度应一致。

④ 饰面砖接缝应平直、光滑、填嵌应连续、密实；宽度和深度应符合设计要求。

⑤ 有排水要求的应做滴水线或槽。滴水线（槽）应顺直，流水坡向应正确，坡度应符合设计要求。

⑥饰面砖粘贴的允许偏差和检查方法应符合表 9-3 的规定。

饰面砖粘贴的允许偏差和检查方法 **表 9-3**

项　次	项　目	允许偏差（mm）	检 查 方 法
1	立面垂直度	3	用 2m 垂直检测尺检查
2	表面平整度	2	用 2m 直尺和塞尺检查
3	阴阳角方正	2	用直角检测尺检查
4	接缝直线度	2	拉 5m 线，不足 5m 拉通线，用钢直尺检查
5	接缝高低差	1	用钢直尺和塞尺检查
6	接缝宽度	1	用钢直尺检查

9.1.3.3　外墙涂饰工程

（1）雨期施工工艺流程见图 9-2。

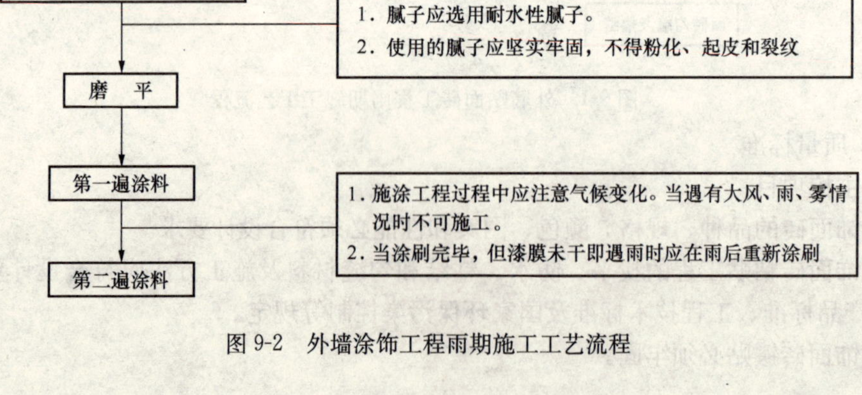

图 9-2　外墙涂饰工程雨期施工工艺流程

(2) 质量标准

1) 主控项目

① 水性涂料涂饰工程所用涂料的品种、型号和性能应符合设计要求。

② 水性涂料涂饰工程的颜色、图案应符合设计要求。

③ 水性涂料涂饰工程应涂饰均匀、粘结牢固，不得漏涂、透底、起皮和掉粉。

④ 水性涂料涂饰工程的基层处理应符合以下规定：

(A) 新建筑物的混凝土或抹灰基层在涂饰前应刷抗碱封闭底漆。

(B) 旧墙面在涂饰涂料前应清除疏松的旧装修层，并涂刷界面剂 。

(C) 混凝土或抹灰基层涂刷溶剂型涂料时，含水率不得大于 8%；涂刷乳液型涂料时，含水率不得大于 8%。木材基层的含水率不得大于 8%。

(D) 基层腻子应平整、坚实、牢固、无粉化、无起皮和裂缝。

2) 一般项目

①涂层与其他装饰材料和设备衔接处应吻合，截面应清晰。

②薄涂料的涂饰质量和检验方法见表 9-4。

薄涂料的涂饰质量和检验方法 **表 9-4**

项次	项目	普通涂饰	高级涂饰	检查方法
1	颜色	均匀一致	均匀一致	观察
2	泛碱、咬色	允许少量轻微	不允许	
3	流坠、疙瘩	允许少量轻微	不允许	
4	砂眼、刷纹	允许少量轻微 砂眼，刷纹通顺	无砂眼，无刷纹	
5	装饰线、分色线 直线度允许偏差（mm）	2	1	拉 5m 线，不足 5m 拉通线，用钢直尺检查

③厚涂料的涂饰质量和检验方法见表 9-5。

厚涂料的涂饰质量和检验方法 **表 9-5**

项次	项目	普通涂饰	高级涂饰	检查方法
1	颜色	均匀一致	均匀一致	观察
2	泛碱、咬色	允许少量轻微	不允许	
3	点状分布	—	疏密均匀	

④复层涂料的涂饰质量和检验方法见表 9-6。

复合涂料的涂饰质量和检验方法 **表 9-6**

项次	项目	质量要求	检查方法
1	颜色	均匀一致	观察
2	泛碱、咬色	不允许	
3	喷点疏忽程度	均匀，不允许连片	

9.1.3.4　外墙抹灰工程

（1）雨期施工工艺流程见图 9-3。

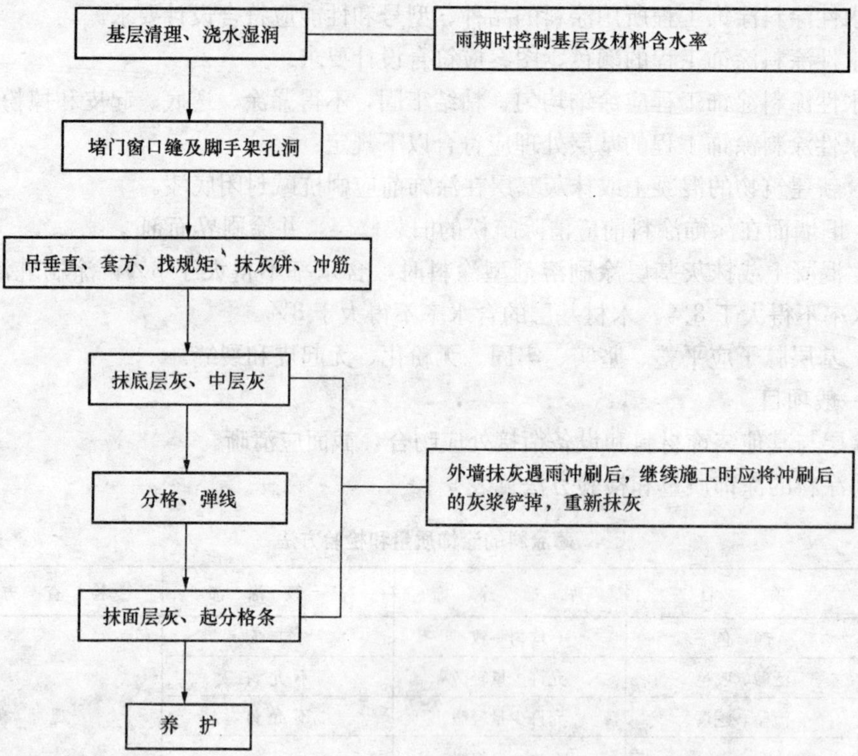

图 9-3　外墙抹灰工程雨期施工工艺流程

（2）质量标准

1）主控项目

① 抹灰前基层表面的灰尘、污垢、油渍等应清除干净，并应洒水湿润。

检验要求：抹灰前基层必须经过检查验收，并填写隐蔽工程验收记录。

② 一般抹灰材料的品种和性能应符合设计要求。水泥凝结时间和安定性合格。砂浆的配合比应符合设计要求。

检验要求：材料复验要由监理或相关单位负责见证取样，并签字认可。配制砂浆时应使用相应的量器，不得估配或采用经验配制法配置。对配制使用的量器使用前应进行检查标识，并进行定期检查，做好记录。

③ 抹灰工程应分层进行。当抹灰总厚度大于或等于 35mm 时，应采取加强措施。不同材料基体交接处表面的抹灰，应采取防止开裂的加强措施，当采用加强网时，加强网与各基体的搭接宽度不应小于 100mm。

④ 抹灰层和基层之间的各抹灰层之间必须粘结牢固，抹灰层无脱层、空鼓，面层应无爆灰和裂缝。

2）一般项目

① 一般抹灰工程的表面质量应符合设计要求；

② 普通抹灰表面应光滑、洁净，接搓平整，分格缝应清晰；

③ 高级抹灰表面应光滑、洁净，颜色均匀、无抹纹，分格缝和灰线应清晰美观；

(A) 抹灰总厚度应符合设计要求，水泥砂浆不得抹在石灰砂浆上，罩面石膏灰不得抹在水泥砂浆层上。

(B) 抹灰分格缝的设置应符合设计要求，宽度和深度应均匀，表面光滑，棱角应整齐。

检验要求：面层灰完成后，即将分格条起出，然后用水泥膏勾缝，当时难起出的分格条，待灰层干透再起，并补勾分格缝。分格条使用前应充分用水泡透；

④ 有排水要求的部位应做滴水线（槽）。滴水线（槽）应整齐顺直，滴水线应内高外低，滴水槽的宽度和深度，均不应小于10mm，滴水槽应用红松制做，使用前应用水充分泡透；

⑤ 外墙抹灰工程的允许偏差和检验方法应符合表9-7的规定。

外墙抹灰工程的允许偏差和检验方法 **表 9-7**

项次	项目	允许偏差（mm）		检验方法
		普通抹灰	高级抹灰	
1	立面垂直度	3	2	用2m垂直检测尺检查
2	表面平整度	3	2	用2m靠尺和塞尺检查
3	阴阳角方正	3	2	用直角检测尺检查
4	分隔条（缝）直线度	3	2	拉5m线，不足5m拉通线，用钢直尺检查
5	墙裙、勒脚上口直线度	3	2	拉5m线，不足5m拉通线，用钢直尺检查

9.1.3.5 木饰面涂饰清色油漆

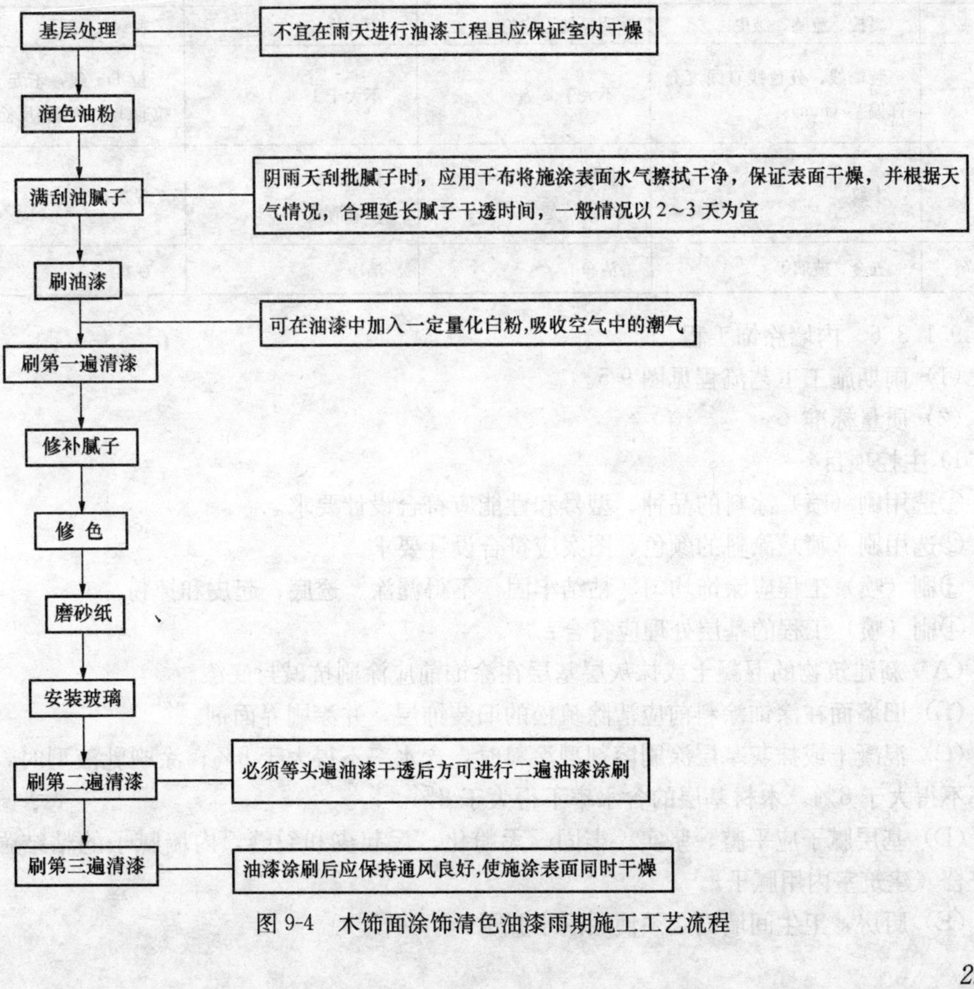

图 9-4 木饰面涂饰清色油漆雨期施工工艺流程

(1) 雨期施工工艺流程见图 9-4。

(2) 质量标准

1) 主控项目

① 溶剂型涂料涂饰工程所选用涂料的品种、型号和性能应符合设计和国家、行业规定规范的标准要求（检查方法：检查产品合格证、性能检测报告和进场验收记录）。

② 溶剂型涂料涂饰工程的颜色、光泽、图案应符合设计要求。

③ 溶剂型涂料涂饰工程应涂饰均匀、粘结牢固，不得漏刷、透底、起皮和返锈。

④ 基层腻子应平整、坚实、牢固、无粉化、无起皮和裂缝。

2) 一般项目

木饰面涂饰清色油漆质量和检验方法见表 9-8。

木饰面涂饰清色油漆质量和检验方法 **表 9-8**

项次	项目	普通涂料	高级涂料	检验方法
1	颜色	基本一致	均匀一致	观察
2	光泽、光滑	光泽基本均匀、光滑无挡手感	光滑均匀一致	观察、手摸检查
3	刷纹	无刷纹	无刷纹	观察
4	裹棱、流坠、皱皮	明显处不均匀	不允许	观察
5	装饰线、分色线直线度允许偏差（mm）	不大于 2	不大于 1	拉 5m 线，不足 5m 拉通线，用钢直尺检查
6	木纹	棕眼刮平 木纹清楚	棕眼刮平 木纹清楚	观察
7	五金、玻璃等	洁净	洁净	观察

9.1.3.6 内墙涂饰工程

(1) 雨期施工工艺流程见图 9-5。

(2) 质量标准

1) 主控项目

①选用刷（喷）涂料的品种、型号和性能应符合设计要求。

②选用刷（喷）涂料的颜色、图案应符合设计要求。

③刷（喷）工程应涂饰均匀、粘结牢固，不得漏涂、透底、起皮和掉粉。

④刷（喷）工程的基层处理应符合：

(A) 新建筑物的混凝土或抹灰层基层在涂饰前应涂刷抗碱封底漆。

(B) 旧墙面在涂饰涂料前应清除疏松的旧装饰层，并涂刷界面剂。

(C) 混凝土或抹灰基层涂刷溶剂型涂料时，含水率不得大于 8%；涂刷乳液型时，含水率不得大于 8%。木材基层的含水率不得大于 8%。

(D) 基层腻子应平整、坚实、牢固、无粉化、无起皮和裂缝；内墙腻子的粘结强度应符合《建筑室内用腻子》。

(E) 厨房、卫生间墙面必须使用耐水腻子。

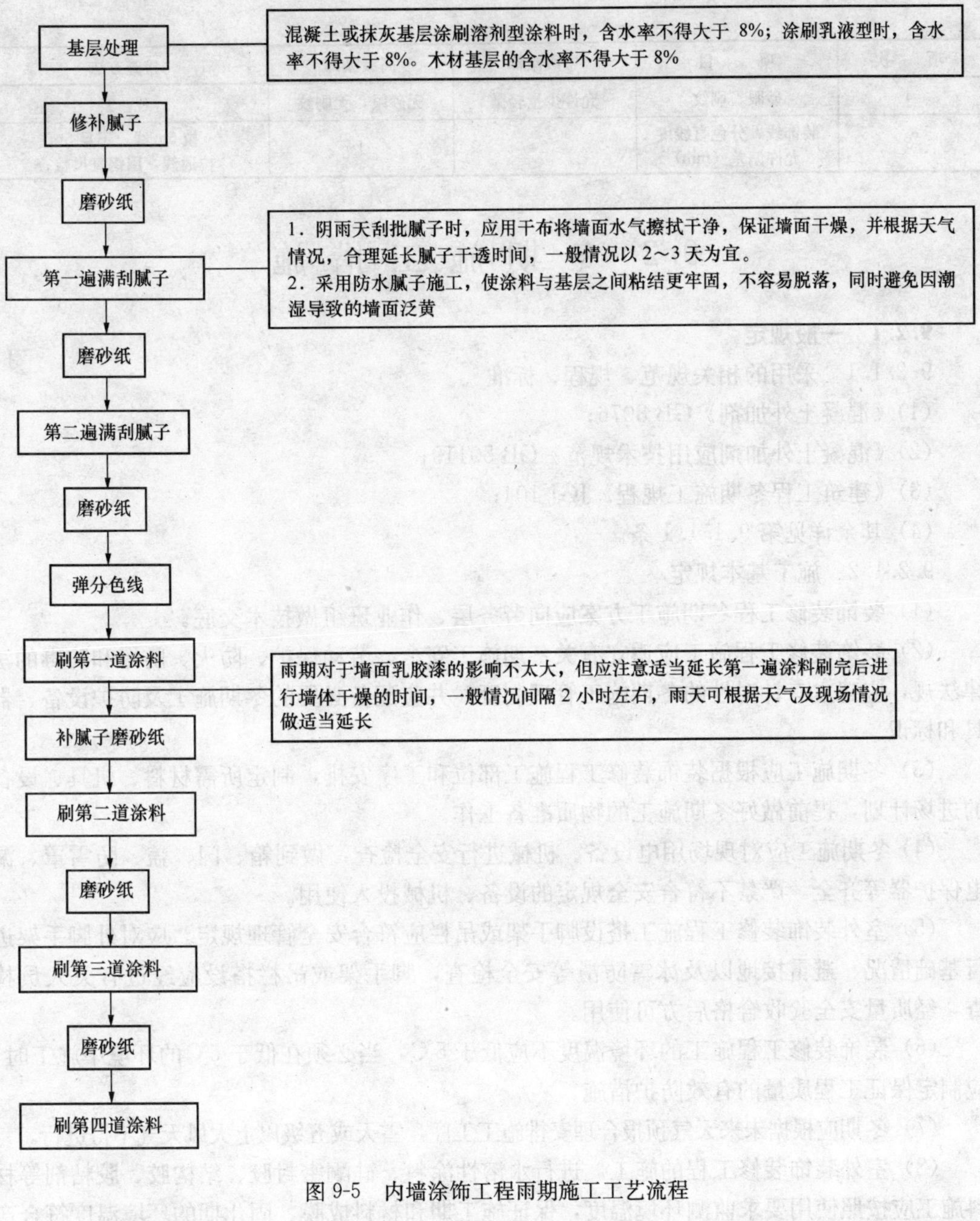

图 9-5　内墙涂饰工程雨期施工工艺流程

2）一般项目

内墙涂饰工程质量和检验方法见表 9-9。

内墙涂饰工程质量和检验方法　　**表 9-9**

项　次	项　目	中级涂饰	高级涂饰	检查方法
1	颜　色	均匀一致	均匀一致	观　察
2	泛碱、咬色	允许少量轻微	不允许	观　察
3	流坠、疙瘩	允许少量轻微	不允许	观　察

续表

项　次	项　　目	中级涂饰	高级涂饰	检查方法
4	砂眼、刷纹	允许少量轻微	无砂眼，无刷纹	观　察
5	装饰线、分色直线度允许偏差（mm）	2	1	拉 5m 线，不足 5m 拉通线，用钢直尺检查

9.2 冬期施工措施

9.2.1　一般规定

9.2.1.1　采用的相关规范、规程、标准

（1）《混凝土外加剂》GB 8076；

（2）《混凝土外加剂应用技术规范》GB 50119；

（3）《建筑工程冬期施工规程》JGJ 104；

（4）其余详见第 9.1.1.1 条。

9.2.1.2　施工基本规定

（1）装饰装修工程冬期施工方案应向劳务层、作业班组做技术交底。

（2）装饰装修工程施工应遵守有关冬期施工安全、劳动保护、防火、防爆和防毒的法律法规，应建立有针对性的冬期施工管理制度，并应配备必要的冬期施工及防护设备、器具和标识。

（3）冬期施工应根据装饰装修工程施工部位和工序安排，制定所需材料、机具、设备的进场计划，提前做好冬期施工的物质准备工作。

（4）冬期施工应对现场用电设备、机械进行安全检查，做到箱、门、盖、防雪罩、漏电保护器等齐全。严禁不符合安全规定的设备、机械投入使用。

（5）室外装饰装修工程施工搭设脚手架或吊栏应符合安全管理规定。应对外脚手架进行基础情况、避雷接地以及冰雪防滑等安全检查，脚手架或吊栏搭设应经过有关人员检查，经质量安全验收合格后方可使用。

（6）装饰装修工程施工的环境温度不应低于 5℃，当必须在低于 5℃的环境中施工时，应制定保证工程质量的有效防护措施。

（7）冬期应根据未来天气预报合理安排施工工序，雪天或五级以上大风天气不得进行。

（8）室外装饰装修工程的施工。进行水溶性涂料、硅酮密封胶、结构胶、胶粘剂等材料施工应按照使用要求监测环境温度，保证施工期和材料成膜、固化期的环境温度符合产品质量要求。

（9）冬期施工现场用火要严格审批程序并设专人严格看护管理。

（10）使用天然气、煤气时，要防止爆炸；使用焦炭炉、煤炉或天然气、煤气时，应注意通风换气，防止煤气中毒。室内进行溶剂型涂饰施工必须远离火源。

（11）地下室或封闭房间的室内进行涂饰工程的施工，应有排风设备保证室内空气质量，防止发生中毒事故。

9.2.1.3　材料基本要求

（1）冬期抹灰砂浆温度不应低于 5℃，砂浆添加的外加剂产品必须符合国家现行的有

关产品的规定。

(2) 装饰装修材料在冬期储存保管，应采取有效措施防止材料受潮、受湿和受冻。

(3) 易燃易爆材料应储存保管在防火、防爆、防风雪的专用安全库房，设专人看护保管。易燃易爆材料的使用必须做到当日工完当日入库保管。

(4) 其余详见第 9.1.1.3 条。

9.2.2 主要施工方法、适用范围及条件

详见第 9.1.2 条。

9.2.3 主要施工工艺和要求

9.2.3.1 脚手架工程

(1) 大雪天应停止在外脚手架上施工，雪后要对外脚手架进行全面检查，并认真清扫，确认无沉降或松动后方可施工。

(2) 其余详见第 9.1.3.1 条。

9.2.3.2 外墙贴面砖工程

(1) 冬期施工工艺流程见图 9-6。

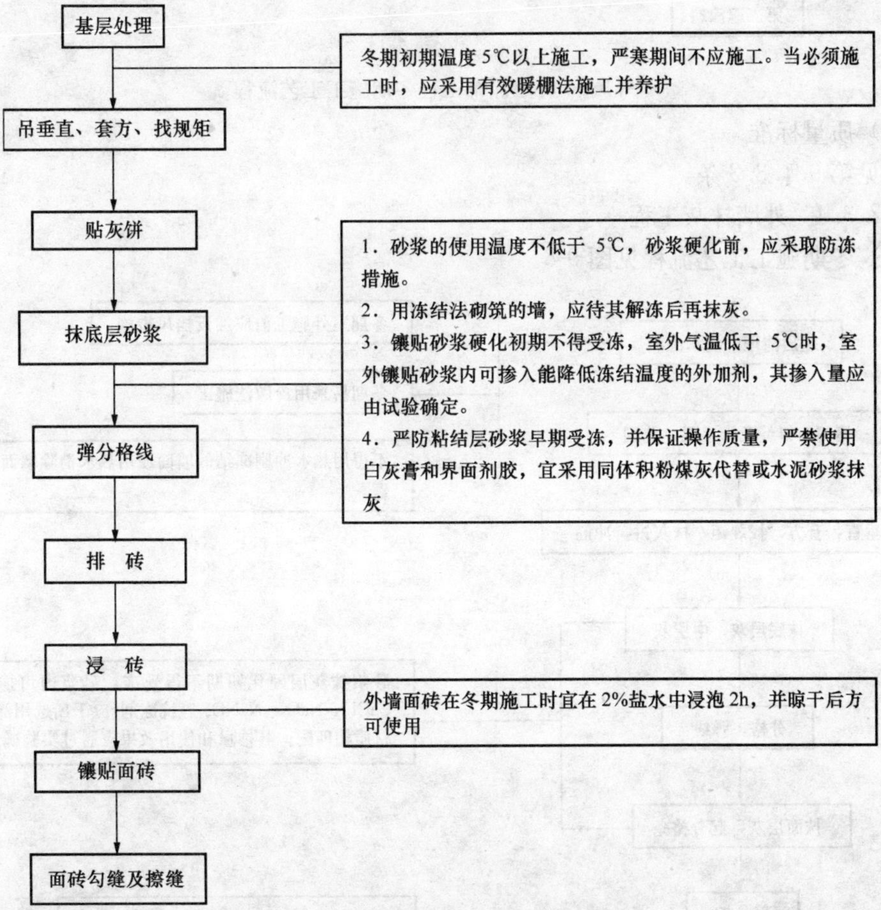

图 9-6 外墙贴面砖工程冬期施工工艺流程

（2）质量标准

详见第 9.1.3.2 条。

9.2.3.3　外墙涂饰工程

（1）冬期施工工艺流程见图 9-7。

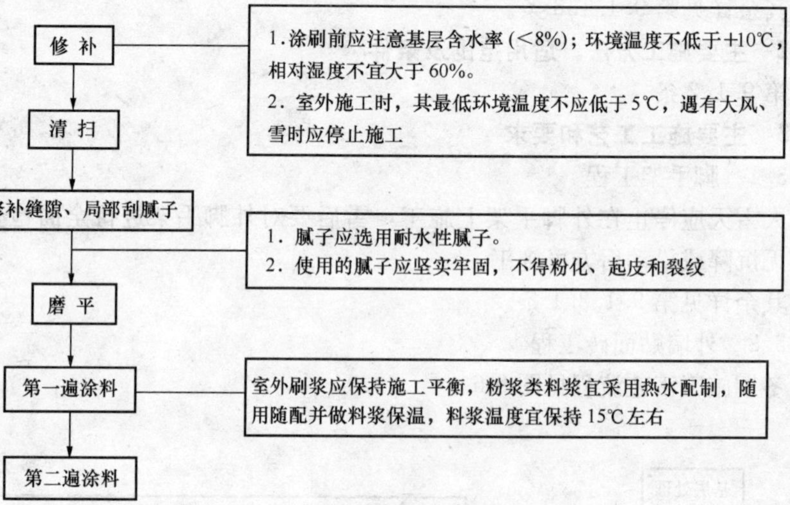

图 9-7　外墙涂饰工程冬期施工工艺流程

（2）质量标准

详见第 9.1.3.3 条。

9.2.3.4　外墙抹灰工程

（1）冬期施工工艺流程见图 9-8。

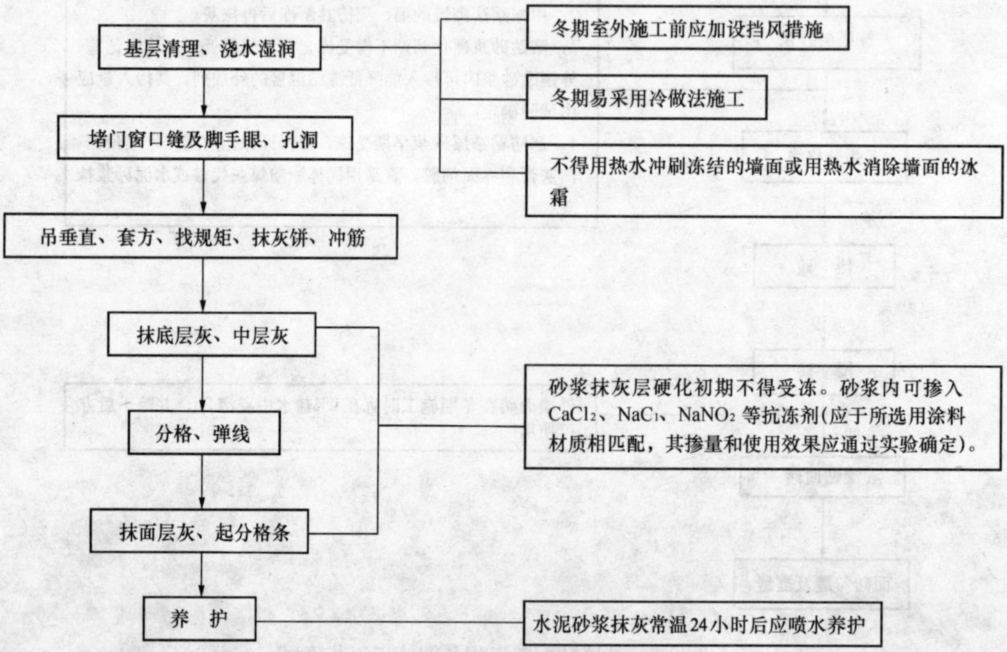

图 9-8　外墙抹灰工程冬期施工工艺流程

(2) 质量标准

详见第 9.1.3.4 条。

9.2.3.5　木表面涂饰清色油漆

(1) 冬期施工工艺流程见图 9-9。

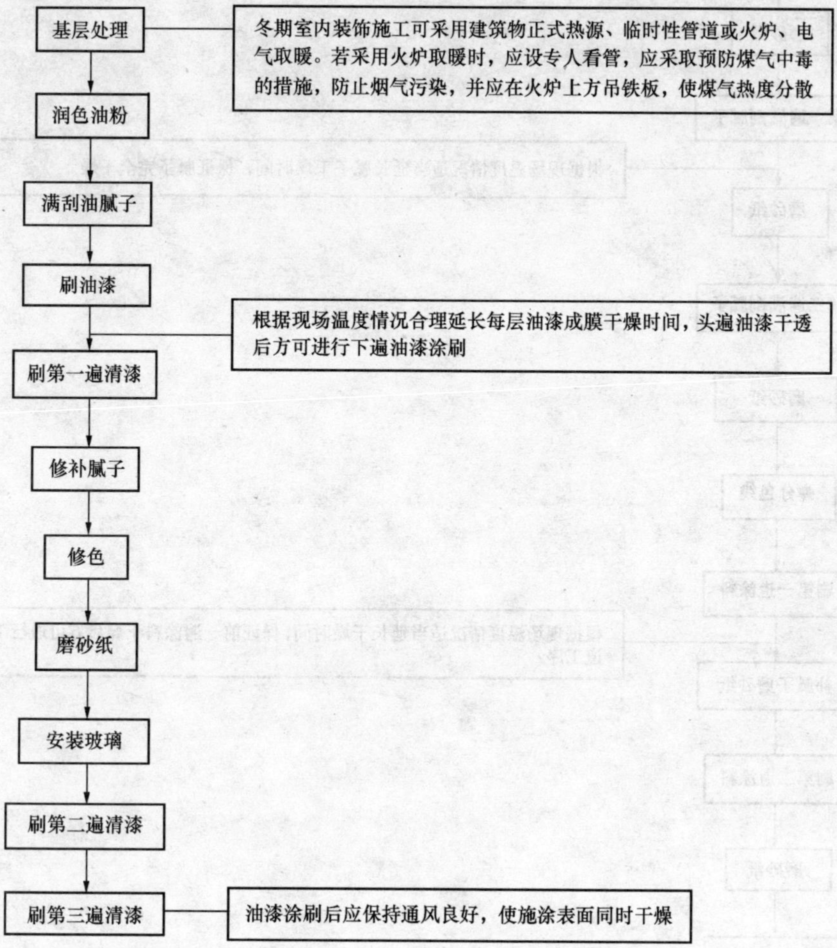

图 9-9　木饰面涂饰清色油漆冬期施工工艺流程

(2) 质量标准

详见第 9.1.3.5 条。

9.2.3.6　内墙涂饰工程

(1) 冬期施工工艺流程见图 9-10。

(2) 质量标准

详见第 9.1.3.6 条。

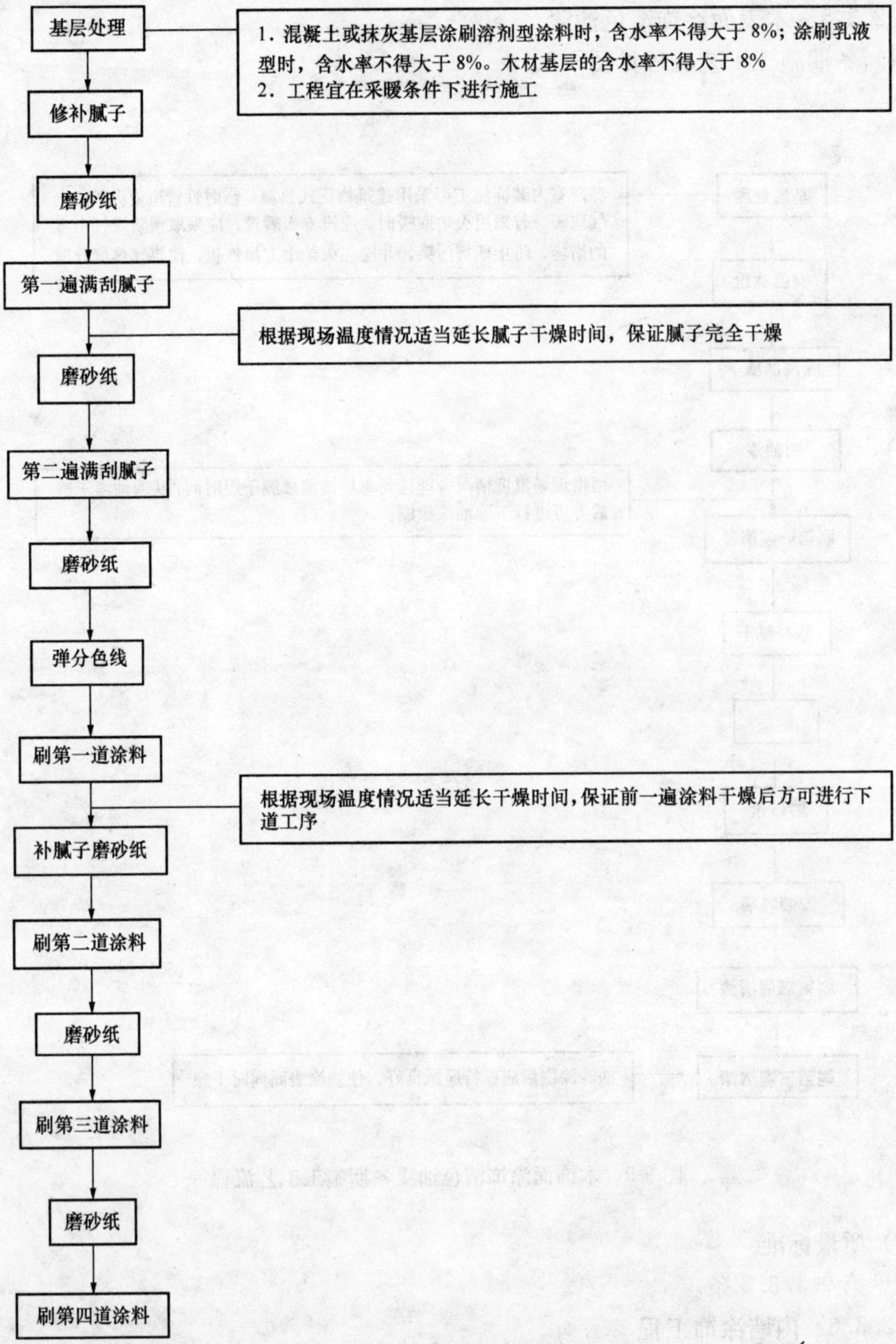

图 9-10　内墙涂饰工程冬期施工工艺流程

第10章　机电设备安装工程

10.1 引用标准规范

（1）国家标准

1）《建筑物防雷设计规范》GB 50057—94（2000年版）；

2）《机械设备安装工程施工及验收通用规范》GB 50231—98；

3）《现场设备、工业管道焊接工程施工及验收规范》GB 50236—98；

4）《建筑给水排水及采暖工程施工质量验收规范》GB 50242—2002；

5）《给水排水管道工程施工及验收规范》GB 50268—97；

6）《建筑电气工程施工质量验收规范》GB 50303—2002；

7）《设备及管道保温技术通则》GB/T 4272—1992；

（2）行业标准

1）《建筑施工安全检查标准》JGJ 59—99；

2）《建筑机械使用安全技术规范》JGJ 33—2001；

3）《施工现场临时用电安全技术规范》JGJ 46—2005。

（3）地方标准（北京地区适用）

《建设工程施工现场安全防护、场容卫生、环境保护及保卫消防标准》DBJ 01—83—2003。

10.2 基本要求

10.2.1　原材料要求

10.2.1.1　加强对原材料的控制

冬雨期施工由于气候条件，对原材料的要求更高，加强对原材料的控制是冬雨期施工的第一步。主要手段首先是建立材料的样品制，对所选定的样品进行封样，其次是严格进场检查验收，正确合理地使用，妥善的保管，提前建立管理台账，进行收、发、储、运等各环节的管理。材料控制包括原材料、成品、半成品、构配件等的控制。

10.2.1.2　合理组织材料供应

合理地、科学地组织材料的采购、储备、运输、建立严密的计划、调度体系，按质、按量、如期地满足建设需要。

10.2.1.3　合理地组织材料使用，减少材料的损失

加强运输、仓库、保管工作，健全现场材料管理制度，避免材料损失、变质，确保材料质量。

10.2.1.4　加强材料检查验收，严把材料质量关

(1) 主要设备、材料、成品和半成品进场检验结论要有记录，确认符合规范规定，才能在施工中应用。

(2) 如有异议送有资质试验室进行抽样检测，试验室出具检测报告，确认符合规范和相关技术规定，才能在施工中应用。

(3) 依法定程序批准进入市场的新设备、器具和材料进场验收，除符合规范规定外，还需提供安装、使用、维修和试验要求等技术文件。

(4) 受潮的绝热材料及其制品，经过干燥处理后仍不符合要求的不得使用。保冷工程所用的绝热材料及其制品的含水率不应超过1%，软木制品的最大含水率不应超过5%。

10.2.2 冬、雨期施工要求

10.2.2.1 雨期施工准备要求

(1) 雨期到来之前应编制雨期施工方案。

(2) 雨期到来之前应对所有施工人员进行雨期施工安全、质量交底，并做好交底记录。

(3) 雨期到来之前，应组织一次全面的施工安全、质量大检查，主要检查雨期施工措施落实情况，物资储备情况，清除一切隐患，对不符合雨期施工要求的要限期整改。

(4) 作好项目上的施工进度安排，室外管线工程、室外有混凝土的路灯安装、大型设备的室外焊接工程等应尽量避开雨期，如不能避开应编制专项施工方案。

(5) 露天堆放的材料及设备要垫离地面一定的高度，防潮设备要有苫布覆盖，防止日晒雨淋。

(6) 施工通道要用级配砂石铺设，防止雨期道路泥泞，交通受阻。

(7) 施工机具要统一规划放置，要搭设必要的防雨棚、防雨罩，并垫起一定高度，防止受潮而影响生产。

(8) 雨期施工正逢盛夏季节，天气闷热，应适当调整作息时间，避开中午高温；后勤部门应采取必要的防暑措施，如遮阳、发放解暑药品和降温饮料或饮水加防暑药品等，做好施工人员的防暑降温工作。

10.2.2.2 冬期施工准备要求

(1) 项目经理部在冬期施工前应做好各项准备工作，合理安排冬施计划，尽量减少室外冬期施工作业。与整体施工安排和竣工不发生矛盾的工作，尽可能调整到冬期结束后施工。

(2) 项目经理部应组织编写冬期施工方案，对全体施工人员（包括联合力量）进行方案交底，并对方案落实情况进行监督、检查。项目经理部还应对全体施工人员进行冬期施工安全教育。

(3) 项目经理部工长、技术人员应详细了解本专业冬期施工技术措施，施工前应向作业班组做好技术交底。技术交底要详细准确，应有被交底人的签字。

(4) 冬期施工应编制临时采暖方案。

(5) 现场使用的机械设备，应设防护棚，必要时移入室内存放。

(6) 在冬期施工前对已施和在施的各项工程进行一次安全生产、工程质量、消防保卫、机械设备的全面检查。对发现的问题要进行认真研究，限期整改，消除隐患，为冬施创造良好的施工环境。

(7) 施工机具要统一规划放置，要搭设必要的防雨、雪棚，并垫起一定高度，防止受潮而影响生产。

(8) 露天堆放的材料及设备要垫离地面一定的高度，防潮设备要有苫布覆盖，以防止降雨、降雪。

10.2.2.3　冬、雨期施工安全技术要求

(1) 冬、雨期机电施工须注意三个方面的问题，其一是避免材料设备受冻、受潮；其二是采取一定措施，保证高低温下的施工质量和人员的安全；其三是防止火灾、水灾。

(2) 登高作业人员攀越脚手杆或金属横梁、管子时注意防滑。

(3) 重物吊装时，绑扎要牢固，防止滑落。

(4) 在平台上放置的物品要放牢，必要时可用麻绳绑扎固定。

(5) 易燃物品要设专库保管，存放易燃物品的库房严禁动火。

(6) 小型工具（如卡扣、绳卡子、滑轮、斤不落等）用后应及时收回，防止被雪覆盖不便查找，以及被雨淋锈蚀。

(7) 小型材料（如垫铁、螺母、螺栓、法兰、阀门、弯头等）或班组下料的卡板、管托、小型零部件等，要集中堆放盖好，防止被雪覆盖不便查找，以及被雨淋锈蚀。

10.2.2.4　冬、雨期施工对设备材料的管理要求

(1) 施工现场露天存放的电气、仪表设备，如开关盘柜、电动机等要有防雨雪设施。已出库的电气、仪表设备，要尽快运入厂房内，以减少露天存放所增加的防护设施费用。

(2) 在冬、雨期，所有施工用电设备，如电焊机、卷扬机、砂轮机、剪板机、滚板机、钻床、搅拌机等都应有防雨雪设施。

(3) 冬、雨期进场的所有设备不允许放在低洼处，以免被水雪浸泡。

(4) 冬、雨期进入现场的保温及耐火材料（水泥、耐火泥、保温管、硅藻土砖、耐火砖等）不要在低洼潮湿的地方存放，应垫起并用苫布盖好，以免材料受潮或被雨淋。

(5) 在仓库内存放的焊接材料，要保证离地面、离墙面不少于300mm距离。仓库内要通风干燥以保证焊接材料在干燥的环境下保存。

(6) 露天存放的钢材下边应用道木或木方垫起，避免被水浸泡。

(7) 电缆、电线等进场材料应严格遵从防潮、防晒、通风的原则。

10.2.2.5　冬、雨期施工对焊接管理的要求

(1) 凡下雨天和相对湿度大于90%时，严禁室外焊接施工。焊接工作最好移至室内，严禁为抢进度冒雨施焊。

(2) 加强对焊接材料的冬雨期保管工作，焊条随用随取，置于保温桶内；焊材应按规定烘烤，并做好防漏和排水工作；对特殊和低氢焊条应做专门的严格防护，焊条在现场存放时间不宜过长。

(3) 在下雪及刮风气候条件下焊接，焊接部件必须有相应的遮护条件，防止雪及风的侵袭，施焊前必须将工件的积雪、冰块除掉，焊缝附近的水分应擦干或烤干。

(4) 焊接场所尽可能保持在0℃以上，以保证焊接质量和提高劳动效率。当焊接环境湿度低于0℃时，焊接钢材均作预热，应在始焊处100mm范围内预热到15℃以上，有预热要求的钢材焊接，则应将预热温度适当提高。施焊管段的两头应采取防风措施，防止冷风贯穿加速焊口冷却，应一次性焊完不得中断，以免应力集中产生裂缝。

(5) 管道焊接施工应根据设计要求及制定的焊接章程进行必要的预热和后热。

(6) 对焊接场所要求：刮风降雪天气及露天作业时，必须有防风雪棚；焊接场所环境气温尽可能保持在0℃以上，可以利用防风雪棚，并可配置取暖设施；焊前必须清扫管道对口内外及焊接场所的积雪、冰块，擦干或烤干对口处的水分；焊工要有完好的焊接工具和防寒的劳动保护用品。

(7) 材料材质为20号、Q235钢，焊接时环境温度低于－15℃时，需要采取预热措施。采用E5015或E5016焊条焊接，当环境温度低于0℃时，需要采取预热措施，预热温度150～200℃。预热可采用氧乙炔火焰加热。严禁在有霜雪的情况下焊接。气候异常应停止焊接。

(8) 应加强对焊条烘干和保管的管理。焊条烘干应按照焊条质量证明书的要求进行，若无要求时，E4303焊条烘干温度为150～200℃，烘干时间1～2h；结506或结507焊条，烘干温度为350～400℃，烘干时间1～2h，烘干后放在100～150℃的保温桶内，焊条应用多少拿多少，严禁随便乱放，以免因受潮而影响焊条质量。

(9) 管道焊接前应清除焊道及其附近的污物、冷凝水、冰、雪、霜等，应用氧乙炔焰将管道预热；焊接时应有防风设施。

(10) 对于合金钢管道，为避免焊缝金属脆化裂纹，在室外风雪天气中作业时，应设置防风雪棚，采用抗裂性好的焊条，施焊完毕后进行缓冷保温。

(11) 风速过大会影响焊接质量，因此大风天气应停止室外焊接作业，手工电弧焊、埋弧焊、氧乙炔焊在焊接时风速大于8m/s和氩弧焊、二氧化碳气体保护焊焊接风速大于2m/s时要有防风设施。

10.2.3 冬、雨期物资准备要求

10.2.3.1 物资部门要根据雨期施工措施需要的材料、小型机具计划，提前做好物资储备工作，保证供应，见表10-1。

雨期物资准备计划表 **表10-1**

序号	名称	单位	数量	备注
1	潜水泵	台	按实际需要	排水
2	抽水软管	m	按实际需要	排水
3	塑料布	m^2	按实际需要	覆盖防雨
4	草袋	个	按实际需要	室外沟槽防水
5	石棉瓦	m^2	按实际需要	室外机械、设备棚覆盖防雨
6	雨鞋、雨衣等防护用品	套	按实际需要	防护用品

10.2.3.2 物资部门要根据冬期施工措施需要的材料、小型机具计划，提前做好物资储备工作，保证供应，见表10-2。

冬期物资准备计划表 **表10-2**

序号	名称	单位	数量	备注
1	灭火器	台	按实际需要	冬期干燥灭火用
2	空压机	台	按实际需要	吹扫用
3	塑料布	m^2	按实际需要	覆盖防雨、雪

续表

序　号	名　称	单　位	数　量	备　注
4	草帘	m^2	按实际需要	覆盖保温
5	苫布	m^2	按实际需要	覆盖防雨雪
6	采暖设备	套	按实际需要	
7	防滑鞋、雨衣等防护用品	套	按实际需要	防护用品

10.2.4 冬、雨期施工对现场临时水电的要求

10.2.4.1 冬、雨期施工对现场临时用水的要求

(1) 检查施工现场及生产生活基地的排水设施，疏通各种排水渠道，清理雨水排水口，保证雨天排水通畅。

(2) 施工现场的排水要统一规划，要求畅通无阻。

(3) 在材料、设备等仓库及堆放场地周围挖排水沟、积水井、保持排水畅通。

(4) 在进入雨期前项目经理部应检查仓库、休息室、暂设棚等建筑是否牢固，能否经得起雨淋、水泡。有危险的应采取加固措施。

(5) 氧气瓶、乙炔瓶在室外放置时应采取防雨措施。

(6) 生活区用水不得随意乱泼，用水管道要采取防冻裂措施，室外管道的防冬保温措施要安排在上冻前完成。

(7) 凡露天使用的电气设备，应有良好的防雨性能或有妥善的防雨措施。施工机具要统一规划放置，搭设必要的防雨棚，防雨罩。

(8) 施工用临时水管要求埋入冻土层下，出水点处要进行保温防冻，气焊及氩弧焊接要采取临时保温措施。

10.2.4.2 冬雨期施工对现场临时用电的要求

(1) 在进入冬、雨期前项目经理部应进行施工现场临电设备安全检查，检查电气设备、开关箱、临时变电所等用电设备的防雨雪设施是否完备，用电设备的绝缘、接地是否良好，防雨雪设施是否安全可靠。

(2) 施工现场供用电设备在冬、雨期来临之前应进行清扫与检修，对露天存放的大型机电设备，对其机械螺栓及轴承等要经常加油并转动以防止生锈。

(3) 塔式起重机、室外电梯、滑升模板的金属操作平台、井字架、大型设备安装所用的金属操作平台等应保证电气连接，并有接地措施，接地电阻应符合相关规范要求。

(4) 排水泵电机负荷线应采用防水橡皮护套电缆。

(5) 对焊接设备要搭设防护棚防雨，注意防漏电。焊接操作人员必须穿绝缘鞋。焊接设备必须一、二次线防护罩齐全，做到双线到位，手柄有绝缘，线皮不得破损。

(6) 雨期到来之前，施工现场及临时生活区的下列措施均应安设防雷保护装置：高度在20m及以上的井字架，高大架子；在施高大建筑工程；塔吊及高大机具；高烟囱、水塔等。大模板就位后，要及时用导线与建筑物接地线连接。施工现场内所有防雷装置的冲击接地电阻不得大于30Ω。

(7) 在潮湿的场所或金属构架上等导电性能良好的作业场所，必须使用Ⅱ类或Ⅲ类电动工具。在狭窄场所如锅炉、金属容器、管道内等，应使用Ⅲ类工具，如果使用Ⅱ类工具，必须装设额定漏电电流不大于30mA、动作时间不大于0.1s的漏电保护电器。Ⅲ类

工具的安全隔离变压器，Ⅱ类工具的漏电保护电器及Ⅱ、Ⅲ类工具的控制箱和电源连接器等必须放在外面，同时应有人在外监护。

(8) 在特别环境如湿热、雨期以及存在爆炸性或腐蚀性气体的场所使用的工具，必须符合相应的防护等级的安全技术要求。

(9) 局部照明灯、行灯及标灯，其电压不应超过36V。在特别潮湿场所及金属容器、金属管道内工作的照明灯电压，不应超过12V，行灯变压器必须有防水防雨的措施。

(10) 施工机具要有防雨罩或置于屋棚内，电气设备的电源线要悬挂在上，不准拖拉在地，班后勿忘切断电源。

(11) 凡被雨淋、水淹的电气设备应进行必要的干燥处理，经摇测绝缘合格后，方可再行使用。

(12) 冬期施工现场严禁使用裸线，电线铺设要防止碾压，防止电线冻结在冰雪之中，大风雪后应对供电线路进行检查，防止断线造成触电事故。

(13) 电、气焊工更换施焊地点应断电、关气，氧气表、乙炔表应套上防风保温布套。

(14) 冬期保温用品要在安全地点码放好，四周设消防器材，各可燃保温材料不得堆放在电箱、电焊机、变压器四周，防止电热自燃。

10.3 施工工艺及操作要点

10.3.1 电气工程

10.3.1.1 工艺流程

(1) 动力照明工程工艺流程图见图10-1。

(2) 防雷接地工程工艺流程图见图10-2。

10.3.1.2 雨期施工操作要点

(1) 防雷接地施工

1) 环形接地母线敷设应尽量避开雨期，如不能避开，应掌握天气预报，分段施工，做到随挖、随敷设，随回填、随振动。

2) 埋设的接地母线如采用焊接连接，为防止锈蚀应及时刷防腐漆。

3) 基础接地装置施工完毕，应测量接地电阻，如不能满足设计要求，需补打接地极。

4) 雨期防雷工程施工时，均压环、金属门窗等应及时与接地系统连接。

5) 雨期到来之前如结构已封顶，应对接地电阻进行复测，接地电阻应符合设计要求。

6) 雨期到来时，屋面以上的金属管道、设备若电气专业未进行防雷接地施工，应采取措施临时接续至地，防止遭受雷击破坏。

7) 焊接时应符合雨期施工焊接要求。

(2) 电线管敷设

1) 电线管路、管口、管子连接处应作密封处理，必免管内积水。

2) 电气穿线前应对电线管路进行吹扫。

3) 明配管支架应及时做防腐处理。

4) 如焊接钢管在存放过程中产生锈蚀，在埋入混凝土内前，应对锈蚀进行处理。

5) 钢管套完丝后应注意保护，要采取防止丝扣生锈的措施。

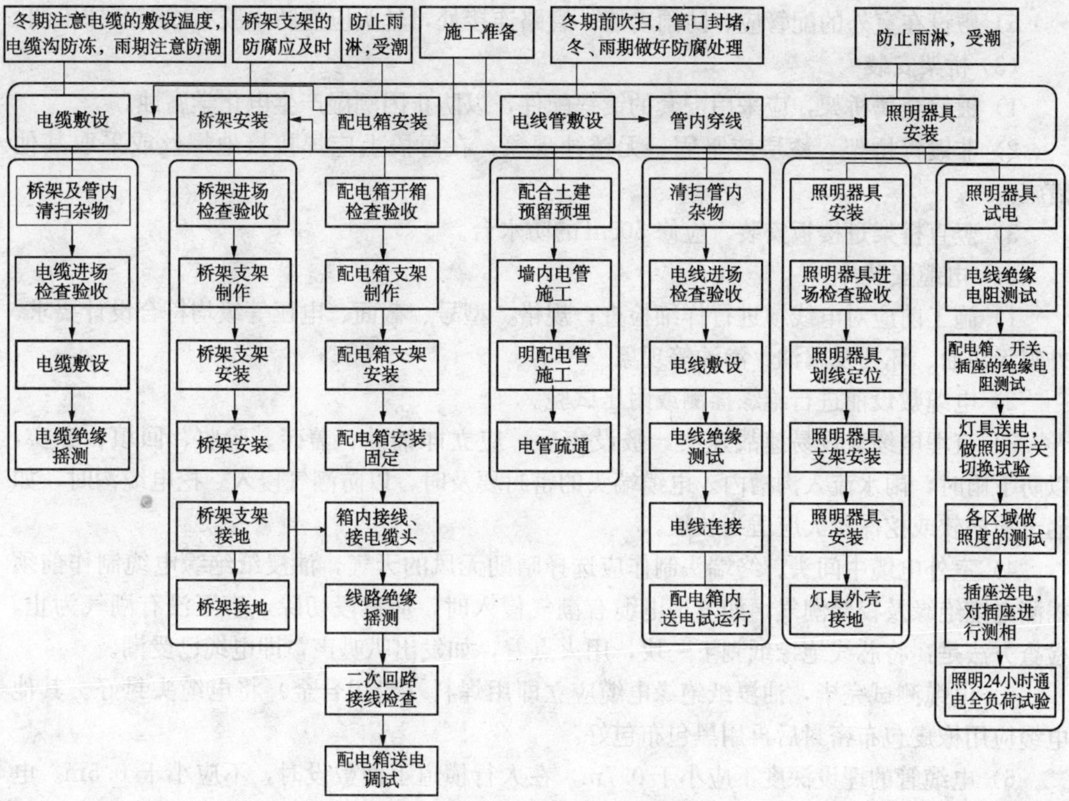

图 10-1　动力照明工程工艺流程图

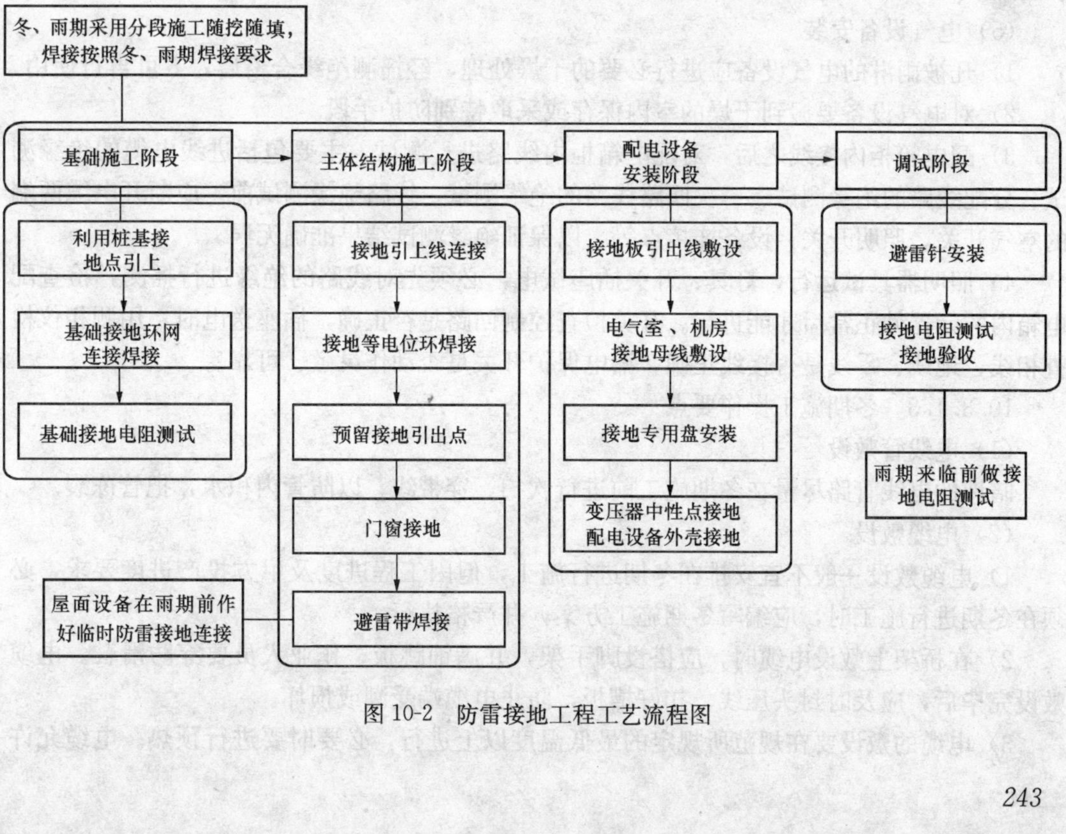

图 10-2　防雷接地工程工艺流程图

6）敷设在室外的配管应有防雨功能，管路连接处，丝头应缠防水胶布或缠麻抹铅油。

（3）桥架安装

1）镀锌金属桥架，应采用配套的镀锌配件，以防止因潮湿产生电化学腐蚀。

2）非镀锌桥架，漆层应坚固，无锈蚀现象，在每段上应焊接接地螺丝或采取其他措施。

3）竖直桥架过楼板安装，应修50cm的防水台。

（4）电缆安装

1）施工前应对电线缆进行详细检查；规格、型号、截面、电压等级均符合设计要求，外观无扭曲、坏损及漏油、渗油等现象。

2）电缆敷设前进行绝缘摇测或耐压试验。

3）直埋电缆敷设易速战速决，敷设完后，应立即铺砂、盖砖、验收、回填、夯实，以防下雨时，雨水流入沟槽内。电缆端头的密封要及时，以防潮气侵入。挖电缆沟时，如遇土质松软或挖深较大应适当放坡。

4）室外电缆中间头、终端头制作应选择晴朗无风的天气，油浸纸绝缘电缆制作前须摇测电缆绝缘及校验潮气，如发现电缆有潮气侵入时，应逐段切除，直至没有潮气为止。检查方法是：将芯线绝缘纸剥下一块，用火点着，如发出叭叭声，即电缆已受潮。

5）电缆测试完毕，油浸纸绝缘电缆应立即用焊料（铅锡合金）将电缆头封好。其他电缆应用橡皮包布密封后再用黑包布包好。

6）电缆管的埋设深度不应小于0.7m，在人行横道下面敷设时，不应小于0.5m。电缆管应有不小于0.1%的排水坡度。管连接时，管孔应对准，接缝应严密，不得有地下水和泥浆渗入。

（5）电气设备安装

1）凡被雨淋的电气设备应进行必要的干燥处理，经摇测绝缘合格后，方可再行使用。

2）对电气设备要搬到干燥的室内保存或采取特别防护手段。

3）配电箱柜内接线之后，对配电箱柜内线路进行测试，主要包括进线电缆的绝缘测试、分配线路的绝缘测试、二次回路线路的绝缘测试。线路绝缘测试前，应断开电缆两端的空气开关，照明开关、设备连接点等，以保证绝缘测试结果准确无误。

4）照明器具试运行，灯具、开关插座试电，必须先对线路的绝缘进行摇测，检查配电箱内的元器件正常后才能进行。开关检查控制回路是否正确，插座送电时，用测相仪检查相线、地线、零线是否接线正确，漏电保护开关是否动作灵敏、可靠。

10.3.1.3　冬期施工操作要点

（1）电线管敷设

暗埋的电线管路尽量在冬期施工前进行吹扫，穿带线，以防管内积水，把管冻裂。

（2）电缆敷设

1）电缆敷设一般不宜安排在冬期进行施工，但因工程进度及甲方投产进度要求，必须在冬期进行施工时，应编写冬期施工方案，并严格执行。

2）在桥架上敷设电缆时，应搭设脚手架，并满铺跳板，作业人员要穿防滑鞋。电缆敷设完毕后，应及时封头压线、扣好槽板，防止电缆端受潮或损坏。

3）电缆的敷设要在规范所规定的最低温度以上进行，必要时要进行预热。电缆允许敷设的最低温度，在敷设前 24 小时内的平均温度以及敷设现场的温度不应低于下表的规定；当温度低于表 10-3 中规定值时，应采取措施。

电缆允许敷设最低温度 **表 10-3**

电缆类型	电缆结构	允许敷设最低温度（℃）
油浸纸绝缘电力电缆	充油电缆	−10
	其他油纸电缆	0
橡皮绝缘电力电缆	橡皮或聚氯乙烯护套	−15
	裸铅套	−20
	铅护套钢带铠装	−7
塑料绝缘电力电缆		0
控制电缆	耐塞护套	−20
	橡皮绝缘聚氯乙烯护套	−15
	聚氯乙烯绝缘聚氯乙烯护套	−10

4）冬期施工时，露天机械要搭防寒棚，电线穿过防寒棚处要加绝缘套管。

10.3.2 管道工程

10.3.2.1 管道工程工艺流程图见图 10-3。

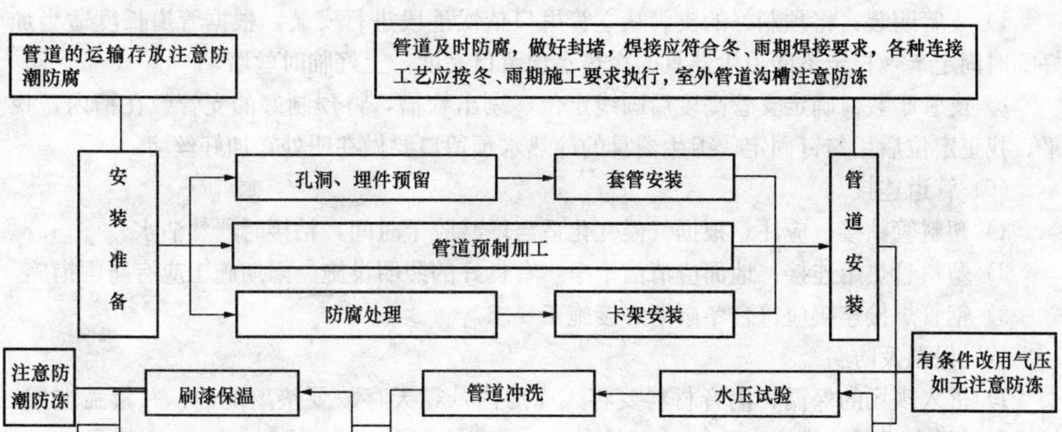

图 10-3 管道工程流程图

10.3.2.2 雨期施工操作要点

（1）管道的运输和存放

1）管材、管件搬运和运输时，不得暴晒和雨淋，不得与油类、酸、碱、盐等其他化学物质接触。

2）管材管件应存放在通风良好，温度不超过 40℃的库房或简易棚内。管材、管件在户外临时堆放时，应有遮盖物。

(2) 管道支架安装

管道支吊架、支座及零件的焊接应遵守结构件焊接工艺。焊缝高度不应小于焊件最小厚度，并不得有漏焊、结渣或焊缝裂纹等缺陷，制作合格的支吊架，应进行防腐处理和妥善保管。

(3) 管道干管安装

安装时从总进入口开始操作，总进口端头加好临时堵头试压用，把预制完的管道运到安装部位按编号依次排开，安装前清扫管膛，安装完后找直找正，复核甩口的位置、方向及管径无误，所有管口要加好临时堵头。

(4) 立管安装

1) 立管明装：每层从上至下统一吊线安装卡件，将预制好的立管按编号分层排开，按顺序安装，外露丝扣和镀锌层破损处刷好防锈漆。支管甩口均加好临时丝堵。安装完后用线坠吊直找正，配合土建堵好楼板洞。

2) 立管暗装：竖井内立管安装的卡件宜在管井口设置型钢，上下统一吊线安装卡件。安装在墙内的立管应在结构施工中预留管槽，立管安装后吊直找正，用卡件固定。支管的甩口应露明并加好临时丝堵。

(5) 支管安装

1) 支管明装：将预制好的支管从立管甩口依次逐段进行安装，根据管道长度适当加好临时固定卡，核定不同卫生器具的冷热水预留口高度，上好临时丝堵。

2) 支管暗装：确定支管高度后画线定位，剔出管槽，将预制好的支管敷在槽内，找平、找正定位后用勾钉固定。卫生器具的冷热水预留口要做在明处，加好丝堵。

(6) 管道连接

1) 塑料管粘接：应注意根据气候变化适当增减胶干时间，粘接时严禁沾水。

2) 塑料管热熔连接：地面应清洁干净，有良好的照明设施。雨期施工应有防雨措施。

3) 钢管焊接连接应符合冬雨期焊接施工要求。

(7) 保温及防腐

1) 进入现场的保温、消音材料要存入库房内，露天存放要垫离地面，并覆盖严实，料场周围要有畅通的排水沟。

2) 保温作业时场地应清洁干净，有良好的照明设施。雨期施工应有防雨措施。

3) 有防潮层的保温不得使用自攻螺丝，以免刺破防潮层。保护层端头应封闭。

4) 保温工程应尽可能错开雨期施工，对于必须在雨期进行保温施工的工程，要采取措施，保证保温材料全部存入库房内，并保证库房的防雨和干燥。施工中应根据需用量提取保温材料，以免其在室外受潮。室外保温工程不应在雨天进行，否则要采取防雨措施。

(8) 室外管道安装

1) 雨期挖槽，应采取措施，严防雨水进入沟槽。但同时还应考虑防止坍塌、漂管等的相应措施。

2) 防止雨水进入沟槽，一般应采取如下措施：沟槽四周的堆土缺口，如运料口、下管等道口、便桥桥头等，均应堆叠土埂，使其闭合，必要时并应在堆土外侧开挖排水沟，堆土向槽一侧的边坡，应铲平拍实，避免雨水冲塌；在暴雨期，宜在堆土内侧挖排水沟，将汇集的雨水引向槽外；如无条件引向槽外时，宜每 30m 左右作一泄水簸箕，有计划地将雨水引入槽内，以免冲刷槽帮，水簸箕的位置应躲开坡度板和便桥桥头。

3）为了避免暴雨时漂管，安装完毕的管道可局部用土回填，但须将焊缝处留出，并应便于检查。

4）地下管线的施工要速战速决，不能拖泥带水，要及时下管、试压、确认、验收、回填。

5）铸铁管铅接口时，在烧铅过程中如遇天气变化，毛毛细雨时，可用铁板盖盖上；若雨下大，则必须把铅锅抬到安全地方。

6）在混凝土管捻口或钢管焊接部位，可采取搭简单活动雨棚的措施。接口左右 50cm 以外处在验收前可至少先还土 50～100cm 的土层。

7）钢管与零件应刷油防锈，接管所用石棉、水泥、焊条等材料，必须加盖防雨苫布、保温层抹好应立即盖好，防止被雨水冲刷。

8）地下室或地下构筑物外墙有管道穿过的，应采取防水措施。对有严格防水要求的建筑物，必须采用柔性防水套管。

9）直埋管道的保温应符合设计要求，接口在现场发泡时，接头处厚度应与管道保温层厚度一致，接头处保护层必须与管道保护层成一体，符合防潮防水要求。

10.3.2.3　冬期施工操作要点

冬期管道工程施工主要注意：管道焊接的温度要求、焊接工程、管道试压防冻。

（1）室外管道安装

1）管道及管道支墩（座），严禁铺设在冻土和未经处理的松土上。

2）室外燃气管道：计划冬期施工的沟槽，宜在冻结之前，先将地面刨松一层（一般厚 30 cm），作为防冻层。

3）冬期施工收工前，不论沟槽是否见底，均应用草帘覆盖防冻，或挖松一层土防冻。

4）需要开挖冻土时，应具体研究开挖方法和使用机具的种类，并制定必要的安全措施。

5）冬期挖槽，对所暴露出来的自来水管或其他通水管道，应视管径大小、运行情况及气温情况，根据需要采取防冻措施。

6）进行石棉水泥接口施工时，应采取热水拌和材料，但水温不得超过 50℃；如用膨胀水泥接口，水温不应超过 35℃。当气温低于－5℃时，不宜进行以上两种材料接口。接口完毕后，覆盖好草帘子；也可用暖土（不冻土）填埋接口处保温。

7）防腐工程作业应在清除表面的杂物、锈、冷凝水及冰、雪、霜后方可进行；刷漆工作应选择好天气作业。

8）管道冬期试压时，为避免冻裂管道，尽量选用气压试验，但要征得设计或甲方的同意，并有相应的安全措施。如必须采用水压试验时，采取以下方法：

①室外给水管道：试压泵在室外使用时，如气温达到冰点，对水箱注水应使用适宜的防冻剂。管道试压应作好试压前的各项准备工作及试压后放水、排水等工作。试压时，应将暴露的管子或接口用草帘子盖严，无接口管身应回填。试压完毕应尽快将水放净。

②室外排水管道：冬期施工作完闭水试验后，应及时将水放净，避免冻裂管道，必要时应采用压缩空气吹扫。

9）管沟回填土。管顶上部 200mm 以内应用砂子或无块石及不冻土块的土回填，不得使用机械回填；管顶上部 500mm 以内不得回填直径大于 100mm 的块石和冻土块；500mm 以上部分回填土中的块石或冻土块不得集中。上部用机械回填时，机械不得在管沟上行走。

10）地下式消防水泵接合器顶部进水口或地下式消火栓的顶部出水口与消防井盖底面的距离不得大于 400mm，井内应有足够的操作空间，并设爬梯。寒冷地区井内应做防冻保护。

11）保温工程抹面保护层硬化前，应防雨淋水冲，当最低温度低于 5℃且不低于 −3℃时，应按冬期施工方案采取防寒措施，如采用草帘覆盖、局部搭设暖棚等。

（2）室内管道安装

1）硬聚氯乙烯管道采用粘接时，应采取防寒防冻措施，但操作场所应保持室内空气流通，不得密闭。应根据厂家要求选用不同型号的胶粘剂，其性能应能适应施工现场的气候条件。粘接接头不宜在环境温度 0℃以下操作，以防胶粘剂冻结，但不得采用明火或电炉等设施加热胶粘剂。当施工现场与库存管材温差较大时，应在安装前将所用管材在现场放置一定时间，使其温度接近环境温度。

2）采暖管和散热器试压后要及时保温，送蒸汽或热水停止时，应及时排放冷凝水。

3）入冬前应对已完工程进行一次检查，各上水、下水管线内，暖气管道内的打压试压水要排放干净，室内外门窗应能关闭严密，且应安排专人进行通风换气，防止室内潮气过大。

4）对已施工完毕但尚未投入运行的工程，冬施前应进行一次仔细检查，做好成品保护工作。要将阀门开启到最大限度，特别要注意清除在试压管道吹扫清洗过程中留存在管道、设备中的积水，保证正常越冬。

5）管道的强度试验若在冬期进行可改用气压试验，但要征得设计或甲方的同意，并有相应的安全措施。

6）风管：冬期在屋面上安装风管时，必须注意将露水、霜、雪清扫干净，以防滑跌。

7）PP-R 管热熔连接环境温度不得小于 5℃，如小于 5℃时，应按厂家提供说明施工。

8）施工现场与材料存放处温差较大时，应于安装前将管件和管材在现场放置一定时间，使其温度接近施工现场环境温度。

10.3.3 设备工程

10.3.3.1 设备安装工程工艺流程，见图 10-4。

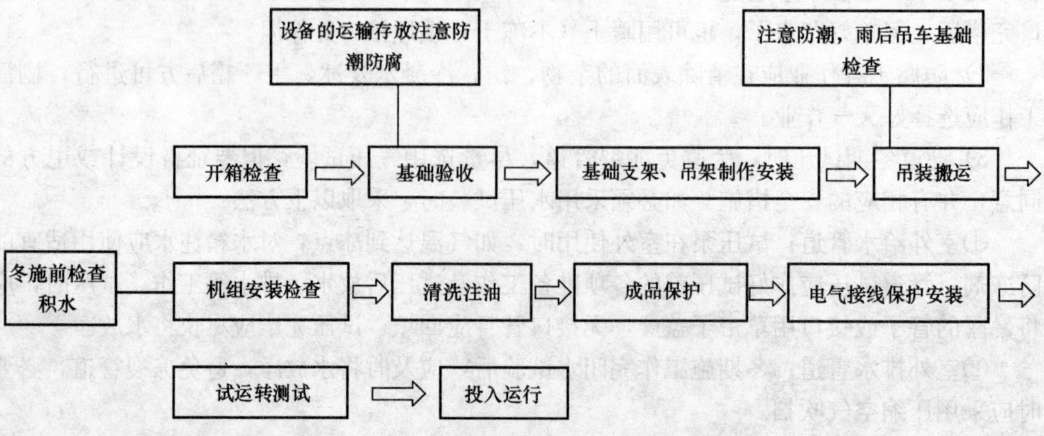

图 10-4 设备安装工程工艺流程

10.3.3.2　雨期施工操作要点

设备安装雨期施工注意事项主要包括：设备的堆放要求、吊装要求，成品保护等。

(1) 设备的堆放要求

1) 安装前放置设备应用衬垫将设备垫妥，防止设备变形及受潮。

2) 堆放场地要平整、坚实，周围要做好排水，并派人经常检查，发现问题及时处理。

(2) 设备吊装要求

1) 雨期使用轮胎吊吊装，严禁在虚土或低洼处作业。

2) 雨后吊装作业前要进行试吊，即将构件吊至 1m 左右，往返上下起落数次，稳定后再进行正式吊装作业。

(3) 设备成品保护

1) 设备预留孔洞要做好防雨措施。如施工现场地下部分设备已安装完毕，要采取措施防止设备受潮、被水浸泡。

2) 现场中外露的管道或设备，应用塑料布或其他防雨材料盖好。

3) 室外架空线路施工立杆时，基坑挖出的土应甩离坑边 0.5m 以外，并不要把标桩埋上，同时坑四周用土围堆，防止雨水流入。

4) 室外存放的设备入冬前要更换防冻机油并全面检查一次。水冷式焊接设备（水冷氩弧焊机）用完后必须将水排净。

(4) 隧道内设备安装工程

地下铁道成洞后未通车前，由于通风设施不能使用，隧道内的湿气排不出去，湿度很大，设备安装应采取如下措施：

1) 机房在设备进入之前，应将门窗装好，并进行除湿。其方法有两个，一是用除湿机除湿；二是提高房间温度，以降低机房内的相对湿度。提高房间温度常用电暖气、白炽灯等。

2) 地下铁道隧道内的金属安装件，安装前必须采取防腐蚀处理或镀锌，再行安装。

3) 地下铁道的隧道在地坪之下，因而在雨期前，要将穿防水层的穿墙管或预留孔洞及时封堵，防止雨水及泥砂冲入。

4) 车辆段隧道口处的排水泵房应加强值班工作，保证下雨时流入的雨水及时排出，防止隧道内设备被淹。

10.3.3.3　冬期施工操作要点

(1) 设备进入冬期前的准备

1) 对已安装的设备及现场施工机械应进行一次检查，将存留在设备内的积水清除；未安装的设备在安装前也应进行检查，对于怀疑有积水的设备必要时应拆卸或用干燥的压缩空气吹扫。

2) 露天使用的电焊机、卷扬机、砂轮机、滚板机、剪板机、钻床、搅拌机、砌砖机、机械电气开关箱等应搭设防风雪棚，以免电气部分受潮。

3) 其他小型机械应入库保管，使用时出库，用后及时收回。

4) 冬期放置室外的开口设备应将开口进行临时封闭，避免雨雪进入设备内。

5) 冬期已领出的机械设备、电气、仪表、盘柜，应及时运入厂房内，不要在露天放置。

6）大型机械要做好冬期施工所需油料的储备和工程机械润滑油的更换补充以及其他检修保养工作，以确保在冬施期间运转正常。

（2）设备基础施工

1）在无采暖的建筑内进行地角螺栓灌浆时，在混凝土中应掺入抗冻剂。掺抗冻剂须按照说明书进行配比，并采用蓄热保温的方法保温。

2）设备灌浆应采用无收缩水泥或微膨胀水泥，加入骨料，并按照说明书填加防冻剂。灌浆后应采用蓄热保温的方法保温。

（3）设备试压

1）设备的水压试验要尽量避开冬期进行，必须在冬期试压时，为防止冻坏设备，应尽量采用干燥压缩空气进行气压试验。必须采用水压进行试验的，应采取措施保证水温在5℃以上；试压结束后应立即检查，将存水排净或用压缩空气吹扫，以免泵内水结冰，损坏设备。采用气压试验时，事先应编制安全措施。

2）冬期设备作严密性试验时，应在肥皂水中加入一定比例的酒精，防止肥皂水冻结，影响检漏。

3）冬期设备解体清洗必须在有采暖措施的条件下方可进行（厂房需封闭）

10.4 质量控制及检验标准

机电工程质量控制是对从项目组织、原材料采购、施工过程、竣工后的回访服务等一整套的质量管理与控制。各个工程应有针对性的编制项目质量计划，按照过程精品、动态管理、节点考核、严格奖罚的原则，力争每个分项工程质量一次验收合格，形成精品，以过程精品确保最终精品工程。

10.4.1 冬、雨期电气安装主要质量控制点及检验标准

冬、雨期电气安装主要质量控制点及检验标准，见表10-4。

电气安装主要质量控制点及检验标准 **表10-4**

控制阶段	控制点名称	控制内容	主要责任人	见证资料
施工准备阶段	冬、雨期施工方案	技术要求，施工验收规范、标准、质量保证措施	主任工程师，技术部门负责人	冬、雨期方案
	设备材料采购、订货、加工、验收	选择厂家，挑选货源，清点数量，验收质量	材料员，施工员	材料验收单
施工安装阶段	技术交底（逐级进行）	设计要求，规范要求，质量标准	技术负责人，施工员	技术交底记录
	管线、接地等预埋	预埋部分隐蔽前检查，接地电阻测试	技术负责人，质检员，施工员	隐蔽记录，接地电阻测试记录
	电缆、电线敷设	走向，排列，耐压，电缆头制安	质检员，施工员	安装记录，试验报告
	照明器具、配电盘（柜）安装	导线连接，安装观感质量	质检员，施工员	安装记录
竣工阶段	分项、分部工程验收	质量保证资料	技术负责人，质检员	安装记录，分项、分部质量检验批

10.4.2 管道安装主要质量控制点及检验标准

管道安装主要质量控制点及检验标准见表10-5。

管道安装主要质量控制点及检验标准　　表10-5

控制阶段	控制点名称	控制内容	主要责任人	见证资料
施工准备	冬、雨期方案	技术要求，施工验收规范、标准、质量保证措施	主任工程师，技术部门负责人	施工技术方案
	设备材料采购、订货、加工、验收	选择厂家，挑选货源，清点数量，验收质量	材料员，施工员	材料验收单
施工阶段	技术交底（逐级进行）	设计要求，规范要求，质量标准	技术负责人，施工员	技术交底记录
	预留预埋	尺寸、规格、数量	技术负责人，质检员，施工员	隐蔽记录，预检记录
	管道安装	管材、管径、位置标高，坡高符合要求并填写安装记录，焊接表面检查，焊接记录	质检员、施工员	预检记录、安装记录
	管道压力灌水实验	实验结果符合要求记录完整，完成后的吹扫	质检员、施工员	试验报告
	防腐保温工程	保温厚度、表面平整度、防腐材质	质检员、施工员	安装记录
	卫生器具安装	安装牢固，严密不漏，排水支管坡度合格	质检员、施工员	安装记录
竣工阶段	总体试运行	各分部工程、各系统联合运行，并交工	项目经理、技术负责人	调试报告，分项分部工程检验批

10.4.3 设备安装主要质量控制点及检验标准

设备安装主要质量控制点及检验标准见表10-6。

设备安装主要质量控制点及检验标准　　表10-6

控制阶段	控制点名称	控制内容	主要责任人	见证资料
施工准备	冬、雨期方案	技术要求，施工验收规范、标准、质量保证措施	主任工程师，技术部门负责人	冬、雨期方案
	设备材料采购、订货、加工、验收	选择厂家，挑选货源，清点数量，验收质量	材料员，施工员	材料验收单
施工安装阶段	技术交底（逐级进行）	设计要求，规范要求，质量标准	技术负责人，施工员	技术交底记录
	基础	预埋部分隐蔽前检查	技术负责人，质检员，施工员	隐蔽记录
	设备吊装	吊车站位、吊装方案	技术负责人，施工员	吊装方案，计算书
	设备就位	水平度、垂直度等	质检员，施工员	安装记录
竣工阶段	试运行	质量保证资料	技术负责人，质检员	试运行记录，分项、分部质量检验批

10.5 环境及职业健康安全

10.5.1 雨期施工安全工作

10.5.1.1 雨期施工期间所有用电设备都要有接地保护。对临时用电配电系统和机械设备进行绝缘摇测。对大型机电设备如塔吊、高大脚手架等进行接地电阻测试。

10.5.1.2 在雨期使用用电设备的操作者，要穿绝缘胶靴和戴绝缘手套操作，以防止触电。

10.5.1.3 各级领导要高度重视雨期施工安全工作，施工指挥应遵守安全技术措施。

10.5.1.4 雨期施工应及时跟踪天气预报，掌握施工主动权。

10.5.2 冬期施工安全工作

10.5.2.1 冬期施工期间要加强天气预报工作，防止寒流突然袭击；要合理安排每日的工作，同时加强防寒、保温、防火、防煤气中毒等项工作。

10.5.2.2 要加强冬期安全防火工作，专职安全员要管理好日常工作，要充分发挥班组安全员的作用，要坚持班组安全活动日制度，每日施工前要开班前安全会。

10.5.2.3 通向现场和办公区的道路，在下雪后应及时撒溶雪剂，以防止交通事故的发生。

10.5.2.4 冬期施工要求随时注意防滑，应将作业通道上的积水、积雪及时清扫干净；脚手架和梯子平台在使用前应清除雪、霜；坡道上应设防滑条。

10.5.2.5 冬期天气干燥，应加强火源和电源的管理，注意防火；要加强施工现场的保卫工作，要设保卫值班。

10.5.2.6 天气特别寒冷、大雪降临时，不安排工人在没有取暖条件的区域内施工。

10.5.2.7 施工用房及木制活动板房在冬期施工中应做好五防（防火、滑、冻、风、汽）工作。室内要装风斗，下班后炉火要熄灭。

10.5.2.8 冬期施工现场严禁拢火取暖，严禁电炉取暖，要对施工人员进行安全教育和交底。

10.5.3 职业健康、环境保护措施

根据施工企业的特点，项目有可能出现的主要环境管理因素有：噪音排放、粉尘排放、运输遗洒、污水排放、光污染、化学品的泄漏、火灾隐患、固体废弃物排放、能源资源的消耗等，针对机电工程的环境保护措施见表10-7。

机电工程环境保护措施 **表10-7**

分 项 工 程	职业健康、环境保护问题	预防控制措施
电气工程		
管路敷设	铁屑废料回收 冷却油污染地面 切割机噪声	切割机前设防火、防溅的遮挡物 切割机应放在木板或防油布上 现场配备分类垃圾池
防雷接地	电焊弧光刺伤眼睛 焊药、焊渣污染环境 焊渣引起火灾	焊工配戴合格防护罩 焊渣集中回收 电焊场地配备灭火器

续表

分项工程	职业健康、环境保护问题	预防控制措施
桥架、线槽安装	废料随地丢弃 使用电锤时，防护不到位 电锤三级箱不到位 活动施工架防护不到位	废料集中堆放集中处理 严格小型电动机的操作规程，操作人员戴防护镜 加强临时用电管理 严格执行高空作业防护
电缆、电线敷设	电缆采用燃烧的剥切方法 电缆存放不好，容易存在偷盗现象	电缆用专用工具剥切 电缆属贵重金属，注意集中保存，废料集中处理
器具安装	带电更换器具	严禁带电操作
调试	电气短路，引发火灾 人员触电	编制详细调试方案，送电前全面检测 持证上岗，进行安全交底，开展人员触电后的紧急救治培训
管道工程		
管道安装	电焊弧光刺伤眼睛 焊药、焊渣污染环境 焊渣引起火灾 高空坠落及落物伤人 废件、管头、油麻、铅油	焊工配戴合格防护罩 焊渣集中回收 电焊场地配备灭火器 严格执行高空作业防护 工人操作工完料清
保温、防腐	保温棉丝飞扬 油漆遗洒 油漆气味排放 防止油漆、稀料着火	减少拆除现场保温材料及时清理 涂刷时，设备及管道下有覆盖，以免二次污染 油漆、稀料有专门地方存放，远离明火、有专人看管。 注意通风
管道冲洗	有漏水，污染吊顶、地板 打压、冲洗废水的排放	在隐蔽前严格试压。如有漏水，立刻泄水。冲洗废水排至最低点，用潜水泵提升经沉淀处理后排至市政管道
设备工程		
设备制作	边角、废料、废机油的处理 操作时的安全 加工时含有粉尘的气体	及时清理，并加防护装置 编制作业指导书，严格按指导书操作 工人配备防护装置
设备安装	防坠物伤人 防高空坠落	检查设备内及上表面有无物体，吊装时严禁工人站于设备下方，编制吊装方案

第11章 室外总图工程

11.1 雨期施工措施

本章适用于室外总图工程的雨期施工，主要包括室外管沟、室外道路、室外地面、室外绿化等。

11.1.1 编制依据

(1)《建筑地面工程施工质量验收规范》GB 50209—2002；

(2)《建筑施工手册》(2003年5月第四版)；

(3)《建筑安装分项工程施工工艺规程》(2004年1月第一版)。

11.1.2 总体要求

11.1.2.1 施工前，应编制雨期施工方案，对室外工程的施工组织进行合理安排，管沟、道路及路面施工宜分段分期施工，以降低雨期施工的难度。

11.1.2.2 总图工程在室外进行，防雨难度较大，现场雨水排放应事先规划，合理安排排水坡度和流向。

11.1.2.3 雨期施工各项物资应提前到位，以应对可能的突发事件。

11.1.3 雨期材料准备

除总图施工所需材料外，雨期施工尚应根据工程量及施工段划分情况配置足量的材料，见表11-1。

室外总图工程雨期施工配置材料 表11-1

序号	材料名称	用途	序号	材料名称	用途
1	铁锹	疏通排水	5	手电筒	夜间照明
2	水龙带	排除雨水	6	应急灯	夜间照明
3	潜水泵	排除雨水	7	钢架管	沟槽边坡支撑
4	塑料布	苫盖混凝土及土方	8	脚手板	沟槽边坡支撑

11.1.4 主要分项工程施工要点

11.1.4.1 管沟工程

管沟施工工艺流程如下：土方开挖→垫层→管沟砌筑→管路敷设→沟盖板安装→回填土。

(1) 雨期施工要点

管沟开挖边坡一般采用直立边坡，开挖深度超过表11-2数值时应采用临时性支撑加固。

管沟开挖允许深度 **表 11-2**

序号	土质情况	允许深度（m）
1	密实、中密的砂子和碎石类土（填充物为砂土）	1.00
2	硬塑、可塑的粉质黏土及粉土	1.25
3	硬塑、可塑的黏土及碎石类土（填充物为黏性土）	1.50
4	坚硬的黏土	2.00

沟槽的开挖宽度，除结构宽度以外，应根据施工需要增加工作面宽度，如排水设施、支撑结构所需的宽度，在开挖前均应考虑。沟槽外侧应围以土堤或开挖水沟，防止地面水流入。

土方开挖应根据施工方案要求分层开挖，上部支撑完成后方可进行下部土方开挖。

在开挖槽边弃土时，应保证边坡的稳定。当土质良好时，抛于槽边的土方应距槽边 0.8m 以外，且高度不宜超过 1.5m。

（2）沟槽垫层及管沟砌筑执行雨期混凝土及砌筑工程施工的要求。施工过程中如遇降雨，应用塑料布对沟槽边坡及施工成品进行苫盖保护。

（3）管道敷设检查完毕，及时回填，防止雨水浸泡。回填土在晴天进行，连续操作，尽快完成。

雨期进行回填应严格控制回填土含水率。最佳含水率的确定宜根据试验确定，在现场以“手握成团，落地开花”为准则进行判定。如含水率偏高，可以采用翻松、晾晒或均匀掺入灰土等措施。

回填时严格按照分层夯实，分层夯实密度满足规范和设计要求，在雨天不得进行回填夯实工作。

回填土施工中应注意雨情，雨前及时夯完已填土层或将表面压光，并做成一定坡度，以利排除雨水。

11.1.4.2 室外混凝土道路工程

（1）雨期进行室外混凝土道路施工宜利于路面伸缩缝进行分格浇筑，如采用后切缝技术时，也应划分流水段进行浇筑，控制一次浇筑量，以利于采取防雨措施。

（2）大雨和中雨天气严禁进行大量混凝土浇筑施工，浇筑过程中遇雨采取用雨布等覆盖措施，如施工中遇大雨，立即停止施工，间歇超过 2 小时以上时，应将施工缝留在分格缝处。

（3）混凝土如采用现场搅拌，应根据天气情况，随时测定砂、石含水率，及时调整配合比，严格控制水灰比。

（4）在浇筑混凝土前，仔细检查是否有积水，有积水必须清理干净后再浇混凝土，在混凝土浇筑过程中如出现中到大雨立即调整，按要求留设施工缝并停止浇筑。对已浇筑部分及时振捣、抹压平整后覆盖塑料布遮挡。尽量使混凝土浇筑避开雨天。

（5）混凝土的养护，进行浇水养护，养护不得少于 7 天。

11.1.4.3 沥青混凝土道路工程

（1）下雨时严禁进行沥青混凝土施工。

（2）垫层潮湿时不应铺设沥青混凝土地面。

（3）未经压实即遭到雨淋的沥青混凝土，应当全部铲除。

11.2 冬期施工措施

本节适用于室外总图工程的冬期施工，主要包括室外管沟、室外道路、室外地面等。

11.2.1 编制依据

(1)《建筑工程施工质量验收统一标准》GB 50300—2001；

(2)《建筑工程冬期施工规程》JGJ 104—97；

(3)《建筑施工手册》(2003 年 5 月第四版)；

(4)《建筑安装分项工程施工工艺规程》(2004 年 1 月第一版)。

11.2.2 总体要求

11.2.2.1 大面积的室外地面、道路及散水等不宜在冬期施工，如确有必要，应组织专人编制冬期施工方案以确保施工质量。

11.2.2.2 采用蓄热法或暖棚法施工时，应进行热工计算，在保证质量的前提下尽量减少能源和物资的消耗。

11.2.2.3 掺用外加剂施工时，应注意各类外加剂的适用条件，根据气温情况选用。

11.2.3 主要分项工程施工要点

11.2.3.1 管沟工程

(1) 土方开挖

人工开挖冻土，劳动强度大，工效低，只适用于无机械及工程量较小的情况，其主要工具为大锤及铁楔，开挖方法为先将冻土开出一豁口，以此为基点逐步延伸。

机械开挖冻土应根据冻土的厚度选用适当的机械，以达到经济高效的目标。

如管沟施工安排在冬期进行，可在入冬前预先采取防冻措施，以降低施工难度。防冻可选用耕松耙平法或保温覆盖法。

(2) 垫层

管沟开挖完成后，应及时进行垫层混凝土浇筑，垫层混凝土优先采用综合蓄热法施工，浇筑完成后及时用保温材料进行覆盖。如热源便利时，也可采用暖棚法施工。

(3) 管沟砌筑

参照本手册砌筑工程施工的要求。

(4) 土方回填

冬施期间回填土可用含有冻土块的土回填，但冻土块的体积不得超过回填土总体积的 15%，冻土块的粒径不得大于 15cm，铺填时冻土块应分散开，并逐层夯实。

距离地表面 1m 以内不得用冻土回填。

回填土每层厚度不超过 20cm，采用蛙式打夯机进行分层夯实不得少于 3 遍。

冬施期间回填土方施工应连续进行，若中间停止施工应采取覆盖等保温措施。

11.2.3.2 室外广场砖施工

(1) 总体要求

室外广场砖冬期施工时，环境温度不应低于 5℃，在雪天、强风条件下，在室外或露天不宜进行砖面层施工。

气温在 −5℃以上，温度处于正负交变时，可选择使用早强减水剂，当气温在 −5℃以下时，则应选择防冻剂。

(2) 施工方法分类、适用范围、适用条件（表 11-3）

施工方法分类、适用范围、适用条件 **表 11-3**

序　号	施工方法分类	适 用 范 围	适 用 条 件
1	综合蓄热法施工	−15℃以上	
2	暖法施工	有特别要求	费用较高

(3) 施工准备

1) 现场准备：取暖的方法可使用蒸汽或热水采暖、焦碳炉、红外线加热器、燃油(气) 暖风机等。

2) 技术要求：防冻剂复试和相关试验已经完毕并符合要求。

3) 作业条件：施工时，环境温度不应低于 5℃。

4) 操作工艺：

检验水泥、外加剂、砂、砖质量→试验→技术交底→选砖→准备机具设备→排砖→找标高→基底处理→搭设暖棚（暖法施工时采用）→铺抹结合层砂浆→铺砖→覆盖→养护→勾缝→检查验收。

5) 应注意的问题：

①施工完成的部分应及时用塑料布覆盖，然后在上面再覆盖 2 层岩棉被保温，并随时进行测温，发现温度过低时，应立即采取保温措施，否则易受冻。

②广场砖与建筑物连接的部位应预留 3cm 缝隙不施工，作为温度伸缩缝，待天气转暖后再填充弹性材料。

③暖棚法施工的部分应封闭严密，以防热量散失。

④搭设暖棚采用落地脚手架，围护应采用轻质高效保温材料，如：岩棉被及聚苯板等。岩棉被的制作应带有绑带，以便与脚手架牢固固定。岩棉被之间的连接宜使用大型按钮，以确保严密。

⑤暖棚法施工成本高、能耗大，只在工程极为需要时才予以应用。

11.2.3.3　室外道路施工

(1) 混凝土路面施工

1) 室外混凝土道路施工中，混凝土搅拌、外加剂掺加及混凝土运输详见混凝土工程冬期施工技术要求。

2) 混凝土路面使用优先采用综合蓄热法，也可采用暖棚法施工，适用条件见表 11-3。

3) 混凝土路面压光是施工的关键，等到地面用手按上有很淡的印痕但不往下陷时，就可以压最后一遍了，压光时覆盖的材料要随压光随掀开，压光后及时覆盖，确保混凝土不受冻，

(2) 沥青路面施工

1) 沥青路面不得在雨雪天施工，当施工中遇雨雪时，应停止施工。

2) 热拌沥青混合料运输车应用篷布覆盖，用以保温、防雨雪、防污染。

第12章　季节性施工现场安全措施

（1）为了加强季节性施工安全管理工作，维护人民生命和财产的安全，保证施工工程的顺利进行，根据相关规定，结合冬、雨期施工的实际情况，制定本措施。

（2）本措施依据标准：

1）《中华人民共和国安全生产法》；

2）《建筑机械使用安全技术规程》JGJ 33—2001；

3）《北京市建设工程安全生产管理条例》京建法［2004］220号（北京地区适用）；

4）《北京市建筑工程施工安全操作规程》DBJ 01—62—2002（北京地区适用）；

5）《北京市建设工程施工现场安全防护、场容卫生、环境保护及保卫消防标准》J 10337—2004（北京地区适用）；

6）《北京市建设工程施工现场生活区设置和管理标准》J 10268—2003（北京地区适用）。

（3）冬、雨期施工前，工程项目要根据工程实际情况，建立冬、雨期施工领导小组，完善领导指挥体系，建立健全各级安全生产责任制。

（4）工程项目要建立健全交接班制度，密切关注冬、雨期施工期间天气变化，加强天气预报的收听和记录，为采取相应措施提供依据，做好冬、雨期施工防范措施，合理安排每日的工作，防止恶劣天气突然袭击。

（5）对所有从事冬、雨期施工的人员进行安全培训，在冬、雨期施工期间各施工管理人员应认真学习国家规范、规程及有关冬、雨期施工的文件和各项技术措施，提高安全意识，严格按照施工现场安全管理规范、标准施工，不得违章指挥、违章作业。

（6）在冬、雨期施工来临之前，工程项目要结合本工程项目施工特点、难点，编制冬、雨期施工方案和紧急事件应急预案，并对所有参加冬、雨期施工人员进行相应的安全教育和安全技术交底，使每一个员工都要熟知本项目的冬、雨期施工的各项安全管理规定和具体实施方法。

（7）物资管理部门要按照项目的冬、雨期施工方案准备充足的物资资源、器材、设备，配备好相应的安全防护用品等。

（8）在冬、雨期施工期间所有工程的施工组织设计和施工方案都必须有安全技术措施，爆破、打桩、吊装、水下作业、槽坑施工、支模、架子等工程均应编制单项技术安全方案，并作详细的安全技术交底，否则不得施工。

（9）现场内的材料加工场、机械设备装置、材料仓库和堆料场以及重要物资存放地、运输道路、临时上下水管道、电力网、办公生活临时设施的位置和规格都应在施工方案中详细注明，同时在冬、雨期施工前要进行严格的检查验收，发现异常要在冬、雨期施工前消除隐患。

（10）雨期施工

1）基础施工

①雨期施工前和雨期施工中，基坑土方开挖时，基坑顶要做 1.5m 宽的散水，基坑坑边做好挡水堰（图 12-1）。根据工程实际情况距坑边顶缘 0.3m 做好排水沟，沟底应比地面低 0.4m，坡度宜选用 0.1%，设置集水井，便于水泵将集水排至市政排水系统。

②基础坑底也应根据基坑实际情况设置排水沟和相应的集水井，集水井的深度应根据抽水设备进水阀的高度进行设置。排水设备优先选用离心泵，也可以使用潜水泵，抽出的水应排到基坑以外的地面排水系统，避免回渗，保证施工现场水流通畅，不集水，四邻地区不倒灌。

图 12-1　基坑坑边挡水堰

图 12-2　防雨防砸棚

③严格按照工程图纸要求，组织专业测量人员对基坑进行沉降和边坡位移观测，发现异常要立即向有关领导汇报，及时采取相应的安全措施，保证边坡稳定。

2）施工临时用电管理

①施工现场配电系统在采用接地和接零保护方式的同时，必须逐级设漏电保护装置，实行分级保护，形成完整的保护系统。漏电保护装置的选择应符合有关规定。

②雨期施工前，对现场所有的动力及照明线路、供配电电器设施进行一次全面检查，对线路老化、安装不良、瓷瓶裂纹以及跑漏电现象必须及时修理或更换，严禁迁就使用，各级电闸箱要有可靠的防雨防砸棚和防雨设施（图 12-2）。

③要经常检查现场电气设备的接地、接零保护装置是否灵敏，使用电气设备和平时使用的电动工具应采取双重保护措施（漏电保护和绝缘劳保工具），注意检查电线绝缘是否良好，接头是否包好，不准将线浸泡在水中。

④雨期施工期间，露天使用的电器设备，要有可靠防止漏电措施，做好机电设备的接零接地保护设施，按照机械设备管理的有关要求和规定对特殊设备设置避雷装置。

⑤雨期施工前，要组织专业电工对施工现场的避雷装置、接零接地装置、露天使用的机械设备，做好绝缘摇测，使其电阻值在规范标准要求范围内。

⑥大雨时应避免进行钢筋焊接施工。小雨时如有必须施工部位应采取防雨措施以防触电事故发生，可采用雨布或塑料布搭设临时防雨棚，不得让雨水淋在焊点上，待完全冷却后，方可撤掉遮盖，以保证钢筋的焊接质量。如遇大雨、大风天气，应立即停止施工。

⑦在室内抹灰、水磨石地面等潮湿作业环境中，应使用安全电压照明器。电源电压应

不大于36V。在特别潮湿的场所内，照明电源电压不得大于12V。工作手灯应用胶把和网罩保护。

⑧施工现场照明灯具与易燃物应保持不小于300mm的安全距离。临时灯具、碘钨灯、行灯等灯具应有专人负责保管，用后及时断电并收回。照明线路不得拴在金属脚手架、龙门架上，且严禁在地面上乱拉、乱拖。

⑨雷雨天气时期，工人不要在高墙、大树下避雨，不要靠近电线杆、铁塔、架空线路和避雷装置的接地导线10m以内的地区，避免遭雷击，若遭雷击后，应立即采取人工呼吸急救并请医生采取抢救措施。严禁在雷电交加时，触摸电线或接地装置，以防雷击伤人。

3）脚手架施工管理

①雨期施工前对所有脚手架进行全面检查，脚手架立杆底座必须牢固，并加扫地杆，外用脚手架要与墙体拉接牢固。

②外脚手架，井架要严格按施工方案及《建筑施工扣件式钢管脚手架安全技术规范》JGJ 130—2001搭设。要及时排除架子基底积水，大风暴雨后要认真检查，发现立杆下沉、悬空、接头松动等问题应及时处理，并经验收合格后方可使用。

③脚手架立杆底脚必须设置垫木或混凝土垫块，外脚手架坐落于回填土上的工程应确保回填质量，土体应夯实并设排水沟（图12-3），同时保证排水通畅，避免积水浸入。所有马道、斜梯（图12-4）均应钉防滑条，其间距≤300mm。

图12-3 外脚手架排水沟

图12-4 马道、斜梯

④下雨天应停止在外脚手架上施工，大雨后要对外脚手架进行全面检查并认真清扫，确认无沉降和松动后方可使用。外架基础应派专人随时观察，如有下陷或变形，应立即处理。

⑤对于高大脚手架设置的防止雷击设施要做好检测，接地线电阻≤10Ω。

⑥雨天、雷雨天严禁搭设或者拆除各类脚手架。

4）模板施工管理

①雨期施工期间模板堆放场地要设置1.2m高的维护栏杆，场地必须平整夯实，做好排水设施，避免积水，非作业人员禁止入内或穿行，见图12-5。

②使用的木模板应放平、垫实，以免变形，同时应检查吊耳是否坚实，不得在腐朽的木框处设置吊耳，以免吊运过程发生脱落事故。

③大型钢模板：没有支撑的应放置在专门的模板插放架内。有支撑的模板必须对面码放整齐，保证70°～80°的自稳角，长期存放的大模板必须有用拉杆连接绑牢等可靠的防倾倒措施，见图12-6。

图12-5 模板堆放场地

图12-6 大模板防倾倒措施

④清理模板、刷脱模剂（遇雨应覆盖塑料布），大雨过后应重新刷一遍，同时必须将模板支撑牢靠，防止倾倒，并保证两模板之间间距不小于600mm。

⑤模板拼装后应尽快浇筑混凝土，防止模板遇雨变形。若模板拼装后不能及时浇筑混凝土，又被雨水淋过，则浇筑混凝土前应重新检查、加固模板和支撑。

⑥制作模板用的多层板和木方要堆放整齐，且须用塑料布覆盖防雨，防止被雨水淋而变形，影响其周转次数和混凝土的成型质量。

⑦大雨天和风力超过5级严禁进行大模板施工。

5）原材料的储存和堆放管理

①物资部门要按照项目的雨期施工方案准备相应的物资、器材、设备、以及防汛的沙袋、水泵、抽水软管、塑料布等，配备好安全防护用品等。

②水泥、粉煤灰等粉尘材料应全部存入仓库，没有仓库的应搭设专门的棚子，保证不漏、不潮，材料下面应架空通风，四周设排水沟，避免积水，严禁靠墙码垛。现场可充分利用在施结构首层堆放材料。

③砂、石料一定要有足够的储备，以保证工程的顺利进行。场地四周要有排水出路（保证一定的排水坡度），防止淤泥渗入，对各种材料分割墙进行检查，以免雨期倒塌伤人。

④钢模板的堆放场地应坚实，以防止因地面下沉造成倒塌事故。

⑤各种砌块、小钢模等材料堆放高度不得超过1.5m。装修材料、保温材料、机电设备等进场后，应尽量运入楼层内的仓库，否则应采取防雨措施。

⑥雨期施工所需的应急材料和设施、机具、设备，如水泵、抽水软管、草袋、塑料布、苫布等由材料部门提前准备，及时组织进场。水泵等设备应提前进行检修，确保其运行良好。

⑦雨期施工前应对现场存放的配电箱、闸箱、电缆临时支架等仔细检查，确保用电安全。现场配电箱要支搭防雨防护棚，保证其完好。

⑧易燃、易爆物品要妥善存放、保管，防止受潮、变质、起火、爆炸。仓库及堆放场地要有灭火设施。晴天后要派专人对各类仓库进行开窗通风换气，以防室内潮气过大。

6）钢结构施工管理

①钢构件堆放场地要平整、坚实、并有足够的垫木，构件存放平稳，不变形。场地四周设排水沟，并有遮盖措施，以免构件浸泡，锈蚀。

②遇雨或大风天气应停止钢结构的吊装和安装，雨天或构件表面有水的情况下，严禁进行攀登或高强螺栓施工作业。

③雨期施工期间应经常对所用的吊装机具设备等进行检查，发现问题应及时解决或更换。

④所有焊接设备在汛期来临前，必须装设一次侧漏电保护器和二次侧防触电保护装置，设备均应有可靠的防雨措施，使用完后应随时切断电源。

焊接、安装作业遇雨时必须停止，对刚焊接完的部位应用遮雨布遮盖，避免焊接部位遇雨骤然冷却，受力断裂，再次施焊前应对焊缝进行局部烘干。

⑤施工中遇雨时应将高空作业人员撤至安全地带，各种用电设备切断电源。

⑥雨后施工要注意防滑；工具房、操作平台、吊篮及焊接防护罩等的积水应及时清理干净。

7）施工机械设备管理

①雨期施工期间，各类机械设备使用的供电线路不能直埋的一定要架空，室外的配电箱、电焊机和机械设备（如钢筋成型机和钢筋加工机）等均须搭设防雨防砸棚。并采取有效的防雨、防潮、防淹等措施。

②变压器等要采取防雷措施，用电设备和机械设备要按照相应的规范规定做好接地或接零保护装置，有关管理人员要经常检查和测试其可靠性，接地电阻一般应不大于 4Ω，防雷接地电阻一般应不大于 10Ω。塔式起重机、外用施工电梯等高大设备的防雷装置应单独设置，不应借用架子或建筑物的防雷装置。

③各种电器动力设备，雨施前必须进行绝缘、接地、接零保护的摇测（用接地摇表），若发现问题应及时解决。动力设备的接地线不得与避雷地线混在一起使用，使用的潜水泵电源线不得有接头，破损。

④电动机械设备和手持电动工具都必须安装漏电保护器，漏电保护器的容量要与用电机械的容量相符，并专机专用。

⑤雨后停用的电动设备启用前，要由专业电工认真检查电机是否受潮，设备壳体、操作手柄、开关按钮等是否带电，确保无误后方可开机使用。

⑥雨期施工前和期间严格检查塔吊的路基、道碴、枕木、轨距、轨顶标高及塔身的垂直度等要经常检查，及时检修维护，尤其是大风暴雨后，应先检查，维修后方可使用，每日作业完毕，应将塔吊开至指定停机坪位置，轨道卡牢，防止大风雨时滑走或脱轨。塔吊司机和安全检查员应负责对轨道进行检查和对路基进行有无沉陷地段的观察，一旦发现路基沉陷应向项目经理报告，并将该情况填于运转记录上。

⑦雨期施工前和期间以及大雨过后，要对大型设备（如：塔式起重机、龙门架、外用施工电梯、龙门吊、搅拌占用的储料罐、空压机用的储气罐以及所使用的汽车吊、履带吊、打桩机等）的基础设施、各类高大设备设施使用的揽风绳、地锚等进行严格的检查，

设置好排水设施，避免积水，严防基础下沉或位移，一旦发现异常，要立即停工处理，符合相关要求后方可使用。

⑧机动车辆在雨期施工期间行驶，要注意防滑，在沟、槽旁卸料时要有可靠止挡装置。

⑨如遇大雨或6级以上强风等恶劣天气时，停止塔吊、外用电梯、龙门架、电动吊篮的露天作业。外用电梯、龙门架、提升架作业完毕后，吊笼必须降至地面，同时切断电源。

⑩如遇大雨或4级以上大风等恶劣天气时，停止塔吊、外用电梯、龙门架、电动吊篮等高大设备的安装与拆除作业。

8）生活设施管理

①雨期施工前要认真检查施工现场、生产基地的工棚、围墙、仓库、食堂、生活基地、临时住房、办公用房等暂设工程的排水设施，疏通各种排水渠道，清理雨水排水口和排水沟以及生活污水下水管沟，保证雨水的顺利排放，基础不下陷，房间干燥、通风、防蚊蝇设施齐全，不漏雨、不潮湿，场区不积水，保证各类临建用房的完整性及安全性。对存在隐患的部位采取加固或修补措施，保证大风刮不倒，雨天不渗不漏，严防各种生活设施倒塌伤人。

②硬化施工现场和生活区主要道路，道路要起拱，两旁设排水沟，保证不滑、不陷、不积水。清理现场的障碍物，保持现场道路畅通。

③雨期施工期间，施工现场必须严格执行卫生、防疫管理规定，建立卫生防疫管理制度，并制定法定传染病、食物中毒、急性职业中毒等突发疾病应急预案。施工人员发生法定传染病、食物中毒、急性职业中毒时，必须在2小时内向事故发生地所在区（县）建设行政主管部门和卫生防疫部门报告。按照卫生防疫部门的有关规定及时进行处理。

④夏季宿舍应有防暑降温措施，生活区必须保持清洁卫生，定期清扫和消毒。生活区必须有灭鼠、蚊、蝇装置等措施。

⑤生活区垃圾必须存放在密闭式容器中，并及时清运，不得与建筑垃圾混合运输、消纳。

⑥生活区应配备卫生监督员，对生活区及个人的卫生情况进行监督检查，并做好记录。

⑦炊具、餐具必须及时清洗，定期消毒。开水炉或盛水容器必须保持清洁，定期清洗消毒，设专人管理。

生熟食品必须分开加工和保管，存放成品半成品必须有遮盖。加强食品、原料的进货管理，做好进货登记。严禁购买无照、无证商贩食品和原料。严禁食用变质食物。剩余饭菜应倒入密闭水桶中，并及时清运。

⑧厕所必须设专人负责，及时清扫，定期消毒。

（11）冬期施工措施

1）进入冬期施工前，要认真做好在施工程的封闭保暖工作，对已竣工和冬期内竣工的工程，要与建设单位共同落实供暖事宜，同时注意封闭和设专人看管。对冬季内不能供暖使用的工程，要采取措施，要对冬期未干的湿作业工程（墙面、地面、抹灰等）进行干燥处理；同时要排净各种管道、设备内的积水，避免冻坏成品，减少来年开春后的返工。

2）现场内的材料加工场、机械设备装置、材料仓库和堆料场以及重要物资存放地、运输道路、临时上下水管道、电力网、办公生活临时设施的位置和规格都应在冬期施工方案中详细注明，同时在冬期施工前要进行严格的检查和验收，发现异常要在冬期施工前消除隐患。

3）工程项目对各类施工人员配备好各种冬施的安全防护用品、材料及物资。工人做好防冻、防滑、防煤气中毒等工作和生活管理工作。高处作业和在特殊环境下作业人员配备好相应的个人安全防护用品，系好安全带，穿好防滑鞋以及个人防冻防护用品，避免高空坠落和冻伤。

4）进入冬期前，要对所使用的机械设备，特别是大型机械设备和机具以及各种防护用的设施，进行一次检查、检修和保养，更换防冻剂、液和冬期用油严防各类机具、设施和机械设备事故发生。

5）所有停用的机械设备在入冬前要将设备内的存水放净，并挂“无水”牌，其他各种机械设备每天使用后，也要在放净水后挂“无水”牌，以防冻坏设备。

6）现场搅拌机棚在入冬前要进行封闭。棚内应妥善安装好加热水箱或锅炉，并按规定进行检查验收。搅拌机、混凝泵清洗时的污水应做好排水、封闭好沉淀池，防止冻结，并要定期清理污水管（沟）以保持畅通。

7）霜雪气候以后要及时清扫，大雪后及时检查、清扫各种脚手架和高处作业处上的积雪和霜露，防止高空坠落事故发生。

8）钢结构施工时，要做好在钢梁上行走、焊接施工、栓接施工等的防滑措施，绑扎、起吊各种重物、设备、材料的钢索与其直接接触时，要加强防滑措施，吊运时，绑扎要牢固，防止滑落伤人。安装人员使用的挂梯、校正用具、绳索必须绑扎牢固，直接用吊环、吊耳、卡环等起吊各种重物、设备、材料时，要认真检查其连接焊缝等处有无损伤，若有损伤必须更换后方可吊运。

9）严格执行各地建委制定的建筑工地扬尘达标标准，做好冬期环境保护，防风扬尘工作。

10）加强对施工临时用电的管理，现场所有的电器和机电设备要按规定接零、接地，风、雨、雪后要检测无短路后方可使用。

11）若采用电加热设备提高施工和生活及工作环境温度，要编制“强电进建筑物施工专项安全方案”用电设备采用专用电闸箱。强弱电分开，避免误操作造成生产安全事故。严格对生活、办公以及工程用电取暖的审批和管理制度，杜绝私拉乱接的现象发生。

12）冬期气候干燥，各单位应注意防火。进入冬期以前各单位应对消防器材的数量和性能进行一次全面检查，按消防规定，准备足够的消防器材（图12-7），消防水源要充足，消防道路要通畅。消火栓、消防竖管、消防管线等外露部分和消防泵房要保温，消防大水桶应加盐或加防冻剂，用于消防冬施保温的材料必须由物资部提供厂家，以确保质量，消防箱要用锯末或其他保温材料做好保温。

13）严格现场用火管理。现场作业需使用明火时，必须事先申请办理用火证，并有专人值班看火，主管人员定期检查。电焊时应采用有效的防止火花飞扬措施，并派专人看火，室外作业时遇五级以上风（含五级）不宜电焊作业。

14）现场严禁吸烟，易燃物要集中堆放，保证冬施现场安全、文明。对库房等重点防

图 12-7　消防器材

火部位进行重点检查，消除火灾隐患。

15）使用聚苯板做保温材料的工程项目，应采取有效措施防止电焊或明火引起火灾。

16）办公室、宿舍等临时用房如采用火炉取暖，要防止火灾，用火要有专人负责管理，并应有足够的灭火设备和物资，同时要加强对锅炉等供热设备的管理工作，持证上岗，遇到锅炉超压、缺水、仪表失灵、给水失灵时应采取紧急停火措施，严格交接班制度和按操作规程操作制度，杜绝擅自离岗现象，避免各种事故发生。

17）施工现场临时用水管线应埋入标准冻深以下。各类外露管线要用保温材料包裹，避免冻裂，见图12-8。

图 12-8　外露管保温

18）所使用的储气罐等压力容器的安全阀要避免结露冻结，造成不必要的损失。氧气瓶、乙炔气瓶如有冻结现象，严禁使用明火烘烤或用金属器具猛烈敲击气阀。

19）集体宿舍要设专人管理，门卫、后勤等小房间也要采取有效措施，如安排烟道等，以防止煤气中毒。应尽量使用无硫煤等清洁燃料，减少对环境的污染，炉灰应在指定区域堆放。生活区用水不得随意乱泼，以免结冰造成路滑伤人，用水管道要在上冻前做好保温措施，通向施工区、办公室等的道路在下雪后要及时清扫，以防发生交通安全事故。

第3篇

季节性施工案例选编

第13章　国家游泳中心（水立方）工程雨期施工方案

一、工程概况

国家游泳中心位于北京奥林匹克公园B区，北邻规划成府路，东邻规划景观路，南接北顶娘娘庙，西邻规划景观西路。本工程总建筑面积为87283m²（赛时总面积为79532m²），其中地上五层，为29827m²，地下两层，为57456m²，主要用于2008年奥运会游泳、跳水、花样游泳、水球等比赛用馆。

根据北京市气象资料，北京地区雨期一般规定为6月15日至9月15日期间，高峰期主要集中在每年7、8月份。2006年雨季期间主要工作内容为汽车坡道（钢筋、模板、混凝土、防水、回填土）、脚手架拆除、钢结构涂刷和焊接、膜结构、粗装修工程、机电设备施工。为确保雨期期间施工顺利进行和施工安全，必须做好各种准备工作，及时组织雨期施工机具及材料进场。

二、雨期施工准备

2.1　人员准备

2.1.1　在雨期施工前成立雨期施工、防汛领导小组，见图13-1。

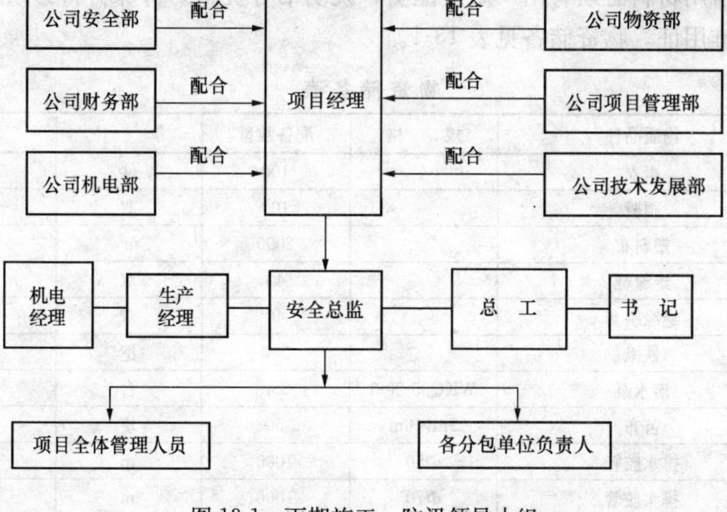

图13-1　雨期施工、防汛领导小组

防汛小组现场下设三个抢险队，具体见附图1。现场出现险情后，保证80人在半小时内赶到现场。

2.1.2　雨期施工期间，夜间设专职值班人员，保证昼夜有人值班并做好值班记录，同时设专人收听24小时天气预报，并及时写在小黑板上，一有大风大雨及时报告，以便提前做好防汛工作。并且每周都要查询气象台，预知下周天气情况，以便施工安排。

2.1.3 各项目经理部应做好施工人员的雨期施工培训工作，组织相关人员进行全面检查施工现场的准备工作，其中包括临时设施、临时用电、机械设备防护等项工作。

2.2 施工现场及生活区准备

2.2.1 施工现场

按照施工方案挖好现场排水沟和找好坡向，排水沟设专人负责，并及时安排人员清理和疏通，如雨水不能满足排放时应安排人员及时抽水，严防雨水倒灌。雨期施工前现场经理组织工程、安全、保卫、行政部门对雨期施工准备情况、现场场地条件、各种场地的排水状况、雨期施工要用的各种机械设备（包括水泵、电焊机、电缆）、临电、避雷接地等提前进行详细的检查，对于发现的问题应立即组织人员进行整改。现场由于3号塔吊拆除形成了断路，造成现场不能形成闭合的排水线路。由于现场最高点在东北角，故东侧和南侧的排水通道不受影响。现场北侧和西侧排水通道被堵死，根据计算，可采用12台泵向现场西侧的污水井中抽排。雨期施工前对所有现场排水沟进行一次普遍检查，保证排水畅通。现场排水具体布置详见附图1。

2.2.2 生活区

(1) 雨期来临之前项目后勤人员应对现场临时设施如：工人宿舍、办公室、仓库、配电房等进行全面的检查，检查是否存在漏雨、漏电、稳固、雷击等隐患，并且及时进行整改。

(2) 生活区排水通过化粪池、隔油池后，采用机制铸铁管排到2号楼化粪池，再排到市政污水井中。

2.2.3 物资准备

雨期施工所用材料必须有出厂质量证明、说明书等资料，特殊材料必须具备北京市建委颁发的材料准用证。物资储备见表13-1。

物资储备表 **表13-1**

序号	物质品种	规　格	配备数量	单　位	备　注
1	雨衣		100	件	
2	雨靴		100	双	
3	塑料布		2000	m^2	
4	绝缘鞋		40	双	
5	绝缘手套		40	双	
6	铁锹		200	把	
7	潜水泵	WKQ35-20-3	24	台	（两台备用）
8	苫布	3m×6m	50	块	
9	排水胶管	Φ50	1000	m	
10	排水胶管	Φ70	1000	m	
11	手电筒		40	把	
12	砂袋		50	袋	
13	干湿度计		2	个	

潜水泵数量计算：

(1) 计算条件：

10年一遇最大日降雨量270mm；现场配备潜水泵抽水能力：$35m^3/h$

$$[270 \div (1000 \times 24)] \times 177 \times 177 \div 35 = 10 \text{ 台}$$

另预备两台放在现场，以确保潜水泵的使用数量，同时在暴雨情况下可以缩短坑内积水的抽排时间。

(2) 围挡内面积约为：$305 \times 208 + 4440 = 63440\ m^2$

按 5 年重现期校核设计流量：$Q = q\psi F = 0.306 \times 0.9 \times 63440 = 2889 L/s$

式中 ψ——地表径流系数；

q——暴雨强度；

F——汇水面积。

雨水管渠设计降雨历时为 1 小时，即 $t = 3600s$，

按 12 小时排净考虑，

则管渠设计流量为：$Q'_1 = Qt/12 \times 3600 = 241 L/s$，

因现场管渠分为两段分别放坡，则水量分为相等两部分，

所以管渠设计流量为 $Q_1 = \frac{1}{2}Q'_1 = 120.5 L/s$，

单台泵 $Q_3 = 35m^3/h$，所以需采用泵台数为 $Q_1 / Q_3 = 120.5/35 = 12$ 台。

三、主要专项措施

3.1 原材料的存储与堆放

3.1.1 雨期中，现场所需的施工物资在进场前，应派专人提前收集天气预报信息，避开雨期进场，确保物资进场和现场施工不受雨期影响。

3.1.2 对原材料及半成品的防护，对能进入仓库或楼层的，要垫高码放并保证通风良好。对在露天堆放的也应垫高，遇雨用塑料布遮盖。

3.1.3 各种惧雨防潮装修材料应按物质保管规定，入库和覆盖防潮布存放，防止变质失效。

3.1.4 砌块应在底部用木方垫起，上部用防雨材料覆盖。

3.1.5 制作模板用的多层板和木方要堆放整齐，下面用木方垫高，且须用塑料布覆盖防雨，防止被雨水淋而变形，影响其周转次数和混凝土成型质量。

3.1.6 钢筋在施工现场进行堆放时，应放置于地势较高，不受雨水侵蚀的位置，同时钢筋下部采用木方等材料垫高不小于 200mm。对于加工成型的钢筋，应尽量放置于钢筋加工棚内的避雨水处，防止钢筋被雨水腐蚀生锈。若遇到连续时间较长的阴雨天，应当对钢筋进行覆盖。

3.1.7 在仓库内保管的焊接材料，要保证离地离墙不少于 300mm 的距离，室内要通风干燥，以保证焊材在干燥的环境下保存。

3.1.8 电焊机设置地点应防潮、防雨、防砸，并放入专用带防雨罩的钢筋笼中。所有的电焊机底部必须高于地面，严禁焊机放置位置有积水。

3.1.9 雨期所需材料、设备和其他用品，如水泵、抽水软管、草袋、塑料布、苫布等由材料部门提前准备，及时组织进场。

3.1.10 材料周围应有畅通的排水沟以防积水。

3.1.11 进入施工现场露天存放的电气仪表设备，如开关箱（柜）接地良好，漏电开关正常，电动机等都要有防雨设施，不允许放在低洼地方，防止被水浸泡。电气仪表设备

要尽快运入库房，减少露天存放而增加的防护设施费用。

3.2 汽车坡道工程

3.2.1 土方工程

(1) 土方开挖一般不宜在雨期，若必须在雨期施工应采取有效措施。开工前应做好计划和施工准备，一旦开挖应连续进行并尽快完成。

(2) 雨期开挖基坑时，应注意边坡稳定。必要时可适当放缓边坡坡度，或设置支撑。

(3) 基坑四周地面要填平硬化，留一定外坡，并视场地排水管道组成地面外排水系统，使基坑四周 0.5H（H 为基坑开挖深度）宽范围地面不能有积水。

(4) 雨期施工，机械作业完毕后应停放在较高的坚实地面。

(5) 下雨时不得进行喷射混凝土作业，对于刚喷射的混凝土应覆盖。

(6) 在雨季期间，加强值班及收听天气预报，下雨之前清理坑内积水坑及排水沟，预备好潜水泵等抽水工具，雨后及时组织人力、物力进行坑内抽、排水工作及基坑四周积水的疏通工作。

(7) 为防止地表水、地下水等大量渗入基坑，造成基坑浸水，破坏边坡稳定，影响施工进行，必须采取地面截水、坑内排水等措施，基坑内排水可在基坑底面四周结构以外设置排水沟和集水井，排水沟按宽 0.3m，深 30～50cm 设置，坡度为 0.1%～0.5%，集水井按四角及距离 30～40m 设置一个。集水井内的积水要随时用泵排出，保证基坑底干燥。

(8) 雨天过后加强基坑监测及坑内的水位观测，遇到非正常情况及时采取措施，保证基坑支护的安全及排水工程满足施工的需要。

(9) 对于流入到地下室中的水可充分利用完成结构中的排水沟和集水井，组织抽排。

3.2.2 钢筋工程

(1) 由于雨期空气比较潮湿，因此要根据施工现场的需要和气候条件组织钢筋进场，避免钢筋进场后长时间放置而锈蚀。

(2) 雨后及时对雨水淋湿的钢筋进行除锈除污处理，不得把锈蚀及带有污泥的钢筋用于结构上。

(3) 现场电焊机、钢筋加工机等设备操作必须符合安全操作规程，并采取有效的防雨、防潮、防淹等措施。

3.2.3 模板工程

(1) 木模板在拆除后，应当放置在干燥处，上面用塑料布遮盖防止雨淋而变形，当天气由潮湿转向晴朗高温天气阶段，阳光的暴晒，产生变形、开裂而降低模板的周转次数和影响混凝土成型后的质量。

(2) 模板拼装后应尽快浇筑混凝土，防止模板遇雨变形。若模板拼装后不能及时浇筑混凝土，又被雨水淋过，则浇筑混凝土前应重新检查、加固模板和支撑。

(3) 模板脱模剂涂刷后遇雨应覆盖塑料布，以防隔离层被雨水冲掉。大雨过后应将脱模剂重新刷一遍。

3.2.4 混凝土工程

(1) 混凝土施工应尽量避免在雨天进行。大雨和暴雨天不得浇筑混凝土，防水混凝土严禁雨天施工。

(2) 如突然遇到大雨和暴雨，不能连续浇筑混凝土时，注意施工缝留置的位置，在已浇筑的混凝土上用塑料布覆盖，以防雨水冲刷，待大雨过后清除积水再继续浇筑。

(3) 雨期期间应通知搅拌站每月一次及大雨过后测定砂、石含水率，及时调整混凝土配合比，严格控制水灰比；雨天浇筑混凝土应减小坍落度，必要时可将混凝土标号提高半级或一级。

(4) 雨后应将模板表面淤泥、积水及钢筋上的淤泥清除掉，施工前应检查板、墙的模板内是否有积水，若有积水应清理后再浇筑混凝土。

3.2.5 防水工程

(1) 雨天不进行室外防水作业。

(2) 做好防水材料的覆盖工作。

(3) 雨后及时对作业面进行清理，防水面表层达到干燥程度要求之后方可继续进行防水工程施工作业。

3.2.6 回填土工程

(1) 土方回填前必须先清除基坑底部周围的积水、淤泥和其他杂物。

(2) 严格控制回填土的含水率，含水率不符合要求的回填土，严禁进行回填，暂时存放在现场的回填土，用塑料布覆盖防雨。

(3) 土方回填，应安排在晴天，并且连续进行，尽快完成。回填过程中，遇雨时，用塑料布覆盖，防止雨水淋湿已夯实部分。雨后回填前认真作好填土含水率测试工作，含水率较大时将土铺开晾晒，待含水率测试合格后方可回填。

(4) 白灰应码放在高处，下方垫100mm高木方，并在下雨前用塑料膜覆盖好，避免受潮。

(5) 下雨前把拌合好的灰和筛的土要覆盖好。

3.3 脚手架拆除工程

3.3.1 所有通道斜坡均设防滑条，雨天应停止脚手架拆除施工。

3.3.2 每次降雨后，均要专人检查脚手架地基是否积水、底座是否松动，且有记录，在确定安全可靠后脚手架上方允许上人施工。

3.4 粗装修工程

粗装修工程主要分为砌筑工程和抹灰工程。

3.4.1 为保证砌块的含水率，密切注意天气变化情况。合理安排砌块进场时间，设法避开雨天。砌块在下雨前尽量运进楼层，如遭雨淋，在使用前应适当让其风干，降低含水率，保证砌筑质量。

3.4.2 雨天如需砌筑时，砌筑砂浆应减小稠度。受雨水冲刷而失浆的砂浆应重新加水泥拌合后使用。遇暴雨停工时，应将新砌好的砌体覆盖。大雨后，如有新砌体受雨冲刷，影响砌体质量时应翻砌砌体。

3.5 机电设备施工

3.5.1 雨期施工的设备管理

(1) 进入施工现场露天存放的电气仪表设备，如开关箱（柜）、电动机等都要有防雨设施，不容许放在低洼地方，防止被水浸泡。电气仪表设备要尽快运入库房，减少露天存放而增加的防护设施费用。

(2) 所有施工用电设备（如：电焊机、砂轮机、剪板机、套丝机等）都应有防雨设施。

(3) 氩气瓶、氧气瓶、乙炔瓶在室外放置时应采取防雨措施。

3.5.2 雨期施工的材料管理

(1) 进入现场的保温材料及消音材料一定要存入库房，露天存放时应垫起，用苫布盖好，不要使材料受潮和雨淋。

(2) 在仓库内保管的焊接材料，要保证离地离墙不少于300mm的距离，室内要通风干燥，以保证焊材在干燥的环境下保存。

(3) 露天存放的钢材下边应用道木或方木垫起避免被水浸泡。

(4) 材料周围应有畅通的排水沟以防积水。

3.5.3 雨期施工焊接管理

(1) 雨期室外焊接时，为了保证焊接质量，室外施焊部位都要有防雨棚，雨天没有防雨设施不准施焊。

(2) 电焊条受潮后影响使用，使用前应烘干。

(3) 对重要焊口要搭设防雨棚或准备好篷布盖好，在暴风雨突来时保护焊缝免受温度骤变影响焊接质量，当相对湿度大于90%时应停止作业。

(4) 注意清理焊接场地的易燃物，以免发生火灾，一般在大风天气应停止施工。

3.5.4 雨期施工技术质量管理

(1) 将预埋电管及管口封好，以免水和杂物流进管内，影响后序施工。

(2) 做好设备预留孔洞的防雨措施。如施工现场地下部分设备已安装完毕，要采取措施防止设备受潮、被水浸泡。

(3) 地下直埋管线的施工要速战速决，及时下管、试压、确认验收回填。

(4) 现场中外露的管道或设备，应用塑料布或其他防雨材料盖好。

(5) 直埋电缆敷设完后，应立即铺砂，盖砖及回填夯实，防止下雨时，雨水流入沟槽内。

(6) 敷设于潮湿场所的电线管路、管口、管子连接处应作密封处理。

3.6 钢结构工程

钢结构工程在雨期施工阶段主要的工作内容是构件焊接和涂装，应注意如下问题：

(1) 要注意天气情况，根据天气预报提前安排第二天的工作，天气预报有雨的情况下尽量不安排涂装作业。

(2) 在涂装过程中要注意天气变化，如果在涂装过程中发现天气有下雨的倾向，马上停工。

(3) 雨期施工要特别注意对涂装时间的控制，天气晴朗时，要将涂装时间安排在10点以后，这样可以确保构件表面的露水完全蒸发，确保涂装质量，多云或者阴天的情况下，在涂装前需要用干布将构件表面擦干（或用气泵吹干），放置两个小时之后再开始涂装。

(4) 雨期施工尤其要注意对相对湿度的监测，当相对湿度高于80%（用干湿度计测量）或下雨期间不能进行涂装施工。

(5) 露天涂装构件，要时刻注意观察涂装前后的天气变化，涂装后4小时内严防雨淋，以免影响涂装质量。

(6) 因降雨等原因使母材表面潮湿，不得进行露天焊接，但对母材采取适当处置（如预热、去潮等）后，经工程质量部门验收合格后，可进行焊接。如遇大风天气（CO_2 气体保护焊风力大于 2m/s 及手工焊大于 8m/s）时在未设防风设施的地方不得施焊。

(7) 氧气瓶、乙炔瓶工作间距不小于 5m，同明火作业时距离不小于 10m。

(8) 雨天严禁焊接作业，如焊接、安装作业遇雨时必须停止，对刚焊接完的部位应用遮雨布遮盖，避免焊接部位遇雨骤然冷却，再次施焊前应对焊缝进行局部烘干。

(9) 注意清理焊接场地的易燃物，以免发生火灾，一般在 5 级大风天气应停止施工。

3.7 膜结构工程

3.7.1 屋面虹吸雨水斗的安装施工是与天沟安装交叉进行的，由于天沟内侧的保温、防水在加工厂内已经完成，在现场只是对天沟接缝处的保温、防水进行处理。

3.7.2 虹吸雨水斗安装就位后，通过与虹吸雨水厂家的配合，把天沟的防水与虹吸雨水斗连为一个整体的防水体系。每安装一个虹吸雨水斗就要完成一个防水排水体系。这样在外部气枕封闭未完成之前，如果遇到大雨，雨水也能通过屋面现已完成的虹吸雨水斗流入排水体系中，而不至于将雨水存在天沟内部。

3.7.3 下雨前，在天沟端部用防水胶布对未封闭的保温防水进行临时封堵处理，以防雨水沿着天沟端部渗入天沟与防水的夹层中。

3.7.4 雨期进行高处作业时，必须采取可靠的防滑措施。遇有风雨、强风、浓雾等恶劣气候，不得进行露天攀登与悬空高处作业。

3.7.5 雨天过后，应对高处作业安全设施逐一加以检查，清扫积水，发现通道、设备有松动、变形、损坏或脱落等现象，应立即修理完善。

3.8 其他工程

3.8.1 测量工程

(1) 雨天校正钢结构对测量设备需要进行防雨保护，测量的数据要在晴天复测。

(2) 钢尺、仪器用后进行保养，保持设备的良好状态，以保证安装校正的精度要求。

(3) 雨后轴线投放之前需要进行清扫，将积水扫除干净，使轴线清楚准确。阴雨天气尽量避免进行测量作业。

3.8.2 边坡降水

雨期施工前应对基坑降水做细致系统的检查，并合理安排好值班制度，加强雨后边坡的监测，发现问题及时解决。

3.8.3 防雷措施

本工程现场塔吊已经拆除，钢结构杆件已进行完成焊接工作，现场钢结构接地已与混凝土结构接地焊接为一体，正式工程的接地系统已经施工完毕，可对雷雨天气进行防护。现场施工上弦钢结构施工已基本结束，操作平台位于上下弦中间部分，钢结构施工搭设的脚手架现还未拆除。

为防止雷电击中脚手架对施工人员构成威胁，故对施工现场脚手架采取防雷措施，具体内容如下：因现场脚手架为临时设施，故按设计规范要求，脚手架防雷引下点设置按三类防雷设置，根据设计规范要求在现场四周利用 $\Phi 12$ 的钢筋每隔 25m 与钢结构封边梁侧钢板可靠焊接，共设 32 个接地引下点，与正式工程防雷接地形成统一整体。另在现场内

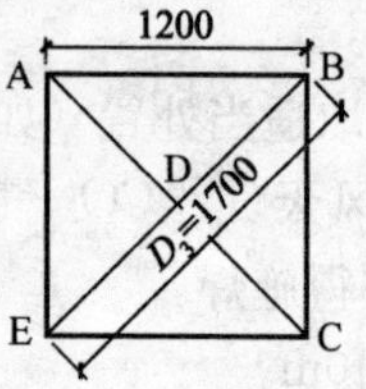

图 13-2　脚手架防雷设置计算简图

部设 6 个接地引下点，保证雷电击中现场中间部分时能够更迅速导入地下接地网格（具体焊接点及焊接作法见附图 2）。

钢结构及膜结构安装所用设备均应可靠接地，在雷雨天气里钢结构施工及膜结构施工应暂停。现场平面的防雷接地点用红油漆做好警示标识，以防止被破坏。

计算书：因现场脚手架为临时设施，脚手架防雷设置按三类防雷设置进行计算。

如图 13-2，A，B，C，E 点为脚手架顶点，D 为正方形中心点，计算公式为

$$h_0=\sqrt{h_r^2-(D_3/2)^2}+h-h_r$$

式中　D_3——正方形中对角线的长度；

h_r——三类防雷滚球半径；

h——支吊架高度；

h_0——脚手架组成保护最低点（即 D 点）的高度。

根据设计规范及现场实际情况得滚球半径 $h_r=60$m，$D_3=1.7$m，$h=32$m

$$h_0=\sqrt{h_r^2-(D_3/2)^2}+h-h_r$$
$$=\sqrt{60^2-(1.7/2)^2}+32-60$$
$$=32\text{m}$$

而在现场中操作平台高度为 28.5m，人的高度为 2m 计算，共计 30.5m，小于 32m，可以满足防雷要求。

3.9　保证措施职责表

见表 13-2。

保证措施职责表　　**表 13-2**

序号	项　　目	责任部门	责任人	实施人	备　　注
1	24 小时天气预报收集	机电部	×××	×××	每天早 8 点
2	现场排水沟检查及清理	工程部	×××	×××	6.10 日前完成
3	现场临时设施	工程部	×××	×××	6.10 日前检查完毕并保证实施
4	防洪抗汛	项目经理	×××	×××	—
5	防汛物资准备	物资部	×××	×××	6.10 日前物资进场
6	原材料存储与堆放	物资部	×××	×××	—
7	汽车坡道工程	工程部	×××	×××	—
8	脚手架工程	工程部、安全部	×××	×××	—
9	钢结构工程	钢结构	×××	×××	—
10	测量工程	工程部	×××	×××	—
11	边坡降水	工程部	×××	×××	—
12	膜结构工程	工程部	×××	×××	—
13	机电设备工程	机电部	×××	×××	—
14	文明施工	安全部	×××	×××	—
15	安全措施	安全部	×××	×××	—

说明：所有雨期施工前应检查核实的项目应确保在 6 月 1 日前检查核实完毕，并保证达到相应的要求，落实部门及责任人如上表。

四、文明施工、安全措施

1. 现场施工人员一律穿防滑的橡胶底鞋，严禁穿凉鞋、拖鞋。要及时清扫构件表面的积水，尤其焊缝附近。

2. 检查安全绳（麻绳）、防护设施的安全性。

3. 在雨期中连续施工的部分，要有可靠的防雨措施，备足防雨物资，及时了解气象情况，选择较佳的时间施工，从而准确地调整施工流程，确保施工质量。

4. 现场施工人员、安全员、技术人员在雨期来临前对现场进行雨期安全检查，发现问题及时处理，并在雨期施工期间定期检查。

5. 雨期使用电器设备和平时使用的电动工具应采取双重保护措施，注意检查电线绝缘是否良好，接头是否包好，不要把电线泡在雨水中，严禁出现电线拖地现象。

6. 要做好塔吊的防雷接地，并注意检查。

7. 塔吊操作人员班前作业必须检查机体是否带电，漏电装置是否灵敏，各种操纵机构是否灵活、安全、可靠。如遇暴雨或 6 级以上强风等应停止起重。

8. 每日下班时塔吊塔臂应停在顺风方向，松开回转制动装置；将吊钩收回至大臂最上端，将小车行至大臂根部。大臂在回转过程中，与障碍物干涉的，必须将塔吊吊钩固定在地锚上；关好驾驶室门窗，卡紧、卡牢轨钳，切断配电箱内的电源开关，关好箱门上好锁。在第一次大雨过后，应对塔吊进行观测，检查塔基是否沉降、塔身是否倾斜。在雨期施工过后必须对塔吊再次进行观测，防止塔吊出现倾斜而存在安全隐患。

9. 机动车辆在雨期行驶，在基坑旁卸料要有止挡装置。

10. 现场内短钢筋头要堆放合理，带钉子的木方要退出现场，以免积水时钉子扎脚。

11. 对于通往地下室楼梯口处，应砌筑 120mm 厚 200mm 高砖墙挡水台并抹灰。对楼

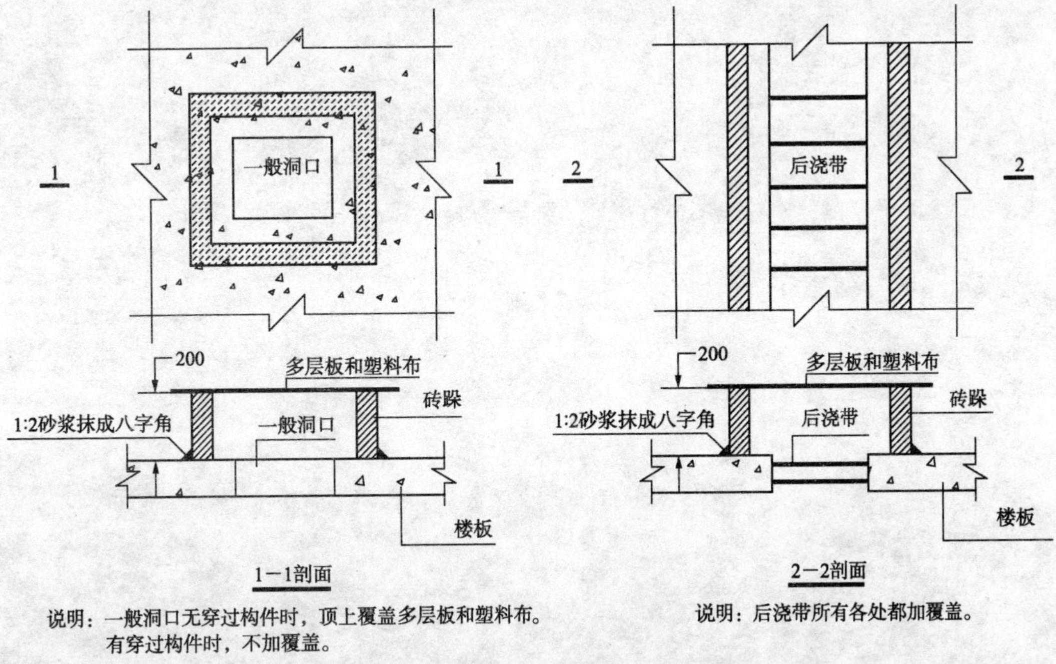

图 13-3　洞口、后浇带防护示意图

面的各种洞口（有穿过构件的除外）在雨施期间进行遮盖或封闭，尽量防止雨水灌入。见图 13-3。

12. 大雨过后 4 个小时之内，不得进行塔机、提升架的拆装作业，如遇特殊情况，必须做好专项安全技术交底。

13. 机动车辆在雨中行驶，要注意防滑，在沟、槽旁卸料时要有止挡装置。

14. 出入施工现场的车辆应保持清洁干净，不得将泥土带出工地，污染市政道路。

15. 雨期正逢盛夏季节天气闷热，应适当调整作息时间，避开中午高温时间；后勤部门应采取必要的防暑降温措施，如遮阳、发放解暑药品和降温饮料或饮水加防暑药品等，做好施工人员的防暑降温工作。

16. 保证现场干净整洁，防止蚊蝇滋生，避免传染病的发生，为此应经常对办公室、宿舍、食堂、厕所等地打药、消毒。并装好纱门、窗等防蚊设施，厕所设专人按时冲洗、打扫。

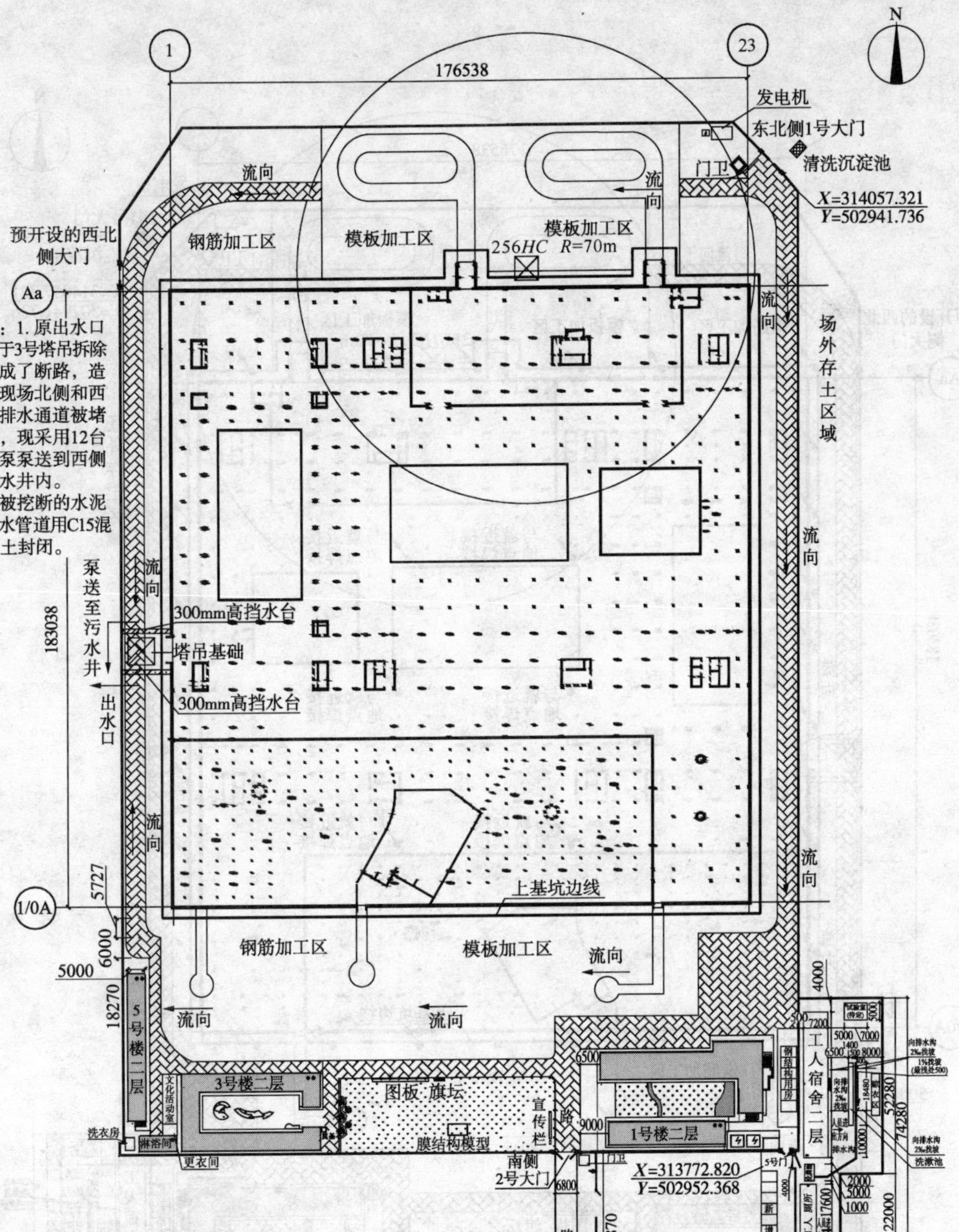

地下室抢险队：队长：×××(136××××××××)

副队长：×××(139××××××××)

组员：×××、×××、×××、××、××、×××、工人 40 人

现场抢险队：队长：×××（139××××××××)

副队长：×××（139××××××××)

组员：×××、×××、×××、×××、××、×××、工人40人

应急抢险队：队长：×××(139××××××××)

副队长：×××(138××××××××)

组员：×××、×××、×××、全体经警

附图 1　现场抢险队

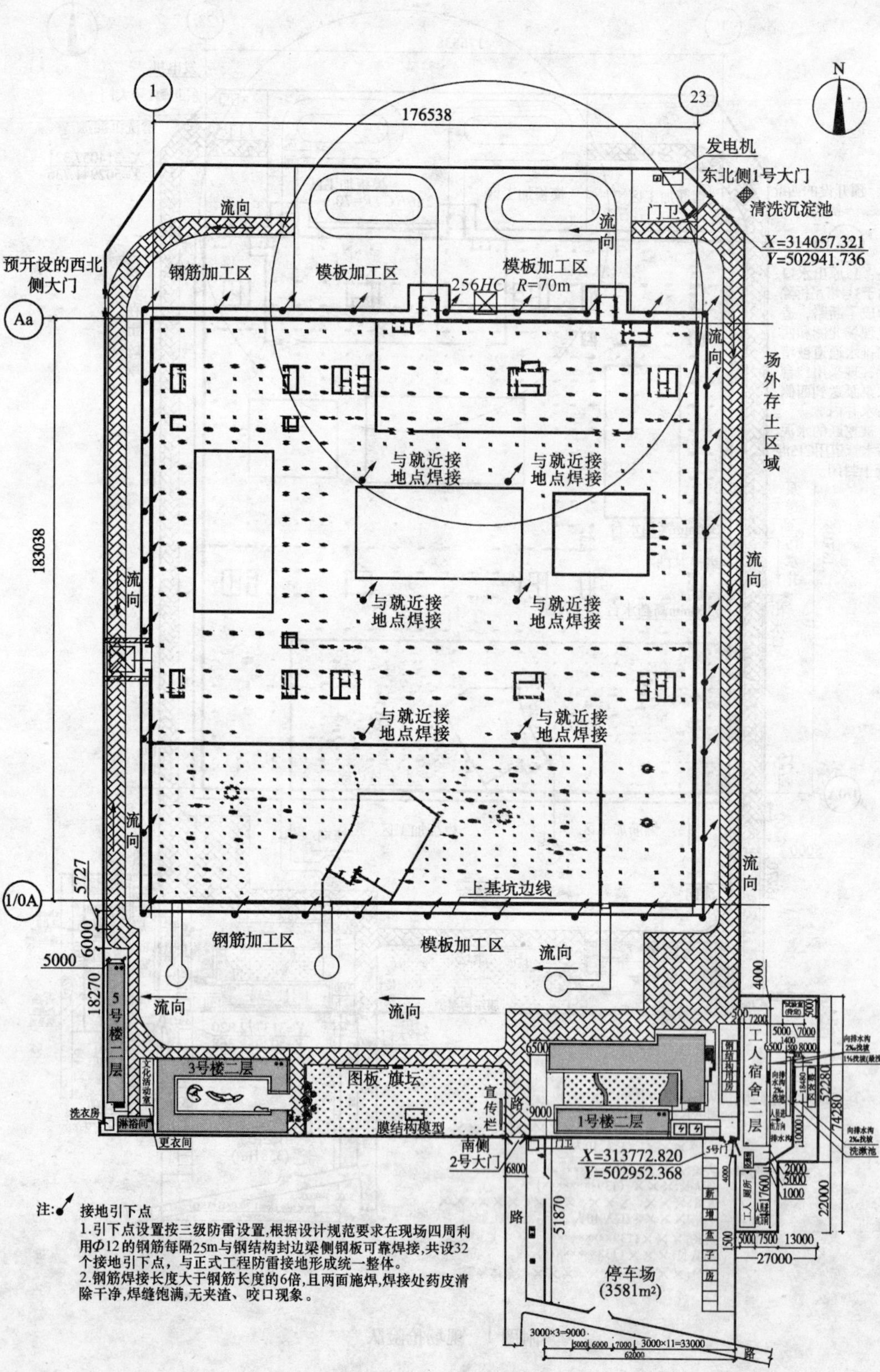

注：接地引下点

1.引下点设置按三级防雷设置，根据设计规范要求在现场四周利用ϕ12的钢筋每隔25m与钢结构封边梁侧钢板可靠焊接，共设32个接地引下点，与正式工程防雷接地形成统一整体。

2.钢筋焊接长度大于钢筋长度的6倍，且两面施焊，焊接处药皮清除干净，焊缝饱满，无夹渣、咬口现象。

附图2　防雷措施

第14章 国家游泳中心（水立方）工程冬期施工方案

一、编制依据

1. 国家游泳中心工程施工合同文本；

2. 中建国际（深圳）设计顾问有限公司提供的工程设计图纸（项目编号：03—T—002）；

3.《国家游泳中心工程施工组织设计》；

4.《建筑工程冬期施工规程》(JGJ 104—97)；

5.《建筑施工手册》第四版（第三册）；

6.《外加剂应用技术规范》(GBJ 50119—2003)；

7.《建筑工程资料管理规定》(DBJ 01—51—2003)；

8.《建筑工程质量检验评定标准》(GBJ 301—88)；

9.《建筑长城杯工程质量评审标准》(DBJ/T 01—70—2003)；

10.《砌体工程施工质量验收规范》(GB 50203—2002)；

11.《锚杆喷射混凝土支护技术规范》(GB 50086—2001)；

12.《建筑安装分项工程施工工艺规程》(DBJ/T 01—26—2003)；

13. 北京市冬季按旬平均气温情况（见附表）。

二、工程概况

2.1　工程概况

国家游泳中心位于北京奥林匹克公园B区，北邻规划成府路，东邻规划景观路，南接北顶娘娘庙，西邻规划景观西路。本工程总建筑面积为87283m²（赛时总面积为79532m²），其中地上五层，为29827m²，地下两层，为57456m²，主要用于2008年奥运会游泳、跳水、花样游泳、水球等比赛用馆。

年度冬期施工的主要内容有：汽车坡道的施工（包括土方工程、防水工程、钢筋、模板和混凝土）、砌筑工程、机电、膜结构安装以及配合膜结构的脚手架等。

2.2　冬施划分原则

根据规范规定（JGJ 104—97)：“根据当地多年气象资料统计，当室外日平均气温连续5d低于5℃即进入冬期施工；当室外日平均气温连续5d高于5℃时解除冬期施工。”

根据北京市的常年气温观测，一般在当年的11月15日至次年的3月15日期间气温温度一般低于5℃，所以在此期间均应作好冬施施工准备，工程冬施开始及结束时间以现场实测平均气温为准。

三、施工安排

3.1　冬施组织机构

成立冬期施工领导小组，负责冬期施工准备及安排生产计划、组织实施冬期施工方案等。

组长：×××

副组长：×××

成员：各相关部门责任师，劳务分包管理人员

3.2　施工准备

1. 技术准备

◆认真阅读相关专业图纸及设计变更、洽商，仔细核对确定需要施工的具体位置，充分考虑到冬施对施工的影响，争取将施工过程中可能遇见的难题在施工前提前的解决；

◆施工前相关专业技术人员要对各自的施工人员进行有针对性的、详细的技术交底，确保各管理层和操作层全面了解冬期施工操作要领和技术控制要求；

◆测温工作、试验工作分别由专人负责，在冬期施工开始日之前对相关人员进行培训，提高施工人员对冬施工作的责任心和操作水平，以确保测温记录的真实性、完整性、准确性，相关人员培训合格后方可上岗工作；

◆由工程部组织各冬期施工的施工班组学习冬期施工方案、熟悉冬期施工规范，并在施工中严格贯彻执行；

◆机械设备的保养防护、防风、防冻剂物资材料的安全防护等各项工作和防冻抗冻物资的准备情况在冬施开始前必须进行一次全面的检查及改进工作；

◆施工队伍必须在进入冬期施工前系统的进行一次全面细致的梳理，找出冬期施工过程可能对其工程质量产生影响的关键环节，制定有针对性的相应的保护和改进措施及施工方法，以确保工程质量不因冬期环境的改变而受到影响。

2. 物资准备

见表 14-1。

物　资　准　备　　　　表 14-1

序号	材料名称	单位	数量	备　注
1	阻燃草帘	m^2	4000	用于墙、柱、板混凝土保温
2	黑塑料布薄膜	m^2	4000	用于墙、柱、板混凝土覆盖
3	50mm 聚苯板（阻燃）	m^2	1000	用于墙板小钢模保温
4	彩条布	m^2	1000	用于挡风
5	岩棉管	m	150	用于上水管、阀门等保温
6	保温被	m^2	200	用于地泵、泵管及布料杆保温
7	电子测温仪	台	4	用于混凝土结构测温
8	测温探头	个	60	用于混凝土竖向结构测温埋点
9	测温感应线	m	20	用于混凝土竖向结构测温埋线
10	镀锌测温管	支	30	用于混凝土水平结构测温

3. 施工准备

◆根据本工程冬期施工内容，平衡各工种冬期施工劳动力的配置，安排大、中型机械的使用计划；

◆掌握冬期施工所需各项物资的供应情况，做好物资的及时供应；

◆ 做好现场用于施工、维护、保温等设施的维护和保管工作，防止发生冻害；

◆ 各施工队伍要备好冬期防寒服、防寒帽、防寒手套，保证工人必须的劳保用品，以安全度过冬期；

◆ 清理场区道路，排除积水，做好场地积雪的清扫准备；现场内的水管、阀门、消防管井等用岩棉做好保温工作；混凝土罐车浇筑完毕后，及时清扫地面，防止结冰；

◆ 在施工现场设立百叶箱，记录每天 2：00、8：00、14：00、20：00 的大气温度实测值；设置天气预报板，每天早晨写明当天的天气预报情况。

四、冬期施工临建设施管理

4.1 临时管线管沟的处理

非外露水管均埋入自然地面以下 800mm，外露用水管均用岩棉管进行包裹，所有临时管沟（包括临时排水沟、化粪池等）均用盖板盖严，并经常检查保证排水通畅。

4.2 工作生活部署

1. 办公室采用冷暖空调进行采暖，休息室等处不得使用明火取暖，工人宿舍采用电暖器取暖，在使用电暖器设备前，要对线路进行检查，无问题后方可使用。

2. 工人宿舍增加被褥和御寒衣服。

五、主要工程冬期施工要点及方法

5.1 汽车坡道施工要点及方法

5.1.1 土方工程（开挖、回填）

1. 预定冬期施工的土方工程，必须在入冬前进行土的防冻工作，一般可采取地面耕松耙平法或保温材料覆盖法。地面耕松耙平法具体方法为：在指定的施工部位，进入寒冬之前将表层土翻松耙平，其厚度宜为 250～300mm，其宽度为基坑底的宽度每边加上 800mm。保温材料覆盖法具体方法为：在被保温的地面上铺设保温材料，保温层的厚度为 300mm，并且保温层向基坑两边铺出的宽度应不小于最大冻结深度 800mm。

2. 开挖完的土方必须防止基坑的底部受冻。如基坑挖完后不能及时进行下道工序施工，应在基底标高上预留 250～300mm 厚度土层，并覆盖保温材料进行保温。

3. 冬期回填土每层铺土厚度比常温施工时减少 20％～25％（为 200mm 厚），其中冻土块含量不得超过 15％，其粒径不得大于 150mm。铺填冻土块应分散开，并应逐层夯实。填方边坡的表层 1m 以内，不得采用含有冻土块的土填筑；整个填方上层部位应采用未冻的或透水性好的土回填。

4. 回填前将基底的冰雪和保温材料打扫干净，方可开始回填；回填土施工应连续进行并应夯实，对已填土层用阻燃草帘被及时覆盖，防止土层受冻。人工夯实时，每层铺土厚度不得超过 200mm，夯实厚度宜为 100～150mm。

5. 冬期施工时遇有下雪天气，为防止雪化后水流入基坑内对基土遭到破坏，应在基坑四周设有防护措施。

5.1.2 钢筋工程

1. 在负温条件下使用的钢筋施工时应加强检测。钢筋在运输和加工过程中防止撞击和刻痕。

2. 当环境温度低于－20℃时，不宜对钢筋进行冷拉及焊接操作；严禁对钢筋进行冷弯操作，以避免钢筋在弯点处发生强化，造成钢筋脆断。

3. 在负温下冷拉后的钢筋，应逐根进行外观质量检查，确保每一根钢筋表面都不得有裂纹和局部颈缩。

4. 冬期在负温条件下焊接钢筋应尽量安排在室内进行。如必须在室外焊接，当雪天或施焊现场风力超过 3 级时，应采取遮蔽措施，焊接后未冷却的接头应避免碰到冰雪，防止钢筋低温淬火。

5. 当气温低于 0℃，进行钢筋丝头加工时，水溶性切削液中应掺入 15%～20%防冻剂。严禁用机油做切削液或不加切削液而进行丝头加工。

6. 对于光圆钢筋，在加工时需要采用冷拉调直方法进行冷拉加工。考虑到工人操作条件和安全储备，要求钢筋的冷拉温度不宜低于－20℃，由于钢筋负温条件下较常温条件下其延性有所降低，所以在负温下采用冷拉控制应力方法冷拉钢筋时，HPB235 级钢筋的冷拉控制应力较常温条件下的冷拉控制应力增加 $30N/mm^2$，采用冷拉率方法控制时冷拉率不变。

5.1.3 模板施工要点

1. 混凝土浇筑前，应清除模板上的冰雪和污垢；

2. 拆模前保温：对于木质模板的柱、板用挂设或铺盖阻燃草帘的方法进行保温；对于钢质模板，可将阻燃聚苯板按钢模板背楞的长宽剪裁成合适的尺寸，采用胶粘（或胶条粘结）的方式填塞到其背楞的空档中，并挂设一层阻燃草帘；

3. 拆模后保温：所有结构均采用一层塑料布加一层阻燃草帘的方式进行保温；

4. 对于阻燃草帘在拆模前可采用铁丝绑扎的方式固定在模板上，在拆模后可采用绑扎的方式固定在钢管或对拉螺栓上；

5. 施工过程中应注意对阻燃聚苯板的保护，并保持阻燃草帘干燥。

5.1.4 混凝土施工要点

1. 对搅拌站的要求

◆ 冬期施工要求混凝土搅拌站采取有效的冬期施工措施及方案，北京地区掺加防冻剂的混凝土受冻临界强度为 4MPa；

◆ 提前作好冬期混凝土施工配合比的预配，按要求掺加泵送型抗冻剂（不含氯盐，且具有早强、减水的功效），以提高混凝土的抗冻性；

◆ 水泥强度等级不低于 42.5 级，最小水泥用量为 $300kg/m^3$，粉煤灰替代水泥用量不得超过 20%，水灰比不应大于 0.6，有抗渗要求的混凝土水灰比不得大于 0.55，拌制混凝土所采用的骨料应清洁，不得含有冰、雪、冻块及其他易冻裂物质。在掺用含有钾、钠离子的防冻剂混凝土中，不得采用活性骨料或在骨料中混有这类物质的材料；

◆ 混凝土的投料顺序为：先投入骨料和已加热的水，再投入水泥和外加剂；

◆ 搅拌站要密切关注气温变化情况，对预报气温仔细分析取保险值，分别按－5℃、－10℃和－15℃对防冻剂试验，严格控制其掺量；

◆ 混凝土搅拌站采取可靠的措施，足以保证运到现场混凝土的入模温度不低于 5℃。

2. 混凝土的运输

混凝土在运输中，不得有表层冻结、混凝土离析、水泥砂浆流失、坍落度损失等现象，且混凝土降温速度不得超过 5℃/h，混凝土运输过程中罐车滚筒必须包裹保温被（现场混凝土输送泵、泵管及布料杆亦用保温被进行保温），以减少混凝土热量的损失，严禁使用有冻结现象的混凝土。

3. 混凝土的浇筑

◆ 对于支好的模板和绑完的钢筋，未浇筑混凝土时，遇到下雪情况，应提前用塑料布覆盖好，待雪停后再浇筑混凝土。混凝土浇筑前要清除模板和钢筋上的冰雪。

◆ 现场要合理组织罐车进场时间，以减少罐车在现场等待浇筑时间。

◆ 混凝土浇筑前要做好必要的准备工作，混凝土输送到浇筑部位后，应采取快铺料，快振捣，及时覆盖的快速施工法。

◆ 混凝土浇筑前及时掌握未来一周内的天气状况，保证混凝土在良好的天气情况下进行浇筑，亦保证项目能够根据天气状况及时的安排生产作业。混凝土浇筑尽量安排在一天中温度较高时浇筑，且浇筑后应及时覆盖阻燃草帘进行保温养护。

◆ 入模温度的控制：塔吊浇筑时每车首吊、末吊、中间吊各测一次；地泵浇筑时每车测一次。用小桶在吊斗下、泵管端部接混凝土测温，测定数据填入冬期混凝土入模温度统计表中（要与车号对上），入模温度需大于等于5℃。

◆ 对于土钉墙施工过程中的混凝土喷锚作业，冬期施工应达到如下要求：喷射时的气温不得低于5℃，混合料进入喷射机的温度不得低于5℃，当喷射混凝土在达到设计强度等级30%前，喷射混凝土应采用阻燃草帘覆盖或其他的保温方式以防止混凝土受冻。

4. 混凝土的拆模

◆ 建立拆摸申请制度：根据试验结果填写混凝土拆模申请，经项目经理部及监理批准后拆模，否则不准拆模。

◆ 混凝土拆模条件：模板和保温层在混凝土达到要求强度并冷却到5℃（通过测温确定）后方可拆除。墙、柱混凝土强度达到1.0MPa后，可先松动螺栓，使模板轻轻脱离混凝土后，再合上继续养护到混凝土强度达到4MPa后进行拆模；梁、板模板拆除时混凝土强度应达到表14-2要求。

梁、板混凝土拆模强度一览表　　　　**表14-2**

构件类型	构件跨度（m）	达到设计的混凝土立方体抗压强度标准值的百分率（%）
板	≤2	≥50
	>2，≤8	≥75
	>8	≥100
梁	≤8	≥75
	>8	≥100
悬臂构件	—	≥100

5. 混凝土的保温养护

◆ 本工程混凝土的养护采用综合蓄热养护法：少量防冻剂与蓄热保温相结合。

◆ 墙体混凝土的养护：在模板背楞间用50mm厚阻燃聚苯板填塞密实，外用铁丝严密绑扎一层阻燃草帘被，在转角地方必须保证有搭接。当墙模板拆除后，在混凝土达到临界受冻强度前，包裹黑色塑料布和一层阻燃草帘被进行保温，阻燃草帘被要包裹严实，防止混凝土裸露。

◆ 顶板混凝土的养护：在新浇筑的混凝土表面先覆盖一层塑料布，再覆盖两层阻燃草帘被。对于边角等薄弱部位，应加盖阻燃草帘被。

在顶板混凝土浇筑前，需预先在板内按2～3m间距设置Φ20～Φ25的钢筋马凳（用钢筋的短料进行加工），超出平面标高10cm作为混凝土浇筑后架设跳板的支撑，便于混凝土抹平和及时铺设保温材料。

◆养护时注意事项：冬期施工混凝土养护不得少于14d；养护阶段内测量放线可局部掀开保温材料时，放完线要立即覆盖；混凝土初期养护温度，不得低于－15℃，不能满足该温度条件时，必须增加覆盖阻燃草帘被保温；拆模后混凝土表面温度与环境温度差不得大于20℃，不能满足该温度条件时，在混凝土表面必须继续覆盖阻燃草帘被；养护时混凝土的降温速度不得超过5℃/h（可通过测温查出），否则通过增减阻燃草帘被加以控制，严禁结构在未达到规定强度时承受荷载；冬期禁止浇水养护混凝土；阻燃草帘被不应直接铺盖在潮湿的混凝土表面。

6. 混凝土的测温

◆本工程混凝土的测温选用电子测温仪，根据工程进展情况和结构平面特点，绘制测温平面布置图，标明测温孔编号，编号应连续进行，测温记录按平面图上所留孔号进行。

◆测温孔的设置（详见附图）：现浇板每流水段不少于6个测温孔，四角部位各设置一个测孔，板中根据实际情况进行设置，测孔深为1/2板厚，且测温孔与板面成垂直；外墙的西、北两侧各测两块外墙板，东南两侧各测一块外墙板。每块板单面设测孔3个，对角线布置，上、下测孔距模板上、下边缘30～50cm，孔深10cm。

说明：本方案中只画出汽车坡道结构（墙、板）处的测温点布置图，根据现场实际的施工进度补充南侧出入口相应结构的测温点布置图，直至冬期施工结束为止。

◆测温孔做法：根据测温点布置图，水平结构测温孔采用预埋内径为15mm镀锌管的方式，注意留孔时要有专人看管，以防施工过程中破坏测温孔；竖向结构测温孔采用预埋探头的方式，以保证墙柱模板的安装与拆除。

◆现场测温安排，见表14-3。

现场测温安排 **表14-3**

测温项目	测温条件	测温次数	测温时间
混凝土养护温度	4MPa前	12次/昼夜	每2小时一次（根据浇筑混凝土时间）
	4MPa后	4次/昼夜	每6小时一次（根据浇筑混凝土时间）
大气温度		4次/昼夜	每6小时一次，且需测出最高、最低气温
混凝土出罐、浇筑、入模温度		4次/工作班组	根据浇筑混凝土时间

◆测温要求：测温工作派专人负责，在混凝土强度未达到4N/mm^{2}以前每2h测一次，以后每6h测一次；测温时按测温图中的编号顺序进行，采用电子测温仪测温（注意：测温仪表留置在测温孔内不少于3min），并填写测温记录表，同时将测温孔用保温材料按原样覆盖好。

◆现场测温结束时间：混凝土达到临界强度，拆模后混凝土表面温度与环境温差小于15℃，混凝土的降温速度不超过5℃/h，测温孔的温度和大气温度接近。

◆测温工作的管理：测温记录表由项目现场专职实验员进行填写；测温记录必须真

实、准确、完整，字迹工整，不得涂改；测温员必须经过培训，了解冬施混凝土的性质、测温要求，对现场覆盖不严、温差过大、混凝土温度过高或过低等不正常现象要有很灵敏的反应，并及时向经理部有关人员和技术负责人反映实际情况；每次测完温，要立即把签字完整的测温记录表报项目技术负责人和项目工程部审核后再协调归档（逢夜间交经理部值班人员）。

5.1.5 防水工程

1. 本工程坡道底板防水采用SBS 4mm+4mm厚Ⅱ型聚酯胎PE膜面防水卷材，第一层SBS卷材与混凝土垫层之间采用空铺法，SBS卷材与卷材之间采用热熔满粘的方法。

注：在底板与墙体交接位置处，卷材（包括附加层）施工采用空铺的方法，其余位置的附加层应采用满粘的施工方法。

2. 冬期进行防水工程施工应尽量选择无风晴朗天气进行，在迎风面宜设置活动的挡风装置。卷材防水施工应选在一天中气温较高时，一般为上午10：00点至下午3：00点，要求环境温度不得低于－10℃。严禁在雪天、五级风及其以上的天气情况下进行防水施工。

3. 防水施工前基层必须保持干燥，含水率不大于9%，基层表面要清理干净，不得有冰、雪等杂物，当基层较潮湿时，可用喷灯适当进行烘烤。

4. 冬期施工防水基层处理剂宜使用快挥发的溶剂进行配置，涂刷的防水基层处理剂应充分干燥后方可进行防水卷材的施工。

5. 防水材料及辅助材料进场后，必须搬运到库房内保存，卷材采用立放的方法，不得堆积或存放在露天位置，库房和施工现场严禁烟火并配备适当灭火器材。

6. 由于卷材低温的硬化性能，因此低温施工条件下，应避免弯折卷材，防止破坏。

7. 防水卷材的材质要求、施工流程、施工工艺及施工质量要求详见防水施工方案。

说明：其他室内的防水施工可根据天气情况适当进行，注意应保证施工时的温度在5℃以上。

5.2 砌筑施工要点及方法

1. 砌块砌筑前应清除表面的污物、冰雪等，不得使用遭水浸和受冻后的砖或砌块；砂浆采用预拌砂浆（配比需经项目经理部、监理及业主审批认可），砂浆内掺加防冻剂（注意防冻剂不得使用氯盐的）。

2. 干拌砂浆应存放在封闭的库房中以防止雪水的侵蚀。

3. 冬期施工在拌合砂浆时，应采用60℃的温热清水，用水量为粉料的20%～22%。搅拌时将粉料缓缓倒入水中，同时进行搅拌，拌合过程中不得添加其他材料，拌合好的砂浆宜在2个小时内用完，已经干结的砂浆禁止加水再用。

4. 砌体工程冬期施工砂浆试块的留置，除按常温规定要求外，尚应增加不少于两组与砌块同条件养护的试块，分别用于检验各龄期强度和转入常温28d的砂浆强度。

5. 冬期施工中，每日砌筑后应及时在砌筑表面进行保护性覆盖，砌筑表面不得留有砂浆。

6. 砌筑工程冬期施工管理方面，除常规要求外，还应记录室外空气温度、砌筑时砂浆温度以及其他有关资料。

7. 冬期施工中当气温低于等于0℃时，不得对砌块进行浇水，但是当白天温度高于

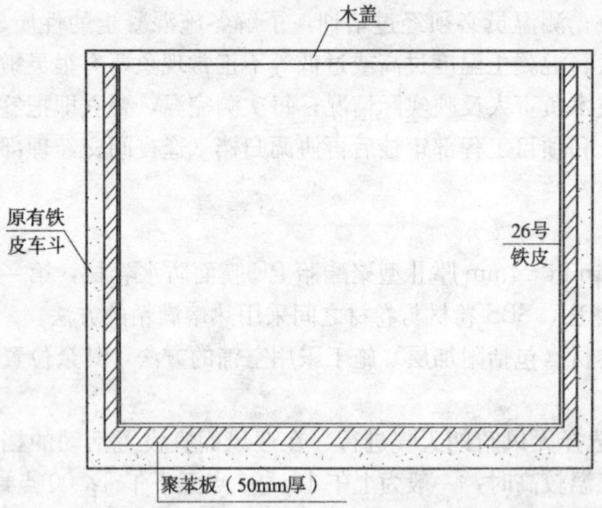

图 14-1　手推车车体保温

0℃时，可对砌块适当浇水进行湿润。−10℃以下禁止施工。

8. 当用手推车输送砂浆时，车体应加保温装置，见图 14-1。

9. 严禁使用已冻结的砂浆，不准以热水掺入冻结砂浆内重新搅拌使用，也不宜在砌筑时向砂浆内掺水使用。

说明：抹灰工程可根据天气状况适当进行，应保证抹灰施工时的温度在 5℃以上。

5.3　脚手架施工要点及方法

1. 在架子基础、分段荷载等措施完成后，应由安全质量、技术、工程、劳务施工队伍等部门（单位）按分段、部位、搭设和防护等项目进行检查、验收，并填写验收单，合格方可进行搭设和使用。

2. 六级及以上大风和雪天停止脚手架上作业，雪后上架操作应注意防滑，并扫除马道及操作面积雪；六级及以上大风、寒冷地区开冻后、停用超过 1 个月一定要对脚手架进行检查、验收。

5.4　机电施工要点

1. 进入冬施前对现场使用的配电箱，闸箱、电缆、电线及临时固定支架等进行全面仔细的检查，并检修加固电气设备线路，测试接地接零保护和绝缘装置的灵敏度，并采取必要的防雪、防风、防淹措施，手持电动工具的要对所安装的漏电保护器进行检验且漏电保护装置一定要安装可靠，且整个冬施过程中进行不定期的检查及时消除隐患，以防事故的发生。

2. 现场所有的配电箱必须符合安全规定，经总包方检查合格后方可使用，并设明显的警戒标志，防护完好，并作好防雪、防风、防砸等措施。

3. 管道施工中若低于规范要求的焊接温度时，要采取预热措施，地下管线施工尽量避免在冬期施工；若塑料管道必须在冬期施工，粘接接口要有防冻措施。

4. 管道的强度试验若在冬期进行可改用气压试验，但要征得设计或甲方的同意，并有相应的安全措施，在气温降至冰点前应将管道内残水放净。

5. 现场设专人维护及连接电气线路。设备操作人员、作业人员要注意人体自身的防护保护，穿绝缘鞋，带绝缘手套。要经常检查施工现场电气设施的接零、接地等保护措施的可靠性和灵敏性，不符合安全要求规定的要停止使用坚决更换，临时搭设的电线、电缆严禁拖地明设，要架空敷设。

6. 进入现场的机械设备实行统一管理、冬施前要对所属的施工机械和器具进行一次全面的检查，施工机械设备要进行彻底的维护清理，更换好冬期防冻用油。认真做好防雪、防冻、防风沙的保护工作，确保施工机械状况良好和使用安全。

7. 电焊机要防雪、防风沙，并能随时切断电源。氧气、乙炔要防风，防倒、防烘烤。搬运时要注意避免砸人，放置时要注意避免滚动和高空下落，作业时要注意环境状况避免发生火灾。

8. 在冬施过程中，因露天作业受天气环境的影响，人们反应迟缓。在搬运材料、设备等重物时，要有统一指挥人员，口令一致，起落动作要一致，避免在搬运材料和设备就位过程发生砸伤、撞伤事故。

9. 冬施过程中，因气温低、风大，在使用独立架子、移动架子时，要注意架子放置的稳定性，不允许单人使用架子作业，架子下要有辅助人员看护和协同作业。

10. 大风天、雪天及雾天禁止材料设备的吊运工作和电气焊在室外作业及高空作业。

11. 现场外露的管道或设备的开口，应用塑料布或其他防雪材料封堵好。

12. 在冬施前各施工队应对所属的消防器材进行一次全面检查，到期的消防器材要重新更换，因作业面大、点多的，不能满足防护要求的要补足。

13. 下班前清理工作场地，并切断各种机具设备的电源及使用的电源。

14. 对原材料及半成品、设备等，必须进入仓库或楼层室内，且要有防雪、防风的措施。怕冻的材料、设备要有相应的保温措施。

15. 进入现场的机电设备必须在晴好天进行开箱检验后立即运入仓库或室内，并有相应的保护措施保护。

16. 易燃易爆的材料要在室外单独存放，并要配置相应的消防灭火设备。

17. 要保证作业人员的身体健康和休息好，要有热饭、热水提供给作业人员，并注意解决作业人员的生活问题和可能出现的疾病预防、传播等问题，以良好的精神状态顺利完成冬季施工工作。

5.5　膜结构施工要点

1. 膜结构冬期施工主要内容包括：屋面气枕安装、室内天花吊顶气枕安装以及室内内立面气枕安装。

2. 施工前准备：施工队要备好冬期防寒服、防寒帽、防寒手套，保证工人必须的劳保用品，以安全度过冬期；胶条、密封胶等受温度影响较大的材料要单独、特殊存放，并保证上述材料不发生冻硬、老化等不良现象。

3. 屋面气枕安装：按 06 年工程总控计划要求，屋面气枕安装将在 06 年 12 月末结束，而天花吊顶及室内立面气枕安装则在外立面及屋面气枕封闭后进行，所以屋面气枕安装是冬期施工的最重要的部分。

进入冬期后屋面天沟有可能出现上冻的现象，或是雪天后，天沟内可能会有残留的冰雪等现象，遇到上述情况，应先清除屋面天沟内的冰雪，在一天当中温度最高的午后 2 点进行屋面天沟檐口 EPDM 橡胶的粘结工作和铝合金夹具接口处的打胶工作，并要认真检查 EPMD 橡胶的粘结质量和打胶质量。由于冬期气温较低，屋面气枕的尺寸会相应的变小，这样会增大安装气枕的难度，为减少这种影响，气枕在安装时应增加安装人员的数量及张拉工具的个数。北京冬期风大，在安装屋面气枕时各边用临时夹具固定，临时夹具钻孔系绳固定在天沟转接件上，以防风大将气枕刮跑。气枕安装完毕后，应立即充气以抵抗外界荷载。

如果在安装屋面气枕过程中遇到雪天，为防止降雪融化在天沟内结冰，将未安装气枕部位天沟里的雪当天及时除掉，所用除雪工具为木板，不会将 PVC 防水卷材破坏。屋面气枕夹具接缝处打胶温度应控制在 5℃以上，在冬期施工期间，当室外温度达到或高于

5℃时，启动打胶施工（启动之前需进行书面申请）。为保证施工质量，将集中人力在温度满足条件的时间段进行打胶，并在施工中保留2小时的固化时间。

4. 天花吊顶及室内立面气枕安装时应监控室内的温度，如气温低于5℃时应停止打胶施工。

六、冬期施工安全保证措施

6.1 加强安全教育，增强法制观念

1. 入冬前要组织现场全体职工进行冬施安全、消防的宣传教育工作，制定安全生产和防滑、防冻、防火、防爆的具体措施，教育职工注意施工岗位安全，严守各项规章制度。对所有冬期施工的人员结合工程任务进行安全技术交底，配备安全防护用品。

2. 工人进场要进行安全教育，考试合格后方能上岗；做好特殊工种的培训工作，坚持持证上岗，未持证人员坚决不能上岗工作。

3. 坚持周一的安全例会制度，坚持经常性的安全活动制度并做记录。

4. 在安排施工任务时，必须进行专项有针对性的安全交底，履行签字手续。

6.2 安全生产的具体措施

1. 入冬前要对现场的施工设备（如大、中型机械、电气设备等）进行检查维修，安全部门要加强对施工人员的冬施安全教育。

2. 施工现场必须按方案要求做好防冻保温工作，注意天气预报，注意大风天气及寒流袭击对安全生产带来的影响。

3. 加强对场区内堆放的材料（模板、乙炔瓶等）的安全管理，冬期施工的易燃易爆品应设专用仓库分类隔离存放，库房内部通风，电源开关设在库外。

4. 做好防滑、防冻工作：脚手架、上人马道、钢跳板应做防滑保护措施（在脚手板上绑扎固定木制防滑条），霜雪天后要及时清扫。大风雪后及时检查脚手架，防止高空坠落事故的发生。

5. 加强对现场电气线路的检查、维护工作，大风雪后要对供电线路检查，防止因断路造成安全事故。

6. 对现场配电箱、闸箱、电缆临时支架等仔细检查，需加固的及时加固，缺盖、罩、门的及时补齐，确保用电安全。配电箱周围5m不得存放易燃材料。

7. 夜间施工应有足够的照明设备，五级以上大风时应停止吊装作业。冬期风多且大，建筑物上容易吹落的材料，如木板等要及时清理，防止吹落伤人。

8. 定期检查民工宿舍、食堂的取暖设备，防止发生意外，工人宿舍严禁私自采用煤炭进行取暖，防止煤气中毒事故发生。

9. 保证消防设施及消防用水水源供应，保持道路通畅，消火栓和消防水源应有明显标志。对消防器材定期检查，做好消防设施的保温防冻工作。

10. 冬期解除后，对场区内进行一次普查，消除各种不安全因素。材料堆放场、大模板堆放场应进行检查和整理，防止堆放的材料和模板在土层冻融中倒塌。

11. 为保证现场施工的安全，四级以上风天禁止屋面上的膜结构施工作业。

七、计算书

为了保证混凝土的施工质量，要求所有混凝土到达现场的入模温度必须≥5℃。

7.1 汽车坡道墙体

1. 混凝土拌合物经运输至成型完成时的温度

$$T_2 = T_1 - (\alpha t_1 + 0.032n)(T_1 - T_a)$$

式中 T_1——混凝土拌合物的出机温度，取 T_1＝13.00℃；

T_2——混凝土拌合物经运输至浇筑时的温度（℃）；

α——温度损失系数（h^{-1}），当用混凝土搅拌输送车时，α＝0.25；

t_1——混凝土自运输至浇筑时的时间（h），t_1＝0.75h；

T_a——运输时的环境气温（℃），T_a＝－10℃；

n——混凝土转运次数，采用泵送混凝土，n＝1次。

由上式计算得：T_2＝7.95℃

2. 考虑模板和钢筋吸热影响，混凝土成型完成时的温度

$$T_3 = \frac{c_c m_c T_2 + c_f m_f T_f + c_s m_s T_s}{c_c m_c + c_f m_f + c_s m_s}$$

式中 T_3——考虑模板和钢筋吸热影响，混凝土成型完了时的温度（℃）；

T_2——混凝土入模温度（℃）；

c_c、c_f、c_s——混凝土、模板材料（木模、钢模）、钢筋的比热容［kJ/（kg·K）］，其中 c_c＝0.96，c_f＝2.51（钢模为0.48），c_s＝0.48；

m_c——每立方米混凝土的重量（kg），m_c＝2400kg；

m_f、m_s——与每立方米混凝土相接触的木模板（钢模板）、钢筋的重量（kg），m_f＝120kg（425kg），m_s＝24kg；

T_f、T_s——模板、钢筋的温度可采用当时的环境温度（℃），T_f＝T_s＝－10℃。

由上式计算得：T_3＝5.80℃

3. 混凝土蓄热养护过程中的温度计算

◆ 养护开始至任一时刻 t 的混凝土温度

$$T = \eta e^{-\theta \cdot V_{ce} \cdot t} - \varphi e^{-V_{ce} \cdot t} + T_{m,a}$$

其中 $\eta = T_3 - T_{m,a} + \varphi$，$\varphi = \dfrac{V_{ce} \cdot Q_{ce} \cdot m_{ce}}{V_{ce} \cdot c_c \cdot \rho_c - \omega \cdot K \cdot M}$，$\theta = \dfrac{\omega \cdot K \cdot M}{V_{ce} \cdot c_c \cdot \rho_c}$

式中 T——混凝土蓄热养护开始到任一时刻 t 的温度（℃）；

η，φ，θ——分别为综合参数；

e——自然对数底，取 e＝2.718；

V_{ce}——水泥水化速度系数（h^{-1}），查表得 0.013；

t——混凝土蓄热养护开始到任一时刻的时间（h）；

$T_{m,a}$——混凝土蓄热养护开始至任一时刻的平均气温（℃），取－10℃；

T_3——混凝土入模温度；

Q_{ce}——水泥累积最终放热量（kJ/kg），查表得 Q_{ce}＝330；

m_{ce}——每立方米混凝土水泥用量（kg/m^3），取 328kg/m^3；

c_c——混凝土比热容（kJ/kg·K），取 0.96 kJ/kg·K；

ρ_c——混凝土质量密度（kg/m^3），取 2400 kg/m^3；

ω——透风系数，按大风状态查表得 3.0；

M——结构的表面系数（m^{-1}），$M = \dfrac{A（混凝土结构表面积）}{v（混凝土结构的体积）}$；

K——围护层的总传热系数（kJ/m²・h・K），$K=\dfrac{3.6}{0.04+\sum_{i=1}^{n}\dfrac{d_i}{K_i}}$，其中 d_i 为第 i 围护层厚度，K_i 为第 i 层围护层导热系数（W/m²・K），木材 $\lambda=0.17$，阻燃草帘 $\lambda=0.06$。

由上式计算，$M=\dfrac{2}{1\times1\times0.4}=5.0\text{m}^{-1}$（墙体厚 400mm，取 1m 为计算单元）。

本工程汽车坡道墙体部分模板为 $\delta=6$mm 的小钢模，部分为板厚 $\delta=15$mm 的多层板，模板为多层板的部位采用悬挂一层 $\delta=50$mm 厚的阻燃草帘进行保温，计算如下：

$$K=\frac{3.6}{0.04+\dfrac{0.015}{0.17}+\dfrac{0.05}{0.06}}=3.74\text{kJ/m}^2\cdot\text{h}\cdot\text{K}$$

$$\varphi=\frac{0.013\times330\times328}{0.013\times0.96\times2400-3.0\times3.74\times5.0}=-53.81$$

$$\theta=\frac{3.0\times3.74\times5.0}{0.013\times0.96\times2400}=1.87$$

$$\eta=5.80-(-10)+(-53.81)=-38.01$$

按如下公式，计算逐日温度以求混凝土温度为 0℃时的养护天数，见表 14-4。

$$T=\eta e^{-\theta\cdot V_{ce}\cdot t}-\varphi e^{-V_{ce}\cdot t}+T_{m,a}$$

逐日温度计算表（一） **表 14-4**

时间（h）	温 度	时间（h）	温 度
1	13.31	84	8.06
4	26.71	96	5.45
8	33.06	108	3.22
12	33.98	120	1.31
24	29.28	128	0.19
36	23.69	129	0.06
72	11.11	130	−0.06

通过表 14-4 可知，墙体混凝土浇筑第 5 天温度接近 0℃，计算 2 天内墙体混凝土的平均温度。

◆ 混凝土蓄热养护冷却到 0℃时间内的平均温度

$$T_m=\frac{1}{V_{ce}\cdot t}\left(\varphi e^{-V_{ce}\cdot t}-\frac{\eta}{\theta}\cdot e^{-\theta\cdot V_{ce}\cdot t}+\frac{\eta}{\theta}-\varphi\right)+T_{m,a}$$

当 $t=129$h 时，温度已经降为 0℃。

$$T_m=\frac{1}{0.013\times129}\left[-53.81\times2.718^{-0.013\times129}-\frac{-38.01}{1.87}\times2.718^{-1.87\times0.013\times129}+\frac{-38.01}{1.87}-(-53.81)\right]+(-10)=4.49℃$$

计算结果：墙体混凝土冷却时间 5d，平均温度 4.49℃。

混凝土的温度降至 0℃前其抗压强度不得低于抗冻临界强度。硅酸盐水泥或普通硅酸盐水泥配制的掺加防冻剂的混凝土，其抗冻临界强度为 4MPa。

用查曲线法，计算混凝土蓄热期间的强度值，其原理是根据混凝土冷却时间和蓄热期间测得的平均温度，再利用温度、龄期对混凝土强度影响参考曲线，即可查出混凝土的相对强度。查表得，经过5天的蓄热养护，其强度约为设计强度的30%左右，超过其需要的抗冻临界强度要求，满足冬施要求。

模板为小钢模的部位采用区格间填50mm厚聚苯乙烯板的方法进行保温，具体计算如下：

计算可得：$T_3=6.41$℃

此种保温方法传热系数 $K=3.0\text{kJ/m}^2\cdot\text{h}\cdot\text{K}$

$$\varphi=\frac{0.013\times330\times328}{0.013\times0.96\times2400-3.0\times3\times5.0}=-93.51$$

$$\theta=\frac{3.0\times3\times5.0}{0.013\times0.96\times2400}=1.502$$

$$\eta=6.41-(-10)-93.51=-77.1$$

按如下公式，计算逐日温度以求混凝土温度为0℃时的养护天数，见表14-5。

$$T=\eta e^{-\theta\cdot V_{ce}\cdot t}-\varphi e^{-V_{ce}\cdot t}+T_{m,a}$$

逐日温度计算表（二） **表14-5**

时间（h）	温 度	时间（h）	温 度
1	6.69	108	3.61
4	7.46	120	2.25
8	8.32	132	0.96
12	9.01	140	0.14
24	10.19	141	0.04
48	9.90	142	−0.05
72	7.77	144	−0.25

通过表14-5可知，墙体混凝土浇筑第5天温度接近0℃，计算5天内墙体混凝土的平均温度。

◆ 混凝土蓄热养护冷却到0℃时间内的平均温度

$$T_m=\frac{1}{V_{ce}\cdot t}\left(\varphi e^{-V_{ce}\cdot t}-\frac{\eta}{\theta}\cdot e^{-\theta\cdot V_{ce}\cdot t}+\frac{\eta}{\theta}-\varphi\right)+T_{m,a}$$

当 $t=141$h 时，温度已经降为0℃。

$$T_m=\frac{1}{0.013\times141}\left[-93.51\times2.718^{-0.013\times141}-\frac{-77.1}{1.502}\times2.718^{-1.502\times0.013\times141}+\frac{-77.1}{1.502}+93.51\right]+(-10)=6.63℃$$

计算结果：墙体混凝土冷却时间5d，平均温度6.63℃。

混凝土的温度降至0℃前其抗压强度不得低于抗冻临界强度。硅酸盐水泥或普通硅酸盐水泥配制的掺加防冻剂的混凝土，其抗冻临界强度为4MPa。

用查曲线法，计算混凝土蓄热期间的强度值，其原理是根据混凝土冷却时间和蓄热期间测得的平均温度，再利用温度、龄期对混凝土强度影响参考曲线，即可查出混凝土的相对强度。查表得，经过5天的蓄热养护，其强度约为设计强度的30%以上，超过其需要的抗冻临界强度要求，满足冬施要求。

7.2　汽车坡道底板

1. 混凝土拌合物的出机温度

$$T_1 = 13.00℃$$

2. 混凝土拌合物经运输至成型完成时的温度

$$T_2 = 13.0 - (0.25 \times 0.75 + 0.032 \times 1)(13.00 + 10) = 7.95℃$$

3. 考虑模板和钢筋吸热影响，混凝土成型完成时的温度

$$T_3 = \frac{0.96 \times 2400 \times 7.95 + 2.51 \times 120 \times (-10) + 0.48 \times 24 \times (-10)}{0.96 \times 2400 + 2.51 \times 120 + 0.48 \times 24} = 5.80℃$$

4. 混凝土蓄热养护过程中的温度计算

◆ 养护开始至任一时刻 t 的混凝土温度

$$T = \eta e^{-\theta \cdot V_{ce} \cdot t} - \varphi e^{-V_{ce} \cdot t} + T_{m,a}$$

◆ 混凝土蓄热养护开始到任意时刻 t 的平均温度

$$T_m = \frac{1}{V_{ce} \cdot t}\left(\varphi e^{-V_{ce} \cdot t} - \frac{\eta}{\theta} \cdot e^{-\theta \cdot V_{ce} \cdot t} + \frac{\eta}{\theta} - \varphi\right) + T_{m,a}$$

◆ 首先计算构件表面系数，取 $1m^2$ 为计算单元（底板厚度为 500mm）

$$M = \frac{2}{0.5} = 4m^{-1}$$

◆ 其次计算围护层传热系数

本工程汽车坡道底板侧模为砖胎模，上铺一层 δ=50mm 阻燃草帘一层塑料布进行保温保湿。

$$K = \frac{3.6}{0.04 + \frac{0.05}{0.06}} = 4.12kJ/m^2 \cdot h \cdot K$$

$$\varphi = \frac{0.013 \times 330 \times 328}{0.013 \times 0.96 \times 2400 - 3.0 \times 4.12 \times 4} = -72.2$$

$$\theta = \frac{3.0 \times 4.12 \times 4}{0.013 \times 0.96 \times 2400} = 1.65$$

$$\eta = 5.80 - (-10) - 72.2 = -56.4$$

按如下公式，计算逐日温度以求混凝土温度为 0℃时的养护天数，见表 14-6。

$$T = \eta e^{-\theta \cdot V_{ce} \cdot t} - \varphi e^{-V_{ce} \cdot t} + T_{m,a}$$

逐日温度计算表（三）　　**表 14-6**

时间（h）	温　度	时间（h）	温　度
1	6.06	120	0.87
4	6.78	125	0.36
12	8.17	128	0.05
24	9.14	129	−0.04
48	8.54	130	−0.15
72	6.28	144	−1.46
96	3.53	156	−2.48
108	2.17	168	−3.41

通过表 14-6 可知，混凝土浇筑第 128 小时（即 5 天左右）温度接近 0℃，计算 5 天内混凝土的平均温度。

$$T_m = \frac{1}{0.013 \times 128}\Big[-72.2 \times 2.718^{-0.013\times128} - \frac{-56.4}{1.65} \times 2.718^{-1.65\times0.013\times128}$$

$$+ \frac{-56.4}{1.65} - (-72.2)\Big] + (-10) = 5.95℃$$

计算结果：冷却时间 128h，平均温度 5.95℃。

用查曲线法，经过 128 小时的蓄热养护，其强度约为设计强度的 35%左右，超过其需要的抗冻临界强度（4MPa）要求，满足冬施要求。

7.3 汽车坡道顶板

1. 混凝土拌合物的出机温度

$$T_1 = 13.00℃$$

2. 混凝土拌合物经运输至成型完成时的温度

$$T_2 = 13.00 - (0.25 \times 0.75 + 0.032 \times 1)(13.00 + 10) = 7.95℃$$

3. 考虑模板和钢筋吸热影响，混凝土成型完成时的温度

$$T_3 = \frac{0.96 \times 2400 \times 7.95 + 2.51 \times 120 \times (-10) + 0.48 \times 24 \times (-10)}{0.96 \times 2400 + 2.51 \times 120 + 0.48 \times 24} = 5.80℃$$

4. 混凝土蓄热养护过程中的温度计算

◆ 养护开始至任一时刻 t 的混凝土温度

$$T = \eta e^{-\theta \cdot V_{ce} \cdot t} - \varphi e^{-V_{ce} \cdot t} + T_{m,a}$$

◆混凝土蓄热养护开始到任意时刻 t 的平均温度

$$T_m = \frac{1}{V_{ce} \cdot t}\left(\varphi e^{-V_{ce} \cdot t} - \frac{\eta}{\theta} \cdot e^{-\theta \cdot V_{ce} \cdot t} + \frac{\eta}{\theta} - \varphi\right) + T_{m,a}$$

◆ 首先计算构件表面系数，取 1m 为计算单元（顶板厚度为 200mm）

$$M = \frac{2}{0.2} = 10m^{-1}$$

◆ 其次计算围护层传热系数

本工程汽车坡道顶板模板为 $\delta = 15$mm 的竹胶板，上铺两层 $\delta = 50$mm 阻燃草帘进行保温。

$$K = \frac{3.6}{0.04 + \left(\frac{0.015}{0.17} + \frac{0.10}{0.06}\right)/2} = 3.92 kJ/m^2 \cdot h \cdot K$$

$$\varphi = \frac{0.013 \times 330 \times 311}{0.013 \times 0.96 \times 2400 - 3.0 \times 3.92 \times 10} = -15.22$$

$$\theta=\frac{3.0\times3.92\times10}{0.013\times0.96\times2400}=3.93$$

$$\eta=5.80-(-10)+(-15.22)=0.58$$

按如下公式，计算逐日温度以求混凝土温度为0℃时的养护天数，见表14-7。

$$T=\eta e^{-\theta\cdot V_{ce}\cdot t}-\varphi e^{-V_{ce}\cdot t}+T_{m,a}$$

逐日温度计算表（四） 表 14-7

时间（h）	温　度	时间（h）	温　度
1	5.57	32	0.15
4	4.92	33	0.01
8	4.10	34	−0.11
12	3.34	35	−0.25
24	1.31	36	−0.38
30	0.43	48	−1.79

通过表14-7可知，混凝土浇筑第33小时温度接近0℃，计算33小时内混凝土的平均温度。

$$T_m=\frac{1}{0.013\times33}\left[-15.22\times2.718^{-0.013\times33}-\frac{0.58}{3.93}\times2.718^{-3.93\times0.013\times33}+\frac{0.58}{3.93}-(-15.22)\right]+(-10)=2.66℃$$

计算结果：冷却时间33h，平均温度2.66℃。

用查曲线法，经过33小时的蓄热养护，其强度约为设计强度的15%左右，超过其需要的抗冻临界强度（4MPa）要求，满足冬施要求。

北京历年冬季按旬平均气温（℃） 附表

十一月			十二月			一月			二月			三月		
上旬	中旬	下旬	上旬	中旬	下旬	上旬	中旬	下旬	上旬	中旬	下旬	上旬	中旬	下旬
7.0	4.1	1.1	−1.0	−2.4	−4.4	−4.7	−5.0	−4.2	−3.6	−2.0	−0.7	1.4	4.6	7.2

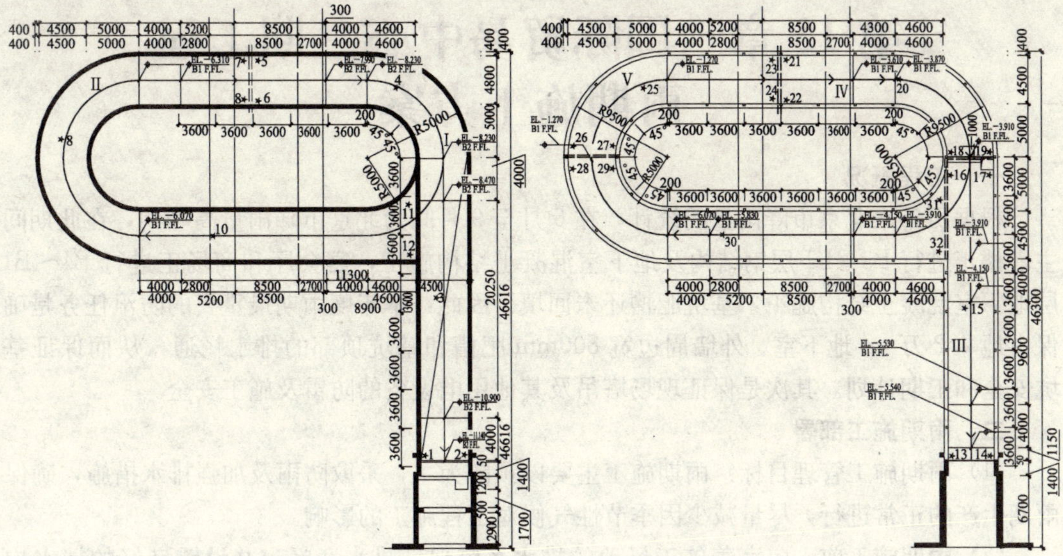

汽车坡道底板测温布置图

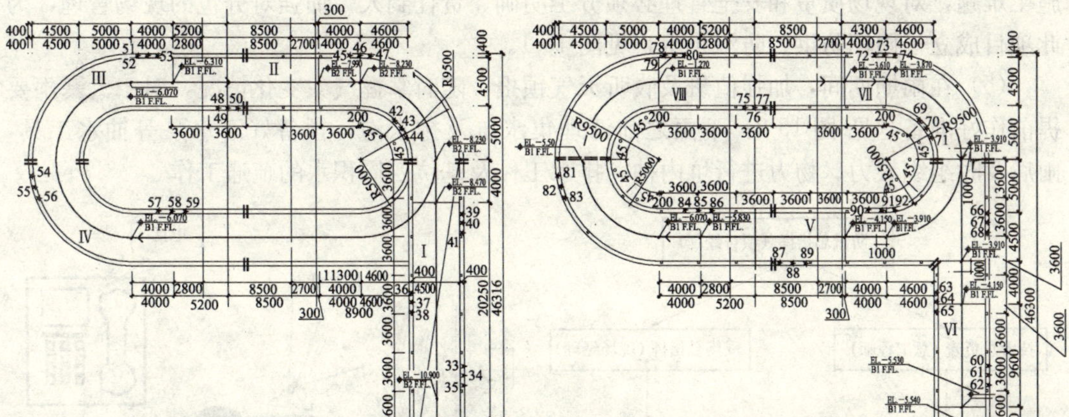

汽车坡道墙体测温点布置图

附图　汽车坡道测温点布置图

第 15 章 国际贸易中心三期工程雨期施工方案

一、工程概况

根据历年来北京市降雨量的统计，在 6 月至 9 月间为北京市降雨量高峰期，在此期间主塔楼正进行 B3～L1 层钢结构及地下室混凝土结构施工，宴会厅和商场正进行 B4～B1 层地下室混凝土结构施工，基坑肥槽还未回填。因此，本年度雨期最重要的防汛任务是确保占地 2.2 万 m^2 地下室、外墙周边宽 800mm 肥槽和基坑顶部的排水畅通，从而保证基坑安全和工期计划。其次是保证现场塔吊及其他用电设备的防雷及施工安全。

二、雨期施工部署

（1）雨期施工管理目标：雨期施工主要以预防为主，采取防雨及加强排水措施，确保雨期生产的正常进行，尽量减少因季节性气候对工程施工的影响。

（2）雨期施工前，应完善施工场地的排水系统保证排水通畅，并设置良好的挡水构筑，以阻止地面水流入基坑内。

（3）制定防汛制度，制定防汛预案和措施，并组织管理人员和工人学习。

（4）建立施工领导小组机构。由于工程施工作业面积大，且现场材料堆放场地狭小，现场工种较多，基坑深达 20 多米，对雨期施工必将带来很大的困难。为了克服以上雨期施工难题，对现场质量和安全管理必须分工明确、责任到人，加强对分包的现场管理，为此项目成立了雨期防洪、防汛小组，见图 15-1。

（5）在雨期期间，加强值班及收听天气预报，随时掌握气象变化情况，对于大暴雨要提前作好准备，见 图 15-2；下雨之前清理集水坑及排水沟，预备好潜水泵等抽水工具，雨后及时组织人力、物力进行坑内抽、排水工作及基坑四周积水的疏通工作。

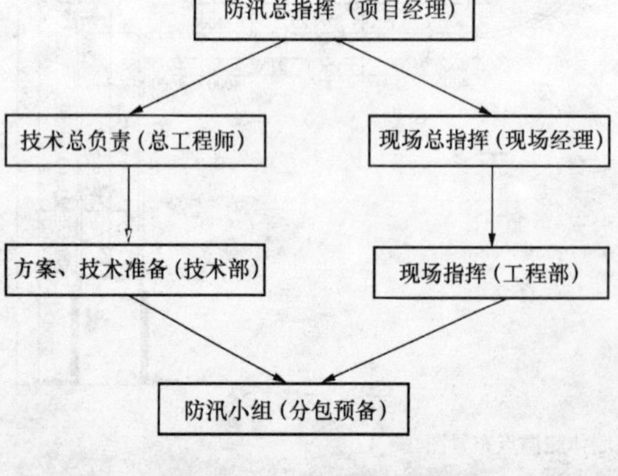

图 15-1　防汛组织机构

图 15-2　随时掌握气象变化情况

（6）合理规划现场防水、排水系统。

（7）为了保证雨期能够顺利施工，在雨期到来前必须做好雨期施工物资准备，见表 15-1。

雨期施工物资准备 **表 15-1**

序号	材料名称	规格型号	单位	数量	备注
1	潜水泵	H>30m	台	6	现场排水
2	泥浆泵	H>30m	台	4	现场排水
3	塑料布、彩条布		m^2	10000	物料覆盖
4	排水胶管	ϕ50mm	m	1200	现场排水
5	临时沉淀池水箱	1.2×3×1.5	个	3	现场排水
6	麻袋		条	500	装砂土挡水
7	阻燃草帘		m^2	2000	铺设道路
8	遮阳伞		把	10	焊接作业防雨
9	阻燃防水油布		m^2	800	焊接作业防雨
10	烘干箱		个	5	焊条烘干
11	雨衣		件	300	雨天作业
12	雨鞋		双	300	雨天作业

三、防汛制度

(1) 建立现场雨前检查制度，组织施工人员、安全员、技术人员汛情来临前对现场进行雨期安全检查，包括临时设施、临电、机械设备、排水井情况等，发现问题及时处理。

(2) 建立周安全检查制度，组织现场管理人员每周定期对现场进行安全检查，并做好检查及整改记录。

(3) 建立施工人员的雨期施工培训制度，确保施工人员明确相应的雨期岗位责任。

(4) 雨天巡视制度，雨天派专人检查施工现场及生产生活区的排水设施，疏通各种排水渠道，清理雨水排水口，保证雨天排水通畅。

四、基坑边坡安全保障

2006 年雨期正处于地下室结构施工阶段，基坑肥槽还未回填，为了保证基坑边坡安全，将采取表 15-2 中的措施。

基坑安全保障措施 **表 15-2**

序号	措　施	说　明
1	边坡裂缝灌浆	雨前将坡顶裂缝灌浆封堵，防止雨水渗入
2	边坡临电箱检查	雨前及时检修边坡临时电箱和电箱的防雨措施
3	边坡监测	频率：7 天 1 次，雨后加测一次（基坑边坡监测采用全站仪）
4	雨天边坡巡视	雨天派专人 24 小时观察坡顶变形，有无雨水渗入边坡土中
5	雨天排水系统检查	雨天派专人定时检查排水沟和市政管道排水及水泵运行情况
6	编制紧急情况预案	针对各种可能发生的边坡险情，提前编制应急预案

五、雨水排放线路

2006 年雨期地下室施工阶段排水路径：将雨水集中至底板集水坑和肥槽集水坑里，并用水泵抽至坑边临时沉淀水箱或场外市政雨水井（详见附图）；同时，为防止基坑坡顶雨水进入基坑，在边坡顶周圈砌 120mm×120mm 挡水台，外侧抹水泥砂浆，见图 15-3、图 15-4。

六、具体防雨措施

1. 雨期施工一般措施

（1）做好施工人员雨期培训工作，组织相关人员定期全面检查施工现场的准备工作，包括临时设施、临电、机械设备防护等项工作。

图 15-3　边坡顶挡水墙

（2）夜间设专职的值班人员，保证昼夜有人值班并做好值班记录，同时要设置天气预报员，负责收听和发布天气情况，防止暴雨突然袭击，合理安排每日的工作。

（3）检查施工现场及生产生活基地的排水设施，疏通各种排水渠道，清理雨水排水口，保证雨天排水通畅。

（4）雨期前对现场配电箱、闸箱、电缆临时支架等仔细检查，需加固的及时加固，缺盖、罩、门的及时补齐，确保用电安全。

（5）施工现场仓库等暂设工程各分管单位应在雨期前进行全面检查和整修，保证基础、道路不塌陷，房间不漏雨，场区不积水。

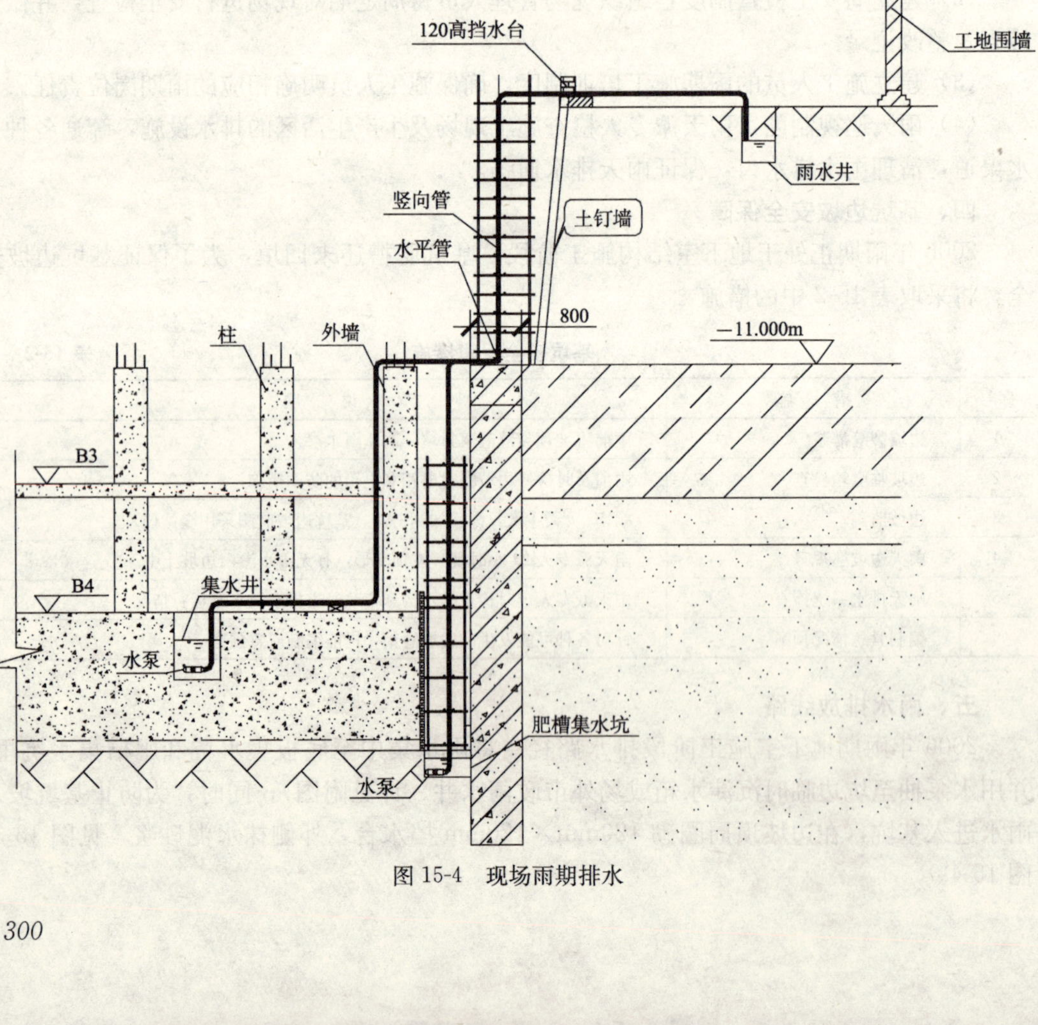

图 15-4　现场雨期排水

(6) 在雨期到来前，作好塔吊等的防雷装置，在雨期前要对避雷装置作一次全面检查，确保防雷安全。

(7) 配备一定的防汛物资，保证雨期防汛工作需要。

2. 土方工程防雨措施

商场区域收土坡道的土方施工正处于2006年雨期，现场准备足够数量的塑料布和草帘被，当土方开挖至槽底时，及时进行覆盖。如遇暴雨收土坡也应该覆盖，防止大雨将泥土冲刷至已完成的槽底。

基槽到底后，必须及时修筑排水沟和集水井，确保雨水能及时排出，防止侵泡基坑边坡及基底土，以免影响承载力。

3. 防水工程防雨措施

本工程地下室防水为膨润土防水毯，为防止防水毯不会提前遇水膨胀，所以做好防雨措施是保证防水施工质量的关键。

防水毯的储运应防水、防潮、防烈日曝晒，运至现场的防水毯应进行覆盖，储存时地面应采取架空方法垫起，且四周排水应通畅。

严禁在雨天和风力大于五级以上时施工。施工时如遇雨应立即停止施工并用彩条布对已施工完部位进行覆盖，未施工的成品防水毯用彩条布包裹严实，防止防水毯提前遇水膨胀。

防水施工完成，请监理验收合格后，应及时施工防水保护层，以防止雨水浸泡。

防水毯甩槎部位的保护，详见《主楼地下室防水方案》。

4. 钢筋工程防雨措施

现场钢筋堆放场地必须有良好的排水，钢筋底部用木方垫高100mm，并在其上面用塑料布覆盖，以防钢筋锈蚀。

对于施工作业面上的钢筋，一旦有锈蚀的现象，要用铁刷子除锈。

钢筋加工及钢筋成型机的上方设防雨棚，下大雨时停止加工。

雨天原则上停止进行钢筋焊接，若遇特殊情况施焊时，必须有防雨措施，防止雨水淋湿焊接接头造成钢筋机械性能的改变或降低从而影响过程质量。

为保护后浇带处的钢筋，后浇带采用预制板封口，预制板上做防水砂浆保护层。具体做法见图15-5。

5. 模板工程防雨措施

雨天使用的木模板拆下后要放平，以免变形。钢模板拆下后要及时清理，涂刷脱模剂，大雨过后要重新涂刷一遍脱模剂。

模板安装完成后，尽快浇筑混凝土，防止模板遇雨变形。若模板安装完成后不能及时浇筑混凝土，又被雨水淋过，则浇筑混凝土前要重新检查模板和支撑，如有变形的模板，及时调整或更换。

大块钢模板吊装落地时，放置在硬化地面上，并搭设放置架，保持75°～80°的自稳角，支撑牢固。

6. 混凝土工程防雨措施

6.1　主楼基础底板混凝土施工防雨措施

底板混凝土浇筑前及时收听天气预报，如遇雨天将推迟混凝土浇筑。

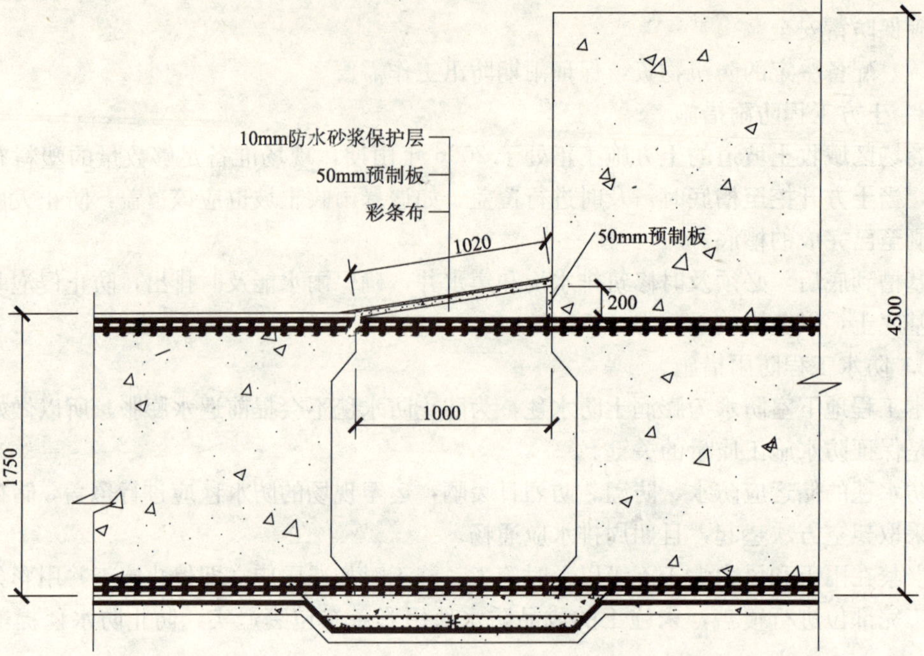

图 15-5　后浇带钢筋保护

准备好雨衣、雨鞋等应急物资。

当浇筑过程中突遇小雨，应对浇筑完成面进行覆盖塑料布保护，用水泵及时将底部淤积的雨水抽到其他施工段的集水坑中，再集中抽到基坑坡顶排入雨水井。

当浇筑过程中突遇大雨时，立即停止混凝土浇筑，应将整个底板范围进行覆盖，并将雨水及时排入相邻区段的集水坑中，统一抽至市政雨水井。对底板内部存水及时抽取，并在雨停后组织专家及相关方制定处理方案。

6.2　其他位置混凝土施工防雨措施

混凝土施工尽量避免在雨天进行。中雨、大雨和暴雨天不得浇筑混凝土，新浇混凝土要用塑料布覆盖，以防雨水冲刷。

雨期施工时，要求混凝土搅拌站根据砂、石的实际含水率及时调整混凝土的用水量，确保混凝土的质量。

雨天浇筑混凝土时，可根据实际情况调整坍落度。梁板同时浇筑时应沿次梁方向浇筑，此时如遇雨而停止施工，可将施工缝留在次梁跨中 1/3 处，从而保证主梁的整体性。

混凝土浇筑前必须将梁、墙中的污物、积水清理干净后方可浇筑。

进行大面积混凝土浇筑前，要准确掌握天气预报，避免浇筑时遇大雨，而且现场应准备充足的防雨材料以备浇筑时突然遇雨时进行覆盖。

7. 钢结构防雨措施

为确保雨期施工的正常进行，保证钢结构工程质量，针对主要工序对应雨期施工的特点，做如下控制措施。

7.1　钢结构的吊装

(1) 雨期气候恶劣，不能满足工艺要求及不能保证安全施工时，应停止施工。此时，应注意保证作业面的安全，设置必要的临时加固措施。

（2）雨期施工，应注意施工用电防护，降雨时除特殊情况外，应停止高空作业，并将高空人员撤到安全地带，拉断电闸。

（3）钢结构吊装随建筑物高度增加在建筑物外侧挂立面网，建筑物内部的电梯口，预留洞口都要设水平网，建筑物临边、不可覆盖洞口都要搭设护身栏杆。

（4）对于要起吊的构件，应首先清理构件表面的水，尤其是构件摩擦面应清理干净，并保证面层的干燥。

（5）风力大于5级，下雨、浓雾天气，停止高空吊装及安装的配套工序；如焊接、铺压型钢板、穿高强螺栓、校正结构等。

7.2　钢结构的焊接

（1）在施工前，应在操作平台比焊口高1m处用编织布绕柱子包严，并将平台平面上的洞、缝用石棉布盖严，以便防风及焊渣下溅。原则上在雨天不进行露天的焊接作业。

（2）对焊完的焊缝，要加强保温工作，避免焊缝温度骤降导致脆裂，先用石棉布对焊缝周围包严，再用岩棉被包严。

（3）焊机、焊丝、气瓶应放在专用的棚内，以免焊接材料受潮。

（4）电焊条受潮后影响使用，使用前应烘干。

（5）在高空作业施焊时，除做好以上几点的防雨措施外，还须做好防风措施，脚手架一定要搭稳固，经得起大风。施焊时注意清干净周围的易燃物，以免发生火灾。当风力大于4级时应停止施工，以防保护气体被吹散，影响焊接质量。

7.3　压型板及栓钉焊

（1）压型板铺设前应先去除板面上的雨水。

（2）在风力5级以上，下雨、浓雾天气，不得进行铺设及栓钉焊的工作。

（3）栓钉焊用的瓷环使用前必须在烘箱中加热保持干燥，不得有油、水等杂质。

（4）栓钉使用前应保持清洁干燥，表面不得有油、水等杂质，不得生锈。

7.4　高强螺栓的安装

（1）高强螺栓安装工作应在5级风以下，下雨、浓雾天气下应停止作业。

（2）高强螺栓的存放必须按照要求执行，防止螺栓受潮。高强螺栓包装严禁随意打开。

（3）使用高强螺栓前，应对高强螺栓进行外观检查，不得有锈蚀、损伤丝扣的现象，如有应修复后使用。

（4）高强螺栓的紧固按设计的要求严格操作，雨天不得进行高强螺栓安装紧固作业。

（5）操作前，应清除连接件连接部位的水分、杂质，保持连接面的清洁干燥。

（6）当天安装的高强螺栓必须当天紧固完毕，不得搁置过夜，以防止雨水淋湿使高强螺栓扭矩系数发生变化。

7.5　防火涂料

（1）雨天防火涂料室内施工照常进行，但是需要检查上部楼板洞口的封闭，防止雨水顺洞口流下冲毁防火涂料。

（2）露天作业部分关注天气预报，确认雨天来临之前防火涂料有足够时间干燥方可施工，并准备足够数量的塑料布（彩条布）预防天气突然变化。

（3）对于雨水淋湿的构件进行防火涂料喷涂之前，需要将构件上雨水清扫干净，待干后进行施工。

7.6　测量作业

（1）雨天校正钢结构需要对设备进行防雨保护措施。

（2）钢尺、仪器用后进行保养，保持设备的良好状态，保证安装校正的精度要求。

（3）雨后轴线投放之前需要进行清扫，将积水扫除干净，使轴线清楚准确。

8. 脚手架工程

雨期前对所有脚手架进行全面检查，脚手架立杆底座必须牢固。

脚手架立杆底部必须设置垫木，并加设扫地杆，同时保证排水良好，避免积水浸泡。所有马道、斜梯均应钉防滑条。

雨前、雨后必须对脚手架的扣件逐个进行检查，在检查过程中施工、检查人员必须保证自身的安全防护措施落实到位，注意防滑、防坠落，严禁违章指挥。

9. 机电安装

设备预留孔洞做好防雨措施。为了防止雨水从设备吊装口处流入地下室，在其一层楼面处沿四周搭设脚手架，然后用苫布和塑料布各一层覆盖。

现场所有用电设备，闸箱、输电线路进行安装时均考虑防潮措施，并符合用电安全规则，保证雨期安全用电。

现场外露的管道或设备，应用塑料布或其他防雨材料盖好。

七、防雷措施

（1）在雨期到来前，做好各塔吊防雷装置，工程部在雨期前要对避雷装置作一次全面检查，确保防雷安全。

（2）雨季前对现场配电箱、闸箱、电缆临时支架等仔细检查，需加固的及时加固，缺盖、罩、门的及时补齐，确保用电安全。

（3）雷雨天应停止室外作业，躲入建筑物内。

（4）不宜使用无防雷措施或防雷措施不足的用电设备。

（5）切勿接触天线、水管、铁丝网、钢结构，远离电线等带电设备或其他类似金属装置。

（6）切勿站立于楼顶上或接近导电性高的物体。

（7）在无法躲入有防雷设施的建筑物内时，应远离树木和桅杆。

（8）现场空旷场地不宜打伞，不宜把钢管、铁锹等扛在肩上。

（9）不宜进入无防雷设施的临时棚屋、岗亭等低矮建筑。

八、防高温措施

1. 地下室结构施工

外墙混凝土防裂：选择收缩率小的泵送剂、合理减少水泥用量、加强振捣、拆模时间适当延长、拆模后及时进行浇水和包裹塑料布养护。在刚浇筑完的混凝土楼板表面必须及时洒水养护，并覆盖塑料布。

2. 员工防暑

2.1　合理安排工作时间，避开高温时段。

2.2　提供茶水、绿豆汤，配发风油精、清凉油及人丹等防暑用品。

2.3　现场搭设遮阳棚，供员工休息使用。

2.4　生活区设置淋浴室，保证员工洗浴需求。

九、安全文明施工措施

在雨期施工中，工人应戴好安全帽，穿好雨衣、雨鞋，在高空作业和脚手架作业时必须系好安全带。

大雨后应对道路、马道确认无沉陷和松动后方可使用。

机动车辆雨天在现场行驶，要注意防滑，在基坑旁卸料要有止挡装置。

出入施工现场的车辆应保持清洁干净，不得将泥土带出工地，污染市政道路。

雨期正逢盛夏季节天气闷热，应适当调整作息时间，避开中午高温时间。后勤部门应采取必要的防暑降温措施，如遮阳、发放解暑药品和降温饮料或在饮水中加防暑药品等，做好施工人员的防暑降温工作。

夏季是传染病的高发期，保证施工现场、工地食堂干净整洁，防止蚊蝇滋生，避免传染病的发生，为此应经常对办公室、宿舍、食堂、厕所等地打药、消毒，采取有效措施杜绝传染源和食物中毒事件发生。

将消防器材（如灭火器等）放置在做好的防雨棚内，保证防雨、防晒。

对化学品、油类、易燃品应专人妥善保管，防止受潮变质或起火。

十、环境保护措施

现场设置洗车台，以防止泥土带出场外影响市政道路，清洗运输车辆的水经沉淀池进行沉淀，可重复利用，且设专人定期清理沉淀池。

噪声的控制：现场在进行钢筋加工及成型时，要控制各种机械的噪声。将机械安装在平整度较高的平台上，下垫木板，并定期检查各种零部件，如发现零部件有松动、磨损，及时紧固或更换，以降低噪声。浇筑混凝土使用低噪声振动棒，降低噪声排放强度。

钢筋原材、加工后的成品或半成品堆放时要注意遮盖（用苫布或塑料），防止因雨造成的锈蚀。如果钢筋已生片状老锈，钢筋在使用前必须用铁丝刷或砂盘进行除锈。为了减少除锈时灰尘飞扬，现场要设置苫布遮挡，并及时将锈屑清理起来，待统一清运到北京市规定的垃圾集中地。

扬尘控制：现场堆积余土未及时外运应用密目网覆盖，现场道路派专人洒水清扫，随时保持路面洁净。

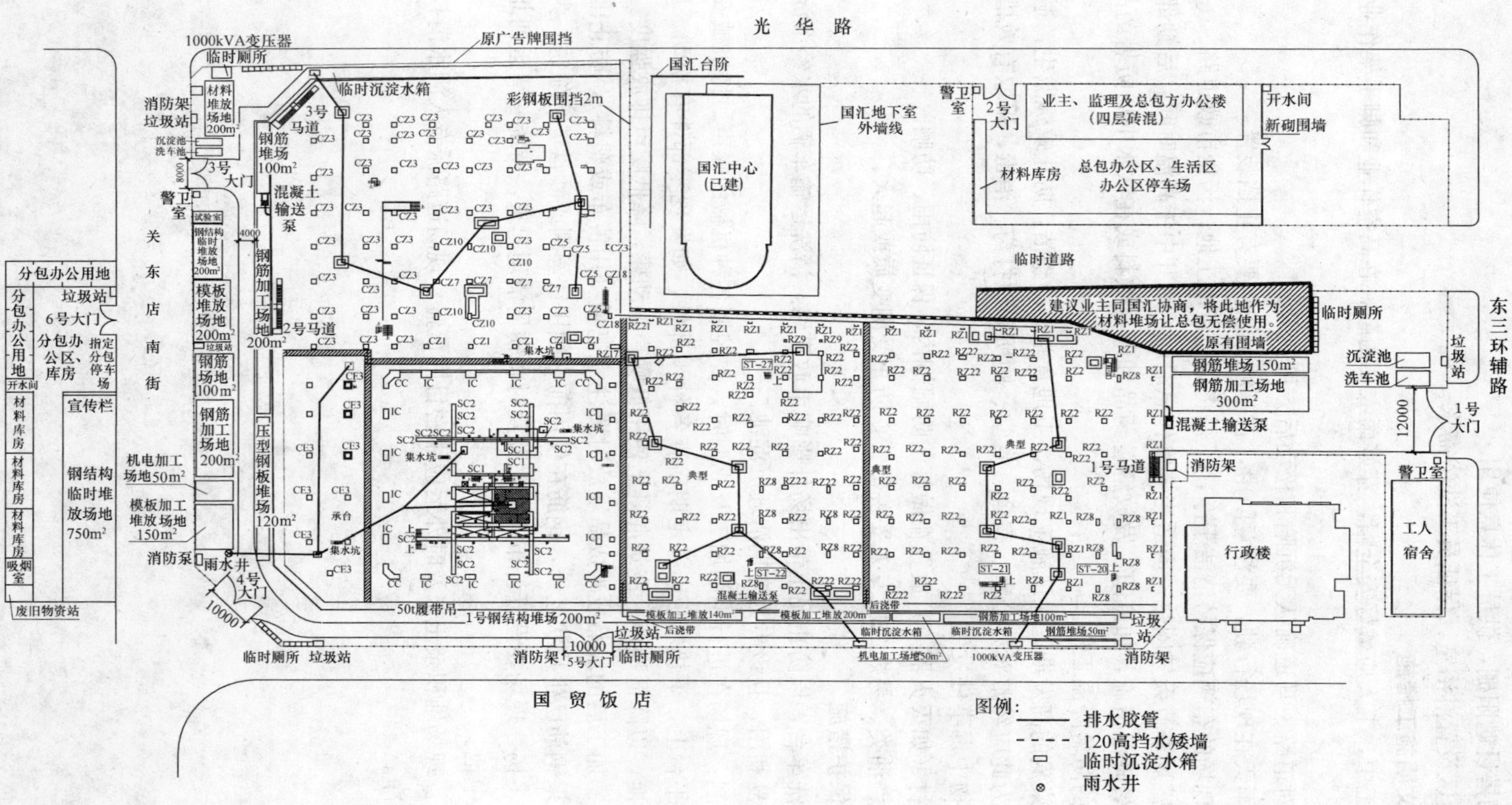

附图　现场雨期排水平面布置图

第16章 国际贸易中心三期工程冬期施工方案

一、编制依据

(1)《建筑工程冬期施工规程》JGJ 104—97；

(2)《混凝土结构工程施工质量验收规范》GB 50204—2002；

(3)《混凝土强度检验评定标准》GBJ 107—87；

(4)《建筑机械使用安全技术规范》JGJ 33—2001；

(5)《建筑现场临时用电安全技术规范》JGJ 46—2005；

(6)《混凝土外加剂应用技术规范》GB 50119—2003；

(7)《砌体结构工程施工质量验收规程》DBJ 01—81—2004；

(8) 结构设计图纸。

二、冬期施工时间

本工程现场位于北京市朝阳区东三环中路与建国门外大街交汇处之西北角，冬期施工时间按北京气象资料一般为11月中旬至次年3月中旬，准确时间根据现场测量为准。当观测连续5天的日平均气温稳定在5℃以下，则此5天的第一天为进入冬期施工的初日；当气温转暖时，最后一个5天的日平均气温稳定在5℃以上，则此5天的最后一天为冬期施工的终日。

三、冬期施工的主要内容

根据工程总体施工进度计划，将施工期间在本年度冬期施工内容按时间顺序整理于表16-1。

冬期施工内容一览表 表16-1

项目	起止时间	区 域	主要工作内容
冬期施工	2006.11.15～2007.3.15	主楼	地下室混凝土结构、房心土回填、普通办公区及行政办公区钢结构、防火涂料、普通办公区混凝土结构、地下室装修施工
		宴会厅	地下室混凝土结构、地上混凝土结构、地上钢结构、肥槽及房心土回填、后浇带、地下室隔墙等装修、机电立管安装
		商场	地下室混凝土结构、地上混凝土结构、地上钢结构、肥槽及房心土回填、外墙防水、地下室粗装修

四、冬期施工部署

(1) 成立冬期施工领导小组，由项目经理、总工程师、现场经理、物资经理、各部门经理组成，负责冬施准备及安排生产计划、组织实施冬期施工方案。具体责任分工，见图16-1。

(2) 提前编制钢结构（对吊篮、高强螺栓、焊接等作业制定针对性措施）、土建、机

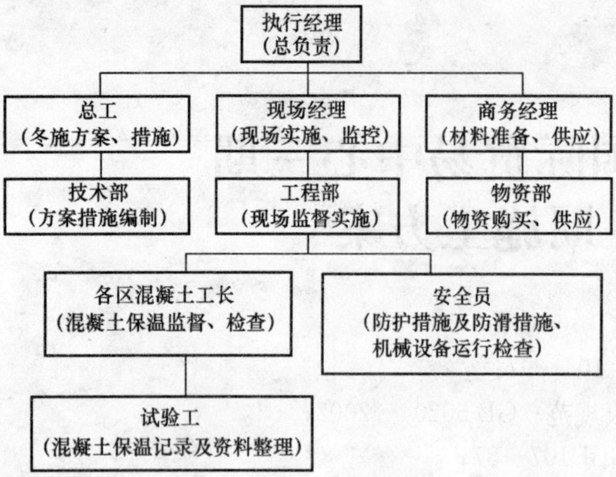

图 16-1 冬施责任分工

电和装修施工冬施方案，并组织施工管理人员和工人进行培训。

(3) 编制防火预案，检查各楼层消防水管和灭火器，对管理人员和工人进行防火知识培训。

(4) 由于冬期主楼压型钢板组合楼板混凝土施工困难，在 2006 年到 2007 年间的冬期主楼压型钢板组合楼板是否施工待定。

五、冬期施工准备

1. 冬施原则

(1) 采取有效的措施，不因大气温度低而影响工程施工质量，不发生安全事故；

(2) 施工要严格按施工方案及施工控制进度计划要求来进行施工；

(3) 混凝土外加剂的选用必须经过权威机构检测认可后方可使用；

(4) 混凝土外加剂选用无尿素及氨盐的外加剂，防止造成环境污染和影响质量。

2. 人员组织安排

(1) 试验工负责收集、了解气温变化和风雪资料，以便在天气骤变时，及时采取防护措施；

(2) 安全员负责监督、检查防护、防滑措施和热源设备的运行情况，各区混凝土工长负责监督、检查施工的各部位保温情况；

(3) 人员培训和学习；

(4) 学习国家和地方有关冬期施工规范、标准和规定等，如《建筑工程冬期施工规程》；

(5) 学习有关冬期施工基本理论知识及施工方法，了解其适用条件、可预期达到的效果；

(6) 学习和理解本单位的冬期施工方案，分项工程的施工技术措施；熟悉并掌握各分项工程冬期施工的各项技术要求；

(7) 每道工序作业前，由专业工长对作业班组进行详细的书面交底；

(8) 在冬期施工前完成钢结构冬期焊接工艺评定；

(9) 要求混凝土供应公司、试验室要做好冬期混凝土、砂浆所掺外加剂的复试试配工作，相关资料报监理、业主审批。提前做好负温养护混凝土的配合比试验。

3. 机械、材料准备

(1) 机械：生产和办公用电热取暖器，试验养护室空调、测温器、混凝土测温计。

(2) 材料：混凝土外加剂及其相关资料和证明、阻燃草帘、彩条塑料布、木屑、临时围护棚、苫布，详见表 16-2 和图 16-2。

(3) 现场外露水管、消防管保温，见图 16-3。

(4) 大型机械要做好冬期施工所需油料的储备和工程机械润滑油的更换（二个月一

次）、补充以及其他检修保养工作，以便在冬施期间运转正常。

冬施物资准备　　表 16-2

序号	材料名称	单位	2006年11月15日～2007年3月15日	备注
1	加热器	台	40	办公用品
2	加热器	台	20	蓄热、养护
3	电子测温计	个	3	混凝土测温
4	大气测温箱	个	1	大气测温，现场自制，可布置在现场西北角，具体视现场情况定
5	塑料薄膜	m^2	30000	保湿、养护，分包提供
6	阻燃草帘	m^2	17000	混凝土保温
7	彩条布	m^2	17000	防雪
8	帆布	m^2	800	钢结构防风（详见表 16-3）
9	焊条保温筒	个	30	
10	烘干箱	个	5	
11	石棉布	m^2	200	钢结构焊接（详见表 16-3）
12	电子测温仪		10	
13	烤枪	个	30	

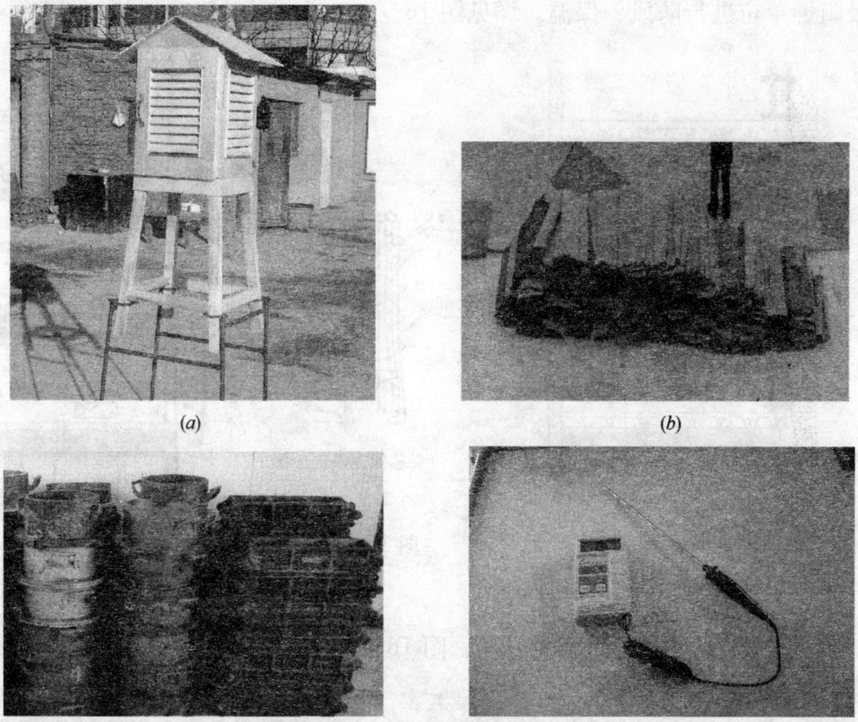

(*a*)　(*b*)　(*c*)　(*d*)

图 16-2　冬施材料准备

（*a*）大气温度箱；（*b*）阻燃草帘被；（*c*）试模；（*d*）混凝土测温计

六、混凝土及钢筋工程防冻要点

1. 重点部位保温措施

(1) 组合楼板保温

由于冬期主楼压型钢板组合楼板混凝土施工困难，在2006年到2007年间的冬期主楼压型钢板组合楼板是否施工待定。若进行施工，我司将采取以下措施：

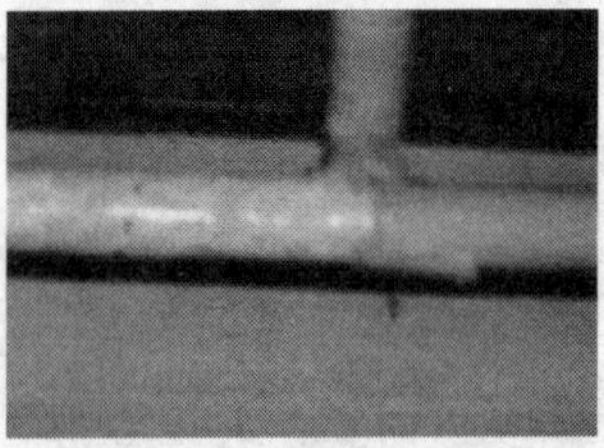

图 16-3 现场外露水管、消防管保温

1) 当大气温度不低于－5℃时，压型钢板组合楼板混凝土浇筑前，对所施工楼层及施工楼板下的楼层用密目网和彩条布进行完全密封，同时在压型钢板下设置若干普通电加热器（每台加热器功率为2kW，数量视气温条件定）对压型钢板进行加热，并设专人检测压型钢板温度，保证混凝土强度达到4MPa前混凝土板养护温度均不低于0℃（详见图16-4），在浇筑完的混凝土楼板面，覆盖塑料布及阻燃草帘对混凝土进行防风、保温。

2) 当大气温度低于－5℃时，压型钢板组合楼板混凝土浇筑前，对所施工楼板下的楼层用定制的阻燃草帘（表面用密目网和彩条布进行包裹）进行完全密封，同时设置若干普通电加热器（每台加热器功率为2kW），并设专人检测室内温度，保证混凝土强度达到4MPa前室内温度、混凝土板养护温度不低于0℃，同时在浇筑完的混凝土楼板面上覆盖塑料布及阻燃草帘进行防风、保温。详见图16-5。

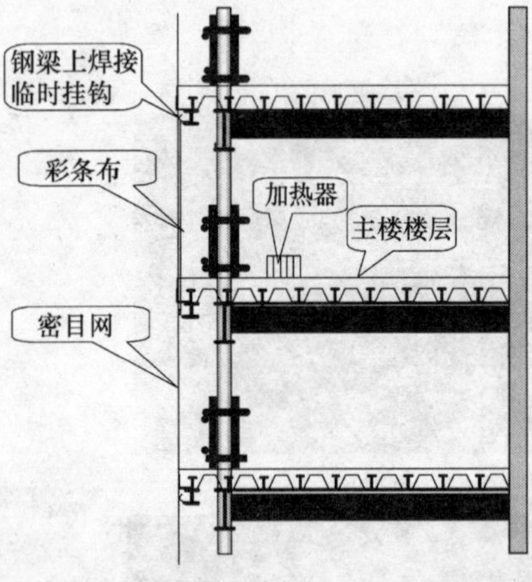

图 16-4 大气温度不低于－5℃楼层封闭和加热示意图

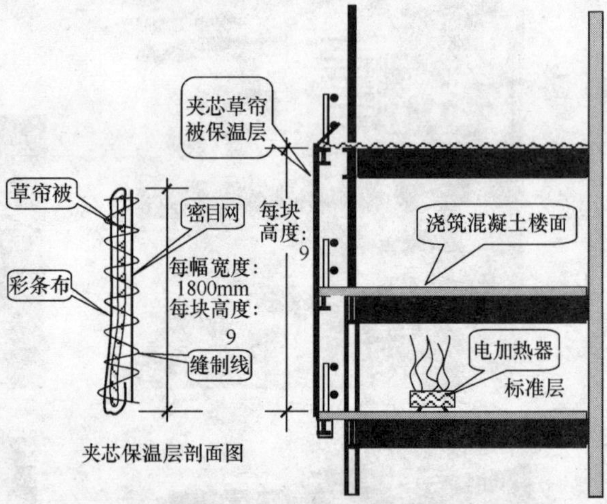

图 16-5 大气温度低于－5℃楼层封闭和加热示意图

3) 组合楼板测温点布置详见图16-6、图16-7，并做好测温记录（由分包试验员编制测温记录）。

4) 混凝土同条件试块放置在相邻的压型钢板上，并用彩条布和草帘被进行覆盖保温。

(2) 外包混凝土保温

由于混凝土在温度较低环境下，强度增长缓慢，对主楼施工进度不利，因此考虑采取以下措施：

1) 主楼核心筒柱钢板厚度达9cm，外框筒柱厚度达7.5cm，外包混凝土厚度仅200～

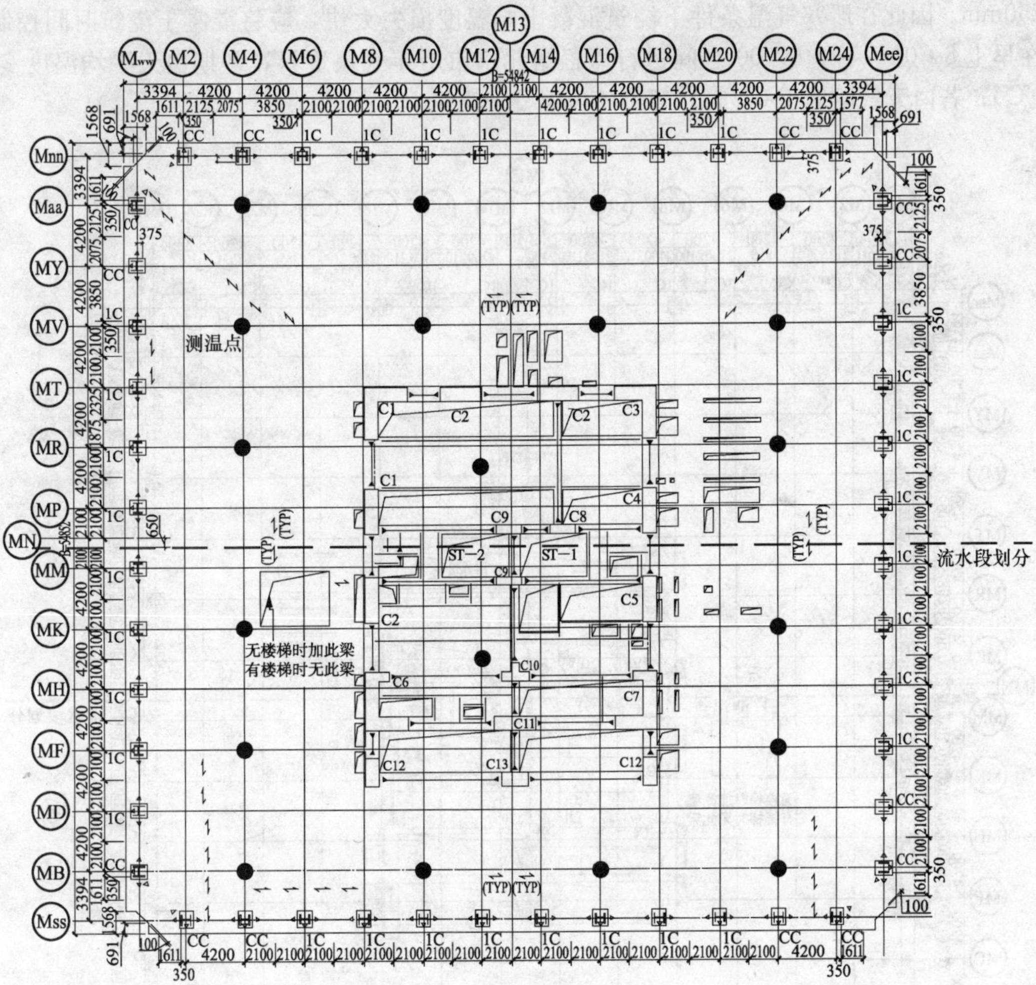

图 16-6　主楼组合楼板测温点布置图

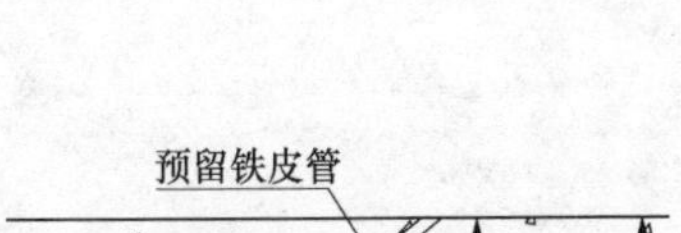

图 16-7　组合楼板测温点留设图

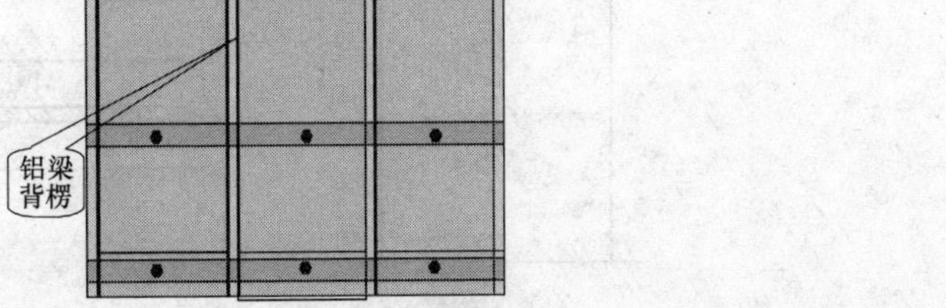

图 16-8　外包混凝土保温示意图

250mm。因此在严寒气温条件下浇筑混凝土，温度损失太快，应将混凝土浇筑时间控制在早上 8：00～下午 6：00 之间进行（根据北京市历年气象资料，冬期白天平均温度 ＞ 0℃）；若白天气温低于 0℃时，暂停外包混凝土浇筑。

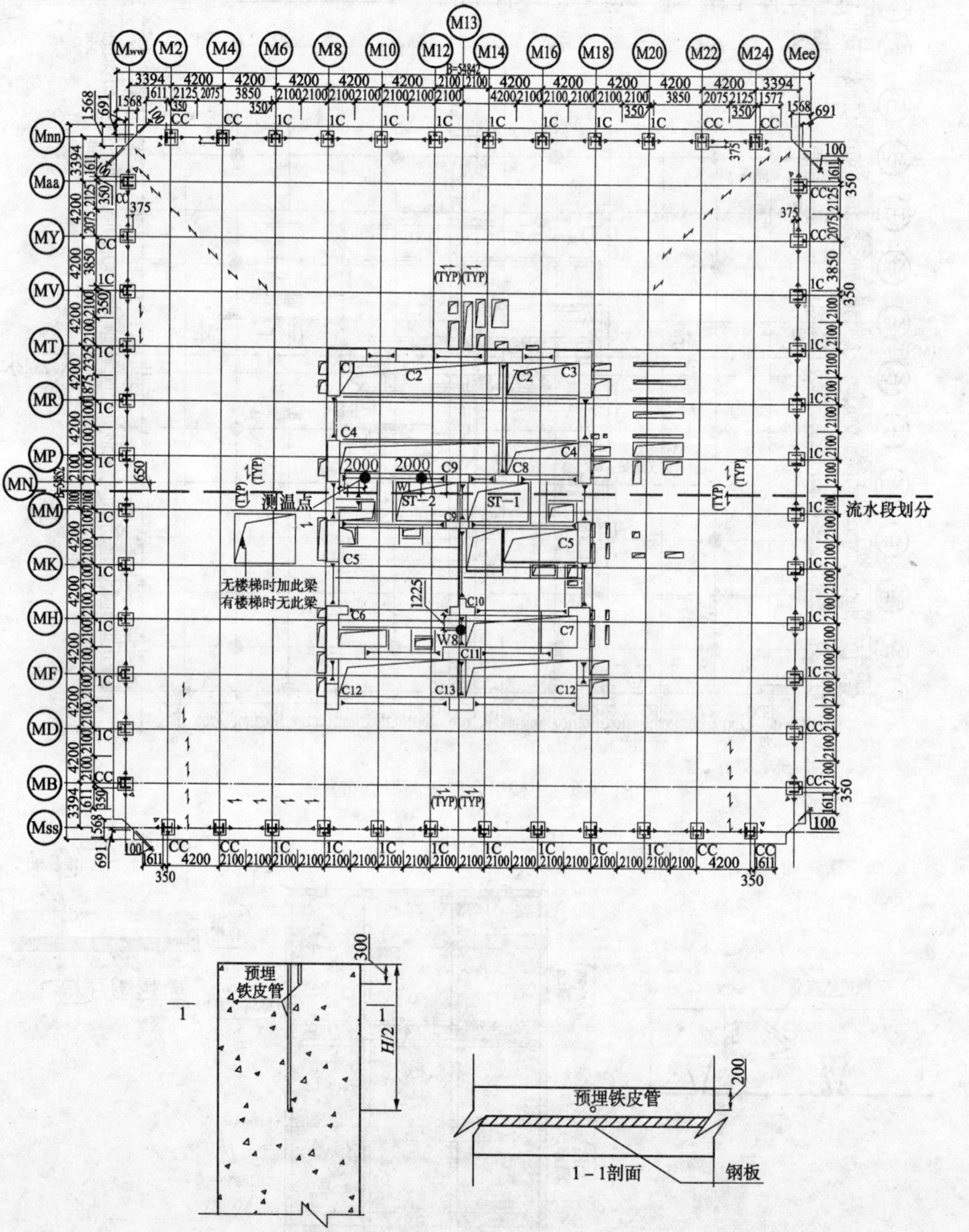

图 16-9　核心筒钢板剪力墙测温点布置图

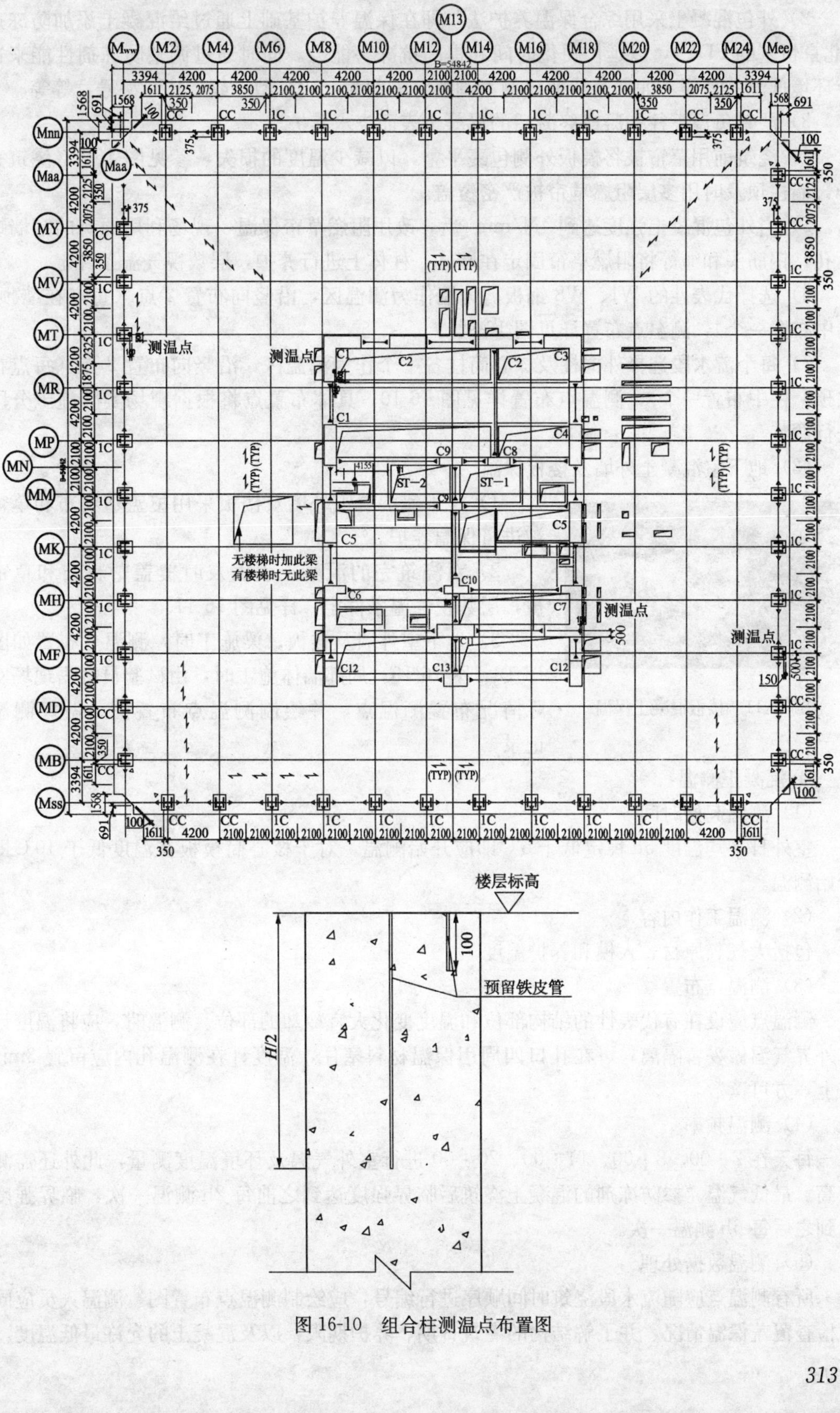

图 16-10 组合柱测温点布置图

2）外包混凝土采用综合保温养护法，即在保温养护基础上通过给混凝土添加防冻剂（北京恒基的FDY），以延长硬化时间和提高抗冻害能力。同时通过调整防冻剂性能来适应环境低温的需要，如调整掺加比例，调整防冻剂为－10℃型号或－15℃型号，等等。

3）严禁负温下往初凝或终凝后的混凝土表面浇水养护。

4）浇筑前用草帘被将模板外侧包裹平整，以减少温度的损失，参见图16-8；浇筑完毕，墙柱顶及时用多层阻燃草帘被严密覆盖。

5）当外包混凝土强度达到4N/mm^2后，改用阻燃草帘保温，现场利用原有的穿墙螺栓孔、钢筋头和绳等将阻燃草帘固定在墙体、柱体上进行养护，层数视气温条件定。

6）选择代表性的W1、W8钢板剪力墙作为测温区，沿竖向布置2点（每点在墙顶、墙中布置一个），测温点布置详见图16-9。

7）每个流水段选择外框柱及核心筒柱各一个作为测温区，沿竖向布置2点（每点在柱顶、柱中布置一个），测温点布置详见图16-10。具体布置点将根据现场实际施工分段进行调整。

（3）地下室混凝土外墙及楼板保温

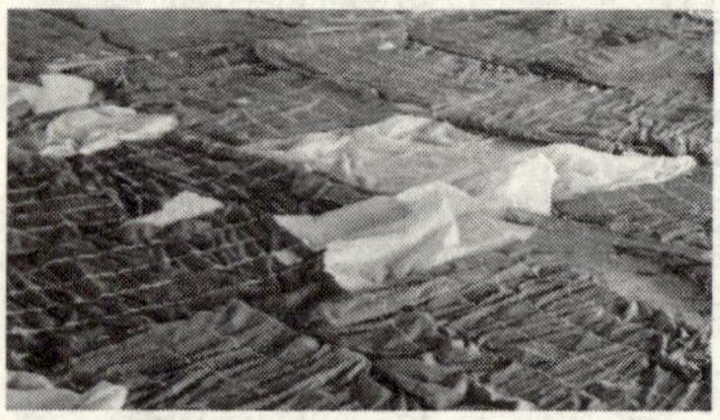

图16-11 楼板混凝土保温

1）地下室混凝土外墙及楼板采用覆盖塑料布和草帘被进行保温养护。

2）对浇筑完的混凝土表面及时覆盖塑料布和草帘被，层数视气温条件定，详见图16-11。

3）地下室外墙及楼板、梁施工时，测温点布置如图16-12、图16-13。局部墙体施工时，由试验员根据现场实际情况布置测温点，并绘制测温点布置图、做好测温记录。

2. 混凝土测温

（1）测温起始时间

室外日平均温度5d稳定低于5℃即应开始测温。对于核心筒模板在温度低于10℃即开始测温。

（2）测温工作内容

包括大气、原材、入模和养护温度。

（3）测温点布置

测温点应设在有代表性的结构部位和温度变化大宜冷却的部位。测温时，应将温度计与外界气温做妥善隔离，可在孔口四周用保温材料塞住，温度计在测温孔内应留置3min以上，方可读数。

（4）测温频率

每天在2：00、8：00、14：00、20：00进行室外气温及环境温度测量，此外还需测最高、最低气温。掺防冻剂的混凝土浇筑后临界强度达到之前每2h测温一次，临界强度达到之后每6h测温一次。

（5）测温数据处理

所有测温点应随流水段浇筑时间顺序进行编号，应绘制测温点布置图。测温人员应同时检查覆盖保温情况，并了解结构的灌筑日期、养护期限，以及混凝土的允许最低温度。

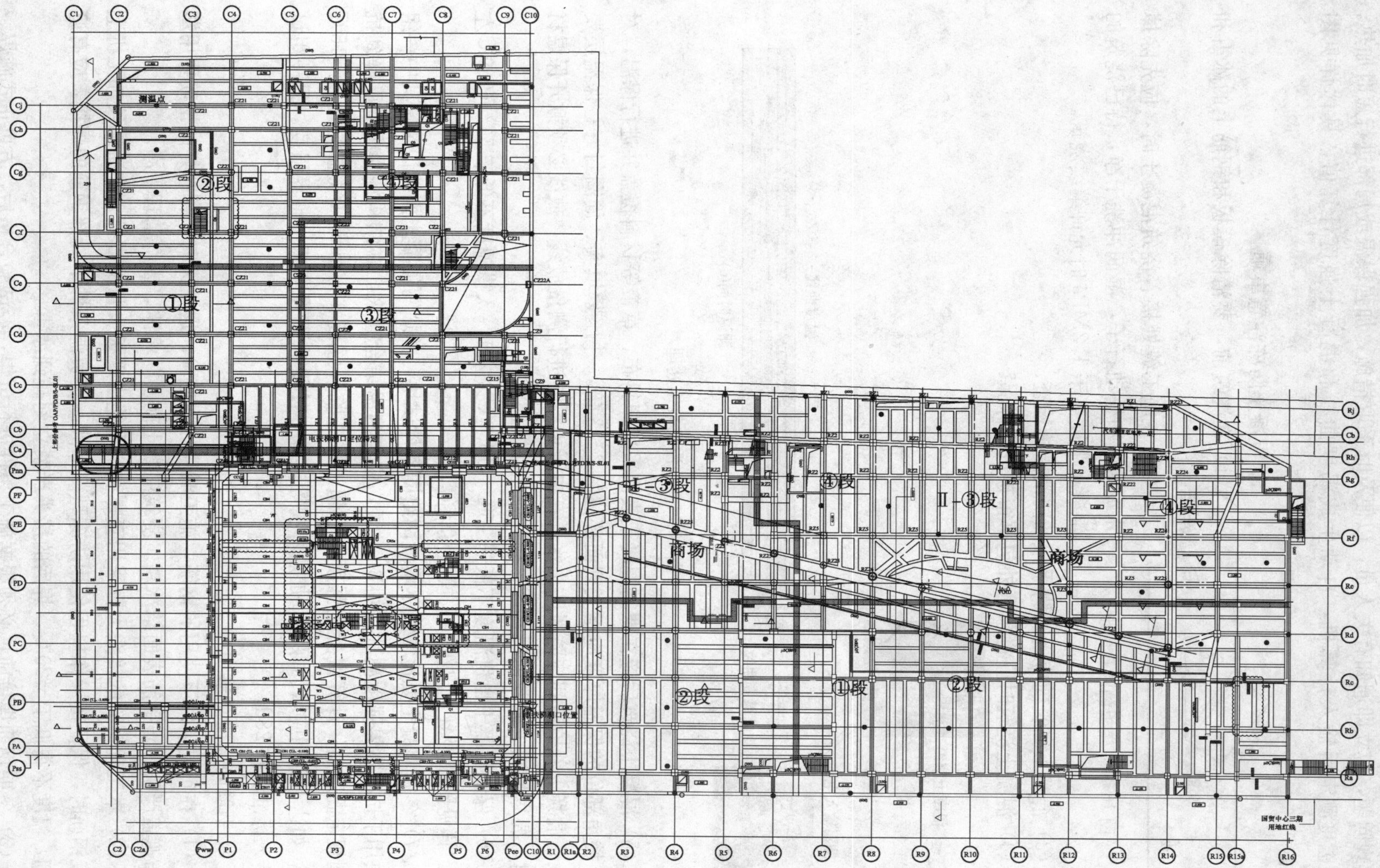

图16-12　宴会厅及商场梁、板及墙测温点布置图

如发现问题，应立即通知有关人员，以便及时采取措施，加强保温或局部进行短时加热。每次温度测定后输入计算机，自动生成温度曲线和混凝土强度计算值，具体详见图16-14。

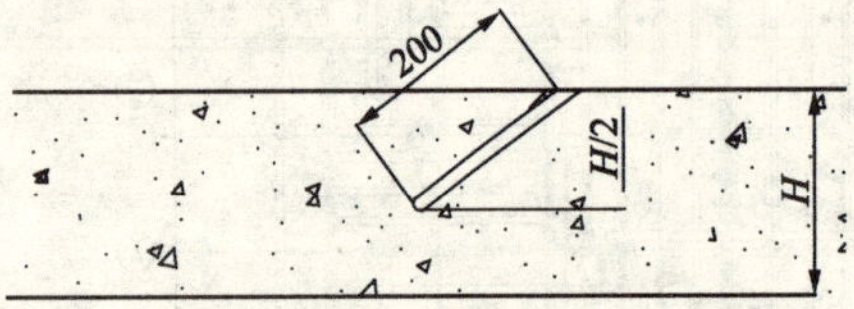

图 16-13　楼板测温孔留设

3. 混凝土防冻注意事项

(1) 在浇筑前，要清除模板和钢筋上的冰雪和污垢。

(2) 在施工缝处接着浇筑混凝土时，应先除掉水泥薄膜和松动石子，湿润冲洗干净，待已浇筑的混凝土强度高于1.2MPa时允许继续浇筑。

(3) 混凝土浇筑前应进行脚手架的防滑措施检查。

(4) 混凝土浇筑时应将泵管外包草帘被进行保温。

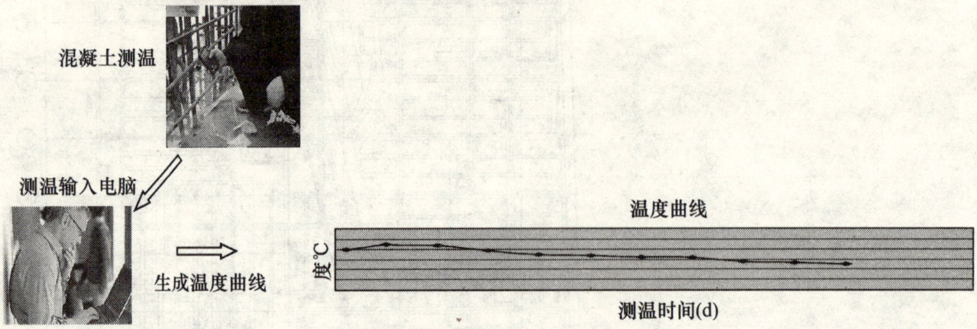

图 16-14　测温及数据处理

(5) 混凝土浇筑后应在裸露混凝土表面采用塑料布、草帘等材料覆盖并进行保温；对边、棱角部位的保温厚度应增大到面部位的2～3倍，并压紧填实、周圈封好；保温层要干燥；混凝土养护期间应防风防失水。在白天正温时进行测量放线，放线必须掀开保温材料时，要尽量减少掀开面积，放完线后应立即覆盖。

(6) 保证混凝土出机温度不低于15℃（16.7℃左右），入模温度不低于5℃（9.9℃左右）。详见附录混凝土出机、入模温度计算。

(7) 冬施混凝土要比常温下增设两组同条件试块，并填写混凝土搅拌记录。其中一组试块用于抗冻临界强度测试，约3～7天，应与测温结合起来。在结构混凝土温度降到抗冻剂规定温度前，计算混凝土强度是否超过抗冻临界强度4N/mm^2（气温不低于－15℃时），如达不到则应增加保温、加热养护等措施，使受冻面强度超过临界强度。另一组试块转入标准养护28d。

4. 钢筋防冻注意事项

(1) 在负温条件下使用的钢筋，施工时应加强检验。遇雪天时，绑扎好的钢筋要用塑料布遮盖严密，防钢筋表面结冰霜。浇筑混凝土前及时将冰、雪等清理干净。

(2) 本工程钢筋的接头大都采用直螺纹，可能出现极少量的焊接。在直螺纹加工机上加工钢筋时，保证按操作规程使用防冻型冷却液。在负温条件下局部钢筋的焊接，应有遮挡棚，温度不得低于－20℃，焊后的接头严禁立刻碰到冰雪。

(3) 冬期钢筋焊接前，必须根据施工条件进行试焊，经试验合格后，方可正式施焊。

5. 模板工程防冻注意点

(1) 支模时，应清除基层的冰雪，并且在雪天时，支设的模板要覆盖上口，防止冰雪进入模板内。浇筑混凝土前及时将冰、雪等清理干净。

(2) 模板外和混凝土表面覆盖的保温层，不得采用潮湿状态的材料，也不应将保温材料直接铺盖在潮湿的混凝土表面，新浇混凝土表面应铺一层塑料薄膜。

(3) 拆除柱模板时，应在混凝土达到临界强度且温度降至5℃后方可拆除，拆模时混凝土温度与环境温度差不大于20℃，拆模后的混凝土表面应及时覆盖，使其缓慢冷却。

七、钢结构工程冬施要点

1. 准备工作

(1) 为确保按期、顺利、安全地进行吊装工作，采取确实有效的冬期防滑等一系列的措施。

(2) 所有松散的材料，都要绑扎并锚固或者转移到安全的区域；堆放在安装好的梁上的材料或已铺好的屋面板应当绑在钢架上面；在地面上成堆叠放的构件应全面检查防止坠落，必要时要固定到钢架上面。油布要在顶上压上重物并将端部绑扎牢固。材料周围应有畅通的排水沟以防积水。

(3) 所有的电弧设备都要充分锚固，电缆要分开，必要时移到安全的地方；所有的工作平台，起重设备，缆绳和临时结构都要牢固地系好，行走吊车的吊臂应按生产厂家的指示停在合适的位置，使之可以自由转动。所有的吊具和钢丝都要从吊钩上取下；放下夹轨器，并拉上地锚。

(4) 在构件验收、安装及校正时，适当考虑负温下构件的外形尺寸将产生一定的收缩，必要时进行保温工作，以免在吊装时产生误差。

(5) 专用计量具在负温下按负温差进行适当检验，掌握温差数据。

2. 钢结构冬施材料

见表16-3。

焊接设备及辅助设备、材料表 **表16-3**

序号	名称	型号	用途
1	电热保温筒		焊条保温
2	测温计	−20～60℃	用于预热及层间温度测量
3	高压氧气管	ϕ8mm	一个切割一个气刨，3个预热
4	高压乙炔管	ϕ8mm	同上
5	电焊把线	YH50mm^2	手工电弧焊用
6	防风保温棚		挡风用
7	氧气表		气焊专用
8	乙炔表		气焊专用
9	氧气瓶		预热
10	乙炔瓶		预热
11	CO_2气瓶		CO_2专用
12	特制烤枪		预热

3. 冬期吊装施工

(1) 所有参加吊装人员在入场前进行冬期施工的安装、安全、防火教育。

(2) 各种作业人员应严格遵守本岗的操作规程。

(3) 雪后在钢结构吊装施工前，将梁、柱、平台上的积雪、霜、冰用铁铲除去并扫净方可操作。

(4) 进入现场人员必须带好安全帽，系好帽带，穿好防滑鞋，并带好安全带方可高空作业，安全带必须挂在安全绳上。跳板等一定要绑扎牢固。

(5) 对要起吊的物件应先查看是否和地面或其他物件冻结，如冻结，先用手撬棍使其松动方可起吊。

(6) 风力大于5级、下雪、浓雾天气，停止高空吊装及安装的配套工序，如焊接、压型钢板、上高强螺栓、校正结构。

(7) 施工区域的马道应设防滑木条等固定牢固，木条间距不大于30cm。

(8) 进入现场的钢梁堆放时，应堆放整齐，支垫合理，必要时加以覆盖。

(9) 夜间施工，施工区域内应有良好的照明。

(10) 对结构构件应采取校正之后进行吊装就位，立即对其固定，当晚安装的构件应对其形式空间定位体系，不得隔天进行。

4. 冬期焊接施工

(1) 焊接材料的选择、使用

为保证焊缝不产生冷脆，负温下焊接用的焊条，在满足设计强度的要求下，优先用屈服强度较低、冲击韧性好的低氢焊条。焊丝包装应完好，如有破损而导致焊丝污染或弯折紊乱时应部分废弃。

(2) 焊接材料的储存

焊剂及碱性焊条的焊药易潮，特别是在负温度时，所以它们在使用前必须按照质量说明书的规定进行烘焙。低氢型焊条烘烤温度为：焊条在高温箱中加热到350～400℃后保温1.5个小时，再在高温中降到110℃后保存，使用时从烘箱中取出立即放入100～110℃的焊条保温筒内，做到随用随取，但需在4小时内用完。用剩余的焊条应重新放入高温中烘干方可使用，焊条烘干次数不得超过两次，焊剩余的焊条如未立即放回焊条保温筒中保存，则需重新烘干后方可使用。焊剂及碱性焊条的焊药外露2小时后必须要重新烘焙。所使用的焊条、焊丝要储存在通风干燥的地方，保证焊条的良好性能。

(3) 焊接专用机具的检查

焊接使用瓶装气体时，对负温下瓶嘴在水气作用下容易产生冰缩堵塞现象，在焊接作业中就要及时检查疏通。瓶内气压低于1MPa时应停止使用。焊接前要先检查气体压力表上的指示，然后检视气体流量计并调节气体流量。焊机及电压应正常，地线压紧牢固接触可靠，电缆及焊钳无破损，送丝机应能均匀送丝，气管应无漏气或堵塞。

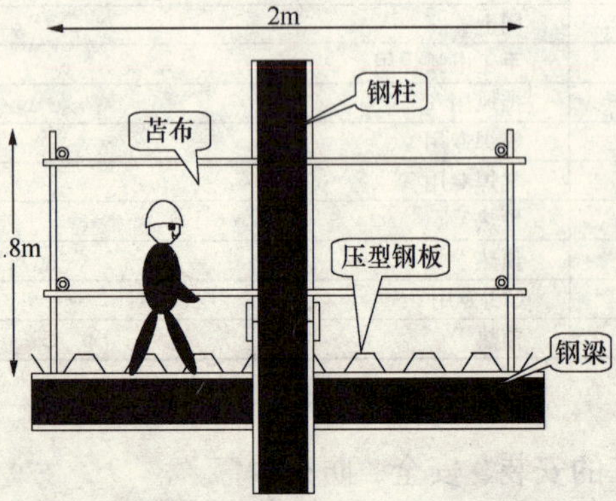

图16-15 钢柱焊接防风保温棚搭设示意图

(4) 焊接过程控制

1) 焊接前搭设防风保温棚

对于焊接这一关系到整体安装质量的特殊工序，必须在施工前严格制定计划，在施工中组织专门的人力、物力，比预定正式施焊时提前4～8个小时进行专题防护，搭设防风保温棚，见图16-15，防风保温棚必须达到以下要求：

①上部稍透风、但不渗漏，兼具防一般物体打击的功能；

②中部宽松，能抵抗强风的倾覆，不致使大股冷空气透入；

③下部承载力足够 4 名以上作业人员同时进行相关作业，需稳定、无晃动，不因甲的作业给乙的正在作业造成干扰；可以存放必需的作业器具和预备材料且不给作业造障碍，没有造成器具材料脱控坠落的缝隙，中部及下部防护采用阻燃材料遮蔽。

2）焊接保证措施

在寒冷的冬期进行焊接施工，光有严密的焊接防护还不够，还必须采用焊前大范围加热的方法来消除不经焊前加热即进行焊接时母材与焊缝区的强烈温差，骤热和骤冷是造成钢结构接头区不均匀胀缩的主要因素，不均匀胀缩又是造成母材与焊接接头产生裂纹的主要因素。消除明显温界，最大可能地促使接头在同轴线上均匀胀缩是超厚钢板焊接尤其是在寒冷地区焊接的重要质量保证环节。这一环节包括了焊前严格加热，施焊过程中，保持持续、稳定并且较高层间温度，全过程的执行窄道焊、有规律地采用左、右向交替焊道。

3）焊后加热

填充缝焊接和焊接完毕，经自检外观质量符合要求后，立即实施焊后后热过程。对于大长焊缝，尽管作业者严格遵循工艺流程，实施中间再加热，也不可避免由于板厚过大、始端终端焊缝过长、面缝过宽等原因造成的根部与面层的温差、始端与终端的温差、近缝区与远缝区的温差、（水平横向焊缝）下部与上部的温差、（H 型钢梁）边翼缘与翼中的温差。由于焊后后热是焊接工艺中相当重要的环节，在寒冷地区焊后后热温度应较温和地区相应提高 50～100℃，这一过程通过热感温度仪和水溶式温度测试笔来监控。

（4）焊后保温

在寒冷劲风多发地区，一切焊前加热、中间再加热、后热等都是围绕着骤冷骤热、消除胀缩不均、延缓冷凝收缩这个质保目的，但是仅上述还达不到目的，还需加盖厚石棉布保温，并密封空气流通部位，见图 16-16。

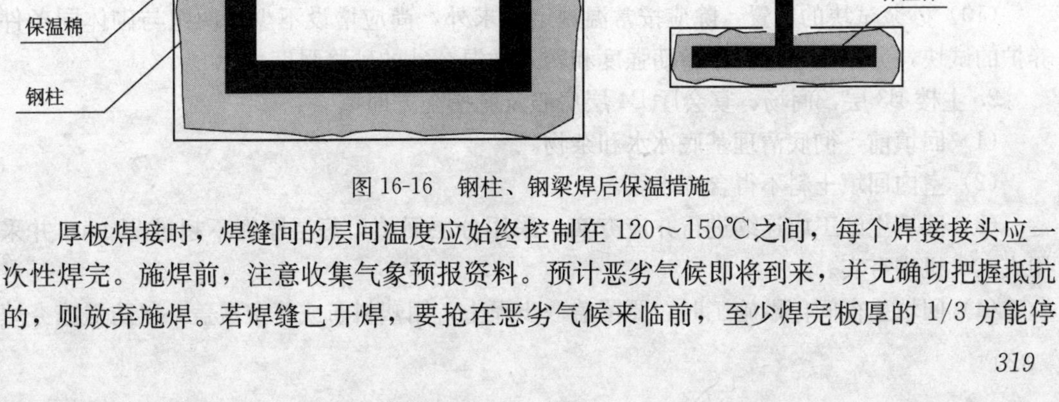

图 16-16　钢柱、钢梁焊后保温措施

厚板焊接时，焊缝间的层间温度应始终控制在 120～150℃之间，每个焊接接头应一次性焊完。施焊前，注意收集气象预报资料。预计恶劣气候即将到来，并无确切把握抵抗的，则放弃施焊。若焊缝已开焊，要抢在恶劣气候来临前，至少焊完板厚的 1/3 方能停焊；且严格做好后热处理，记下层间温度。

5. 高强螺栓安装

（1）当气温低于－10℃或5级风以上，雨、雪、浓雾天气应停止作业。

（2）雪后要对钢结构表面清理。

（3）使用高强螺栓前，应对高强螺栓进行外观检查，不得有生锈、丝扣损坏的现象。

（4）高强螺栓先进行初拧，消除连接节点板的间隙。初拧合格后应作出标记。操作前应清除连接件连接部位的水分、杂质，保持连接面的清洁干燥。

（5）高强螺栓紧固按照如下顺序：钢梁腹板螺栓紧固顺序为：从上向下依次紧固；同一平面内紧固顺序为：从中间向两端依次紧固。

6. 压型钢板安装及栓钉焊

（1）压型钢板铺设前应先除去板面上的冰雪。

（2）在风力5级以上、雨、雪、浓雾天气不得进行铺板及栓钉焊的施工。

（3）瓷环如受潮，使用前应在烘箱中加热干燥，表面不得有油污、水等杂质。

（4）栓钉使用前应保持干燥，表面不得有水、油污等杂质，不得生锈。

八、砌筑、回填土、防水、装修及机电工程防冻措施

1. 砌筑工程防冻措施

（1）砌筑前应将陶粒砌块表面的污物、冰雪等清除掉，遭水浸泡和受冻后的砖或砌块不得使用。

（2）混合砂浆等宜保温防冻，如遭冻结时，应经融化后方可使用。

（3）拌制砂浆所用的砂，不得含有直径大于1cm的冻结块或冰块。

（4）砂浆宜优先采用普通硅酸盐水泥拌制，冬季砌筑不得使用无水泥拌制的砂浆。砂浆掺用的外加剂使用前必须了解其化学成分、性能，使用掺量必须准确。

（5）拌合砂浆时，水的温度不得超过80℃，砂子的温度不得超过40℃。砂浆稠度宜较常温适当增大。使用时砂浆的温度不应低于5℃。当最低气温等于或低于－15℃时，砌筑承重砌体砂浆强度等级应按常温施工提高1级。

（6）冬期施工的砌体，应按“三一”砌法施工，灰缝不应大于1cm。

（7）冬期施工中，每日砌筑后，应及时在砌筑表面进行保护性覆盖，砌筑表面不得留有砂浆。在继续砌筑前，应扫净砌筑表面。

（8）本工程采用掺北京恒基的FDY外加剂的方法，在地下室温度不低于5℃时施工。

（9）冬期砌筑工程应进行质量控制，在施工日记中除应按常规要求外，尚应记录室外气温、暖棚温度、砌筑时砂浆温度、外加剂掺量以及其他有关资料。

（10）砂浆试块的留置，除应按常温规定要求外，尚应增设不少于两组与砌体同条件养护的试块，分别用于检验各龄期强度和转入常温28d的砂浆强度。

2. 主楼B3层，商场、宴会厅B4层房心及肥槽土方回填

（1）回填前，彻底清理基底冰水和杂物。

（2）室内回填土料不得含冻土块。

（3）回填土施工应连续进行并应夯实。采用分层回填，每层厚度不超过20cm，并采用人工＋机械夯实。

（4）回填土夜间停歇施工时，要覆盖一步虚土，用塑料布或草帘覆盖，以防受冻夯填

不实。准备用于冬期回填的土方应大堆堆放，上覆盖二层草垫，以防冻结。

（5）土方回填时，在与大气连通的大门洞设置防风门帘，有利于提高室内温度，当室内气温小于0℃时，暂停回填作业。

（6）室外的基坑（槽）或管沟可用含有冻土块的土回填，但冻土块体积不得超过填土总体积的15%，冻土块粒径不得大于15cm，管沟底至管顶0.5m范围内不得用含有冻土块的土回填，铺填时，冻土块应分散开，并逐层压实。

3. 防水防冻措施

本工程外墙防水采用膨润土防水毯，对温度无特殊要求，因而无需采取特殊防冻措施。

4. 装修防冻措施

（1）在进行室内抹灰前，应将门口封好，门口边缝及外墙脚手眼或孔洞等亦应堵好。施工洞口、运料口及楼梯间等处应封闭保温。北面房间距地面以上50cm处最低温度不应低于5℃。

（2）砂浆应在搅拌棚中集中搅拌，并应在运输中保温，要随用随拌，防止砂浆冻结。砂浆室内抹灰的环境温度不应低于5℃。

（3）室内抹灰工程结束后，在7d内，应保持室内温度不应低于5℃。抹灰层可采取加温措施加速干燥。当采用热空气加温时，应注意通风，排除湿气。

（4）用临时热源（如火炉等）加热时，应当随时检查抹灰层的湿度，如干燥过快发生裂纹时，应当进行洒水湿润，使其与各层（底层、面层）能很好的粘结，防止脱落。

（5）抹灰基层表面如有冰、霜、雪时，可用与抹灰砂浆同浓度的防冻剂溶液冲刷，将表面杂物清除干净后再行抹灰。

5. 机电管道施工防冻措施

（1）在11月15日前，彻底检查和排除设备以及管道系统在试压、试漏后的存水。

（2）对于在施工工程，管道的试压、试漏工作要尽量在上冻前完成，在整个冬期施工中尽量避免进行试压、试漏等湿作业，如果在冬期施工中一定要进行时，必须要提出可靠的措施，指定专业人负责做好防冻、保温以及泄水工作。必须要根据实际情况，制定出详细可行、针对性强的技术交底书落实到具体施工人员。

（3）管道试压时，当气温低于0℃以下时必须采取气体打压方式。

（4）管道焊接时，应有防风、防雪措施，应尽量保持在正温下进行焊接。当环境温度较低时应采取适当措施（如预热、暖棚、加热），保证焊接所需的足够温度。焊条应烘干后放入保温筒内。在室外焊接时，如风力大于4级应设防风屏障，雨、雪天应设挡雨棚。

九、临时水管保温措施

现场临时用水管接驳点设在消防井内，防止受冻。当管道、上水管、消防栓处在地面上时，需用草帘或岩棉进行保温防冻，并且在管周围用砖砌筑，而且在砌筑体内加入木屑（详见图16-17）。

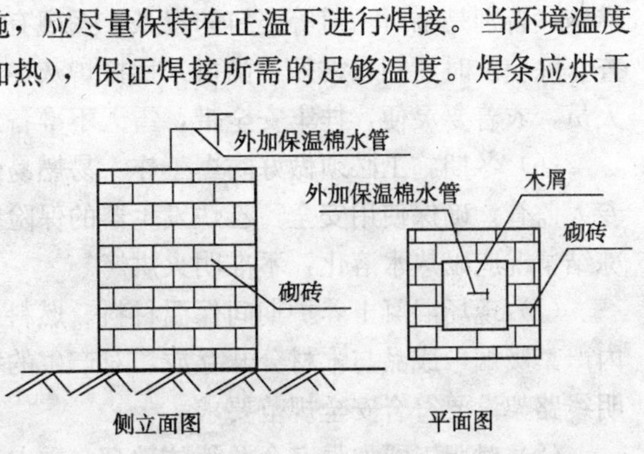

图16-17 地面管道的保温措施图

地下水管埋深大于0.8m。

对所有出地面的临时电箱必须搭设防护棚，电箱基础必须高出地面，并及时清理电箱周围的积雪、积水。

十、冬期施工安全消防措施

(1) 各有关单位要针对冬期建筑施工安全生产的特点，以起重机械、施工用电、模板工程、施工坍塌、高处坠落、临时设施、以及防火、防风、防冻、防滑、防中毒等工作为重点，召开会议部署冬期安全生产工作。要结合工程施工情况制定冬期施工方案，组织冬期施工的专项检查，对查出的事故隐患制定措施，限期整改；对不能保证安全生产的，要坚决予以停工，确保万无一失。

(2) 冬期施工应做好防火工作。施工现场的生产和生活用火，须做到有制度、有消防器材和工具、有专人负责看管，做到火灭人走。使用明火必须申请，经保卫部门同意，开具用火证，应订出具体防火安全注意事项，并设专人看火，配备消防器材。电、气焊工更换施焊地点应断电、关气，重点做好焊接操作平台安全防护工作，防止焊渣飞溅引起草帘被着火。禁止使用电炉、汽化炉，确因工作需用电炉的，应先报单位消防负责人，经批准采用有效防范措施方可使用，严禁在宿舍内用碘钨灯、大功率灯泡取暖，电气设备、开关箱应有防护罩，通电导线要整理架空，电线包布应进行全面检查，务必保持良好的绝缘效果。加强冬季混凝土保温覆盖草帘、棉毡的消防管理工作，覆盖材料的存放现场严禁动火，配备足够的消防器材，把火灾隐患消灭在萌芽状态。

(3) 冬期施工必须做好防冻工作。入冬前，应对现场使用的机械设备和建、构筑物进行全面检查、维护，凡是固定位置的施工机械等都应搭设防寒棚；塔吊、混凝土泵车机械燃油更换为负10号柴油；一切贮水机械设备及管道内的存水，每天下班时，一定要把水放干净，防止冻裂；在场内施工的工人配备棉衣、棉裤。当温度过低时，需佩戴手套和棉安全帽。

(4) 冬期施工必须做好防毒工作。加强有毒有害物品的管理。存放有毒、有害物品的仓库应有专人负责。对有毒、有害作业场所必须设通风孔，有专人看管，保持空气畅通，防止中毒事故发生。职工宿舍要符合安全卫生标准，解决好通风与保暖，禁止在宿舍内使用木材及电炉子取暖，宿舍内设灭火器，并且设有专人负责。

(5) 冬期施工必须做好防滑工作。对脚手架上人斜道和场内运输道路，要有可靠防滑措施，特别是临时马道等要钉防滑条，发现有损坏时，要及时修理。大风大雪后要及时检查，除应及时清扫霜雪外，尚可采用撒炉灰、锯末、砂子等方法进行防滑，从事高处作业人员，衣着要灵便，挂牢安全带，雪天不准备从事危险作业。

(6) 冬期施工必须做好防爆工作。易燃易爆的炸药、雷管、导火索和液化气罐等，设专人监管，确保使用安全；乙炔发生器的保险链、保险壶和保险针等必须良好有效，遇有冻结情况应以热水溶化，不准明火烘烤。

(7) 现场混凝土养护期间保温材料、燃料、外加剂和加热器设备应远离火源。木工棚内严禁吸烟，成品与木材分开存放，对产生的锯末、刨花要及时清理，木工房内动力与照明线路架设要符合安全规范要求。

(8) 对职工要加强安全及消防教育，重点工程的施工人员应进行冬施安全及消防入场教育。

附录一　混凝土出机温度、入模温度计算

采用如下计算数据：水温 44℃、水泥温度 39℃、砂子温度 5℃、石子温度 5℃、砂子含水率 5%、石子含水率 0%、搅拌机棚内温度 12℃、平均环境温度－5℃、采用混凝土罐车（搅拌车）运输、从混凝土出站到工地所需时间约为 1.0h。

（1）混凝土拌合温度的计算

$$T_0=\frac{0.92(m_{ce}T_{ce}+m_{sa}T_{sa}+m_gT_g)+4.2T_w(m_w-\omega_{sa}m_{sa}-\omega_gm_g)+c_1(\omega_{sa}m_{sa}T_{sa}+\omega_gm_gT_g)-c_2(\omega_{sa}m_{sa}+\omega_gm_g)}{4.2m_w+0.9(m_{ce}+m_{sa}+m_g)}$$

式中　T_0——混凝土拌合物温度（℃）；

m_w——水用量（180kg）；

m_{ce}——水泥用量（370kg）；

m_{sa}——砂子用量（800kg）；

m_g——石子用量（1050kg）；

T_w——水的温度（℃）；

T_{ce}——水泥的温度（℃）；

T_{sa}——砂子的温度（℃）；

T_g——石子的温度（℃）；

ω_{sa}——砂子的含水率（%）；

ω_g——石子的含水率（%）；

c_1——水的比热容（kJ/kg·K）；

c_2——冰的溶解热（kJ/kg）。

当骨料温度大于 0℃时，$c_1=4.2$，$c_2=0$；

当骨料温度小于或等于 0℃时，$c_1=2.1$，$c_2=335$。

由上式计算得：$T_0=17.6$℃

（2）混凝土拌合物出机温度的计算

$$T_1=T_0-0.16(T_0-T_i)$$

式中　T_1——混凝土拌合物温度（℃）；

T_i——搅拌机棚内温度（℃）。

由上式计算得：$T_1=16.7$℃

（3）混凝土拌合物经运输到浇筑时温度的计算

$$T_2=T_1-(\alpha t_1+0.032n)(T_1-T_a)$$

式中　T_2——混凝土拌合物运输到浇筑时温度（℃）；

t_1——混凝土拌合物自运输到浇筑时的时间（h）；

n——混凝土拌合物运转次数（罐车－混凝土泵－入模，故 $n=2$）；

T_a——混凝土拌合物运输时环境温度（℃）；

α——温度损失系数（h^{-1}），当用混凝土搅拌车输送时，$\alpha=0.25$。

由上式计算得：$T_2=9.9$℃。

附录二　混凝土热工计算

本工程混凝土养护采用 1 层彩条布和 1 层 4cm 厚阻燃草帘被进行养护。以下计算考虑混凝土板厚 150mm，不考虑模板保温作用。压型钢板底板无保温措施时，采用加热保温养护。

计算过程如下：

(1) 保温层总传热系数 k 的计算（不考虑模板自身保温作用）

$$K = 3.6/(0.04 + d/k)$$

式中 k——模板总传热系数（W/m·K），取 0.047W/m·K；

d——材料厚度 $m=0.04$。

则 $K=3.6/(0.04+d/k)=4.04\text{kJ/m}^2\cdot\text{h}\cdot\text{K}$

(2) 混凝土冷却时间与平均温度

混凝土蓄热养护开始到任一时刻 t 的温度：

$$T = \eta e^{-\theta V_{ce} t} - \phi e^{-\theta V_{ce}} + T_{m\cdot a}$$

混凝土蓄热养护开始到任一时刻 t 的平均温度：

$$T_m = (\phi\exp(-V_{ce}t) - \eta\exp(-\theta V_{ce}t)/\theta + \eta/\theta - \phi)/V_{ce}t + T_{m\cdot a}$$

式中 T——混凝土蓄热养护开始至任一时刻 t 的温度（℃）；

T_2——混凝土开始养护温度（℃），考虑入模温度控制在 5～10℃，计算取 9.9℃；

T_m——混凝土蓄热养护开始至任一时刻的平均温度（℃）；

t——混凝土蓄热养护开始至任一时刻的时间（h）；

$T_{m\cdot a}$——混凝土蓄热养护开始至任一时刻 t 的平均气温（℃），取－8℃；

ρ_c——混凝土质量密度，取 2500kg/m^3；

M_{ce}——每立方米混凝土水泥用量，取 370kg/m^3；

Q_{ce}——水泥累积最终放热量，取 295kJ/kg；

C_c——混凝土比热容，取 0.96 kJ/kg·K；

V_{ce}——水泥水化速度系数，取 $0.0092\ \text{h}^{-1}$；

ω——透风系数，取 1.35；

M——结构表面系数（m^{-1}），取 16m^{-1}；

K——围护层的总传热系数（$\text{kJ/m}^2\cdot\text{h}\cdot\text{K}$），取 $4.04\text{kJ/m}^2\cdot\text{h}\cdot\text{K}$。

计算参数：

$\theta = \omega KM/V_{ce}C_cP_c = (1.35\times4.04\times6)/(0.0092\times0.96\times2500) = 1.48$

$\phi = V_{ce}Q_{ce}M_{ce}/(V_{ce}C_cP_c - \omega kM)$

$= 0.0092\times295\times370/(0.0092\times0.96\times2500 - 1.35\times4.04\times16)$

$= -15.4$

$\eta = T_3 - T_{m\cdot a} + \phi$

$= 9.9 - (-8) + (-15.4)$

$= 2.5$

计算混凝土冷却至 0℃时所需时间 t

由 $T = \eta e^{-\theta V_{ce} t} - \phi e^{-\theta V_{ce}} + T_{m\cdot a}$

$= 2.5\times e^{-1.48\times0.0092\times t} + 15.4\times e^{-0.0092\times t} + (-8)$

取 $t=72\text{h}$，$T=0.033℃\approx0℃$

故约 72h，混凝土开始降至 0℃。

计算冷却至 0℃时混凝土平均温度

$$T_m = (\phi \exp(-V_{ce}t) - \eta \exp(-\theta V_{ce}t)/\theta + \eta/\theta - \phi)/V_{ce}t + T_{m\cdot a}$$
$$= (-15.4 \times e^{-0.0092\times 72} - 2.5 \times e^{-1.48\times 0.0092\times 72}/1.48 + 2.5/1.48 + 15.4)/0.0092 \times 72 - 8$$
$$= 3.21℃$$

（3）计算混凝土至0℃时达到的强度（取C60计算）

$$M = (T_m + 15) \times t$$

式中 M——混凝土成熟度（℃·h）；

T_m——混凝土养护平均温度（℃），$T_m=3.21$；

t——养护时间（h）；

f——混凝土强度（MPa）；

k——折减系数，0.8；

a——35.180；

b——1361.750。

则 $M=(3.21+15)\times 72 = 1311.1℃\cdot h$

得 $f=k\times a\times \exp(-b/M)=0.8\times 35.180\times \exp(-1361.750/1311.1)=10MPa$

混凝土最高强度等级为C60。当混凝土养护温度降至−15℃时，混凝土强度不能低于4MPa，而当混凝土温度减小到0℃时，$f=10MPa>4MPa$。

故此保温满足要求。

第 17 章　中央电视台新址工程底板冬期施工方案

1. 工程施工情况

本次方案主要针对塔楼 1 和塔楼 2 冬期底板混凝土浇筑施工进行编制，筏板厚度为 4.5m、6.0m 和 7.0m。根据目前施工进度情况，塔楼 1 计划于 2005 年 12 月 25 日开始浇筑，塔楼 2 计划于 2005 年 12 月 20 日开始浇筑。塔楼 1、塔楼 2 底面标高和混凝土方量分布图见图 17-1、图 17-2。

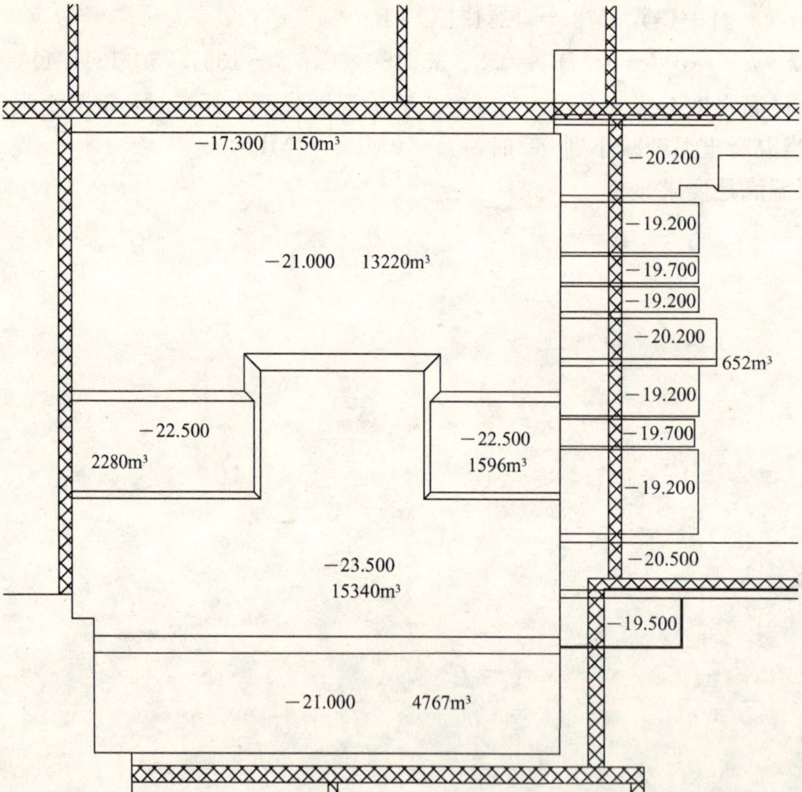

图 17-1　塔楼 1 底面标高和混凝土方量分布图

2. 现场施工准备

2.1　技术准备

2.1.1　混凝土原材料要求

混凝土的原材料包括水泥、骨料、掺合料、外加剂和水。

2.1.1.1　水泥

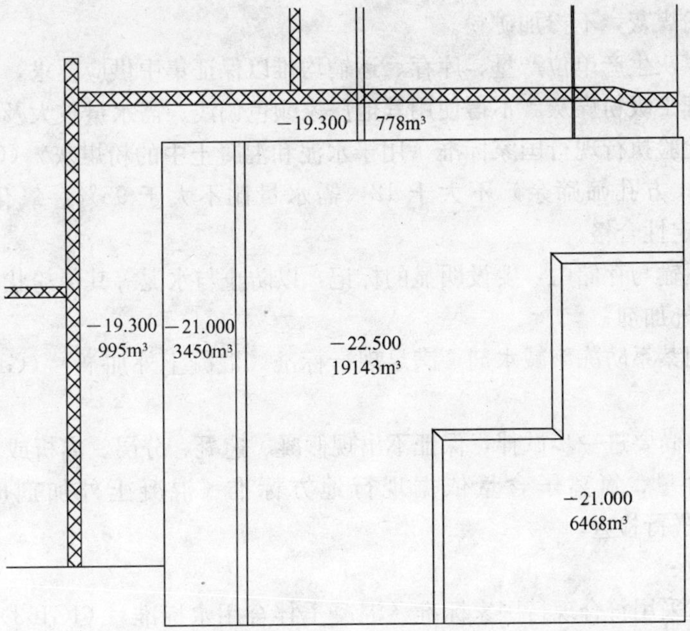

图 17-2　塔楼 2 底面标高和混凝土方量分布图

采用北京市场容易采购、产品质量稳定，产量能满足施工要求的×××牌 P. O42.5 水泥。

水泥全部指标符合现行国家标准《硅酸盐水泥、普通硅酸盐水泥》(GB 175) 的普通硅酸盐水泥。要求水泥的比表面积小于 $350m^2/kg$；水泥的碱含量小于 0.6%；水泥的水化热 3 天小于 270kJ/kg，7 天小于 300 kJ/kg。

在对其进行安定性、凝结时间、强度、比表面积、烧失量、碱含量、水化热、三氧化硫、不溶物等全项目抽检后，各指标全部合格。安定性、凝结时间按《水泥标准稠度用水量、凝结时间、安定性检验方法》(GB/T1346) 检验；比表面积按《水泥比表面积测定方法（勃氏法)》(GB 8074) 检验；水化热按《水泥水化热试验方法（溶解热法)》(GB/T2022) 检验。

2.1.1.2　骨料

混凝土用骨料均由各搅拌站自行采购，项目部对其质量提出要求，并不定期进行抽检。

统一要求粗骨料采用粒径为 5～25mm 连续级配且含泥量小于 1%的机碎石（石灰岩)，检验标准为现行行业标准《普通混凝土用矿石或者卵石质量标准及检验方法》(JGJ53)。要求采用的细骨料为含泥量小于 3%的中砂（或者人工砂)，检验标准为现行行业标准《普通混凝土用砂质量标准及检验方法》(JGJ52)。

骨料的碱活性指标除满足国家标准外，还必须满足《预防混凝土结构工程碱集料反应规程》(DBJ 01—95—2005) 的要求，采用低碱活性的骨料。

骨料中严禁混入影响混凝土性能的有害物质。不得混入粉煤灰、水泥和外加剂等粉状材料。骨料入场后先存入大棚内，不能直接露天堆放。

2.1.1.3　掺合料

采用Ⅰ级粉煤灰，不掺加矿粉。

目前各粉煤灰生产单位产量、库存、运输均难以保证集中供应要求，经多次试验，要求采用××品牌Ⅰ级粉煤灰。不得使用其他厂家颜色偏浅、需水量较大及磨细的粉煤灰。

对粉煤灰检验执行现行国家标准《用于水泥和混凝土中的粉煤灰》（GB 1596）。要求细度（0.045mm 方孔筛筛余）不大于 12，需水量比不大于 95%，氧化钙含量不大于 2.5%且体积安定性合格。

粉煤灰在运输与存储中，要设明显的标记，以防止与水泥等其他粉状材料混淆。

2.1.1.4　外加剂

外加剂采用萘系防冻型减水剂，满足现行标准《混凝土外加剂》（GB 8076）中一等品的技术要求。

正式生产前尚要进一步试拌，保证不出现假凝、速凝、分层、离析或者结皮现象。

外加剂碱含量、氯离子含量依据现行地方标准《混凝土外加剂应用技术规程》（DBJ 01—61）进行检查。

2.1.1.5　水

要求搅拌站采用符合现行国家标准《混凝土拌合用水标准》（JGJ63）的自来水或者地下水。

2.1.2　混凝土配合比设计

2.1.2.1　基准配合比、试配资料

混凝土强度等级 C40P8，混凝土初凝时间为 10～12h（标准养护情况），混凝土碱总量满足《预防混凝土结构工程碱集料反应规程》（DBJ 01—95—2005）中有关使用 B 类低碱活性骨料配置混凝土的规定。

基准配合比详见混凝土试配资料。

2.1.2.2　混凝土的坍落度、入模温度

混凝土的入泵坍落度要求 180±20mm，要求和易性良好、不离析、不泌水。

混凝土的入泵温度大于 10℃，以保证入模温度大于 5℃且可以有效控制。

2.1.2.3　水化热的计算

该配合比做过实际的绝热温升试验，绝热温升约 36℃。混凝土的水化放热量不会随着减水剂的变更而变化。混凝土浇筑后的最高温升为：浇筑温度＋绝热温升，浇筑温度预计约 10℃左右，所以混凝土内部最高温度约 46～50℃。计算见表 17-1。

大体混凝土温度计算　　　　**表 17-1**

1. 最大绝热温升 T_h	代　号	意　义	取　值	单　位
	m_c	混凝土中水泥用量	200	kg/m³
	F	混凝土活性掺合料用量	196	kg/m³
	K	掺合料折减系数	0.35	
	Q	水泥 28 天水化热	350	kJ/kg
	c	混凝土比热	0.97	kJ/kg·K
	ρ	混凝土密度	2400	kg/m³
	e	常数	2.718	
	t	混凝土的龄期	60	d

续表

1. 最大绝热温升 T_h	代号	意义	取值	单位
	m	系数	0.384	
$T_h=(m_c+K\times F)\ Q/c\cdot\rho$ $T_h=m_c\cdot Q/c\cdot\rho\ (1-e-mt)$		40.38		℃
2. 混凝土中心温度 T_1	代号	意义	取值	单位
	T_j	浇筑时的温度	10	℃
	$\xi\ (t)$	降温系数	1	计算 6 天
$T_1\ (t)=T_j+T_h\cdot\xi\ (t)$		50.38		℃
3. 保温材料厚度 δ	代号	意义	取值	单位
	λ_x	保温材料导热系数	0.03	W/（m·K）
	T_2	混凝土表面温度	25.38	℃
	T_q	施工期大气平均温度	−5	℃
	λ	混凝土导热系数	2.33	
	T_{max}	计算得混凝土最高温度	50.38	℃
	h	混凝土实际厚度	7	m
	K_b	传热系数修正值	1.3	根据覆盖情况
$\delta=0.5h\times\lambda_x\ (T_2-T_q)$ $\times K_b/\lambda\times\ (T_{max}-T_2)$		71		mm

覆盖方式：1 层塑料布+3 层草帘被（初始）+1 层帆布，其中草帘被初始覆盖 3 层，根据测温情况进行增加或者减少的调整。

2.1.2.4　收面、保温覆盖、养护时机与方式

混凝土浇筑完成后边搓压、收光，边覆盖塑料布和三层草帘被，保温覆盖严密，以抑制混凝土由于塑性深陷、表面失水过快及冻结而产生的非结构性表面裂缝。

现场设置工字形马凳，并上铺跳板，供保温、测温和检查人员行走。

对底板面不能连续覆盖的部位，如墙、柱插筋部位、钢柱等采用挂麻袋片、塞聚苯板等方式，尽可能进行覆盖，避免出现“冷桥”现象。

底板后浇带区域在混凝土浇筑前，先在快易收口网外侧挂一层塑料布和草帘被，以防止浇筑过程中混凝土受冻。在混凝土浇筑完成后，将整个后浇带覆盖在保温层之下。

混凝土浇筑完成 24 小时内，严禁上人踩踏，浇筑完成 36 小时内，除检测测温设备及覆盖保温外，不得上人踩踏，且不得堆放施工材料。

根据大体积温度计算表结果，保温需双层草帘被，现场按照三层草帘被实施，因此混凝土养护保温材料采用“塑料布＋三层草帘被＋帆布”的方式保温。草帘被覆盖层数根据温控要求分 3 层、2 层及 1 层，根据混凝土温差情况随时调整。

混凝土内部最高温度与环境温度差小于 20℃后，可停止测温并撤除保温材料。

2.1.2.5　混凝土出机温度要求

出机温度：$T_1=T_0-0.16\ (T_0-T_i)$

入模温度：$T_2 = T_1 - (\alpha_{t1} + 0.032n)(T_1 - T_a)$

成型后温度：$T_3 = (c_c m_c T_2 + c_f m_f T_f + c_s m_s T_s) / (c_c m_c + c_f m_f + c_s m_s)$

计算过程：

T_1较为复杂，为简化计算，取13℃；

则 $T_2 = T_1 - (\alpha_{t1} + 0.032n)(T_1 - T_a)$

$= 13 - (0.25 \times 1 + 0.032 \times 2)(13 - (-5))$

$= 7.35℃$

则 $T_3 = (c_c m_c T_2 + c_f m_f T_f + c_s m_s T_s) / (c_c m_c + c_f m_f + c_s m_s)$

$= (0.97 \times 2400 \times 7.35 + 1.38 \times 5 \times (-5) + 0.48 \times 785 \times (-5)) / (0.97 \times 2400 + 1.38 \times 5 + 0.48 \times 785)$

$= 5.60℃ > 5℃$

上述计算过程考虑运输时间1小时，两次周转，平均环境温度－5℃，作业面最不利部位进行计算。结论，搅拌站混凝土出机温度大于13℃，可以保证入模成型后混凝土的温度大于5℃的规范要求。

2.2　现场准备

2.2.1　控制指挥中心

在现场马道入口边设置控制指挥中心，内部设置现场车辆情况沙盘、各搅拌站到现场的道路沙盘、混凝土地泵控制信号灯开关和扩音设备。在控制指挥中心设置总指挥1人/班、地泵浇筑信号灯控制1人/班（地泵指挥人员通过对讲机与基坑内指挥人员随时联系，信号灯悬挂与地泵侧边）、场内车辆调度1人/班、3家搅拌站调度各1人/班。指挥控制中心提前了解和预估现场的罐车情况，及时与各搅拌站调度进行车辆协调，控制混凝土供应速度，并对整个现场混凝土浇筑进行总体调度和指挥，对现场施工过程监控、下达指令。

在混凝土浇筑过程中，由基坑内指挥工长通过对讲机向指挥中心报告各泵的开停，由指挥中心通过信号灯向泵司传达开停命令。

2.2.2　劳动力计划安排

在混凝土浇筑时现场按照两个大班换班作业。作业时间为第一班8：00～20：00，第二班20：00～8：00。

2.2.2.1　操作人员分配

混凝土泵操作工：18人/班，计36人；

混凝土泵维修人员：3人/班，计6人；

混凝土放灰下料：2人/台泵，计68人；

测温、测坍落度：2人/3台泵，计24人；

混凝土现场取样、试件制作：6人/班，计12人；

出泵管口操作人员：5人/台泵，计170人；

振捣手：6人/台泵，计204人；

抹面收光：25人/班（按1人/3m），计50人；

接拆泵管、抢修组：15人/班（架子工），计30人；

保温覆盖人员：6人/班，计12人。

小计：612人

2.2.2.2　配合工种人员分配

钢筋工：10人/班，计20人；

木工：15人/班，计30人。

小计：50人

2.2.2.3　管理人员

作业面：16人/班，2根泵管/人，由工程部、钢结构部、平面计划部、机电部和质量部组成；

放灰下料处：16人/班，2台泵/人，由物资部、装饰部、商务部和机电部组成；

水泥厂、搅拌站及现场试验：6人/班，由技术部、物资部、商务部组成。

人员细化安排详见混凝土浇筑人员职能分配（略）。

2.2.3　物资设备准备

在底板混凝土浇筑前及施工过程中，工程部机械动力组按照施工配合、临电、临水、机械协调组织分班，配备电工检修值班人员，提前对现场机械设备、临水和临电检查。

在混凝土浇筑过程中，现场6台塔吊随时调用，塔吊司机和信号工24小时在各自岗位待命，保证浇筑期间所需物资转运及时到位。

把300kVA发电机布置在基坑西面箱变旁以便对接，满足整个施工现场照明、降水、振捣棒和临时水泵房用电。在浇筑前5天对柴油发电机进行发电试运行，并做好检查、保养，保证在停电30分钟内恢复供电，备有充足油料（两桶）。

在混凝土浇筑前所有地泵，工程部组织安全部、物资部联合验收，并对其进行空载试机试验，确保使用过程中无故障、无安全隐患，同时考察泵工操作的熟练程度。检验项目有：启动（电瓶）、仪表盘面控制系统、正反泵送、主缸推动、蓄能器压力、分配阀系统、润滑系统、冷却系统、搅拌液压系统和有线遥控系统等项内容。

在混凝土浇筑施工前由质量部组织检查泵管和地泵的保温情况，要求绑扎紧密到位，减少混凝土输送过程中的温度损失。

主要设备投入见表17-2，主要材料投入见表17-3。

主要设备投入表　　**表17-2**

机械名称	型号	单位	数量	备注
插入式振捣棒	ϕ50、ϕ30	根	200	备用20根
混凝土泵	80～100m^3/h	台	20	备用3～5台
地泵转运拖车		台	1	
混凝土泵易损件	液压“O”型圈	套	7	组件
	机油滤清器	个	5	随发动机配备
	中间继电器	个	5	900～459
	液压油	桶	2	埃索46#
	比例电磁铁	个	9	
	液压油管	根	10	标准

续表

机械名称	型号	单位	数量	备注
混凝土泵管	直管 3m	根	1305	其中备用 3 趟水平泵管
	直管 2m	根	216	
	直管 1m	根	139	
	直管 0.5m	根	54	
	90°弯管 1m	根	85	
	90°弯管 0.5m	根	130	
	90°弯管 0.3m	根	11	
	45°弯管 0.5m	根	58	
	30°弯管 0.5m	根	43	
	15°弯管 0.5m	根	30	
	管卡	个	1544	
	3m 软管	根	17	
罐车	6～10m³	辆	160	根据浇筑情况增减
发电机	300kVA	台	1	备用

主要材料投入表 **表 17-3**

序号	材料名称	数量	备注
1	手把聚光灯	20 个	钢筋密集处照明，筏板内照明
2	镝灯	12 个	新增 6 个
3	彩条布	1000 m²	挡风围挡
4	密目网	1000 m²	挡风围挡
5	电缆	700m	备用发电机线路
6	塑料薄膜	13000 m²	混凝土表面保湿覆盖
7	阻燃草帘被	40000 m²	两塔合计，按照三层考虑
8	帆布	16000 m²	保温上部覆盖防风、防雪
9	串筒	280 个	480mm 高

2.3 搅拌站的组织管理

2.3.1 搅拌站的选用

两个塔楼底板混凝土浇筑均采用多站联合供应的方式，在两次浇筑中，拟选用经总包、监理多次考察确认的 3 个搅拌站的 8 个机组，另外××站的机组作为备用机组，其他机组具体情况见表 17-4。

搅拌机组具体情况 **表 17-4**

序号	搅拌站	地点	搅拌机组	运输车辆	累计供应能力
1	××站	××	2×3m³	50 辆	300m³/h
2		××	3m³		
3	××站	××	2×3m³	50 辆	300m³/h
4	××站	××	2×3m³	60 辆	300m³/h

2.3.2　各搅拌站原材料储备能力统计

见表 17-5。

各搅拌站原材料储备能力统计　**表 17-5**

	水泥（t）	砂（t）	石（t）	粉煤灰（t）	减水剂（t）
××站	1600t，后续每天 1200t	4 万	2 万	1500	60
××站	1300t，后续每天供应 1000t	3 万	3 万	1000	50
××站	3000	5 万	6 万	2600	280

2.3.3　各搅拌站水电供应情况

见表 17-6。

各搅拌站水电供应情况　**表 17-6**

序号	搅拌站	地点	水电线路	热水供应	发电机组
1	××站	××	两套水电系统	地热水＋1 台 2t 蒸汽锅炉	400kW
2		××	两套水电系统	1 台 2t 蒸汽锅炉	400kW
3	××站	××	两套水电系统	2 台 2t 蒸汽锅炉	400kW
4	××站	××	两套水电系统	2 台燃气锅炉	350kW

2.3.4　各搅拌站驻现场人员安排

（略）

2.3.5　总包对搅拌站工作的检查

2.3.5.1　混凝土浇筑前对搅拌站工作的检查

塔楼底板混凝土浇筑前，总包方要对各搅拌站的施工准备情况进行一次全面检查，检查内容见表 17-7。

搅拌站检查内容　**表 17-7**

项　目	落 实 时 间
各搅拌站成立央视项目协调组，明确分工，联系人及联系方式，制定配合流程	浇筑前 5 天
检查搅拌站材料准备情况，水泥、砂石、粉煤灰、外加剂，并落实连续供应情况	浇筑前 2 天
检查搅拌站试拌情况，技术准备情况	浇筑前 5 天
检查搅拌站各岗位操作人员就位情况，熟练程度	浇筑前 2 天
检查搅拌站设备保养状况、易损件准备情况、计量设备是否经过校核	浇筑前 2 天
检查搅拌站罐车准备数量、保养状况、司机数量	浇筑前 2 天
检查搅拌站冬施准备情况，原材料及热水供应情况	
检查搅拌站水源、电源准备情况，是否有备用水电线路	浇筑前 2 天
检查搅拌站行车路线设计情况，与交通队提前联系情况	浇筑前 2 天
检查搅拌站的各项应急能力及措施	

2.3.5.2　混凝土浇筑过程中对搅拌站工作的检查

混凝土浇筑过程中，总包向各站派设驻站人员，对搅拌站生产过程进行全面监控，具体监控内容主要包括以下几个方面：

（1）进行开盘鉴定，合格后放行；

（2）随时检查原材料是否符合要求，砂石含水率变化情况、施工配合比调整情况、原材料连续供应情况；

（3）随时检查搅拌楼计量称量状况，确保混凝土严格按照施工配合比进行搅拌；

（4）随时检查混凝土的出机坍落度和出机温度，不符合要求的混凝土不允许出站；

（5）随时检查混凝土罐车装载数量，是否与额定装载数量及混凝土小票相符；

（6）随时接受现场传来的指令，如调整坍落度或其他工作性能、混凝土供应速度等，及时转达搅拌站按照前方命令适当调整。

3. 浇筑方法

3.1　混凝土浇筑方式

目前两个塔楼电梯井区域加深区域已完成浇筑，剩余部分和后浇带内侧的裙楼区段将一次浇筑完成，塔楼 1 和塔楼 2 区底板计划在 3～4 天内浇筑完成。

塔楼 1 和塔楼 2 采用混凝土地泵浇筑。由于基坑较深，泵管必须阶梯形设置，防止堵管，泵管架在基坑边利用下砸钢管固定牢固，减少泵管水平冲击，竖直段泵管架中部与基坑腰梁拉接防止侧倾。为了避免泵管的振动影响底板钢筋的位置，泵管需架设在支设的钢管架上，钢管架立杆纵向间距 2000mm，立杆底部放置 10 号槽钢，减少混凝土输送过程中对底板钢筋的扰动，详见图 17-3。

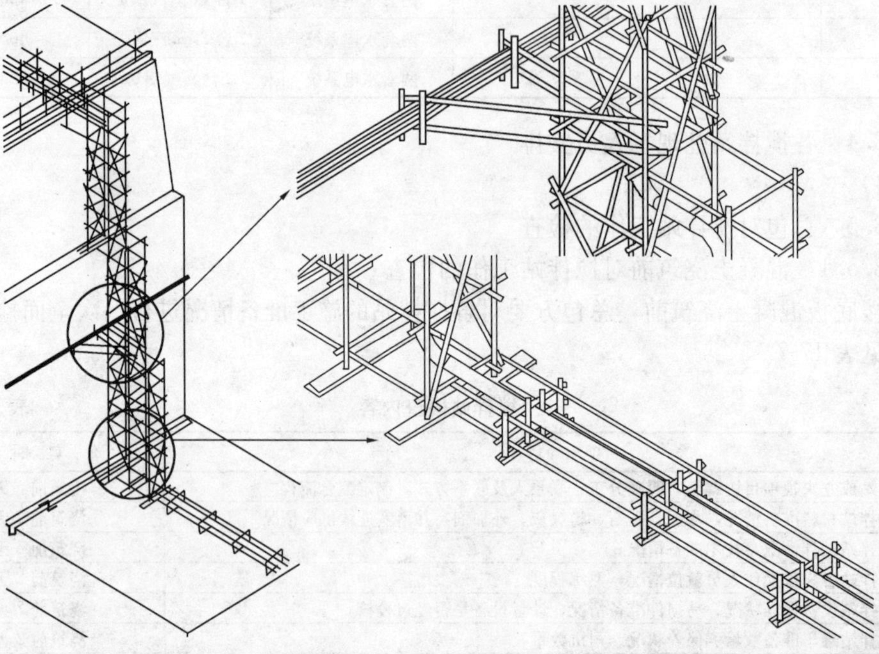

图 17-3　泵管架设

对到场的每车混凝土均观察其和易性，不得存在离析、泌水、分层等现象，检查不合格混凝土要坚决退场。

在筏板初始浇筑时，由于板厚大于 3m，所以采用串筒将混凝土自泵管出口送至作业面，以减小自由落差，防止混凝土离析、分层。串筒架设见图 17-4。

由于混凝土塌落度大，混凝土斜坡摊铺较长，混凝土振捣时必须沿固定路线由坡脚和坡顶同时向坡中振捣，振捣棒必须插入已浇层内 50～100mm，使层间不形成混凝土缝，

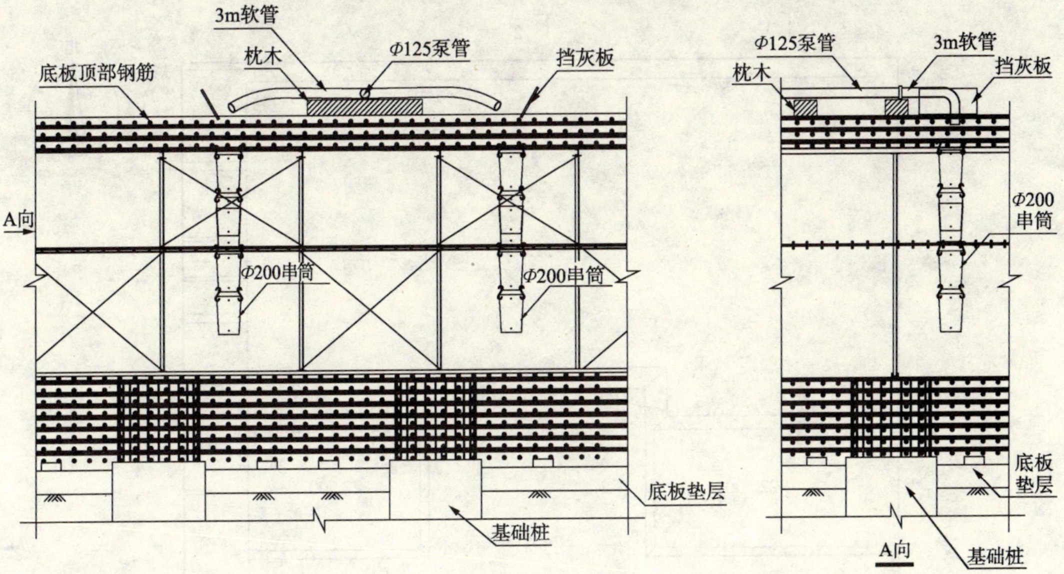

图 17-4　串筒架设

结合紧密成为一体。振动器插点要均匀排列，必须按一定顺序有规律插棒，采用“行列式”的次序移动，以免造成混乱而发生漏振。每一插点要掌握好振捣时间，过短不易捣实，过长可能引起混凝土产生离析现象。一般每点振捣时间应视混凝土表面呈水平不再显著下沉，不再出现气泡，表面泛出灰浆为准。

当混凝土浇筑到靠近尾声时，将混凝土泌水排集到模板边，使之缩小为水潭，然后用软轴泵将水抽出。

浇筑过程中混凝土的泌水要及时处理，免使粗骨料下沉，混凝土表面水泥砂浆过厚致使混凝土强度不均和产生收缩裂缝。

在混凝土收盘阶段出现砂浆聚集情况后，从搅拌站调运碎石用塔吊料斗分散洒入混凝土中，延长振捣时间，使砂浆和石子骨料均匀包裹。

3.1.1　塔楼 1 混凝土浇筑

塔楼 1 底板混凝土浇筑方向为从北向南，在基坑西侧布置 3 台地泵、塔 1 南侧基坑内高台设置 8 台地泵、基坑东侧布置 5 台地泵，共设置 16 台地泵。现场划分 4 个停车等待区，其中 3 个为等待浇筑区，钢结构加工区周边为备用停车等待区。在塔楼 1 北侧设置 3m 高挡风围挡，减少初期混凝土受冻可能。详见塔楼 1 底板施工平面布置图。

塔楼 1 混凝土浇筑过程中从 4.5m 厚度逐渐到 6m 和 7m 厚度区域，详见图 17-5。

在 4.5m 区域浇筑厚度达到 3400mm 以后，混凝土流淌坡槎开始逐步加长由 45m 最终达到 70m，当混凝土浇筑完成面达到 11m 后混凝土流淌坡槎开始逐步减少，浇筑完成面达到 37m 后，流淌长度再次变为 45m。在整个混凝土浇筑过程中，最不利情况为坡槎流淌长度为 70m 阶段，此时需在每个下料口布置一个振捣手，然后沿流淌方向每隔 5m 布置一台振捣棒，共设置 14 台，每个振捣手负责两台振捣棒，保证混凝土分层振捣到位。详见图 17-6。

塔楼 1 在中部电梯井下沉部位侧壁和东北角下沉部位侧壁开下人孔保证人员可以进入

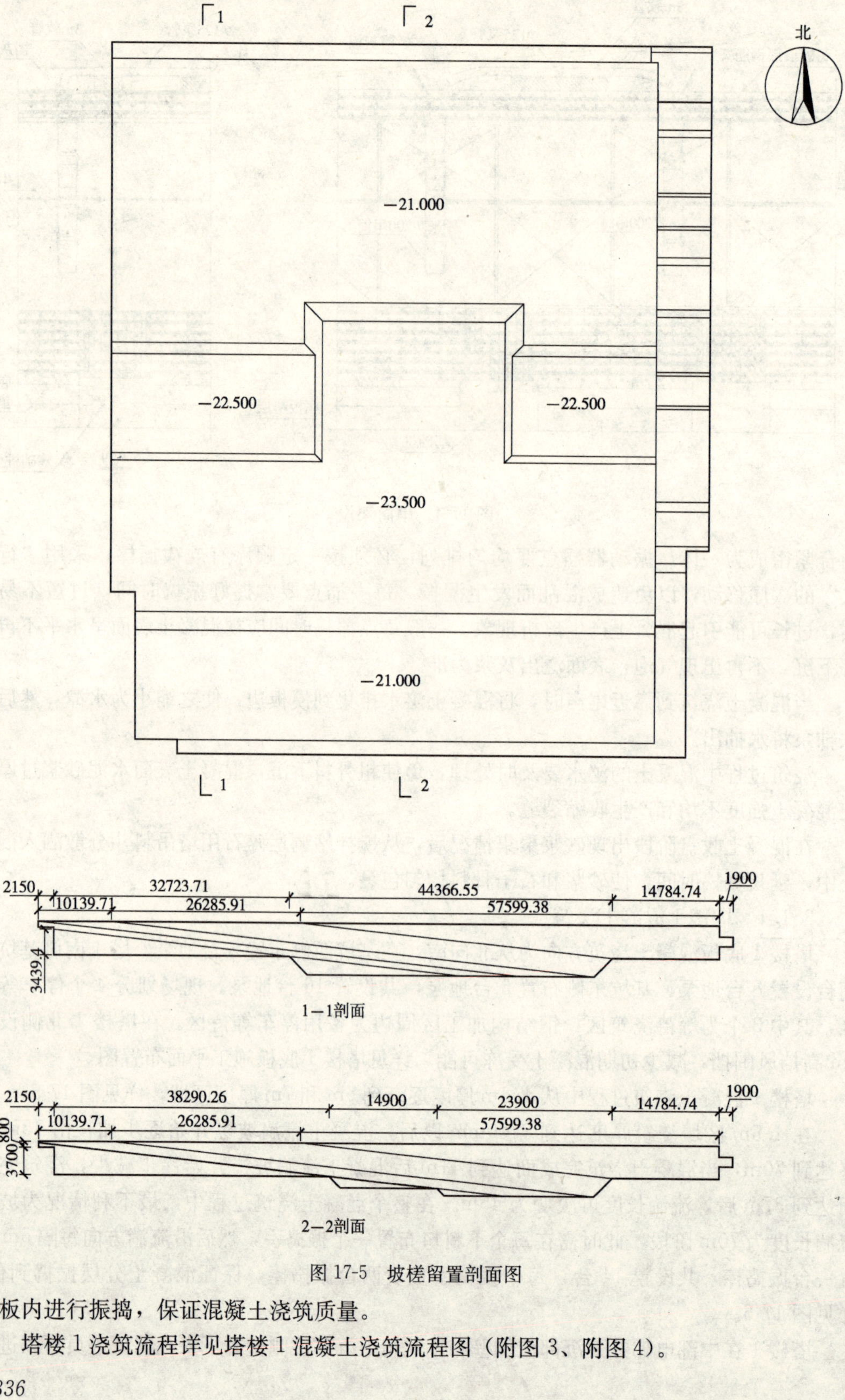

图 17-5　坡槎留置剖面图

筏板内进行振捣，保证混凝土浇筑质量。

塔楼 1 浇筑流程详见塔楼 1 混凝土浇筑流程图（附图 3、附图 4）。

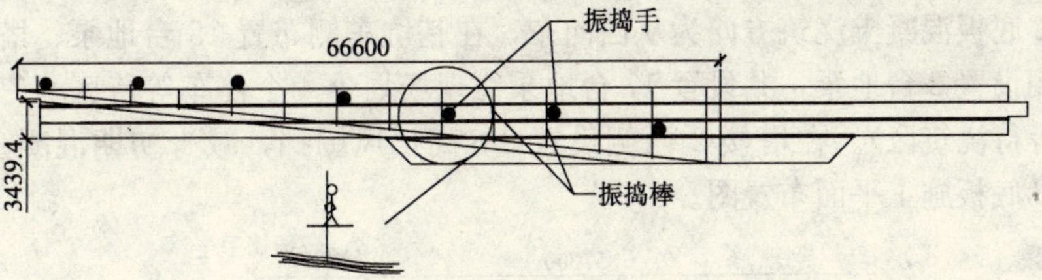

图 17-6　塔楼 1 振捣棒、振捣手布置图

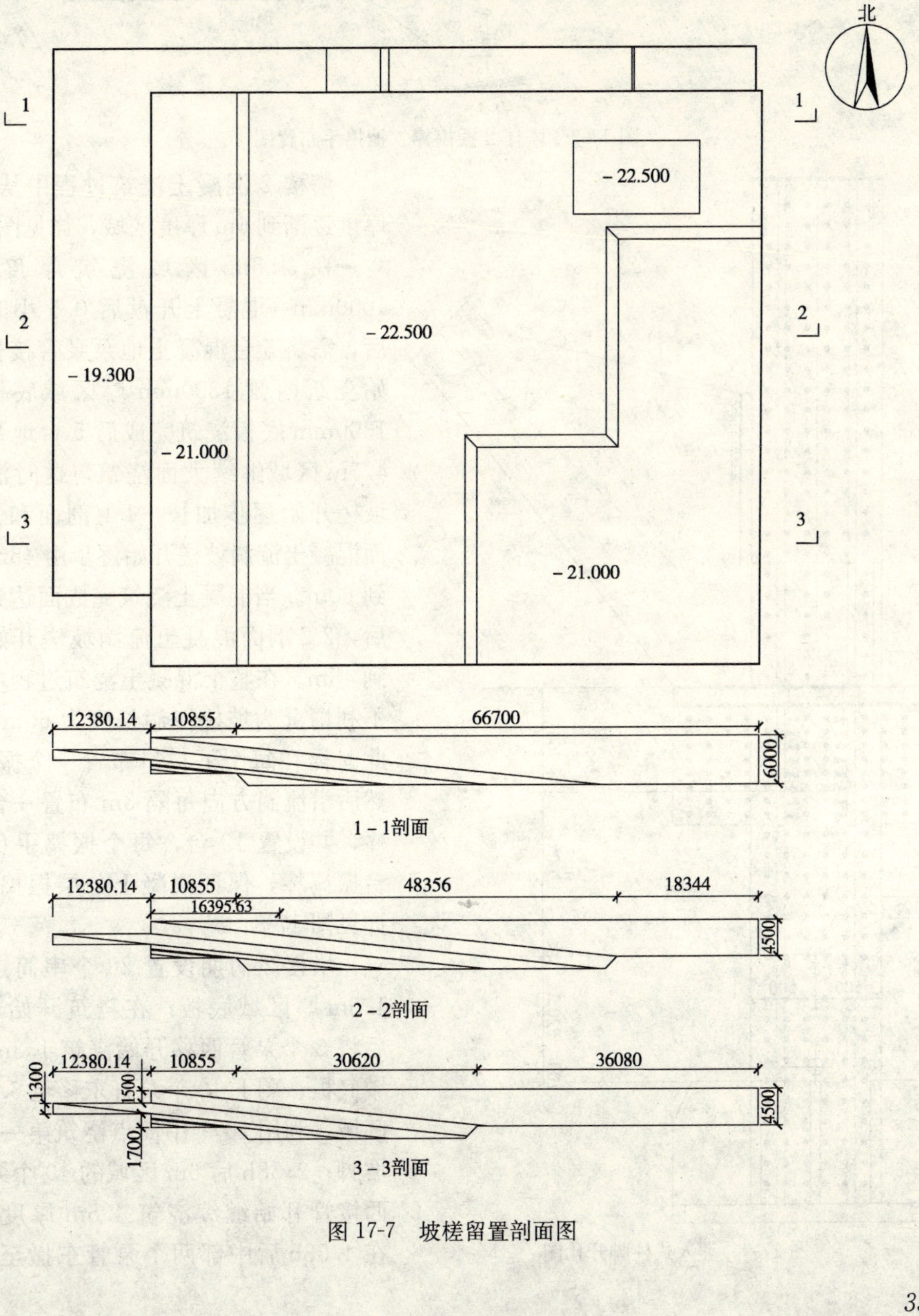

图 17-7　坡槎留置剖面图

3.1.2 塔楼2混凝土浇筑

塔楼2底板混凝土浇筑方向为从西向东，在基坑东侧布置15台地泵、塔2南侧基坑内高台备用设置2台地泵，共设置17台地泵。现场划分4个停车等待区（三个停车等待区、一个等待浇筑区）。在塔楼2西侧设置3m高挡风围挡，减少初期混凝土受冻可能。详见塔楼2底板施工平面布置图。

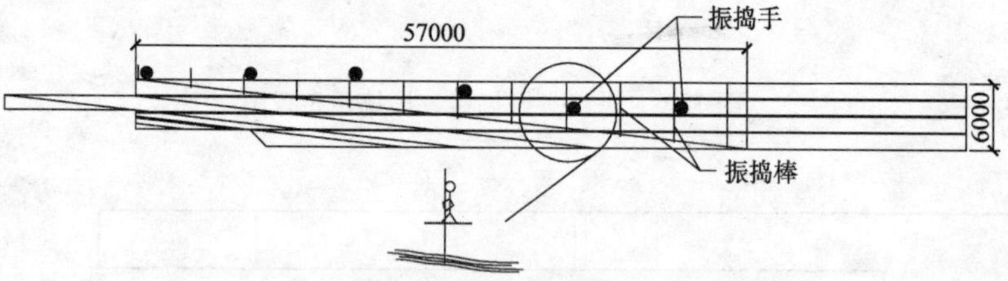

图17-8 塔楼2振捣棒、振捣手布置图

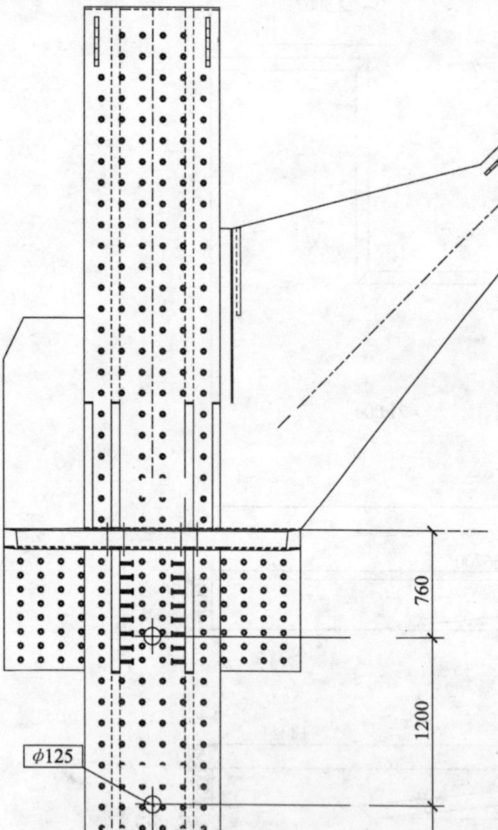

图17-9 埋入式柱脚开孔图

塔楼2混凝土浇筑过程中从4.5m厚度逐渐到6m厚度区域，详见图17-7。

在4.5m区域浇筑厚度达到1000mm（混凝土开盘后0.5小时）以后，需将5台混凝土地泵泵管接长，开始浇筑西侧1300mm厚区域底板，在1300mm底板浇筑完成后5台地泵退回4.5m区域继续大面浇筑，这时混凝土坡槎开始逐步加长，1-1剖面和2-2剖面混凝土流淌坡槎开始逐步由45m加长到60m。当混凝土浇筑完成面达到17m后，2-2剖面混凝土流淌坡槎开始减少到45m。在整个混凝土浇筑过程中，最不利情况为坡槎流淌长度为60m阶段，此时需在每个下料口布置一个振捣手，然后沿流淌方向每隔5m布置一台振捣棒，共设置12台，每个振捣手负责两台振捣棒，保证混凝土分层振捣到位。详见图17-8。

塔楼2初期设置28个串筒点浇筑4.5m厚区域底板；在浇筑开始35min后将5个泵管西移开始浇筑1.3m厚区域底板，剩下10个泵管东移至6.0m厚区域，利用20个串筒点浇筑第一个45°坡脚；2.58h后6m区域的10个泵管向西接管开始继续浇筑4.5m厚度筏板；在4.58h后中部两个泵管东撤至7.4m

电梯井区域，利用 4 个串筒点浇筑第二个 45°坡脚；在 6.58h 以后将形成大坡楼，10 个泵管开始继续浇筑 4.5m 厚区域，保持坡楼向东推进。详见塔楼 2 混凝土浇筑流程图（附图 6～附图 8）。

塔楼 2 在中部电梯井下沉部位侧壁和东北角下沉部位侧壁开下人孔保证人员可以进入筏板内进行振捣，保证混凝土浇筑质量。

3.2 特殊节点区域混凝土浇筑

3.2.1 埋入式钢柱柱脚内混凝土浇筑

塔楼 1 和塔楼 2 内共有 13 根埋入式钢柱，钢柱柱脚在底板内部分需灌注密实混凝土。目前在钢柱柱脚上四面已交错布置 Φ125mm@1200mm 的振捣孔，并且柱脚中部的工艺隔板留孔直径为 300～500mm，因此钢柱内部可下 ϕ30 的振捣棒进行振捣。在混凝土浇筑过程中振捣手通过下人孔到底板内部进行埋入式柱脚内部混凝土的浇筑和振捣。埋入式柱脚开孔见图 17-9。

3.2.2 钢筋密集区域混凝土浇筑

针对现场在底板高低错台处和预应力锚杆锚固端区域都存在钢筋过于密集的问题。在现场浇筑过程中，针对以上部位将设置串筒利用塔吊料斗浇筑同配比豆石混凝土，并用 ϕ30 振捣棒加强振捣，确保混凝土密实。

3.3 底板混凝土测温

塔楼 1 和塔楼 2 筏板是本工程重点控制区域，采用自动测温系统。

3.3.1 塔楼平面测温点的布置

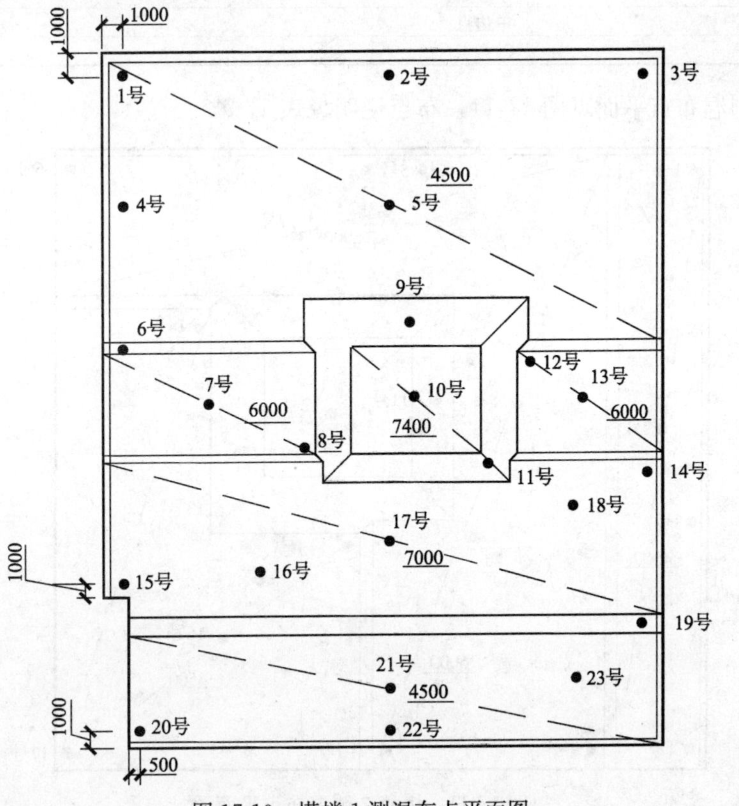

图 17-10 塔楼 1 测温布点平面图

本区平面测温点，采用典型布点和补测布点结合的方式，其中采用典型布点的原则是在同一厚度的不同位置和厚度变化处。补测点是为了和典型点相互结合，以便补充校核之用。

塔楼 1 测温布点平面见图 17-10，布点说明见表 17-8。

塔楼 1 布点说明 **表 17-8**

点号	混凝土厚度或位置	布点理由	备 注
1 号	4500 厚，双边沿	有两侧靠近混凝土外边沿，距离边缘均 1000	典型布点
2 号	4500 厚，单边沿	单边沿区，距离边缘 1000	典型布点
3 号	4500 厚，双边沿	有两侧靠近混凝土外边沿，后浇，距离边缘均 1000	典型布点
4 号	4500 厚，单边沿	单边沿区，先浇，距离边缘 1000	典型布点
5 号	4500 厚，中心点	中心点，兼应变测量	典型布点
6 号	6000 厚	厚度变化区角点，距离边缘 1000	典型布点
7 号	6000 厚	中心点，兼应变测量	典型布点
8 号	6000 厚	厚度变化区角点，属复杂情形，此处兼应变测量	典型布点
9 号	7400 厚	厚度变化区点	典型布点
10 号	7400 厚	中心点，兼应变测量	典型布点
11 号	7400 厚	厚度变化区角点，属复杂情形，此处兼应变测量	加强布点
12 号	6000 厚	厚度变化区角复杂点	典型布点
13 号	6000 厚	中心点，兼应变测量	典型布点
14 号	6000 厚	厚度变化区边点	典型布点
15 号	7000 厚	厚度变化区角点，属复杂情形	典型布点
16 号	7000 厚	随意点	补布点
17 号	7000 厚	中心点，兼应变测量	典型布点
18 号	7000 厚	随意点	补布点
19 号	6000 厚	厚度变化区边点	典型布点
20 号	6000 厚	双沿边点	典型布点
21 号	6000 厚	中心点	典型布点
22 号	6000 厚	单边点	典型布点
23 号	6000 厚	随意点	补布点

塔楼 2 测温布点平面见图 17-11，布点说明见表 17-9。

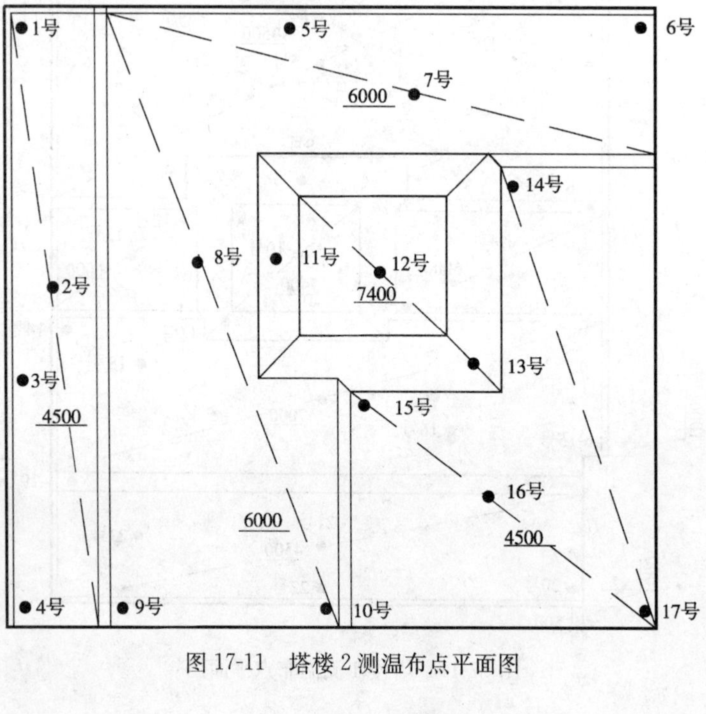

图 17-11 塔楼 2 测温布点平面图

塔楼 2 布点说明 **表 17-9**

点号	混凝土厚度或位置	布点理由	备注
1号	4500厚，双边沿	有两侧靠近混凝土外边沿，距离边缘均1000	典型布点
2号	4500厚	中心点	典型布点
3号	4500厚，单边沿	靠近混凝土外边沿，距离边缘均1000	典型布点
4号	4500厚，单边沿	有两侧靠近混凝土外边沿，距离边缘均1000	典型布点
5号	6000厚，中心点	靠近混凝土外边沿，距离边缘均1000	典型布点
6号	6000厚	有两侧靠近混凝土外边沿，距离边缘均1000	典型布点
7号	6000厚	中心点，兼应变测量	典型布点
8号	6000厚	中心点，兼应变测量	典型布点
9号	6000厚	厚度变化区点单沿边点	典型布点
10号	6000厚	厚度变化区点单沿边点	典型布点
11号	7400厚	厚度变化区点，属复杂情形，此处兼应变测量	加强布点
12号	7400厚	中心点	典型布点
13号	7400厚	厚度变化区点，属复杂情形	加强布点
14号	4500厚	厚度变化区角点，属复杂情形	加强布点
15号	4500厚	厚度变化区角点	典型布点
16号	4500厚	中心点	典型布点
17号	4500厚	有两侧靠近混凝土外边沿，距离边缘均500	典型布点

3.3.2 立面测温点

不同的平面部位，分别采用图17-12中的三种方式中的对应方式。图中使用 A、B、C、D、E 表示同一竖直方向上布置的5个传感器。由于混凝土的厚度都是比较大的，同一竖直方向上布置5个传感器，其中：传感器 A 离混凝土上表面100～150mm，传感器 B 离混凝土下表面100～150mm，传感器 C 位于混凝土竖直方向的中心点，E 点离下表面 $H/4$ 处，D 点离上表面 $H/4$ 处（H 表示该处混凝土厚度）。

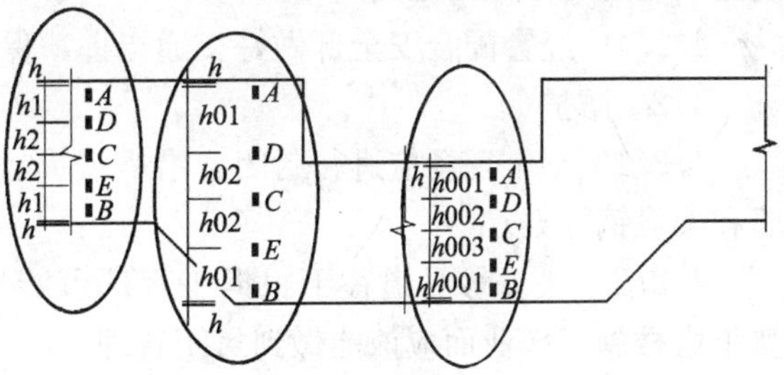

图 17-12 立面测温点布置

3.3.3 固定传感器

将测温传感器的金属壳固定在竖向支撑钢筋骨架上，位置要求准确。在浇筑混凝土前需将带传感器的支撑钢筋骨架插入到位，并使用绑筋固定。

数据采集器防护：数据采集器已经进行了防水处理，但使用中要注意防水溅、防雨淋。可以在数据采集器上套一只塑料袋。

由于传感器已经使用了金属外壳保护，传感线是耐高温防水线，传感线的末端已经焊接有金属插头，所以将各个传感器按照序号扣接到相应的采集器上即可。由于设备内有电路来自动区分传感器的极性，故此，在插接传感器时不必区分极性。

使用一根规定型号的数据线，将各个采集器串联起来（或并联或混联起来），并连接到机房的数据适配器的数据总线端口。

将数据适配器的USB口与计算机的USB口相连接。

3.3.4 配置计算机软件参数

使用自动配置功能，来配置计算机通讯端口。

配置各采集器编号及其传感器个数、位置、启用情况。

设定测温时间间隔：设置数据采集器的自动测温采集时间间隔设定为0.5小时（可随时调整），让设备自动定时工作，确保数据和温度图形的连续性。

数据打印：可以随时打印出各点整个过程或某时间段内的温度曲线和报表。

3.3.5 底板混凝土养护测温

混凝土养护前14天以控制温差为主，14天后以控制降温速度为主。现场将通过养护测温结果控制保温草帘被的厚度。

混凝土养护前14天温差控制25℃，报警温差设定23℃，降温速度不大于1.5℃/d。当出现报警温差时必须增加保温草帘被的覆盖厚度。

混凝土养护14天后温差控制30℃，报警温差设定28℃，降温速度不大于3℃/d。

混凝土内部最高温度与环境温度差小于20℃后，可停止测温并撤除保温材料。

4. 底板混凝土浇筑安全风险分析和工作计划

4.1 交通

4.1.1 搅拌站每车都需有运营通行证，保证在路上的交通安全。

4.1.2 对所有司机进行登记和安全教育，熟悉场内交通道路规划，控制场内行驶速度，严禁按喇叭。

4.1.3 交通指挥人员应有指挥棒和荧光背心，等待区的标志最好能做成荧光，交通指挥能与地泵管理人员及时联系，将地泵的编排与管理人员一一对应，做到心中有数，以便能及时对罐车做出正确的指挥。

4.1.4 经警配合安全部做好交通指挥，保证车辆在狭小范围内倒车、掉头的安全。

4.2 防护

4.2.1 整个现场应进行封闭，沿塔楼周边后浇带搭设4m高防护脚手架，作为挡风墙和架设镝灯架。

4.2.2 从1号马道往下根据工程部可能布置汽车泵的位置前5m搭设安全隔离带，整个塔楼施工作业面应该能做到封闭管理。

4.2.3 在整个作业区内需要形成一个完整的有明显标识的安全通道，包括工人如何进入下层钢筋进行混凝土浇注，以及总包管理人员出入下层作业面进行检查，保证通道的适用性。

4.2.4 总包管理人员进入作业区应持证登记后方准进入。

4.2.5 分包作业班组需要持班组作业安全交底书和人员名册逐个检查，保证对人员的身体状况、个人安全防护用品的佩戴情况、手持工具安全性的掌握。

4.2.6 作业面的零散物件的清理要及时，特别是在拆装泵管的时候，要防止物体打击事件，班长应该避免垂直交叉作业。

4.2.7 泵管的支设应保证安全，自身形成体系，禁止和基坑防护栏杆相连。

4.3 临电

4.3.1 对临电布置应进行负荷分析，保证线路布局合理，电线线缆合格。

4.3.2　对相关电箱进行一次检查，重点检查保护零线的完整性和漏电保护器的有效灵敏，由电箱供应商配合检测。

4.3.3　必须保证配电系统的完整性，三级控电、两级保护，由于振捣棒数量较多三级手提开关箱多，有必要增加中间转换箱。

4.3.4　对碘钨灯进行检查保证使用新型塑料外壳的灯，对钢筋层中的电线应该有专人进行梳理，电工到位，电箱跳闸能及时处理。

4.3.5　应急电源系统图的绘制，应急能力保证。

4.4　机械设备和塔吊

4.4.1　对信号工和塔司进行一次专项教育，选择责任心强、技术强的塔司上岗。

4.4.2　对相关塔吊进行一次专项检查，以及保证钢丝绳、吊索具的安全性。

4.4.3　对地泵、焊机等设备进行专项检查，对操作工人安全交底到位。

4.5　消防

4.5.1　在作业面特别是易燃物如彩条布、保温草帘处布置一定数量的灭火器。

4.5.2　设置专职消防员，监督检查吸烟、违章动火。

4.5.3　注意镝灯的聚热性，远离易燃物。

4.5.4　抢修过程以及施工中使用电气焊的，严格动火证管理，总包管理人员必须到现场检查后才允许动火。

4.6　环境保护

4.6.1　严禁罐车按喇叭。

4.6.2　泵管搭接拆装过程应尽量避免敲打产生人为噪声。

4.6.3　罐车冲洗地点的选择，不能集中使用南大门跟前的沉淀池。

4.7　突发事件应急

4.7.1　民扰

(1) 大门经警一旦发现有居民来到门口第一时间通知×××，由其通知×××书记。

(2) 利用一楼会议室为居民来访接待站，办公室相关人员做好接待工作。

(3) 与派出所和居委会建立联动机制。

(4) 特殊情况由经警队和一定数量的工人维持正常施工秩序。

4.7.2　下雪

使用应急队伍和清扫队进行路面清理，保证清扫工具的到位。

4.7.3　停电

(1) 电工班根据应急配电系统图和应急演练各就各位。

(2) 保证一定数量的应急灯，特别是对于钢筋层内和作业面的照明要能保证，保证人员的安全。

4.7.4　人身伤害

(1) 药品的购买，由安全部和办公室确定。

(2) 现场目击者第一时间通知安全部，安全部做出初步的应急安排，并立刻向领导汇报。

(3) 医院电话。

(4) 现场总体要保持特殊工种的人数和抢救队，以便能及时进行应急抢救。

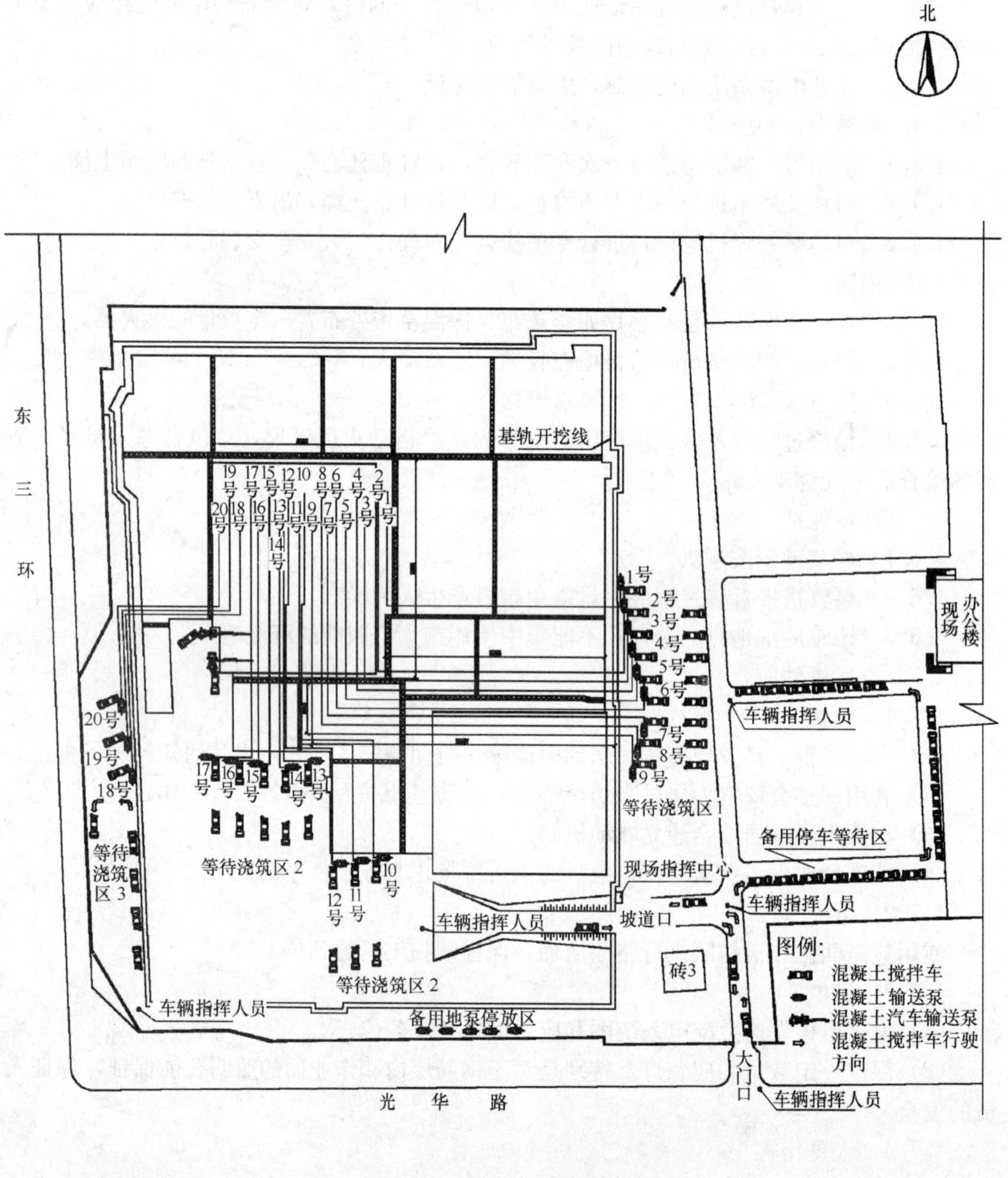

附图1 塔楼1基础混凝土施工平面布置图

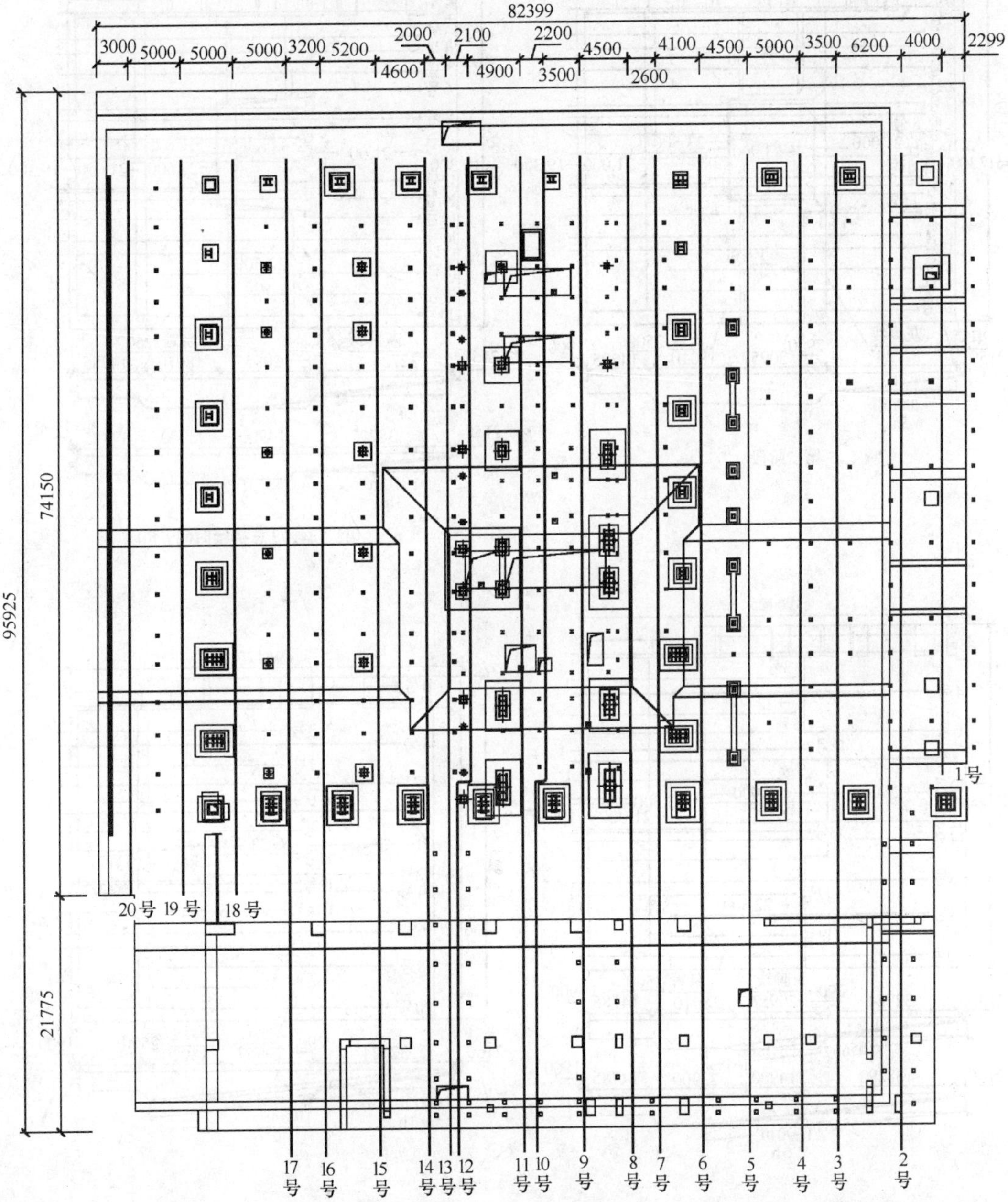

附图 2　塔楼 1 基础混凝土泵管布置图

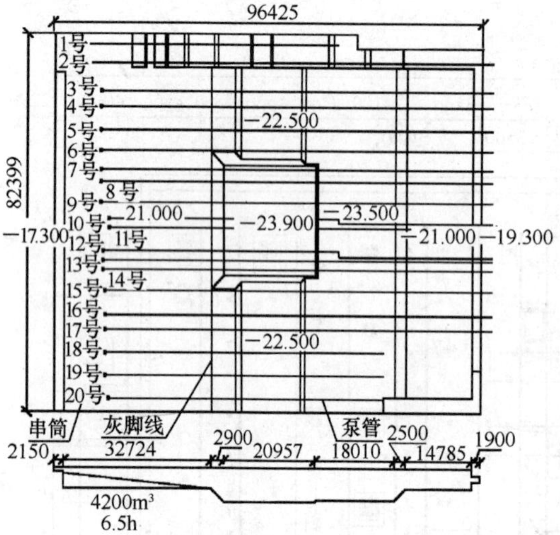

第一阶段

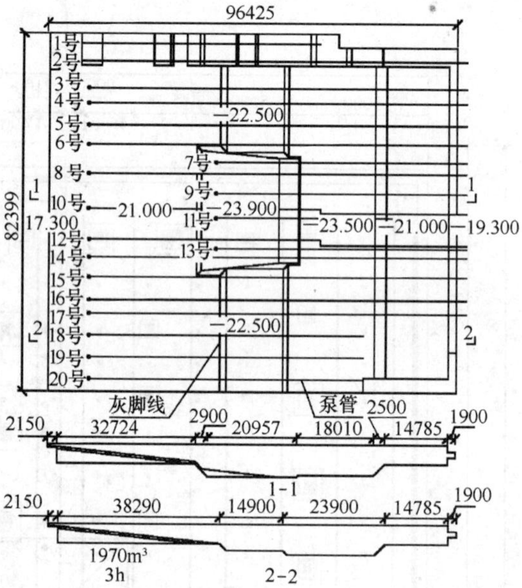

第二阶段（总持续时间9.5h）

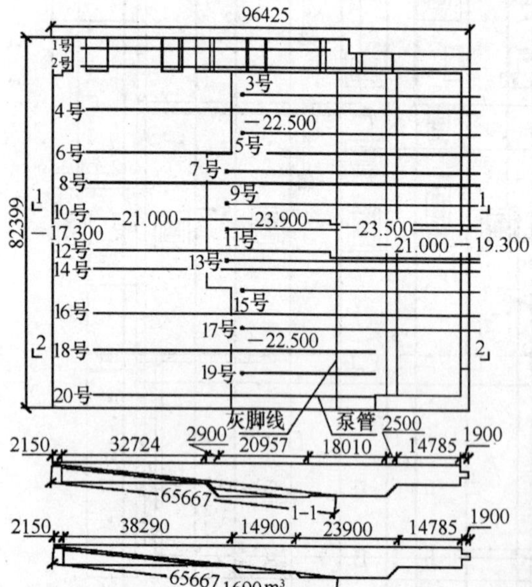

第三阶段（总持续时间12.1h）
形成坡槎

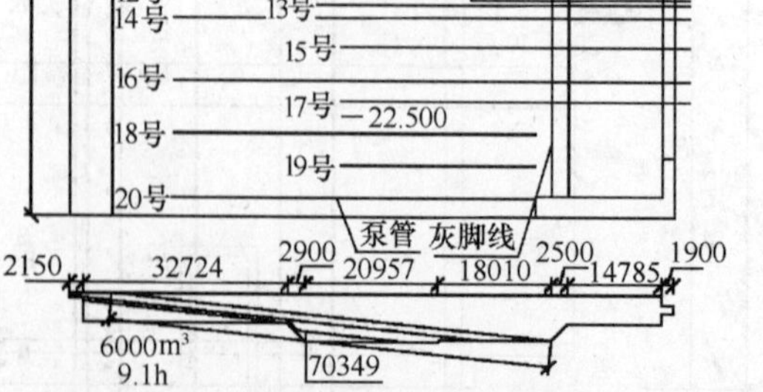

第四阶段（总持续时间21.2h）
坡槎最长达70.3m

附图3　塔楼1基础混凝土浇筑流程图1

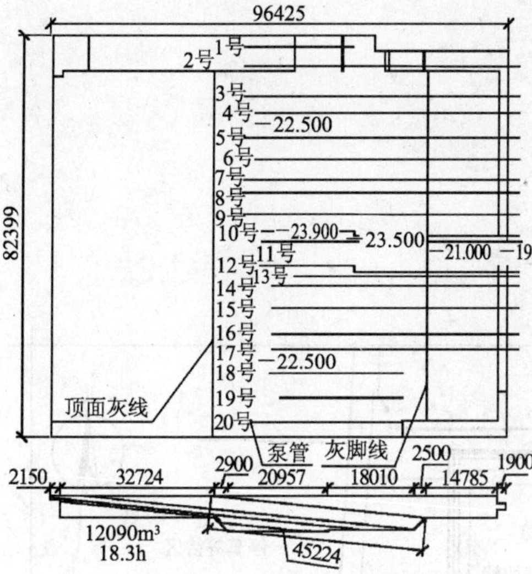

第五阶段（总持续时间39.5h）
坡槎逐渐缩短，前端泵管逐渐后移
1号泵停止浇筑

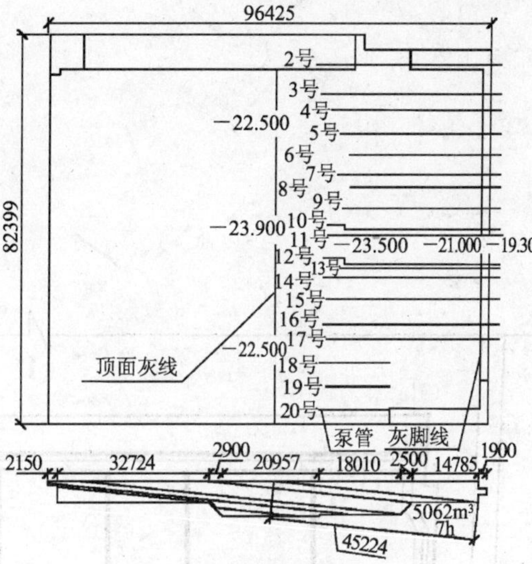

第六阶段（总持续时间46.5h）
坡槎南侧坡脚达到最南端
所有泵管开始整体后移

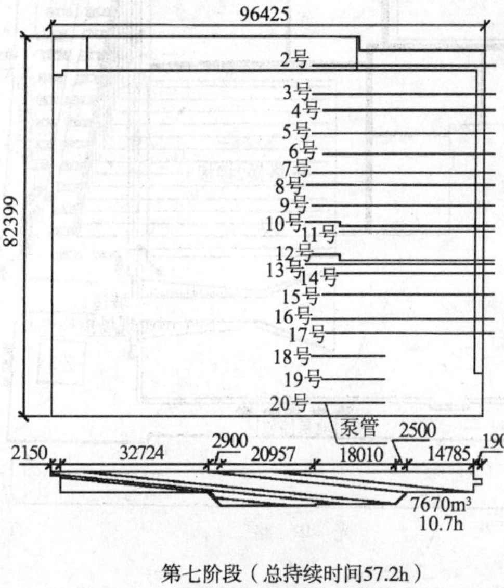

第七阶段（总持续时间57.2h）
浇筑完成面逐步向南侧推移
最终在西南角收尾

附图 4　塔楼 1 基础混凝土浇筑流程图 2

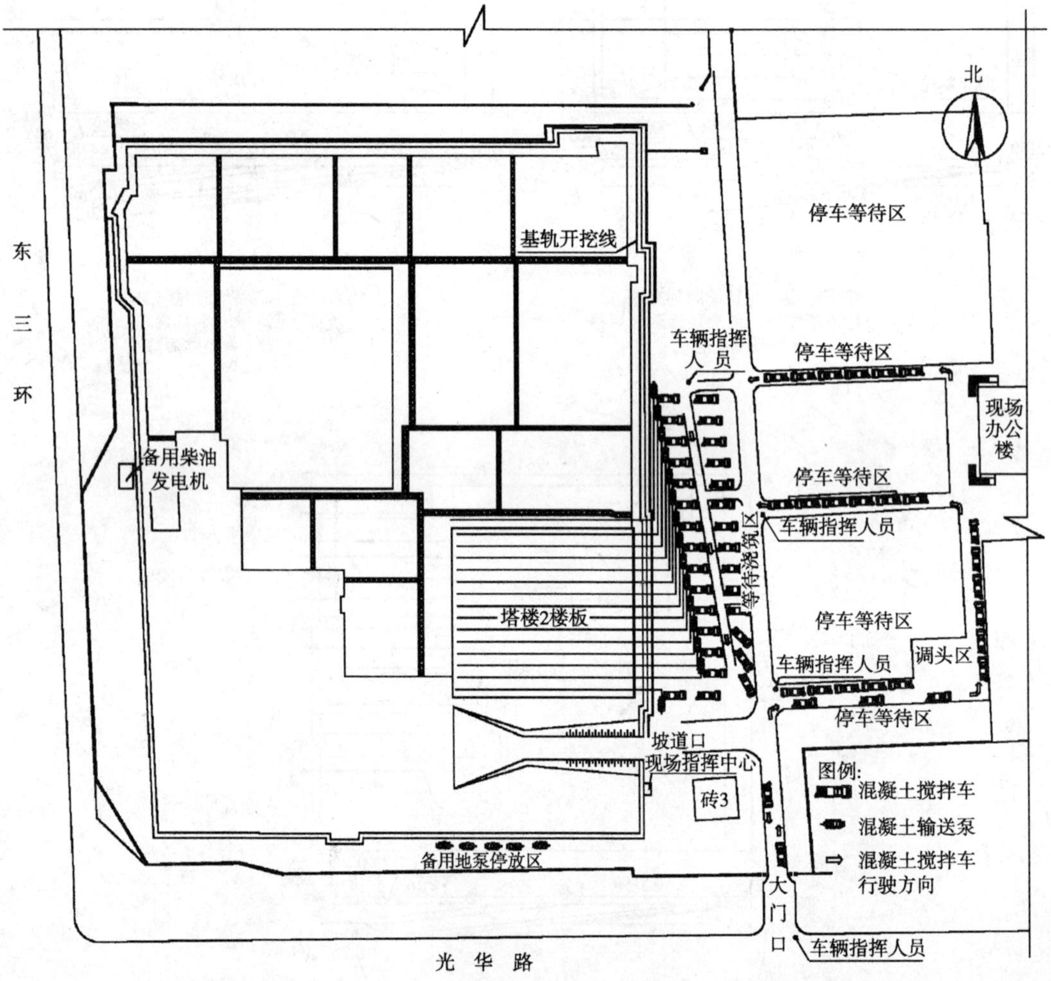

附图5 塔楼2基础混凝土施工平面布置图

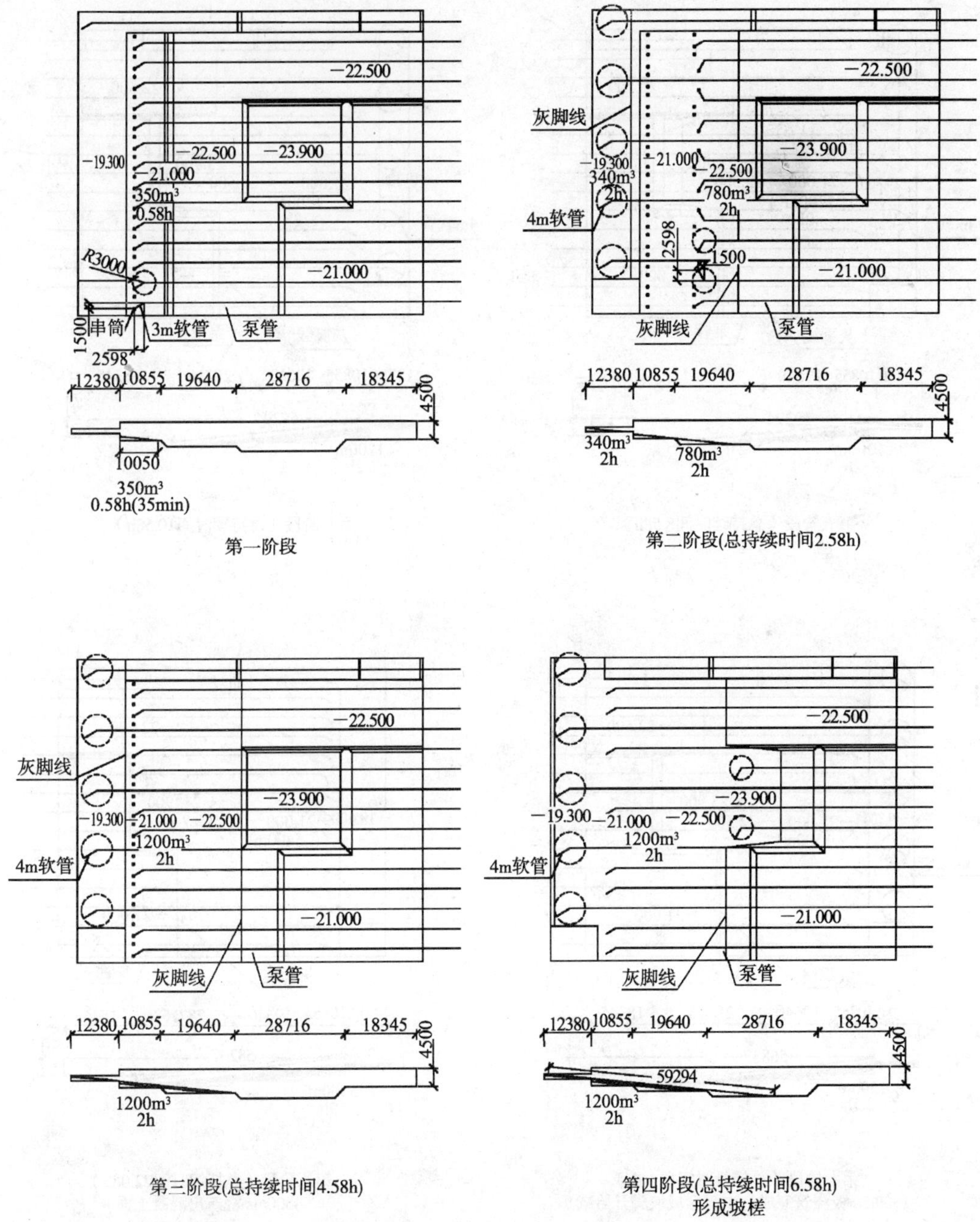

附图 6　塔楼 2 基础混凝土浇筑流程图 1

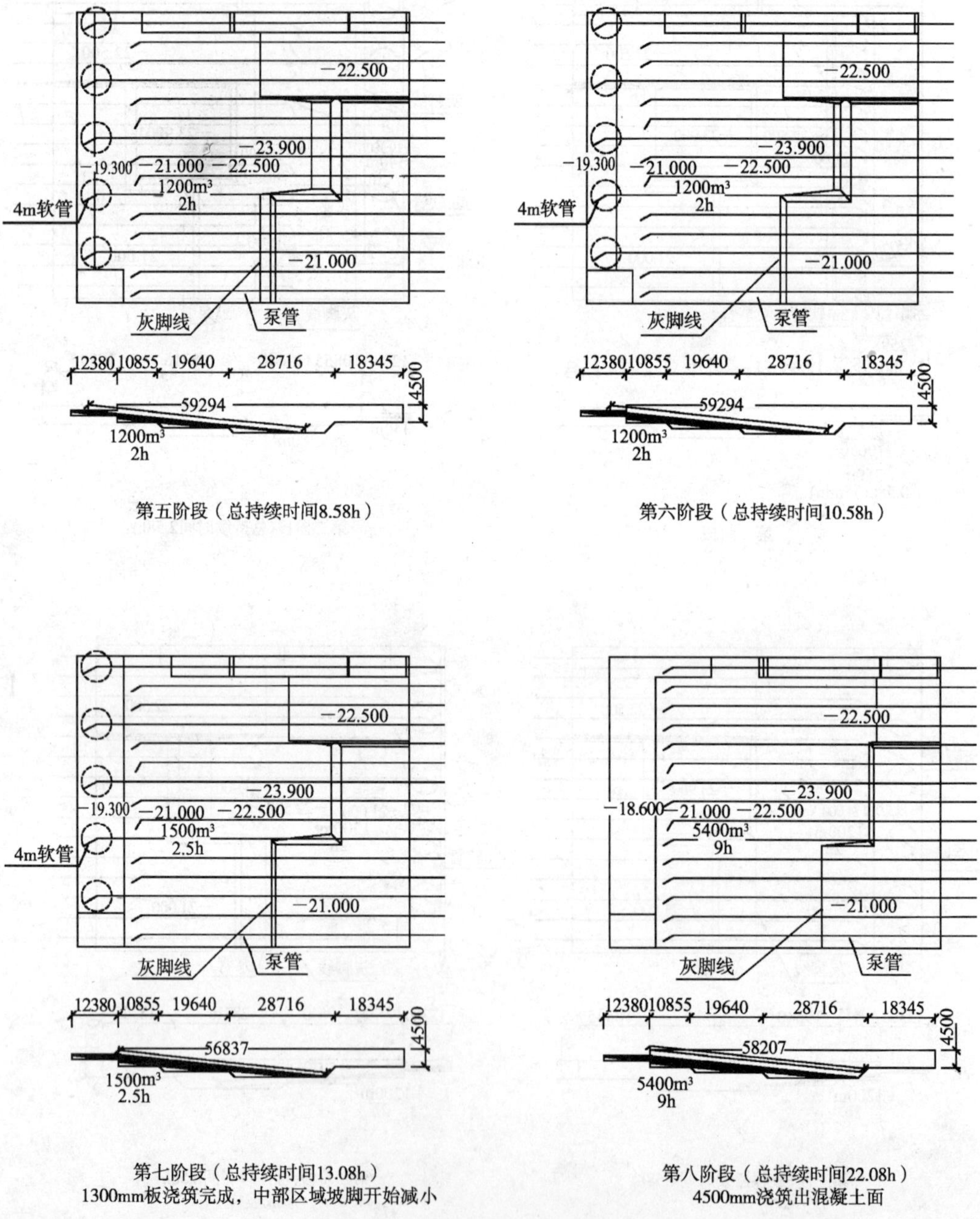

附图 7　塔楼 2 基础混凝土浇筑流程图 2

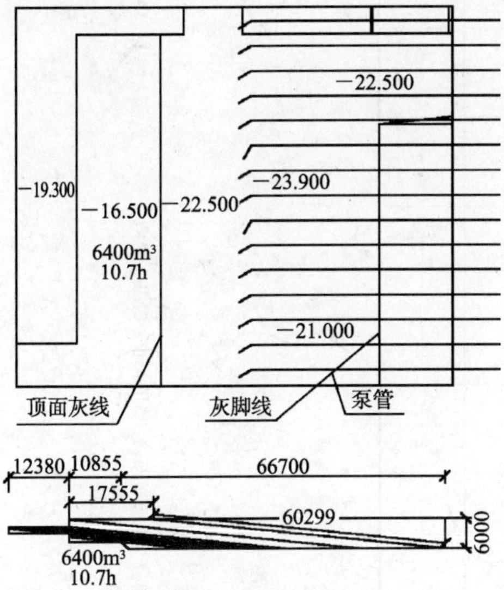

第九阶段（总持续时间32.78h）
开始逐步向东侧退泵管
北侧灰槎坡脚达到东侧侧壁，开始逐步缩短

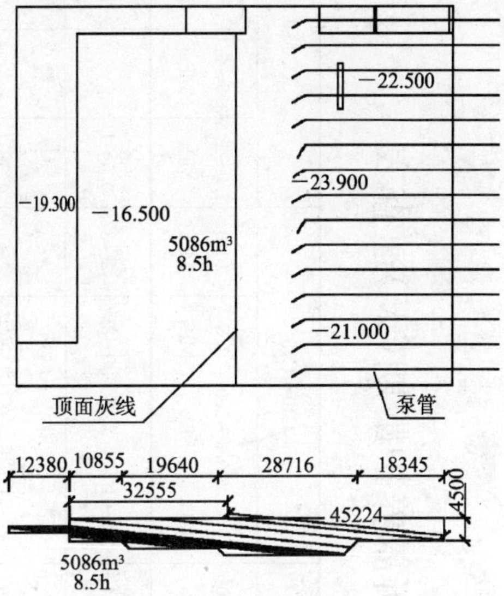

第十阶段（总持续时间41.28h）
灰槎长度逐步缩小
南侧灰槎坡脚达到东侧侧壁

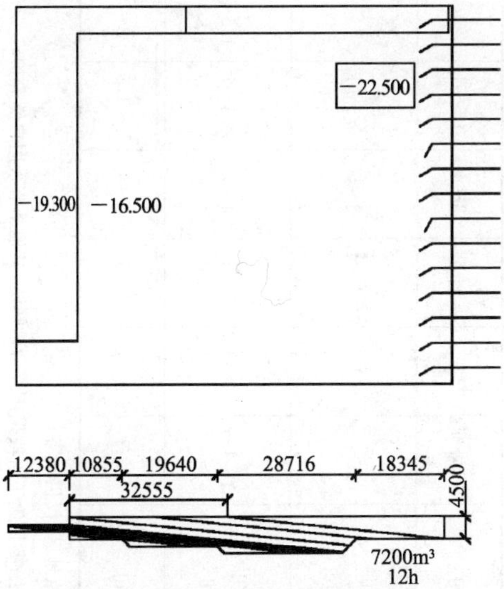

第十一阶段（总持续时间53.28h）
灰槎长度逐步缩小，直至完成浇筑

附图 8　塔楼 2 基础混凝土浇筑流程图 3

不同强度等级混凝土达到各临界强度所需养护龄期(天)速查表

设计强度等级 / 临界强度 / 养护龄期(天) / 施工时间	≤C25				C30~C35				C40~C45				C50~C55			
	1.0~1.5 MPa	3.5~5.0 MPa	7.5 MPa	10.0 MPa	1.0~1.5 MPa	3.5~5.0 MPa	7.5 MPa	10.0 MPa	1.0~1.5 MPa	3.5~5.0 MPa	7.5 MPa	10.0 MPa	1.0~1.5 MPa	3.5~5.0 MPa	7.5 MPa	10.0 MPa
5月中旬~9月中旬	0.5~1	/	2~3	3~4	0.5~1	/	2~3	3~4	0.5~1	/	1~2	2~3	0.5~1	/	1~2	2~3
3月中旬~5月中旬 9月中旬~11月中旬	0.5~1	/	2.5~4	3~5	0.5~1	/	2~3	3~5	0.5~1	/	1.5~2.5	2~4	0.5~1	/	1.5~2.5	2~4
11月中旬~12月中旬 2月中旬~3月中旬	1~1.5	1.5~3.5	3~5	4~7	0.5~1	1.5~3	2.5~4	4~6	0.5~1	1.5~2.5	2~3.5	3~5	0.5~1	1~2.5	2~3	3~5
12月中旬~2月中旬	1~2	2~4	4~6	5~8	1~1.5	2~4	3~5	4~7	0.5~1.5	2~3	2.5~4	3~6	0.5~1.5	2~3	2.5~3.5	3~6

注:1. 本表适用于北京地区,仅供参考;

2. 适用的养护方法:冬期施工阶段采用综合蓄热法,其他季节采用自然养护;

3. 临界强度:

(1)1.0MPa 为常温施工时墙体拆模混凝土应达到的强度;

(2)1.2MPa 为混凝土可以踩踏或安装模板及支架应达到的强度;

(3)1.5MPa 为常温施工时柱混凝土拆模应达到的强度;

(4)3.5~5.0MPa 为掺抗冻剂混凝土的抗冻临界强度,依所掺抗冻剂的规定温度和大气最低温度划分为 3.5MPa、4.0MPa 和 5.0MPa 三档;

(5)4.0MPa 为承受楼板荷载时墙体混凝土应达到的强度;

(6)7.5MPa 为现浇混凝土外墙挂装三脚架支撑上层外模荷载时应达到的强度;

(7)10.0MPa 安装梁模时柱混凝土应达到的强度;爬模施工时穿墙螺栓受力处混凝土应达到的强度。